高等职业教育“十四五”系列教材

机电类专业

电路与电子技术应用

主　编　张玉凤　李录锋

副主编　王　珂　张传金　李雨潭

参　编　尹　久　董素玲

加入读者圈，获取更多资源

 南京大学出版社

图书在版编目(CIP)数据

电路与电子技术应用 / 张玉凤，李录锋主编. -- 南京 ：南京大学出版社，2022.7

ISBN 978 - 7 - 305 - 25887 - 9

Ⅰ. ①电… Ⅱ. ①张… ②李… Ⅲ. ①电路理论－高等职业教育－教材②电子技术－高等职业教育－教材 Ⅳ. ①TM13②TN01

中国版本图书馆 CIP 数据核字(2022)第 105659 号

出版发行　南京大学出版社
社　　址　南京市汉口路 22 号　　　　邮　编　210093
出 版 人　金鑫荣

书　　名　电路与电子技术应用
主　　编　张玉凤　李录锋
责任编辑　吴　华　　　　编辑热线　025 - 83596997

照　　排　南京南琳图文制作有限公司
印　　刷　南京百花彩色印刷广告制作有限责任公司
开　　本　787×1092　1/16　印张 17.25　字数 420 千
版　　次　2022 年 7 月第 1 版　2022 年 7 月第 1 次印刷
ISBN 978 - 7 - 305 - 25887 - 9
定　　价　49.80 元

网址：http://www.njupco.com
官方微博：http://weibo.com/njupco
微信服务号：njupress
销售咨询热线：(025) 83594756

☞ 扫码可免费获取本书教学资源

前　言

本书是一本面向高等职业技术教育的教材，编者始终着眼于高职院校学生的特点，坚持“以学生为本位，以就业为导向”的指导思想。本书适合电气自动化技术、机电一体化技术、机器人技术等专业选用。教材主要特色：

1. 以“理论基础及技术应用”作为主线设计教学内容，通过5个项目的引领，将知识点融入其中，为了适应学生的认知规律，5个项目的设计遵循由“由简单到复杂，由单一到综合”的原则。

2. 每个项目以真实的产品为载体，学生通过载体完成学习任务，最后实现教学目标。项目1、2、3主要通过实验手段完成，项目4、5通过实验和实际的电子产品的制作完成。项目4、5的电子产品经过多年的教学实践，从产品的设计、参数选型到产品的安装与调试，已经形成了成熟的教学项目，并获国家专利。教材提供了项目产品的原理图、工作原理分析、参数选取、产品的安装图、PCB板图和实物图等资料，方便教学和学习。

3. 修订后的教材按照“项目→任务→学习活动→做、议、学、练”的结构进行组织，将“教、学、做”融为一体。每个项目分解成不同的任务单元，通过任务驱动项目的完成，最终实现教学目标。每个任务单元又由不同的学习活动组成，学习活动主要通过“做、议、学、练”的形式展开，把“做”分解为动手实验和制作实物，首先通过“做”过程激发学生的学习兴趣，然后带着问题进行“议、学、练”环节，从而使学生实现由感性认识上升到理论认识，再由理论认识回到实践中去的认识过程。

4. 增加了部分习题，包括理论和实际相关的习题，并给出了习题的参考答案，方便学习者使用。

5. 教材插入视频，便于学习者学习。

本书由江苏建筑职业技术学院张玉凤、李录锋任主编，江苏建筑职业技术学院王珂、江苏建筑职业技术学院张传金、江苏建筑职业技术学院李雨潭担任副主编，湖北轻工职业技术学院尹久、江苏建筑职业技术学院董素玲参与了编写。

书中一定有错误和不足之处，恳请读者提出宝贵意见。

前言

目　录

项目 1　典型直流电路的测量与应用

学习目标

1. 知识目标

(1) 理解电压、电流等物理量的参考方向。

(2) 掌握欧姆定律和基尔霍夫定律的应用。

(3) 掌握电源等效变换、叠加定理、支路电流法和戴维宁定理等求解电路的方法。

2. 技能目标

(1) 具有正确使用直流电压表、电流表和直流电源的能力。

(2) 具有正确连接电路的能力。

(3) 具有正确测量电压、电流和电位等物理量的能力。

(4) 具备一定的排除电路故障的能力。

任务 1.1　电路的基本物理量的测量及参考方向

学习活动 1　电路的认识

■做一做

图 1.1.1(a)为一个简单的手电筒电路，图(b)为手电筒电路的电路模型，通过电路的连接来分析电路的组成和作用。

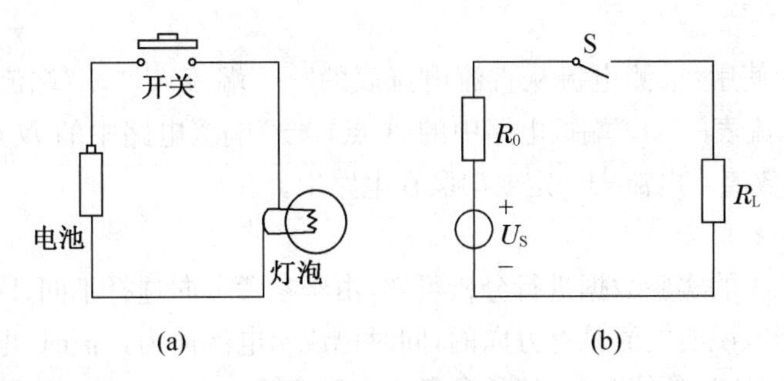

图 1.1.1　手电筒电路

■议一议

通过连接电路我们可知，手电筒这一电路由电池、开关、灯泡、导线四部分组成。

■学一学

1. 电路的组成

电池给灯泡供电,但只有在开关闭合的前提下,才会发亮。所以电池相当于电源,灯泡是供电的对象,称为负载,开关和导线称为中间环节,它的作用是连接电源和负载,使整个电路成为一闭合回路。电源、负载、中间环节为组成电路的三要素。

2. 电路的作用

(1) 能量的传输和转换。如图 1.1.1 的手电筒电路,灯泡发光,电池能转换为光能和热能。

(2) 信号的传递和处理。如图 1.1.2 的扩音机电路,放大器用来放大电信号,而后传递到扬声器,把电信号还原为语言或音乐,实现"声－电－声"的放大、传输和转换作用。

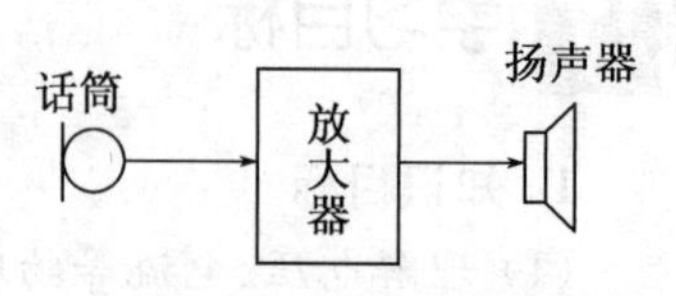

图 1.1.2 扩音机电路

前面我们了解了电路的组成和作用,然而描述一个电路的特性仅以上这些是不够的,还需要一些其他的物理量来描述电路的特征。电流、电压、电动势便是描述电路特征的最基本的物理量。下面先通过实际测试来体验一下这些物理量的存在及它们的方向。

学习活动 2 电流的测量及方向

■做一做

按图 1.1.3 连接好测量电路,用数字直流电流表测量表 1.1.1 中的电流,并将结果记于表 1.1.1 中。

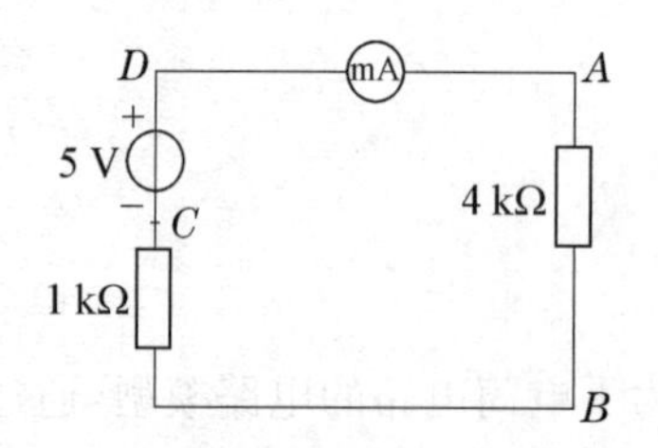

图 1.1.3 电流、电压和电位的测量电路

表 1.1.1 电流的测量

测量对象	测试结果
I_{AD}	
I_{DA}	

直流电流表的使用:被测电流从直流电流表的"＋"端流入,"－"端流出。以测量电流 I_{AD}为例,将直流电流表的"＋"端接电路中的 A 点,"－"端接电路中的 D 点,此时电流表的读数为电流 I_{AD}的数值。电流表一定要串联在电路中。

■议一议

通过对表 1.1.1 的实验数据进行分析可知,由于参考方向选择不同,同一个电路同一处电流值有正、负之分,说明电流是有方向的,同时也说明电流值为正值时,电流的参考方向和实际方向一致,电流值为负值时,电流的参考方向和实际方向不一致。下面进行理论学习。

■学一学

1. 电流的方向

规定正电荷运动的方向为电流的实际方向。但有时在计算和分析电路时,电流的实际方向很难确定,因此可先任意选择一个方向作为参考,该方向称为参考方向,然后在选定的参考方向下进行计算或测量，根据计算或测量结果来判别电流的实际方向。若计算或测量得到的电流值是正值，则说明电流的实际方向和参考方向一致；若计算或测量得到的电流值是负值，则说明电流的实际方向和参考方向不一致。（参考方向可先任意确定）电流的参考方向表示方法：（1）字母带双下标表示，如图 1.1.4(a)所示；（2）箭头表示，如图 1.1.4(b)所示。有时两种方法同时使用。

2. 电流的定义

由电荷（带电粒子）有规则的定向运动而形成。

若在 1 秒内通过导体横截面的电子所带的电荷数为 1 库仑(1 C)，则导体中的电流为 1 安培(1 A)。

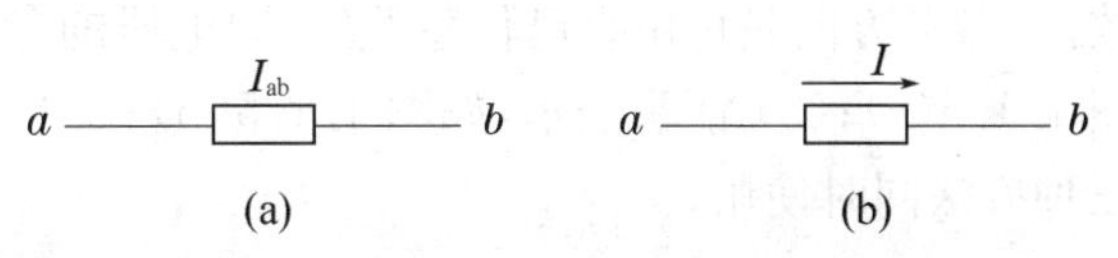

图 1.1.4　电流的参考方向表示方法

（1）交流电流：在 dt 时间内，通过导体横截面 S 的电荷为 dq，则电流为

$$i=\frac{dq}{dt}$$

（2）直流电流：电流的大小和方向不随时间变化而变化，即

$$I=\frac{q}{t}$$

3. 电流的单位

安培，缩写为安，符号为 A。其他还有 uA、mA 等。它们之间的换算关系为

$$1\ \text{uA}=10^{-3}\ \text{mA}=10^{-6}\ \text{A}$$

■练一练

若电流 $I_{ab}=-5$ A，讨论电流的实际方向。

学习活动 3　电压的测量及参考方向

■做一做

按电路图 1.1.3 连接好电路，用数字直流电压表测量表 1.1.2 中的电压，并将结果记于表 1.1.2 中。

表 1.1.2　电压的测量

测量对象	测试结果
U_{AB}	
U_{BA}	

直流电压表的使用：直流电压表的"＋"端接被测电压的高电位，"－"端接被测电压的低电位。以测量电压 U_{AB} 为例，将直流电压表的"＋"端接电路中的 A 点，"－"端接电路中的 B 点，此时电压表的读数为电压 U_{AB} 的数值。电压表一定要并联在电路中。

■议一议

通过对表 1.1.2 的实验数据进行分析可知，由于参考方向选择不同，同一个电路相同两点的电压值有正、负之分，说明电压是有方向的，同时也说明电压值为正值时，电压的参考方向和实际方向一致，电压值为负值时，电压的参考方向和实际方向不一致。下面进行理论学习。

■学一学

1. 电压的方向

电压的方向规定为由高电位端(+)指向低电位端(−)。在分析电路时,可先选择一个参考方向,再根据计算或测量结果来判定。若结果得到的电压值是正值,则说明电压的实际方向和参考方向一致;若结果得到的电压值是负值,则说明电压的实际方向和参考方向不一致。(参考方向是可由自己任意假定的)电压的参考方向表示方法:(1) 标"+""−"表示,如图 1.1.5(a);(2) 箭头表示,如图 1.1.5(b);(3) 字母带双下标表示,如图 1.1.5(c)。有时三种方法同时使用。

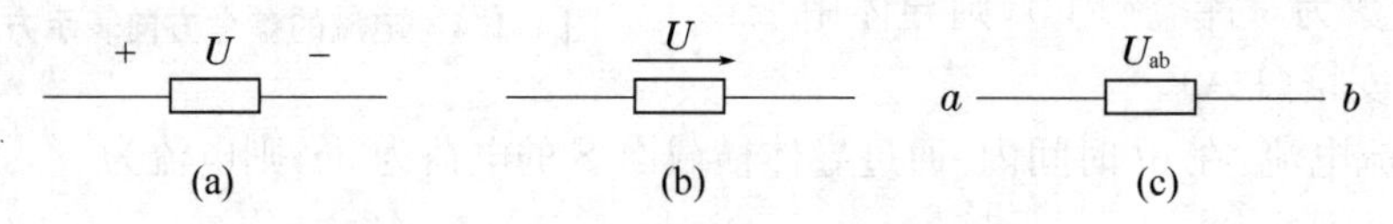

图 1.1.5　电压参考方向的表示方法

2. 电压定义

电荷的电势差在电学名词中称为电压,符号为 U。电压定义为单位正电荷(Q)在电场力作用下沿外电路从一点移到另一点所做的功。功的单位为焦耳(J),电荷的单位为库仑(C)。由此可见,做功越多,电压就越大,所以电压是衡量电场力移动电荷做功本领大小的物理量,即

$$U=\frac{W}{Q}$$

3. 电压的单位

伏特,简称伏,用英文字母 V 表示。另外还有 kV,mV 等。它们之间的换算关系为

$$1\ \text{mV}=10^{-3}\ \text{V}=10^{-6}\ \text{kV}$$

■练一练

若电流 $U_{ab}=-5$ V,讨论电压的实际方向。

学习活动 4　电位的测量及应用

■做一做

按电路图 1.1.3 连接好测量电路,用数字直流电压表测量表 1.1.3 中所示的各电位和电压,并将结果记于表 1.1.3 中。

表 1.1.3　电位的测量

电位 / 参考点	V_A	V_B	V_C	U_{AB}	U_{BC}	U_{CA}
C 点						
A 点						

电位的测量方法:以测量电位 V_B 为例,若以 C 点为参考点,则将直流电压表的"−"端接

电路中的 C 点，"+"端接电路中的 B 点，直流电压表的读数为电位 V_B 的数值。

■议一议

通过对表 1.1.3 的实验数据进行分析可知，由于参考点选择不同，同一电路中同一点的电位值不同，但是电压不变。可见电位是个相对值，电压是个绝对值。

■学一学

1. 电位的定义

在电路中，我们分别选择 C 点和 A 点为参考点，进行了测量。下面选择以 C 点为参考点的实验数据为例进行分析。

从测量结果可以看出，A 点的电位大小即 U_{AC}；B 点的电位大小即 U_{BC} 的电压大小。所以得出电位的定义：**电路中某点的电位就是该点到参考点之间的电压**。**我们可以把参考点电位看作零电位点**。一般选择接地点为参考点。从该定义我们可以得出电位就是电压的结论，两个物理量的本质是相同的。因此电位的单位也为伏特(V)。

2. 电位与电压

(1) 电位与电压的联系

仍以 C 点为参考点的实验数据为例，观察 U_{AB}、V_A、V_B 的实验数据，可以得出如下结论：**电路中某两点之间的电压等于这两点之间的电位差**。即 $U_{AB}=V_A-V_B$。

(2) 电位与电压的区别

从测量结果可以发现，两次测得的 A、B、C 三点电位大小是不同的，但任意两点的电压不变。**可见电位与电路的参考点有关，参考点不同，电位大小也不同，因此电位是个相对值。但电压与电路的参考点无关，可见电压是个绝对值**。

■练一练

讨论电压与电位的关系。

■扩展与延伸

利用水位来引申解释电位。从图 1.1.6 大家很容易可知道此时水位，A 槽水位为 0.8 m，大家可以发现这个高度都是相对地面而言的，地面就是参考水位。如果选 B 槽为参考水位，则 A 槽水位为 0.5 m。所以参考水位不同，那么某点水位的值也就不一样了，也就是说水位的高低是和参考水位有关的。电位也是如此。图 1.1.3 中的电路，若选择 C 点为参考点，则 C 点就相当于地面，所以引申应用到电路中的电位，即电路中某一点相对参考点的电压大小可以称为电位。我们可以把参考点电位看作零电位点。一般选择接地点为参考点。

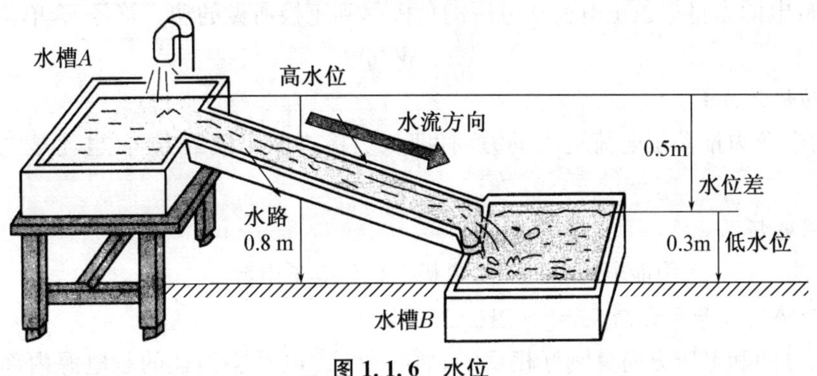

图 1.1.6　水位

在如图 1.1.1 所示电路中,如果把电池拿掉,换上一条导线,无论开关闭合与否,灯泡都不会亮,那么电池的作用是什么?

学习活动 5　电动势的认识

■看一看

图 1.1.7(a)说明了水泵与水流的关系:要保持水持续流动,需要不断用水泵向水槽 A 中抽水。图 1.1.7(b)说明了电池与电流的关系:要使电流持续流动,需靠电池不断提供电能。

电池(电源)具有使电流持续流动的能力,这种能力用电源的电动势表示,用 E 表示,单位为伏特(V),方向为负极"—"指向正极"+"。

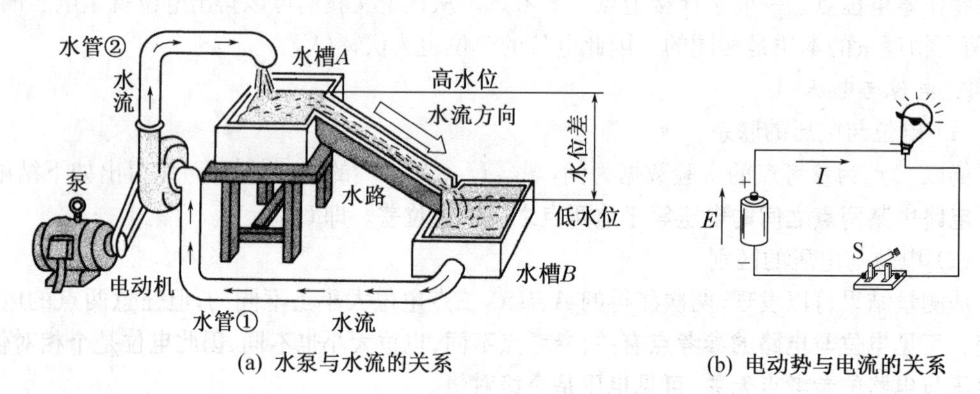

(a) 水泵与水流的关系　　(b) 电动势与电流的关系

图 1.1.7

■学一学

为了更好地了解电动势的含义,从电的本质角度来分析手电筒小灯泡发光的原理。干电池正极聚集了正电荷,负极聚集了负电荷,铜电线中带负电的自由电子被干电池正极吸引,阴极排斥,形成了有规则的电子流动即电流,使小灯泡发光。正如水要有水位差才能流动,电流是由于电池两端的电位差,即电压而形成的。并且干电池内部的化学能不断地将正电荷移到阳极来补充被自由电子中和的正电荷,并不断地在阴极聚集负电荷,从而维持了电池两端产生和维持电位差的能力,这就叫作电动势。如图 1.1.8(a)。

1. 定义

电动势:电源力将单位正电荷从电源的负极移到正极所做的功。符号 E,单位 V,即

$$E=W/q$$

2. 电动势的方向

规定为电源力推动正电荷运动的方向,即从负极指向正极的方向,也就是电位升高的方向。

3. 常用电压源

(1) 电池　(2) 太阳能电池　(3) 发电机　(4) 电子电源

4. 电动势的符号和方向表示[见图 1.1.8(b)]

可见其方向和电压方向是刚好相反的,而 $U=E$。电动势描述的是电源内部电源力克

服电场力把正电荷从低电位推到高电位的正极所做的功，是其他形式能量转换为电能的过程。

电压描述的是电源外部的负载电路中(外电路)电场力推动正电荷从高电位移到低电位，同时克服负载中的阻力所做的功，是电能转换为其他形式能量的过程。

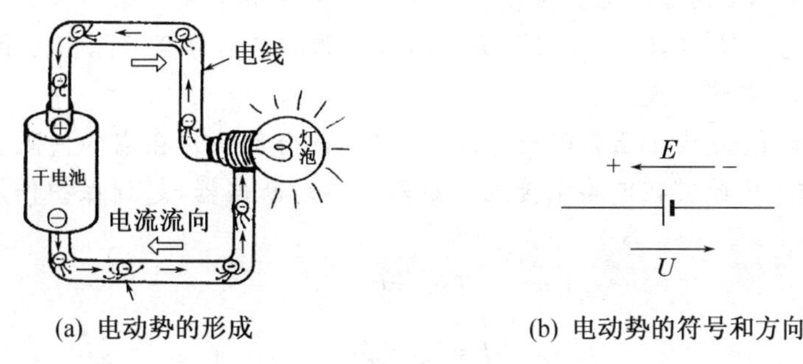

(a) 电动势的形成　　(b) 电动势的符号和方向

图 1.1.8

阅读材料　电路的工作状态及功率平衡

1. 电路的三种工作状态

通过学习，我们已经知道电路是由电源、负载和中间环节三个部分组成的，缺少任何一个部件都不能称之为一个正常的电路，但现实中往往会因某些情况，导致电路出现一些状况，比如负载不小心被短路了或导线断了等现象，那么发生类似现象时，有什么特征，如有不良影响，我们该怎么处理呢？

一简单直流电路如图 1.1.9：其中，E 为电动势，U 为端电压，R_0 为电源的内阻，R 为负载电阻。开关是执行元件，导线将电源、负载和开关连成回路。

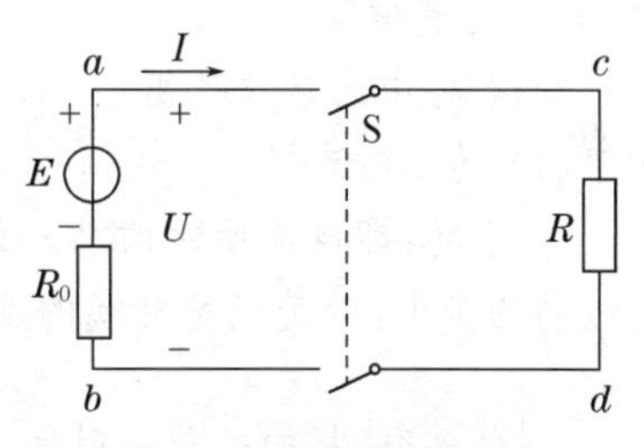

图 1.1.9　有源有载工作

(1) 有载工作状态

图 1.1.9 中，当开关 S 闭合时，接通电源和负载，电源向负载提供电能，负载消耗电能，这种状态就是电路的有载工作状态。根据欧姆定律，电路中的电流为

$$I=\frac{E}{R_0+R}$$

负载电阻两端的电压为

$$U=RI$$

所以

$$U=E-R_0 I$$

负载电阻越小，电流越大。电流越大，电源两端电压越小。

(2) 开路工作状态(空载)

开关断开，电源没有向负载供电，此时称电路处于开路(空载)状态。此时 $I_{OC}=0$，这时电源的端电压称为开路电压或空载电压 U_{OC}，显然电路开路时，

$$U=E=U_{OC}$$

即电路开路时的特征有

$$I_{OC}=0$$

$$U=U_{OC}=E$$

(3) 短路工作状态

当电源的两端 c,d 两点之间直接被一条导线连接或由于某种原因被连在一起时，电路处于短路状态。此时 $R=0,U_{SC}=0,E=I_{SC}R_0$，即电源的电动势全部降在内阻上。这时电源输出的短路电流 I_{SC} 电流很大。

因为短路电流 I_{SC} 远大于正常输出电流，电源能量全部消耗在它的内阻上，造成电源损坏，这是不允许的。因此常在电路中接入熔断器或自动断路器，起到保护作用。所以，短路时电路的特征有

$$U_{SC}=0$$

$$I=I_{SC}=\frac{E}{R_0}$$

短路是一种严重事故，常常是由于绝缘损坏或接线不慎，有时由于疏忽将不该导通的线路接通了，从而导致了短路引起毁坏现象，因此应该经常检查电气设备和线路的绝缘情况。

有时根据工作需要将电路的某一部分或某一元件的两端用导线连接起来，这种局部短路的情况就不是事故了。比如：为了测量电路电流而串入电流表，但不需要测量时，为了保护电流表，可用闭合开关的方法，将电流表“短路”。如图 1.1.10。

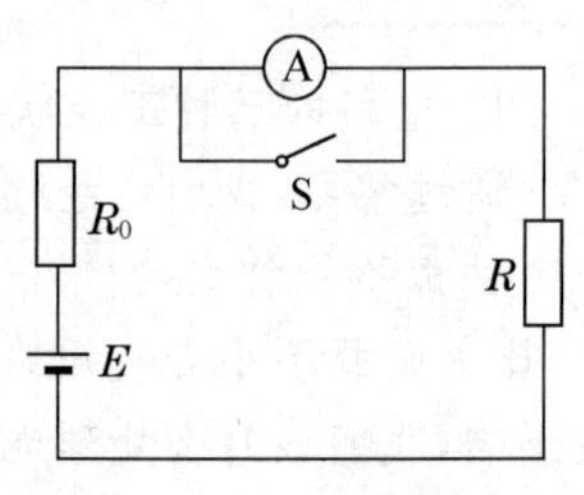

图 1.1.10 短路的应用

通常为了把这种人为安排的有用短路与事故短路区分开来，常将有用短路称为“短接”，如用万用表欧姆调零的时候，将红、黑两表笔短接。

2. 电路中的功率平衡

(1) 功率的定义

① 电功，即电流所做的功。如电流通过电动机，电动机带动其他机器运转而做功。电流做功的多少，就是能量转换的度量，其数学表达式为

$$W=qU=UIt$$

② 电功率，指的是单位时间内电流所做的功，是描述电流做功快慢的物理量。通常所谓的用电设备容量，都是指其电功率的大小，它表示该用电设备做功的本领，其数学表达式为

$$P=\frac{W}{t}=UI$$

对电阻来说，由欧姆定律可得电阻上消耗的电功率为

$$P=\frac{U^2}{R}=I^2R$$

直流电路中电路的总功率等于各个电阻的功率之和。

$$P_T=P_1+P_2+P_3+\cdots+P_n$$

电阻的功率是很重要的，因为电阻的额定功率必须足够高，用于满足电路的预期功率。

(2) 电流的热效应

电流通过导体时，导体的温度会升高。这是因为导体吸收电能转换为热能的缘故，这种

现象叫作电流的热效应,其数学表达式为

$$Q=I^2Rt$$

单位为焦耳(J)。

如白炽灯、电烙铁、电饭锅等电器都是使用电流热效应原理工作的。但是,对于不是以发热为目的的电力设备,电流通过导体发出热量,不仅造成能量的损耗,严重时可能导致设备的损坏。

(3) 额定值

额定值是制造厂为了使产品能在给定的工作条件下正常运行而规定的正常容许值。这个容许值主要指的是电压、电流、功率的容许值,其余还有工作温度之类的。若使用时超过额定值,则会损坏电气设备;若使用时电压和电流远低于额定值,则又得不到正常合理的工作情况,而且也不能充分利用设备的能力。所以我们在使用时,一定要充分考虑额定数据。

额定电压用U_N表示,额定电流用I_N表示,额定功率用P_N表示。一般电气设备或元件的额定值标在铭牌上或写在说明书上。

(4) 功率平衡

电路中电源产生的功率等于内阻消耗的功率和负载消耗的功率之和,遵循能量守恒定律。

3. 电源和负载的判断

方法一:

电源:U和I的实际方向相反,电流从"+"端流出,输出功率,则为电源。

负载:U和I的实际方向相同,电流从"+"端流入,吸收功率,则为负载。

方法二:

电源:当U和I的参考方向一致时,$P=UI<0$,产生功率,则为电源。

负载:当U和I的参考方向一致时,$P=UI>0$,吸收功率,则为负载。

任务1.2　线性电阻特性的测试与应用

学习活动1　电阻的认识

■看一看

从实验室拿出具有不同外形的电阻,观察常见固定电阻的外形及电阻器身的文字符号,了解它们的含义,图1.2.1所示为常用电阻器的外形。

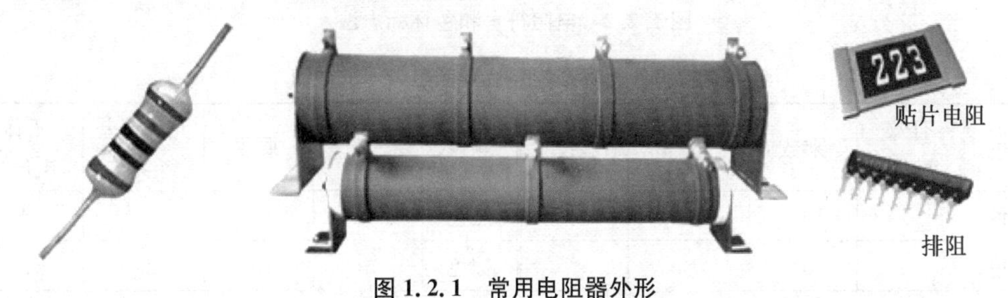

图1.2.1　常用电阻器外形

■**测一测**

用指针式万用表测量电阻值，步骤如下：

1. 选挡：将转换开关拨到“Ω”挡。

2. 选量程：根据被测电阻的大小选择合适的“Ω”挡倍率，有“$R\times1$、$R\times10$、$R\times100$、$R\times1$ k”等。通常所选倍率应使测量时的指针指在刻度线的中间段。

3. 调零：将红黑表笔短接，调节“欧姆调零”旋钮使针指在 0 Ω 位置。注意：每次改变欧姆挡量程时，都要重新调零。

4. 连接：将被测电阻从电路中断开，两个表笔分别接在被测电阻的两个引线上。（严禁对通电的电阻进行测量！）

5. 读数：

(1) 读标有“Ω”的刻度线。

(2) 读指针指示的数值，再乘以量程倍率即被测电阻的阻值。

例如：转换开关拨至 Ω 挡的“$R\times100$”倍率时，指针指到 30，则该电阻的实际阻值为 $30\times100\ \Omega=3\ 000\ \Omega=3\ \text{k}\Omega$。

除了可以用指针式万用表测量电阻，还可以用数字万用表进行电阻的测量。

■**学一学**

电阻符号如图 1.2.2(a)所示，单位为欧姆，简称欧，用字母 Ω 表示。

电阻器的类别、标称阻值及误差、额定功率一般均标注在电阻器外表面上。目前常用的标注方法有两种：直标法与色标法。本书只介绍色标法，对于直标法读者可查阅相关资料。

色标法：将电阻器类别及主要技术参数的数值用颜色（色环或色点）标注在它的表面上，如图 1.2.2(b)所示。各种颜色表示的数值见表 1.2.1。

(a) 电阻符号

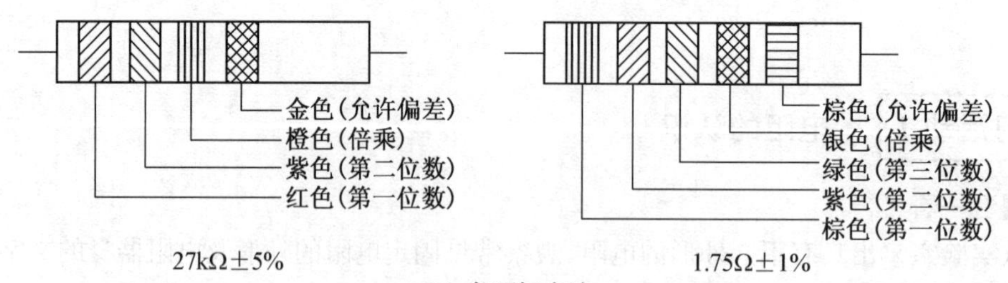

(b) 色环标志法

图 1.2.2 电阻符号和色环标志法

表 1.2.1 色标法中各色环颜色表示的数值

颜色	有效数字	乘数	允许偏差(%)	工作电压*	颜色	有效数字	乘数	允许偏差(%)	工作电压*
银色		10^{-2}	±10		黑色	0	10^{0}		4
金色		10^{-1}	±5		棕色	1	10^{1}	±1	6.3

(续表)

颜色	有效数字	乘数	允许偏差(%)	工作电压*	颜色	有效数字	乘数	允许偏差(%)	工作电压*
红色	2	10^2	±2	10	紫色	7	10^7	±0.1	50
橙色	3	10^3		16	灰色	8	10^8		63
黄色	4	10^4		25	白色	9	10^9	+5～−20	
绿色	5	10^5	±0.5	32	无色			±20	
蓝色	6	10^6	±0.2	40					

首先,我们要把颜色与代表的数字熟记,即棕 1、红 2、橙 3、黄 4、绿 5、蓝 6、紫 7、灰 8、白 9、黑 0。把它编成口诀如下:棕 1 红 2 橙为 3,4 黄 5 绿 6 是蓝,7 紫 8 灰 9 雪白,黑色是零须牢记。

其次,关键是搞清第三环所表示的数量级。具体如下:金环:欧姆级;黑环:几十欧;棕环:几百欧;红环:几千欧(kΩ);橙环:几十千欧(kΩ);黄环:几百千欧(kΩ);绿环:兆欧级。其余不常用,可以不记。把以上的内容编成口诀:金色欧姆黑几十,棕为几百红是 k,几十 k 级橙色当,几百 k 级是黄环,登上兆欧涂绿彩,2 环出黑是整数。第二环颜色如果是黑色,那么该阻值将是整数。(该口诀适合四环电阻)

最后,把这两者结合起来,加上最后一环金色为Ⅰ级误差(±5%)、银色为Ⅱ级误差(±10%),就能把色环电阻的阻值和误差很快读出来了。

如有一个电阻,色环是"白、棕、金、银"。因为第三环金色为欧姆级,前面第一环"白"9,第二环"棕"1,最后"银"为±10%,所以综合起来是 9.1 Ω±10%。另一只电阻,色环是"橙、红、绿、金"。它表示的阻值是 3.2 MΩ±5%。再有一个电阻,色环是"红、黑、橙、金"。因为第二环是黑,所以是整数几十千欧(kΩ),它表示的阻值为 20 kΩ±5%。

■练一练

讨论色标法读阻值的方法。

学习活动 2　欧姆定律的测试与应用

扫码见视频 1

■做一做

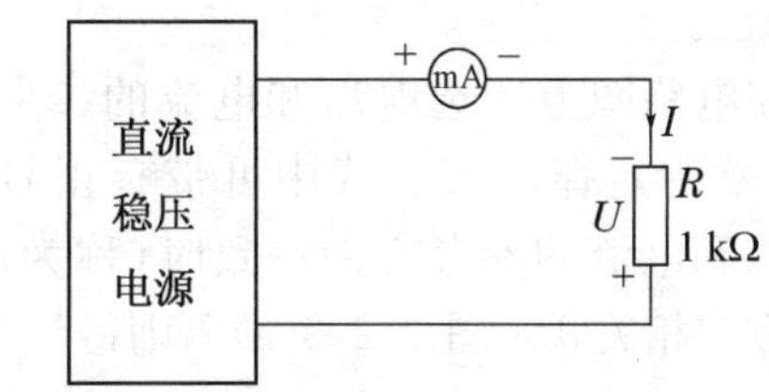

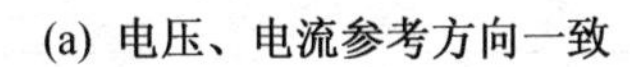

(a) 电压、电流参考方向一致　　(b) 电压、电流参考方向不一致

图 1.2.3　欧姆定律的测量电路

按图 1.2.3 连接好测量电路,保持电路图中电阻不变(R=1 kΩ),调节直流稳压电源,

分别测量在不同的电源电压下的电阻 R 的电流 I 和电压 U。并将结果记入表 1.2.2 和表 1.2.3 中。

表 1.2.2　欧姆定律的测量(U、I 参考方向一致)

U(V)									
I(mA)									

表 1.2.3　欧姆定律的测量(U、I 参考方向不一致)

U(V)									
I(mA)									

■**议一议**

通过对表 1.2.2 的实验数据进行分析，我们发现：电阻不变时，电压减小，电流减少；电压增大，电流增加，即 $I=\frac{U}{R}$。通过对表 1.2.3 的实验数据进行分析，得出 $I=-\frac{U}{R}$。

■**学一学**

通常流过电阻的电流与电阻两端的电压成正比，这就是欧姆定律。它是分析电路的基本定律之一。欧姆定律可用下式表示：

$$I=\frac{U}{R}$$

式中 R 为该段电路的电阻。

由上式可见，当所加电压 U 一定时，电阻 R 愈大，则电流 I 愈小。显然，电阻具有对电流起阻碍作用的物理性质。

通过测量电阻两端的电压值和流过电阻的电流值，绘出的是一根通过坐标原点的直线，如图 1.2.4 所示。因此，遵循欧姆定律的电阻称为线性电阻，它是一个表示该段电路特性而与电压和电流无关的常数。图 1.2.4 的直线常称为线性电阻的伏安特性曲线。

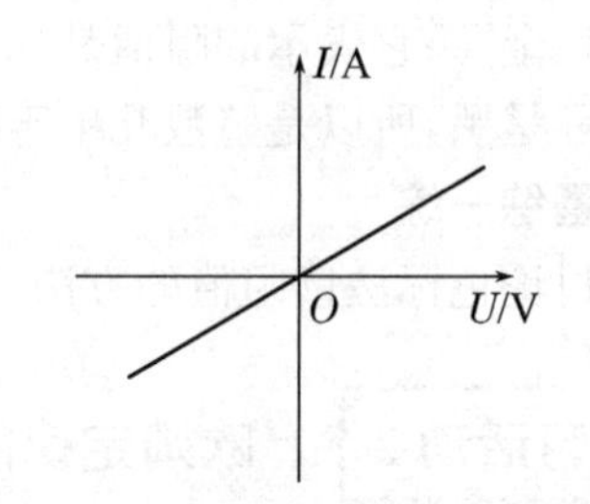

图 1.2.4　线性电阻的伏安特性曲线

在国际单位制中，电阻的单位是欧[姆](Ω)。当电路两端的电压为 1 V，通过的电流为 1 A 时，则该段电路的电阻为 1 Ω。计量高电阻时，则以千欧(kΩ)或兆欧(MΩ)为单位。

根据在电路图上所选电压和电流的参考方向的不同，在欧姆定律的表示式中可带有正号或负号。当电压和电流的参考方向一致时(称为电压、电流参考方向相关联)[图 1.2.5(a)]，则得

$$I=\frac{U}{R}$$

当两者的参考方向选得相反时(称为电压、电流参考方向非关联)[图 1.2.5(b)]，则得

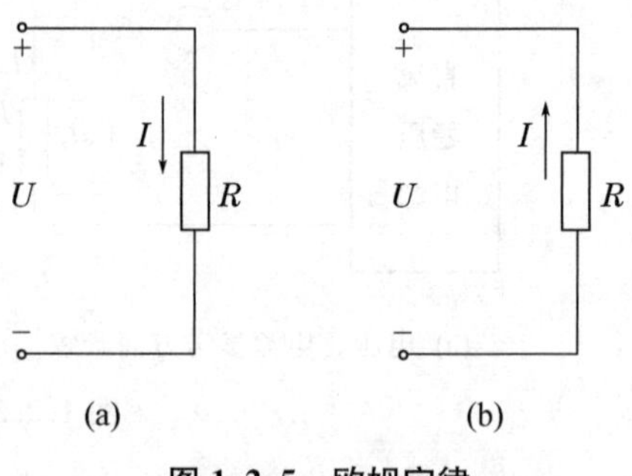

图 1.2.5　欧姆定律

$$I=-\frac{U}{R}$$

这里应注意,一个式子中有两套正负号,上两式中的正负号是根据电压和电流的参考方向得出的。此外,电压和电流本身还有正值和负值之分。

■**练一练**

例 1.2.1:应用欧姆定律对图 1.2.6 的电路列出式子,并求电阻 R。

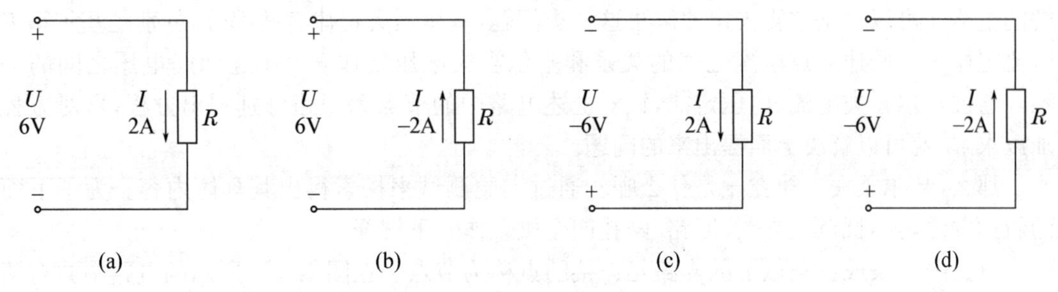

图 1.2.6　例 1.2.1 的电路

解:

在图(a)中可见,电流与电压的参考方向一致,所以

$$R=\frac{U}{I}=\frac{6}{2}\Omega=3\ \Omega$$

在图(b)中:电压与电流参考方向相反,所以

$$R=-\frac{U}{I}=-\frac{6}{-2}\Omega=3\ \Omega$$

在图(c)中:电压与电流参考方向相反,所以

$$R=-\frac{U}{I}=-\frac{-6}{2}\Omega=3\ \Omega$$

在图(d)中:电流与电压的参考方向一致,所以

$$R=\frac{U}{I}=\frac{-6}{-2}\Omega=3\ \Omega$$

图 1.2.7 中可以看出,R_0 和 R 串联,即

$$R_{总}=R_0+R$$

再根据欧姆定律可得

$$I=\frac{E}{R_{总}}$$

即

$$I=\frac{E}{R_0+R}$$

我们称该式为全电路欧姆定律。

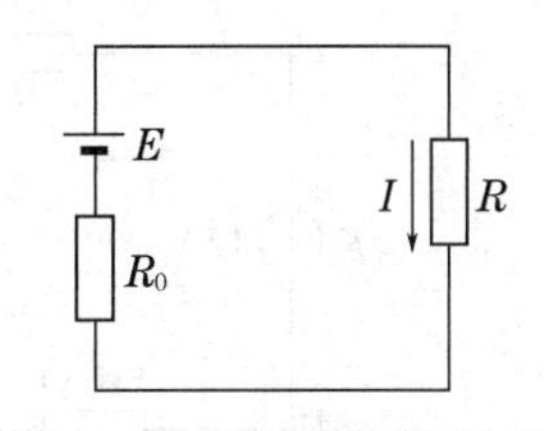

图 1.2.7　全电路欧姆定律

任务 1.3　基尔霍夫定律的测试与应用

简单电路可以用电阻的串并联及欧姆定律来求解线性电阻元件的电流、电压,那么,对于如图 1.3.1 所示的复杂电路呢?所谓复杂电路,就是指不能用元件的串、并联加以化简求解的电路。可以用基尔霍夫定律解决这一类问题,基尔霍夫定律有两部分,分别是基尔霍夫电流定律——阐述节点电流之间的关系和基尔霍夫电压定律——阐述回路电压之间的关系。通过基尔霍夫电流、电压定律,针对上述电路中的节点和回路分别列出方程,再对方程加以求解,就可以解决上面提出来的问题。

那么,基尔霍夫定律究竟是什么呢?通过实验测试来探索得出其具体内容。为了下面的叙述方便,先对节点、支路、回路、网孔四个概念作一下解释。

电路中三条或三条以上的支路相连接的点称为节点。在图 1.3.1 所示的电路中共有两个节点:a 和 b。

电路中的每一分支称为支路,一条支路流过一个电流,称为支路电流。在图 1.3.1 中共有三条支路:aR_3b、aR_1E_1b 和 aR_2E_2b。

回路是由一条或多条支路所组成的闭合电路。图 1.3.1 中共有三个回路:$adbca$,$abca$ 和 $adba$。

网孔是一种最简单的回路,即回路中间没有支路穿过。图 1.3.1 中有两个网孔:$abca$ 和 $adba$。

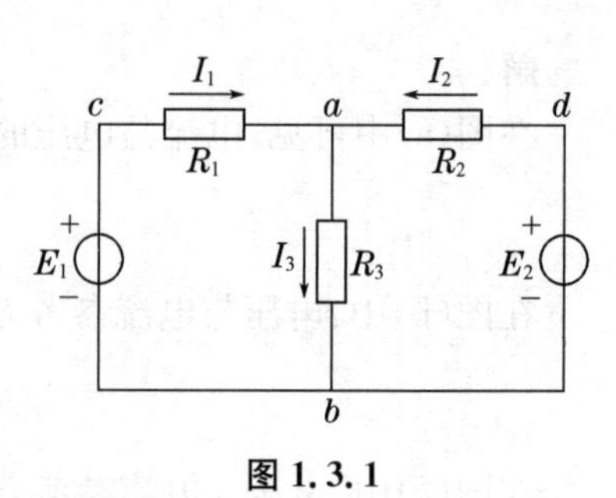

图 1.3.1

学习活动 1　基尔霍夫电流定律(KCL)的测试与应用

■**做一做**

按图 1.3.2 连接好测量电路,按图示测量各支路电流,并记录于表 1.3.1 中。

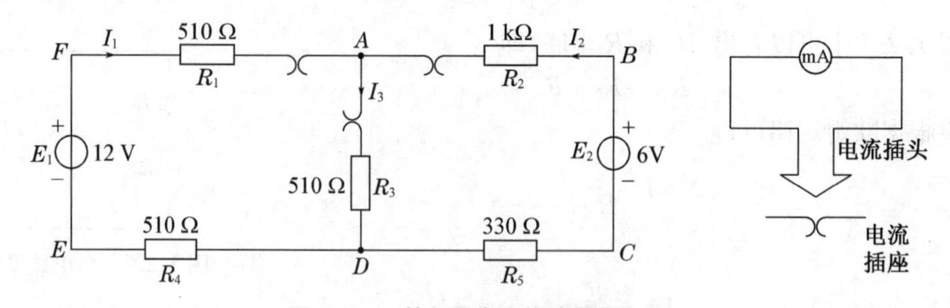

图 1.3.2　基尔霍夫定律的测量电路

表 1.3.1　基尔霍夫电流定律的测量

I_1	I_2	I_3

在实验中,要用到电流插座和插头。电流插座是与电流表配合使用的,可以实现一表多

用。只要预先在需要测量电流的每个支路中串联一只电流插座，就可以方便地用一块电流表测量每个支流的电流。电流插座的符号和原理结构如图1.3.3所示。测量前，电路中的电流自A点经过互相接触的金属簧片1和2流到B点。当测量电流时，将连接在电流表上的插头4插入电流插座的插孔中。这样，电流从A、簧片1和插头顶端的金属圆球3流经电流表，然后由插头的金属杆4和簧片2流到B。电流的通路如箭头所示，电流的数值由电流表读出。测量完毕，将插头拔出，簧片1和2恢复接触，原电路仍保持接通。熟悉电流插头的结构，将电流插头所连接的红色插头端接至数字毫安表"＋"，电流插头所连接的黑色插头端接至数字毫安表"－"两端。将电流插头分别插入三条支路的三个电流插座中，插头一定要插到插座的底部，读出数据并记录电流值。

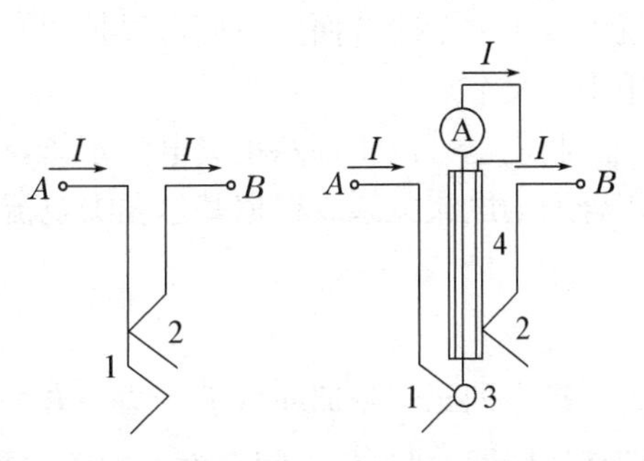

图1.3.3　电流插座符号及结构图

■**议一议**

通过对表1.3.1实验数据进行分析，我们得出如下结论：对于电路中的任何一个节点来说，在任一瞬间，流入节点的电流总和等于流出节点的电流总和。这就是基尔霍夫电流定律，下面进行理论学习。

■**学一学**

基尔霍夫电流定律是用来确定连接在同一节点上的各支路电流间关系的。由于电流的连续性，电路中任何一点（包括节点在内）均不能堆积电荷。因此，在任一瞬时，流向某一节点的电流之和应该等于由该节点流出的电流之和。

在图1.3.1所示的电路中，对节点a可以写出

$$I_1+I_2=I_3$$

或将上式改写成

$$I_1+I_2-I_3=0$$

即

$$\sum I=0$$

就是在任一瞬时，一个节点上电流的代数和恒等于零。如果规定参考方向指向节点的电流取正号，则背离节点的就取负号。

根据计算的结果，有些支路的电流可能是负值，这是由于所选定的电流的参考方向与实际方向相反。

■**扩展与应用**

基尔霍夫电流定律通常应用于节点，也可以把它推广应用于包围部分电路的任一假设的闭合面。

结论：在任一瞬间，通过任一闭合面电流的代数和也恒等于零。基尔霍夫定律通常应用于节点。但对于图1.3.4中由三个电阻三角形连接所组成的电路，我们给它在外面画一个虚线圆圈，这个虚线圆圈

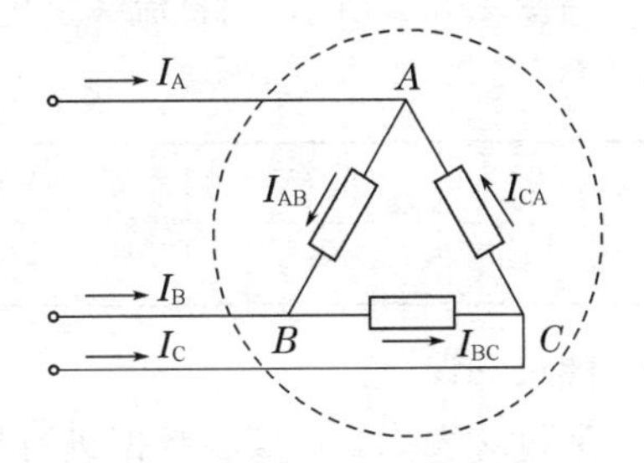

图1.3.4　基尔霍夫电流定律的扩展应用

就引成了一个闭合面。我们可以把闭合面看成一个“广义节点”，基尔霍夫电流定律同样适用于广义节点。

我们也可以用基尔霍夫电流定律，写出 A、B、C 三个节点的电流关系，从而推导出流入闭合面的电流关系。根据基尔霍夫电流定律有$I_A=I_{AB}-I_{CA}$

$$I_B=I_{BC}-I_{AB}$$

$$I_C=I_{CA}-I_{BC}$$

把上列三式相加即得 $I_A+I_B+I_C=0\Rightarrow\sum I=0$

即任一瞬间，通过任一闭合面的电流的代数和也恒等于零。根据这一原理，基尔霍夫电流定律还可以推广应用到其他一些场合。

■**练一练**

例 1.3.1:一个晶体三极管(有关内容将在本书的项目 4 中进行介绍)有三个电极，各极电流的方向如图 1.3.5 所示，各极电流关系如何?

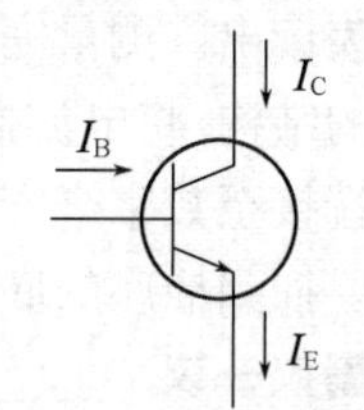

图 1.3.5　例 1.3.1 的电路

解:晶体管可看成一个闭合面，则有

$$I_E=I_B+I_C$$

例 1.3.2:两个电气系统若用两根导线连接，如图 1.3.6(a)，电流 I_1 和 I_2 的关系如何?若用一根导线连接，如图 1.3.6(b)，电流 I 是否为零?

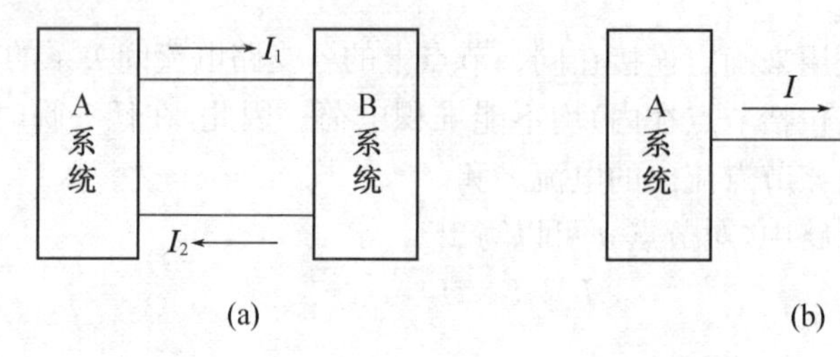

图 1.3.6　例 1.3.2 的电路

解:将 A 电气系统视为一个广义节点，则

对图(a)，有 $I_1=I_2$;对图(b)，有 $I=0$。

扫码见视频 2

学习活动 2　基尔霍夫电压定律(KVL)的测试与应用

■**做一做**

按图 1.3.2 所示，用直流数字电压表分别测量各电压值，记录于表 1.3.2 中。

表 1.3.2　基尔霍夫电压定律的测量

U_{FE}(V)	U_{BC}(V)	U_{FA}(V)	U_{AB}(V)	U_{AD}(V)	U_{CD}(V)	U_{DE}(V)

■**议一议**

通过对表 1.3.2 实验数据进行分析，我们得出如下结论:沿任一回路循行，电压的代数和恒等于零。规定沿回路循行电位降的电压取正号，则电位升的电压取负号。这就是基尔霍夫电压定律，下面进行理论学习。

■学一学

基尔霍夫电压定律是用来确定回路中各段电压间关系的。如果从回路中任意一点出发，以顺时针方向或逆时针方向沿回路循行一周，则在这个方向上的电位降之和应该等于电位升之和。回到原来的出发点时，该点的电位是不会发生变化的。此即电路中任意一点的瞬时电位具有单值性的结果。

今以图 1.3.2 所示的一个回路为例，图中电源电动势、电流和各段电压的参考方向均已标出。按照 $ADEF$ 方向循行一周，根据电压的参考方向可列出

$$U_{FA}+U_{AD}+U_{DE}=U_{FE}$$

或将上式改写为

$$U_{FA}+U_{AD}+U_{DE}-U_{FE}=0$$

即

$$\sum U=0$$

沿任一回路循行，电压的代数和恒等于零。规定沿回路循行电位降的电压取正号，则电位升的电压取负号。

■扩展与应用

基尔霍夫电压定律的推广应用：基尔霍夫电压定律扩展应用于回路的部分电路，如果把图 1.3.7(a)中并未闭合的回路 $AOBA$ 看成一个虚拟的闭合回路，则

$$\begin{cases}\sum U=U_{AO}-U_{BO}-U_{AB}=0\\ U_{AB}=U_A-U_B\end{cases}$$

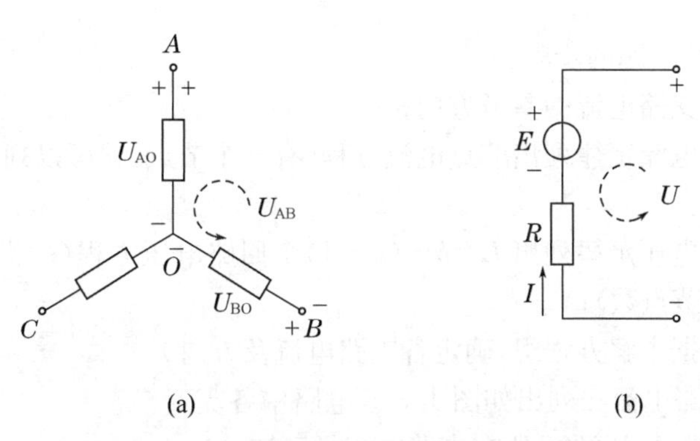

图 1.3.7 基尔霍夫电压定律的推广应用

同理，对图 1.3.7(b)的电路可列出：

$$E-U-RI=0$$

或

$$U=E-RI$$

可见用欧姆定律与基尔霍夫定律解答是一致的，所以基尔霍夫定律可以应用于简单或复杂的一切电路。

列方程时，不论是应用基尔霍夫定律或欧姆定律，首先都要在电路图上标出电流、电压或电动势的参考方向，因为所列方程中各项前的正负号是由它们的参考方向决定的，如果参

考方向选得相反，则会相差一个负号。

■练一练

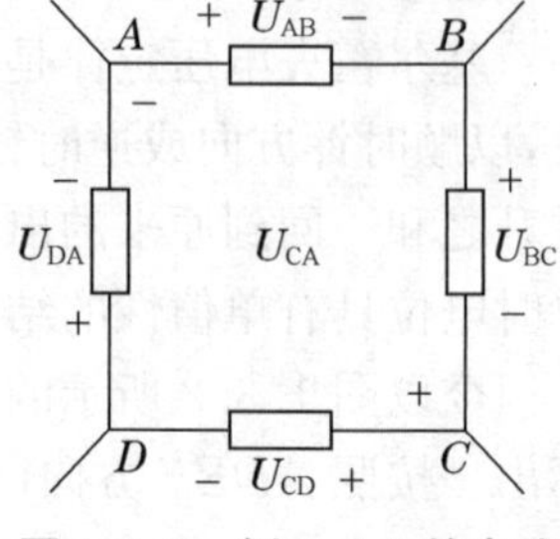

图 1.3.8　例 1.3.3 的电路

例 1.3.3：有一闭合回路如图 1.3.8 所示，各支路的元件是任意的，但已知：$U_{AB}=5\ \text{V}$，$U_{BC}=-4\ \text{V}$，$U_{DA}=-3\ \text{V}$。试求：(1) U_{CD}；(2) U_{CA}。

解：(1) 由基尔霍夫电压定律可列出

$$U_{AB}+U_{BC}+U_{CD}+U_{DA}=0$$

即

$$5+(-4)+U_{CD}+(-3)=0$$

得

$$U_{CD}=2\ \text{V}$$

(2) $ABCA$ 不是闭合回路，也可应用基尔霍夫电压定律列出

$$U_{AB}+U_{BC}+U_{CA}=0$$
$$5+(-4)+U_{CA}=0$$
$$U_{CA}=-1\ \text{V}$$

扫码见视频 3

学习活动 3　基尔霍夫定律的应用(支路电流法)

支路电流法是基尔霍夫定律的应用。求解复杂电路的方法有多种，我们可以根据不同电路特点，选用不同的方法去求解。其中最基本、最直观、手工求解最常用的就是支路电流法。

利用支路电流法解题的步骤：

1. 任意标定各支路电流的参考方向；

2. 用基尔霍夫电流定律列出节点电流方程(有 n 个节点，就可以列出 $n-1$ 个独立电流方程)；

3. 用基尔霍夫电压定律列出 $L=b-(n-1)$ 个回路电压方程(L 指的是网孔数，b 指的是支路数，n 指的是节点数)；

4. 代入已知数据求解方程组，确定各支路电流及方向。

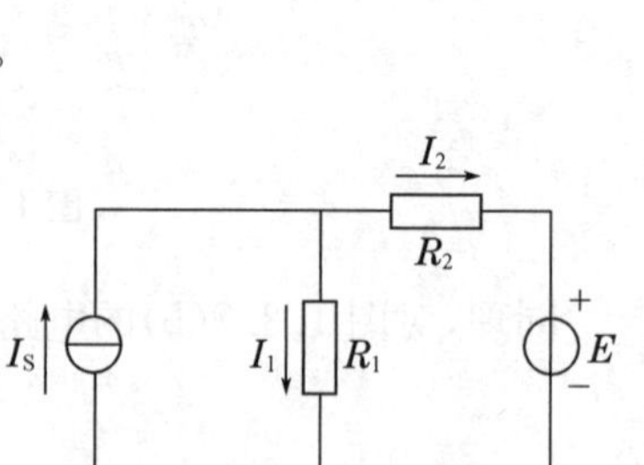

图 1.3.9　例 1.3.4 的电路

例 1.3.4：用支路电流法列出如图 1.3.9 电路中各支路电流的方程。(已知恒流源 I_S所在支路电流是已知的)

解：由电路图可见该电路中有一恒流源支路，且其大小是已知的，所以在解题的时候只需要考虑其余两条未知支路的电流即可。

(1) 假设流过 R_1、R_2的电流参考方向如图所示，取两个电阻的电压参考方向和流过它们的电流方向一致。

(2) 列节点电流方程

$$I_1+I_2=I_S$$

(3) 列网孔电压方程

$$I_2R_2+E-I_1R_1=0$$

联立以上两个方程，代入数据即可求得。

用支路电流法求解支路数量较多的电路时，所需列的方程数也较多，这就使得求解较为繁杂。那么针对这样的电路，有没有什么更适合的方法来求解呢？

阅读材料 节点电压法

对于节点较少而支路较多的电路，用支路电流法比较麻烦，方程过多，不易求解。在这种情况下，如果选取节点电压作为独立变量，就可使得计算简便得多。这就是我们要学习的另一种方法——节点电压法，即弥尔曼定理。

解题步骤：

1. 选择参考节点，设定参考方向；
2. 求节点电压 U；
3. 求支路电流。

例 1.3.5：电路如图 1.3.10，求解各支路电流 I_1、I_2、I_3、I_4。

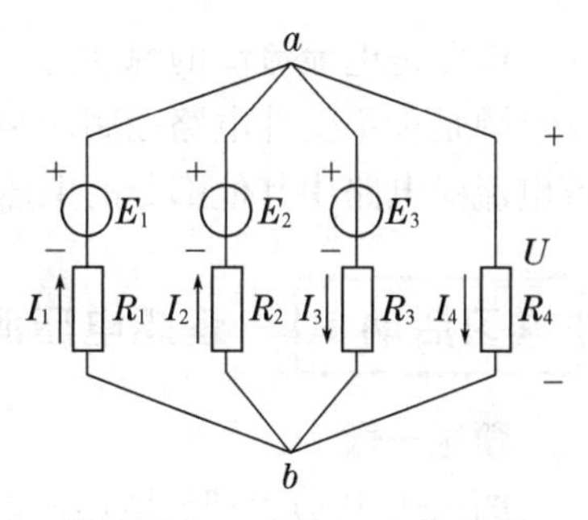

图 1.3.10 例 1.3.5 的电路

解：(1) 选择参考节点，设定参考方向。选择电路中 b 点作为参考点，并设定节点电压为 U，其参考方向为由 a 至 b。(这里也可选择以 a 点为参考点，参考方向由 b 至 a)

(2) 求节点电压 U

各支路的电流可应用 KCL、KVL 或欧姆定律得出，即

$$\left.\begin{aligned} U&=E_1-R_1I_1, & I_1&=\frac{E_1-U}{R_1}\\ U&=E_2-R_2I_2, & I_2&=\frac{E_2-U}{R_2}\\ U&=E_3+R_3I_3, & I_3&=\frac{-E_3+U}{R_3}\\ U&=R_4I_4, & I_4&=\frac{U}{R_3} \end{aligned}\right\} \tag{1.3.1}$$

根据 KCL 定律可得

$$I_1+I_2-I_3-I_4=0$$

将式(1.3.1)代入上式，则

$$\frac{E_1-U}{R_1}+\frac{E_2-U}{R_2}-\frac{-E_3+U}{R_3}-\frac{U}{R_4}=0$$

可求得

$$U=\frac{\dfrac{E_1}{R_1}+\dfrac{E_2}{R_2}+\dfrac{E_3}{R_3}}{\dfrac{1}{R_1}+\dfrac{1}{R_2}+\dfrac{1}{R_3}+\dfrac{1}{R_4}}=\frac{\sum\dfrac{E}{R}}{\sum\dfrac{1}{R}}$$

这就是节点电压计算公式。式中，分子的各项由电动势 E 和节点电压 U 的参考方向确定其正、负号，当 E 和 U 的参考方向相同取负号，相反时取正号。凡是具有两个节点的电

路，可直接利用上式计算求出节点电压。

(3) 求支路电流

求出节点电压 U 后，将 U 代入电流公式(1.3.1)中，即可求出各支路电流。

扫码见视频 4

任务 1.4　独立电源特性的测试与应用

电源我们经常听到，也经常用到。任何电器设备要工作，都要用电源。在实验台上，我们就可以看到以电压形式存在的电压源和以电流形式存在的电流源。那么电源有什么样的特性呢？电压源、电流源是否可以转换呢？我们要学习的是电源的形式及电源的等效转换，通过各个电源之间的转换，将其变为简单的电压源电路或电流源电路，然后再用欧姆定律求解。

电源是电流流动的源动力，实际电路中电源以两种形式存在，即独立电源和受控源。独立电源是指不受外电路控制而独立存在的电源，比如电池、发电机。受控源是指它们的电压或电流受电路中其他部分的电压或电流控制的电源。

学习活动 1　理想电压源的特性测试及分析

■做一做

图 1.4.1(a)为理想电压源的符号(内阻为 0)，按图(b)连接好测量电路。调节 R_2，令其阻值由 0 到 470 Ω 变化，测量电压和电流，记录于表 1.4.1 中。

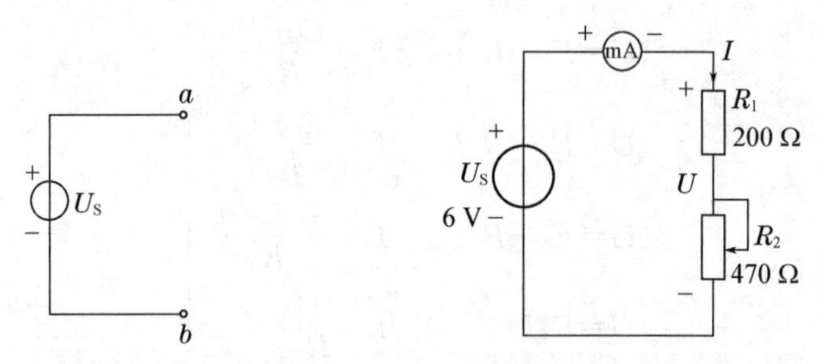

(a) 理想电压源的符号　　(b) 理想电压源特性的测量电路

图 1.4.1　理想电压源的符号及特性的测量电路

表 1.4.1　理想电压源特性的测量

U(V)							
I(mA)							

直流稳压电源的使用：由于直流稳压电源在使用的过程中严禁短路，因此实验中串入 R_1，当 R_2 调节到 0 Ω 时，防止电源短路烧毁。

■议一议

通过对表 1.4.1 的实验数据进行分析，我们可得出理想电压源的特性：当电路的外接负载发生变化时，理想电压源输出端两端之间的电压总保持不变($U=U_S$)，即理想电压源输出端两端之间的电压与外接负载无关；但输出电流与外接负载有关，当负载变化时，理想电压源的输出电流值随之变化。由此得出该电源的外特性曲线（见图 1.4.2），下面进行理论学习。

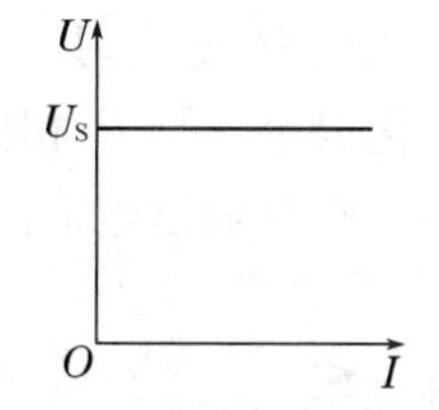

图 1.4.2　理想电压源的外特性曲线

■学一学

理想电压源可以向外电路提供一个恒定值的电压 U_S（所以理想电压源又称恒压源），当外接负载电阻变化时，流过理想电压源的电流将发生变化，但电压 U_S 不变。因此理想电压源有两个特点：其一是任何时刻输出电压都和流过的电流大小无关；其二是输出电流取决于外电路，由外部负载电阻决定，即 $I=\dfrac{U_S}{R}$。

学习活动 2　电压源的特性测试及分析

■做一做

实际上并没有理想的电压源。也就是说，所有的电压源基于物理和化学结构都有固有的内阻，这可以表示为一个与理想电压源串联的电阻，如图 1.4.3(a)所示。R_0 为电压源内阻，U_S 为电源电压。无外接电阻时，输出电压（a 到 b 的电压）为 U_S。这个电压有时称为开路电压。按图 1.4.3(b)连接好测量电路。调节 R_2，令其阻值由 0 到 470 Ω 变化，测量电压和电流，记录于表 1.4.2 中。

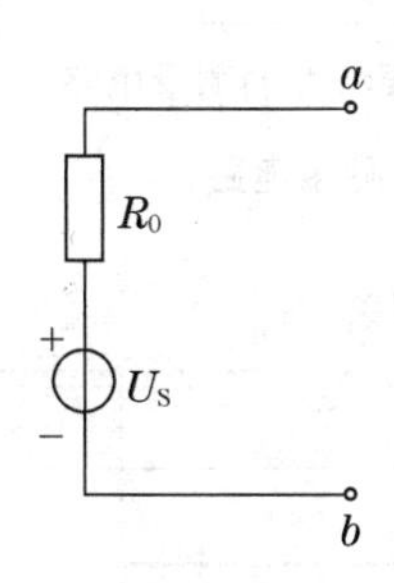

(a) 电压源的符号

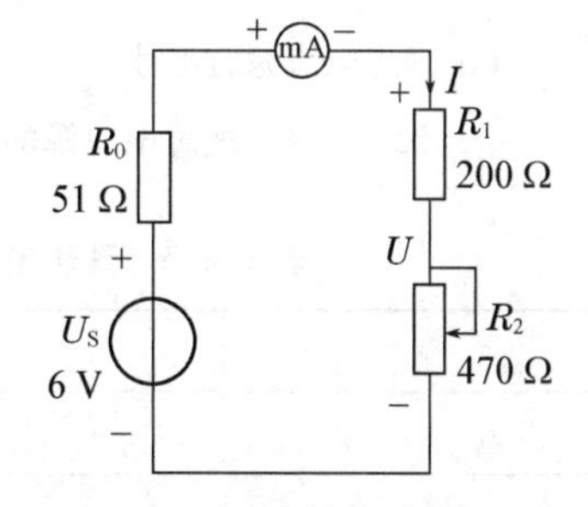

(b) 电压源特性的测量电路

图 1.4.3　实际电压源的符号及特性的测量电路

表 1.4.2　电压源特性的测量

U(V)							
I(mA)							

■议一议

通过表 1.4.2 的实验数据进行分析，我们可得出实际电压源的特性：当负载电阻变化时，电压源输出端的两端之间的电压会发生变化，输出电流也随之变化。

■学一学

当一个负载电阻连接到输出端时，如图 1.4.3(b)所示，并不是全部的电源电压都加在 R_L（$R_L=R_1+R_2$）上。因为 R_0 和 R_L 串联，所以一部分电压加在了 R_0 上。如果 R_0 比 R_L 小很多，那么电源接近理想情况，几乎所有的电源电压 U_S 都加在电阻 R_L 上，内阻 R_0 两端的电压降很小。如果 R_L 变化，只要 R_L 比 R_0 大很多，输出端就仍保持绝大部分电源电压，所以输出电压的变化很小。与 R_0 相比，R_L 越大，输出电压的变化就越小。

输出电压与输出电流的关系为

$$U=U_S-IR_0$$

■**练一练**

讨论实际电压源在什么情况下可以简化成理想电压源。

电源除了电压源外，还有另外一种形式的电源，即电流源，下面进行电流源的学习。

学习活动 3　理想电流源的特性测试及分析

■**做一做**

图 1.4.4(a)所示为理想电流源的符号(理想电流源的内阻为无穷大)。按图(b)连接好测量电路。调节 R，令其阻值由 0 到 470 Ω 变化，测量电压和电流，记录于表 1.4.3 中。

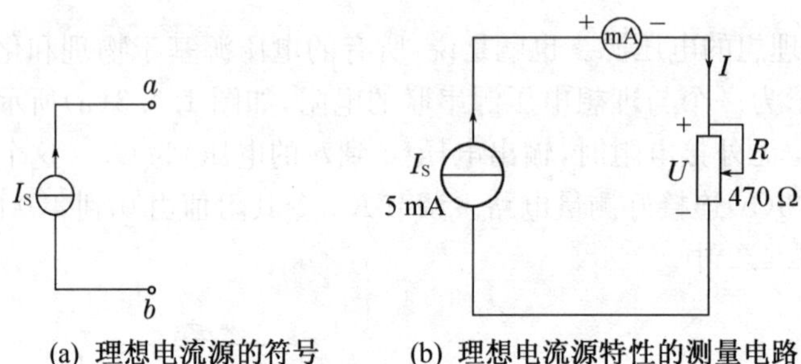

(a) 理想电流源的符号　(b) 理想电流源特性的测量电路

图 1.4.4　理想电流源的符号及特性的测量电路

表 1.4.3　理想电流源特性的测量

U(V)							
I(mA)							

电流源的使用注意事项：由于电流源在使用过程中严禁开路使用，因此实验时先把恒流源接入电路中，然后再调出所需的电流值；电流源是可以短路使用的。

■**议一议**

通过对表 1.4.3 的实验数据进行分析，我们可得出理想电流源的特性：负载电阻变化时，理想电流源输出端的电流总保持不变($I=I_S$)，即理想电流源的输出电流与外接负载无关；但理想电流源输出端之间的电压与外接负载有关，负载变化电压值随之变化。下面进行理论学习。

■**学一学**

理想电流源可以向外电路提供一个恒定值的电流 I_S(因此理想电流源又称恒流源)，当外接负载电阻变化时，理想电流源两端的电压将发生变化，但电流 I_S 不变。因此理想电流源有两个特点：其一是任何时刻输出电流都和它的端电压大小无关；其二是输出电压取决于外电路，由外部负载电阻决定，即 $U=I_SR_L$。图 1.4.5 是它的外特性曲线。

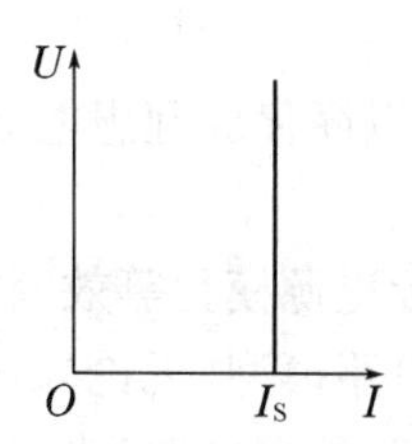

图 1.4.5　理想电流源的外特性曲线

学习活动 4　电流源的特性测试及分析

■做一做

图 1.4.6(a)所示为实际电流源的符号。按 1.4.6(b)接好测量电路。调节 R,令其阻值由 0 到 470 Ω 变化,测量电压和电流记录于表 1.4.4 中。

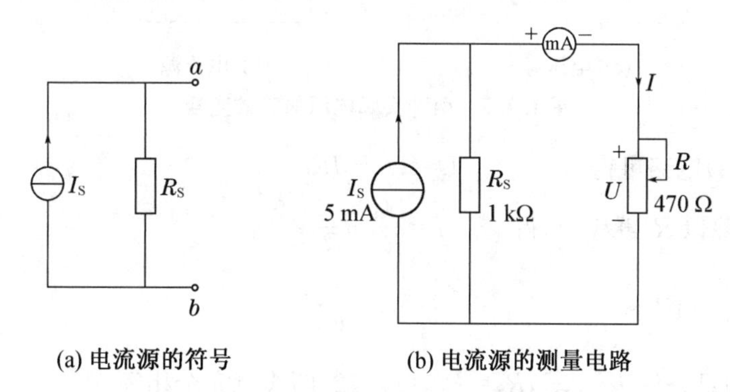

(a) 电流源的符号　　(b) 电流源的测量电路

图 1.4.6　实际电流源的符号及测量电路

表 1.4.4　电流源特性的测量

U(V)							
I(mA)							

■议一议

通过对表 1.4.4 的实验数据进行分析,可得出实际电流源的特性:负载电阻变化时,电流源输出端的两端之间的电压会发生变化,输出电流也随之变化。

■学一学

一个实际电流源,其内阻与理想电流源并联。如果内阻 R_S远大于负载电阻,则实际电流源接近理想电流源。如图 1.4.6(b)中的实际电流源所示,电流 I_S的一部分流经 R_S,另一部分流经 R_2。电阻 R_S和 R_2起电流分流器作用。如果 R_S远大于 R_2,则绝大部分电流流经 R_2,而只有很少的电流经 R_S。只要 R_2远小于 R_S,流经 R_2的电流就为常量,而无论它变化多少。

输出电压与输出电流的关系为

$$I=I_S-\frac{U}{R_S}$$

■**练一练**

讨论实际电流源在什么情况下可以简化成理想电流源。

■**扩展与应用**

实际电源模型等效变换

电压源、电流源都是实际电源的电路模型，无论采用哪一种电源模型，都能使同一负载获得到相同的电压和电流，那么对负载(外接电路)来说，两种电源是等效的，即两种电源对负载(对外电路)而言，可以等效变换。见图 1.4.7。

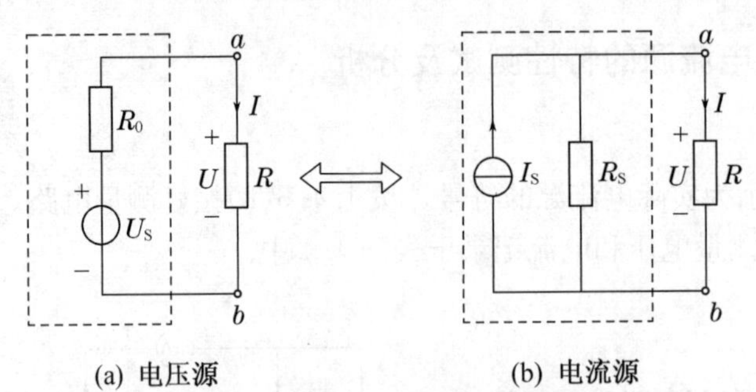

图 1.4.7 两种实际电源的等效变换

从图 1.4.7(a)电路可得 $U=U_S-IR_0$

将上式两边除以 R_0 再移项，得 $I=\dfrac{U_S}{R_0}-\dfrac{U}{R_0}$ (1)

从图 1.4.7(b)可得 $I=I_S-\dfrac{U}{R_S}$ (2)

因此，只要满足条件 $I_S=\dfrac{U_S}{R_0}$，$R_S=R_0$，(1)、(2)两式就完全相等。

1. 等效条件

(1) 电压源转换为电流源的等效条件：

$$I_S=\frac{U_S}{R_0},R_S=R_0$$

(2) 电流源转换为电压源的等效条件：

$$U_S=I_SR_S,R_0=R_S$$

可见，对一个外电路来说，一个内阻不为零或无穷大的实际电源，既可以用电压源表示，又可以用等效的电流源表示。所谓的电压源或电流源，不过是同一实际电源的两种不同表示方法而已。实际上，内阻较大的电源用电流源表示，内阻较小的用电压源表示比较方便。

2. 电压源和电流源等效变换时应注意的问题

(1) 形式：电压源为理想电压源和内阻串联；电流源为理想电流源和内阻并联。

(2) 极性必须一致：电流源流出电流的一端为电压源的正极性端。

(3) 等效是相对于外电路而言的。

(4) 理想电压源和理想电流源不能进行这种等效变换。

(5) 在变换关系 $U_S=I_SR_S$ 中，R_S 不仅仅局限于内阻，也可扩展至任一电阻。

(6) 理想电压源和理想电流源相串联时，等效为电流源；相并联时，等效为电压源。

例 1.4.1：电路如图 1.4.8(a)，已知 $E_1=12$ V，$E_2=24$ V，$R_1=R_2=20$ Ω，$R_3=50$ Ω，试

用电压源与电流源等效变换的方法求出通过电阻 R_3 的电流 I_3。

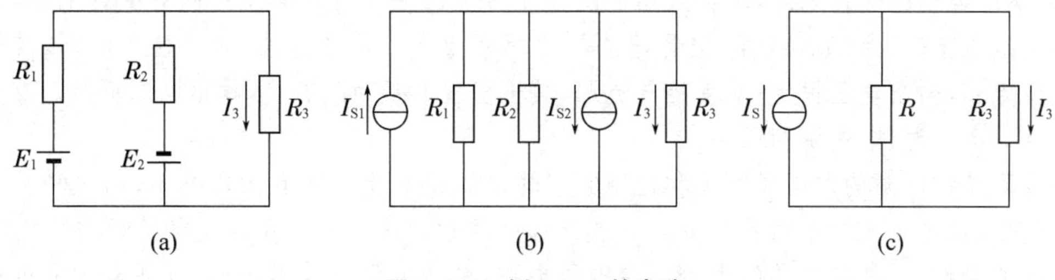

图 1.4.8　例 1.4.1 的电路

解:解题思路:先将两个电压源分别转为电流源,然后利用电流源的叠加将其转换为一个电流源的电路,再利用分流公式即可求出。也可将其转为电压源电路再解答。各步电路如图 1.4.8(b)和 1.4.8(c)。

(a) $I_{S1}=\frac{E_1}{R_1}=0.6\ \mathrm{A}$,$I_{S2}=\frac{E_2}{R_2}=1.2\ \mathrm{A}$

$I_S=-I_{S1}+I_{S2}=0.6\ \mathrm{A}$(选 I_{S2} 的方向),$R=R_1 /\!/ R_2=10\ \Omega$

(b) $I_3=-\frac{R}{R+R_S}\times I_S=-0.1\ \mathrm{A}$(负号说明电流 I_3 的实际方向与参考方向相反)

阅读材料　受控电源电路的分析

上面所讨论的电压源和电流源,都是独立电源。所谓独立电源,就是电压源的电压或电流源的电流不受外电路的控制而独立存在。此外,在电子电路中,还将会遇到另一种类型的电源:电压源的电压和电流源的电流,是受电路中其他部分的电流或电压控制的,这种电源称为受控电源。当控制的电压或电流消失或等于零时,受控电源的电压或电流也将为零。根据受控电源是电压源还是电流源,以及受电压控制还是受电流控制,受控电源可分为电压控制电压源(VCVS)、电流控制电压源(CCVS)、电压控制电流源(VCCS)和电流控制电流源(CCCS)四种类型。四种理想受控电源的模型如图 1.4.9 所示。

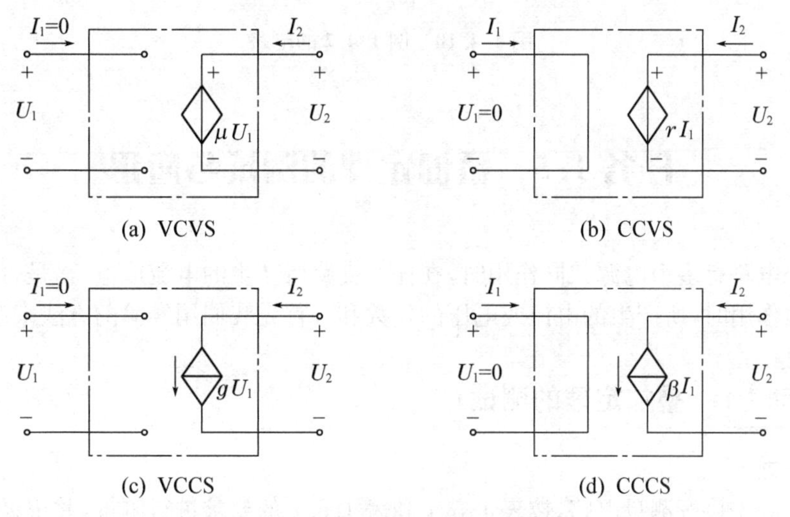

图 1.4.9　理想受控源的模型

所谓理想受控电源，就是它的控制端（输入端）和受控端（输出端）都是理想的。在控制端，对电压控制的受控电源，其输入端电阻为无穷大（$I_1=0$）；对电流控制的受控电源，其输入端电阻为零（$U_1=0$）。这样，控制端消耗的功率为零。在受控端，对受控电压源，其输出端电阻为零，输出电压恒定；对受控电流源，其输出端电阻为无穷大，输出电流恒定。这点和理想独立电压源、电流源相同。

如果受控电源的电压或电流和控制它们的电压或电流之间有正比关系，则这种控制作用是线性的，图 1.4.9 中的系数 μ，r，g 及 β 都是常数。这里 μ 和 β 是没有量纲的纯数，r 具有电阻的量纲，g 具有电导的量纲。在电路图中，受控电源用菱形表示，以便与独立电源的圆形符号相区别。

对含有受控电源的线性电路，受控电压源与受控电流源也可等效变换，但考虑到受控电源的特性，在分析与计算时需要注意几点，将在下列例题中说明。

例 1.4.2：在图 1.4.10(a)所示的电路中，用电压源模型与电流源模型的等效变换法求电流 I。

解：受控电压源与受控电流源也可等效变换，但在变换过程中，不能把受控电源的控制量变换掉，在本例中，即不能把电阻 8 Ω 支路中的电流 I 变换掉。

进行变换后得出图 1.4.10(c)的电路。由此应用基尔霍夫电流定律列出

$$1-I-I'+I=0$$

$$1-I-\frac{8I}{4}+I=0$$

$$2I=1,I=0.5\ \text{A}$$

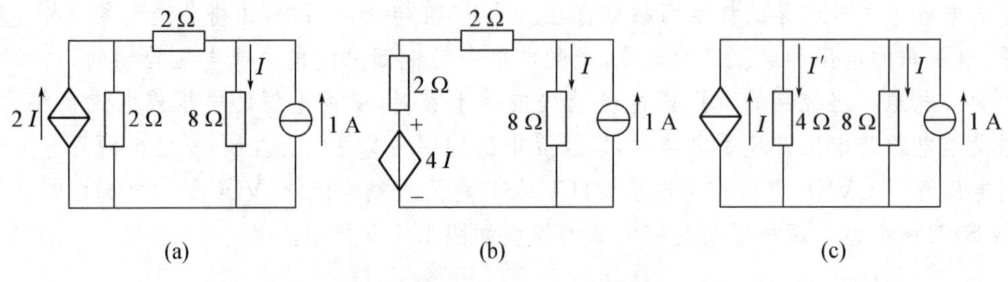

图 1.4.10 例 1.4.2 的电路

任务 1.5 叠加定理的测试与应用

扫码见视频 5

当一个电路有多个电源共同作用时，在任一支路所产生的电流或电压，是否等于各个电源分别单独作用时，所产生的电流或电压的代数和？首先我们用实验的方法来解决该问题。

学习活动 1 叠加定理的测试

■做一做

按图 1.5.1 接好测量电路，按表 1.5.1 和表 1.5.2 的要求进行测量，并记录。

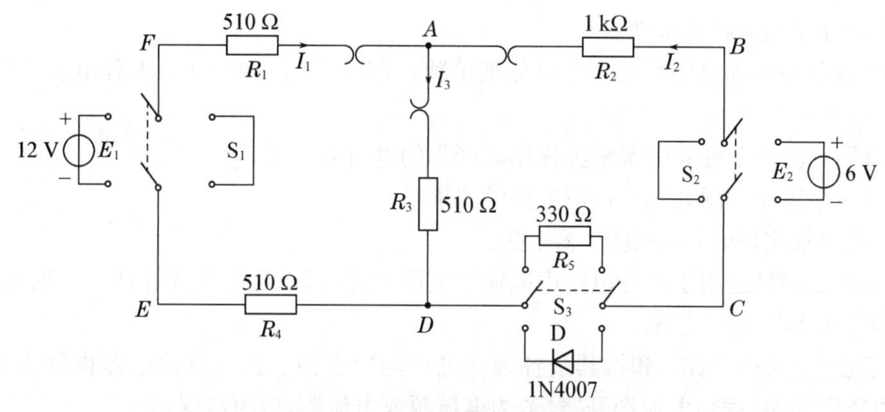

图 1.5.1　叠加定理的测量电路

表 1.5.1　叠加定理的测量(S_3投向电阻 R_5侧)

项　目 实验内容	I_1(mA)	I_2(mA)	I_3(mA)	U_{AB}(V)	U_{CD}(V)	U_{AD}(V)	U_{DE}(V)	U_{FE}(V)
E_1 单独作用								
E_2 单独作用								
E_1、E_2 共同作用								

说明:(1) E_1电源单独作用,指将开关 S_1 投向 E_1侧,开关 S_2 投向短路侧;(2) E_2 电源单独作用,指将开关 S_1 投向短路侧,开关 S_2 投向 E_2 侧;(3) E_1 和 E_2 共同作用,指开关 S_1 和 S_2分别投向 E_1 和 E_2 侧。

将 R_5 换成一只二极管 1N4007(将开关 S_3投向二极管 D 侧)重复(1)～(3)的测量过程,数据记入表 1.5.2。

表 1.5.2　叠加定理的测量(S_3投向二极管 D 侧)

项　目 实验内容	I_1(mA)	I_2(mA)	I_3(mA)	U_{AB}(V)	U_{CD}(V)	U_{AD}(V)	U_{DE}(V)	U_{FE}(V)
E_1 单独作用								
E_2 单独作用								
E_1、E_2 共同作用								

■议一议

通过对表 1.5.1 的实验数据进行分析可以得出如下结论:多个电源共同作用的线性电路中,任一支路所产生的电流或电压,等于各个电源分别单独作用时,在该支路所产生的电流或电压的代数和。这就是叠加定理。从表 1.5.2 可以得出如下结论:叠加定理仅适合线性电路。

■学一学

叠加定理是反映线性电路基本性质的一个重要定理。**叠加定理可描述为:在线性电路中,如果有多个独立电源同时作用,它们在任一支路所产生的电流(或电压),等于各个独立电源分别单独作用时,在该支路中产生的电流(或电压)的代数和。**

应用叠加定理解题的步骤：

1. 把原电路分解为各个独立电源分别单独作用的电路模型，并标出各电流、电压的参考方向；

2. 分别计算各个独立电源单独作用时产生的电流或电压；

3. 求多个独立电源共同作用原电路的待求量。

在应用叠加定理时，需注意以下几点：

1. 叠加定理只适用于线性电路中电流和电压的计算，不能用来计算功率。因为电功率与电流和电压不是线性关系。

2. 某独立电源单独作用时，其余各独立电源均应去掉。去掉其他电源也称为置零，即将理想电压源短路，理想电流源开路（若为电压源或电流源，内阻应保留）。

3. 叠加（求代数和）时以原电路中电流（或电压）的参考方向为准。若某个独立电源单独作用时电流（或电压）的参考方向与原电路中电流（或电压）的参考方向不一致，则该电流（或电压）取负号；反之，取正号。

学习活动 2　叠加定理的应用

例 1.5.1：已知 $E=10\text{ V}$，$I_S=10\text{ A}$，$R_1=R_2=1\ \Omega$，试用叠加原理求如图 1.5.2(a)电路所示的电流 I 和电压 U。

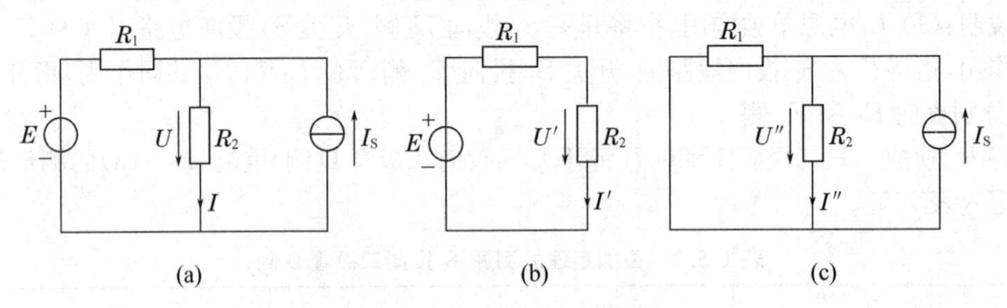

图 1.5.2　例 1.5.1 的电路

解：该电路为一个电压源和一个电流源共同作用。电压源单独作用，电流源应开路；电流源单独作用，电压源应短路。如果有内阻的话，要仍留在原处。

(1) 电压源单独作用时，电路如图 1.5.2(b)

$$I'=\frac{E}{R_1+R_2}=\frac{10}{1+1}\text{ A}=5\text{ A}$$

$$U'=I'R=5\times1\text{ V}=5\text{ V}$$

(2) 电流源单独作用时，电路如图 1.5.2(c)

$$I''=\frac{R_1}{R_1+R_2}\times I_S=5\text{ A}$$

$$U''=I''R=5\times1\text{ V}=5\text{ V}$$

(3) 叠加原理，求 I 和 U

$$I=I'+I''=5\text{ A}+5\text{ A}=10\text{ A}$$

$$U=U'+U''=5\text{ V}+5\text{ V}=10\text{ V}$$

任务 1.6　戴维宁定理的测试与应用

在电路的分析和计算中，有时仅需计算电路中某一支路的电流或电压，这时应用等效电源定理求解最为简便。此法是将待求支路从电路中取出，电路的其余部分就是一个具有两个出线端钮的含源电路，称为线性有源二端网络。将其用一个等效电源来代替，这样就可以使复杂电路得到简化。

等效电源有等效电压源和等效电流源两种。用电压源来等效代替线性有源二端网络的分析方法称为戴维宁定理；用电流源来代替线性有源二端网络的分析方法称为诺顿定理。

学习活动 1　戴维宁定理的测试

■做一做

1. 线性有源二端网络带负载

按图 1.6.1(a)接入可变电阻箱 R_L，改变 R_L 阻值，测量有源二端网络的外特性，记录于表 1.6.1 中。

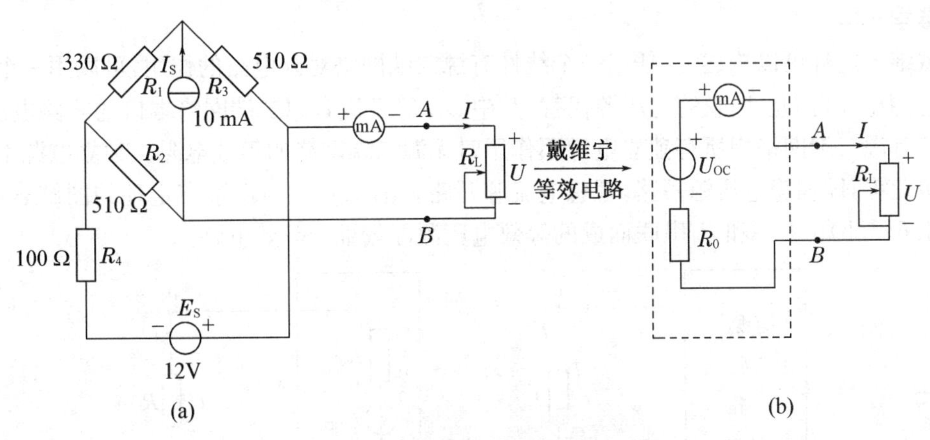

图 1.6.1　戴维宁定理的测量电路

表 1.6.1　线性有源二端网络外特性的测量

R_L(Ω)	0	100	200	300	400	500	600	700	∞
U(V)									
I(mA)									

2. 线性有源二端网络的等效电路

(1) 用开路电压、短路电流法测定戴维宁等效电阻 R_0

把图 1.6.1(a)中的 R_L 去掉，使 A、B 两点断开，测量 U_{AB} 即 U_{OC}。使 A、B 两点短路，测量短路处的电流即 I_{SC}。记录于表 1.6.2 中。

表 1.6.2　戴维宁等效电阻的测量

I_{SC}(mA)	U_{OC}(V)	$R_0=U_{OC}/I_{SC}$(Ω)

(2) 线性有源二端网络的等效电路

用一只 1 kΩ 的可调电位器,将其阻值调整到等于等效电阻 R_0之值,将直流稳压电源调到等于开路电压 U_{OC}之值,然后将两者串联,见图 1.6.1(b)的虚线框。再接入可变电阻箱 R_L,如图 1.6.1(b)所示。改变 R_L阻值,其阻值的变化与表 1.6.1 相同,仿照步骤“1”测其外特性,记录于表 1.6.3 中。

表 1.6.3　戴维宁定理等效电路外特性的测量

R_L(Ω)	0	100	200	300	400	500	600	700	∞
U(V)									
I(mA)									

■**议一议**

通过对比表 1.6.1 和表 1.6.3 的实验数据得出如下结论:任何一个线性有源二端网络对外电路而言,都可以用一个电阻 R_0与理想电压源 U_{OC}串联的电压源代替。这就是戴维宁定理。下面进行理论学习。

■**学一学**

戴维宁定理可以描述为:任何一个线性有源二端网络对外电路的作用,可以用一个电阻 R_0与理想电压源 U_{OC}串联的电压源代替,其中 U_{OC}等于该有源二端网络端口的开路电压,R_0等于该有源二端网络中所有独立电源不作用时无源二端网络的等效电阻。独立电源不作用指电源置零,即理想电压源短路,理想电流源开路。图 1.6.2 为戴维宁定理的图解表示,其中图 1.6.2(b)由 U_{OC}和 R_0串联而成的等效电压源即戴维宁等效电路。

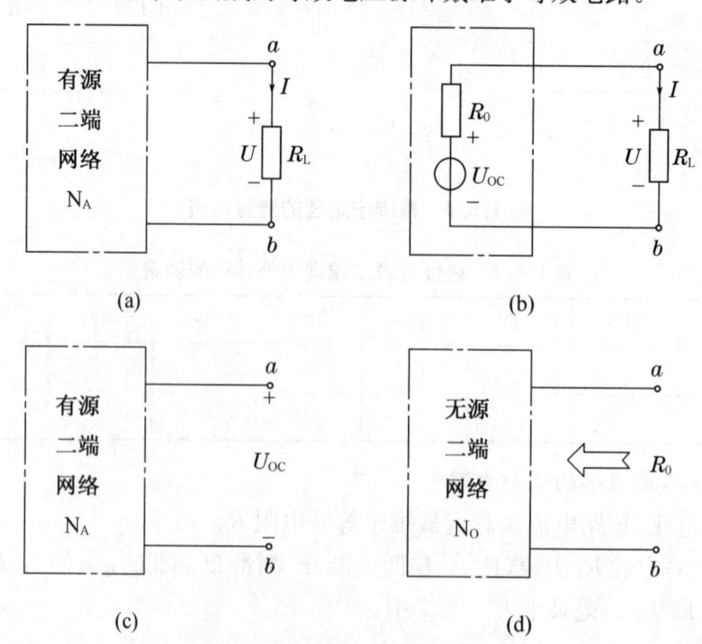

图 1.6.2　戴维宁定理的图解

用戴维宁定理解题的步骤：

1. 将待求量所在支路从电路中取出，得到有源二端网络(图 1.6.2(c))；

2. 根据二端网络的具体结构，计算有源二端网络端口的开路电压 U_{OC}(图 1.6.2(c))；

3. 将有源二端网络中所有独立电源置零，计算对应的无源二端网络的等效电阻 R_0(图 1.6.2(d))；

4. 画出戴维宁等效电路图，计算待求的电压或电流(图 1.6.2(b))。

学习活动 2　戴维宁定理的应用

例 1.6.1：试用戴维宁定理求图 1.6.3(a)所示电路中的电流 I。

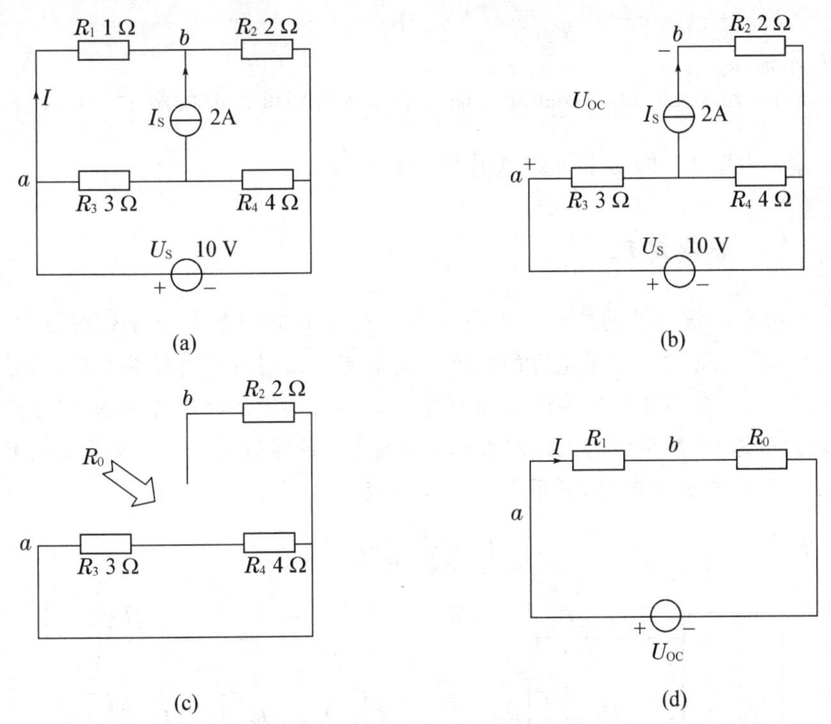

图 1.6.3　例 1.6.1 的电路

解：(1) 求开路电压 U_{OC}

将图 1.6.3(a)所示的待求支路从 a、b 两端取出，画出求开路电压 U_{OC} 的电路图如图 1.6.3(b)所示，则

$$U_{OC}=U_S-I_SR_2=(10-2\times2)\text{V}=6\text{ V}$$

(2) 求等效电阻 R_0

将图 1.6.3(b)中的理想电压源、理想电流源置零，画出求等效电 R_0 的电路图如图 1.6.3(c)所示，即无源二端网络，从 a、b 两端求得

$$R_0=R_2=2\ \Omega$$

(3) 求电流 I

画出戴维宁等效电路图如图 1.6.3(d)所示，从 a、b 两端接入待求支路，用欧姆定律可得

$$I=\frac{U_{OC}}{R_0+R_1}=2\ \mathrm{A}$$

■扩展与延伸

等效电阻 R_0 的求法

1. 等效定理法

把负载断开，等效电阻 R_0 等于该有源二端网络中所有独立电源不作用时无源二端网络两端的等效电阻。

2. 开路短路法

把负载断开，先求开路电压 U_{OC}，再求短路电流 I_{SC}，用公式

$$R_0=\frac{U_{OC}}{I_{SC}}$$

3. 加压求流法

把负载断开，在无源二端网络两端外加一个任意值的理想电压源 U_i，求出输入电流 I_i，用伏安法求输入电阻 R_i，即所求等效电阻 $R_0=R_i=\frac{U_i}{I_i}$。

阅读材料　诺顿定理

任何一个有源二端线性网络都可以用一个电流为 I_S 的理想电流源和内阻 R_0 并联的电源来等效代替(图 1.6.4)。等效电源的电流 I_S 就是有源二端网络的短路电流，即将 a,b 两端短接后其中的电流。等效电源的内阻 R_S 等于有源二端网络中所有电源均除去(理想电压源短路，理想电流源开路)后所得到的无源网络 a,b 两端之间的等效电阻。这就是诺顿定理。

由图 1.6.4(b)的等效电路，可用下式计算电流：

$$I=\frac{R_S}{R_S+R_L}I_S$$

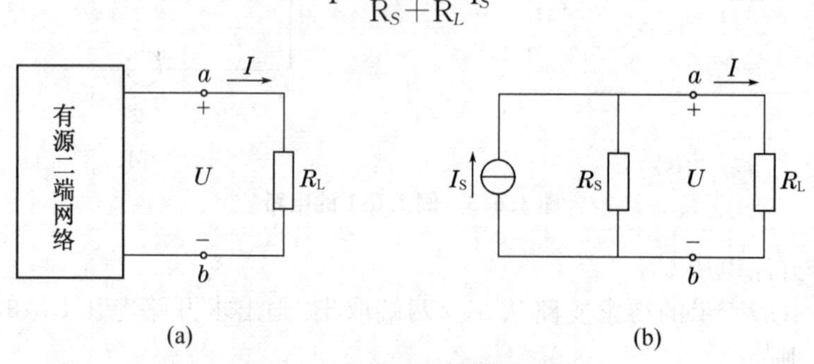

图 1.6.4　诺顿定理等效电源

因此，一个有源二端网络既可用戴维宁定理化为图 1.6.2(b)所示的等效电源(电压源)，也可用诺顿定理化为图 1.6.4(b)所示的等效电源(电流源)。两者对外电路讲是等效的，关系是

$$E=R_SI_S \text{ 或 } I_S=\frac{E}{R_0}$$

例 1.6.2：用诺顿定理计算图 1.6.5(a)中的支路电流 I_3，已知 $E_1=140\ V$，$E_2=90\ V$，$R_1=20\ \Omega$，$R_2=5\ \Omega$，$R_3=6\ \Omega$。

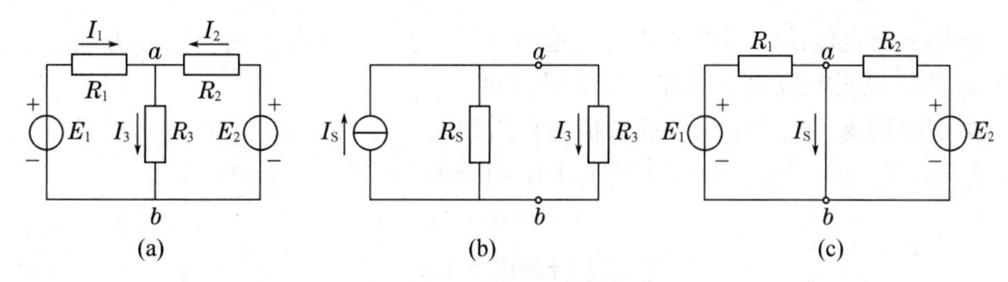

图 1.6.5　例 1.6.2 的电路

解:图 1.6.5(a)的电路可化为图 1.6.5(b)所示的等效电路。

等效电源的电流 I_S可由图 1.6.5(c)求得

$$I_S=\frac{E_1}{R_1}+\frac{E_2}{R_2}=\left(\frac{140}{20}+\frac{90}{5}\right)A=25\ A$$

等效电源的内阻 R_S同例 1.6.1 一样,求得

$$R_S=4\ \Omega$$

于是

$$I_3=\frac{R_S}{R_S+R_3}I_S=\frac{4}{4+6}\times 25\ A=10\ A$$

习题 1

一、填空题

1. 图 1 所示的电路中,有________个独立节点,________条支路,________个网孔。
2. 图 2 所示电路中,A 点的电位是________ V。

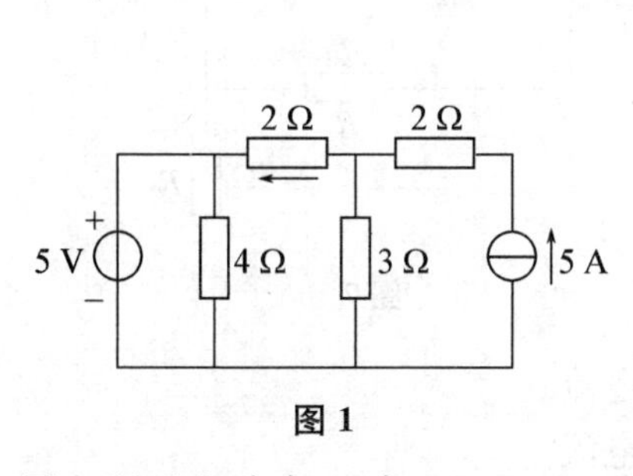

图 1

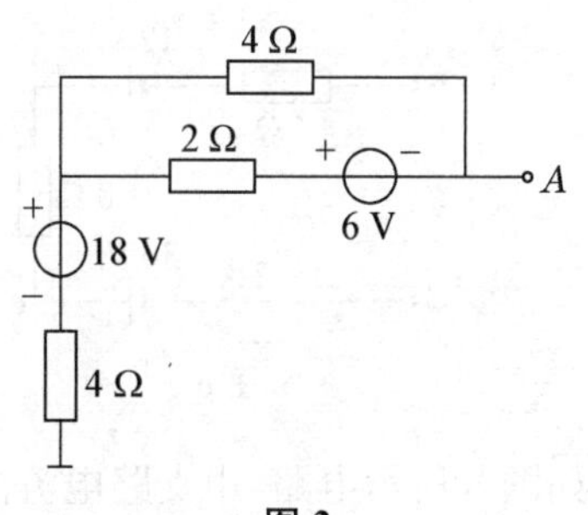

图 2

3. 图 3 所示电路中,已知 $U_{ab}=6\ V$,$U=2\ V$,$I=4\ A$,则 R=________ Ω。
4. 图 4 所示电路中,R=________ Ω。

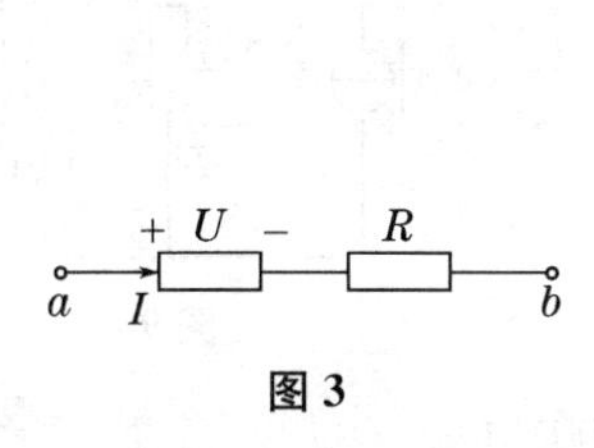

图 3

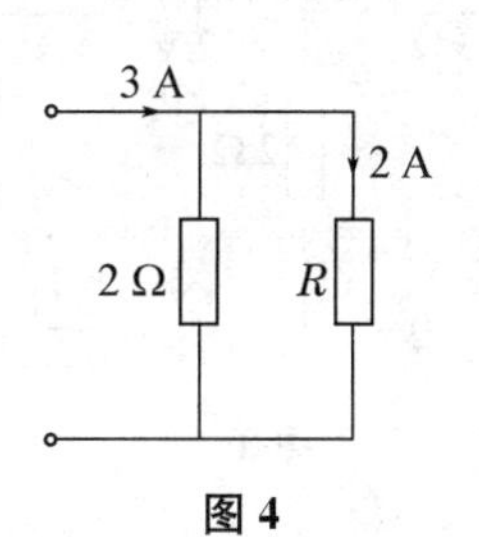

图 4

5. 根据支路电流法解得的电流为正值时，说明电流的参考方向与实际方向________；电流为负值时，说明电流的参考方向与实际方向________。

6. 某支路用支路电流法求解的数值方程组如下：

$$I_1+I_2+I_3=0$$

$$5I_1-20I_2-20=0$$

$$10+20I_3-10I_2=0$$

则该电路独立节点的数为________个，网孔数为________个。

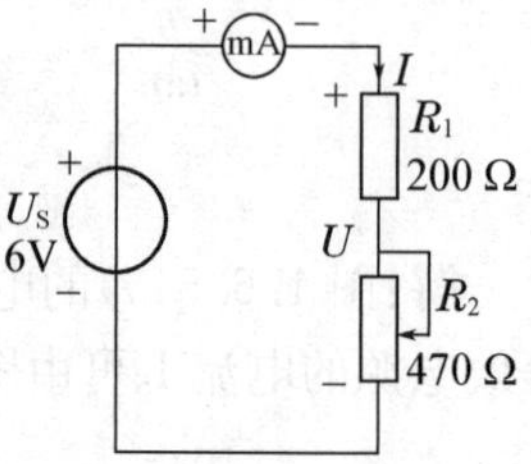

7. 图5所示电路是研究恒压源特性的实验电路图，电路中电阻 R_1 的作用是________。

8. 恒压源的特性是输出________的电压，电压源是由恒压源与内阻________联组成的。电压源使用时不允许________路，但可以________路使用。

图5

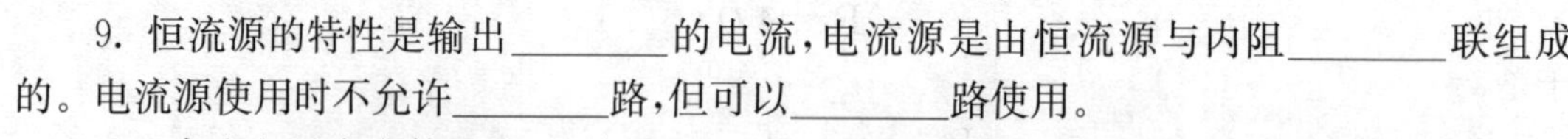

9. 恒流源的特性是输出________的电流，电流源是由恒流源与内阻________联组成的。电流源使用时不允许________路，但可以________路使用。

10. 直流电压表在使用中，一定是________联在电路中，用直流电压表测量电压时，电压表的"＋"端接被测电压的________电位点，"－"端接被测电压的________电位点。

11. 直流电流表在使用中，一定是________联在电路中，用直流电流表测量电流时，电流从电流表的"＋"端流________，从电流表的"－"端流________。

二、计算题

1. 如图6所示电路，求 U_{ad}、U_{bc}、U_{ac}。

2. 如图7所示电路，求 I，U_{ab}。

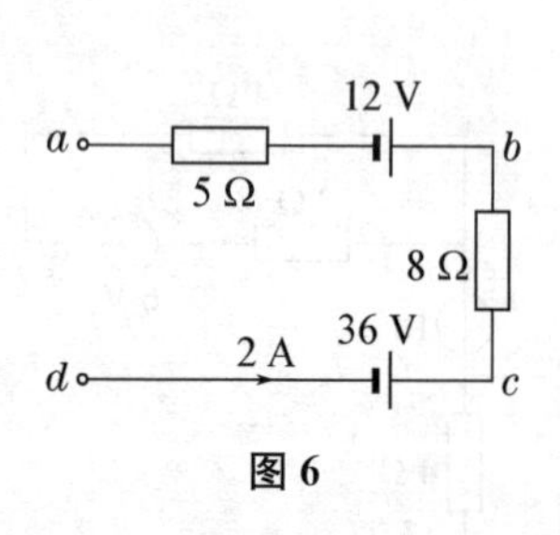

图6

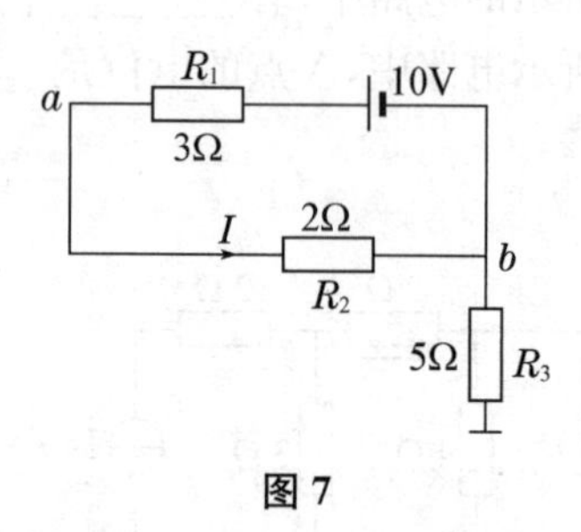

图7

3. 如图8所示电路，用支路电流法求各支路电流。

4. 如图9所示电路，用支路电流法求各支路电流。

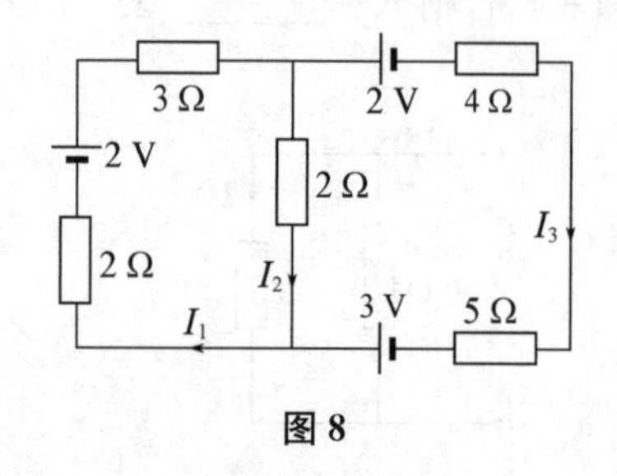

图8

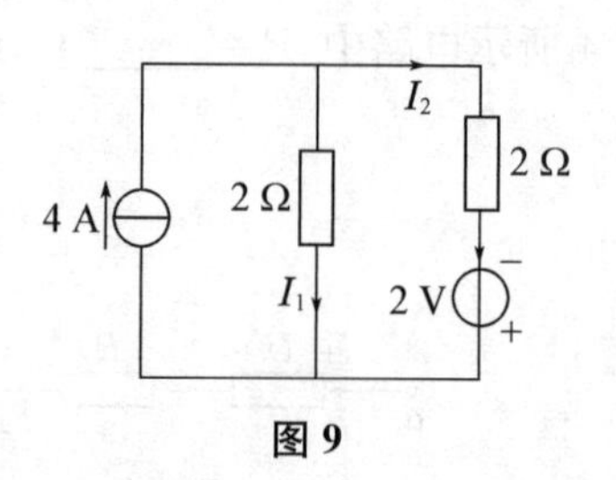

图9

5. 如图10所示电路，用电源等效变换法求电压 U。

6. 如图 11 所示电路，试用叠加定理和戴维宁定理求 U。

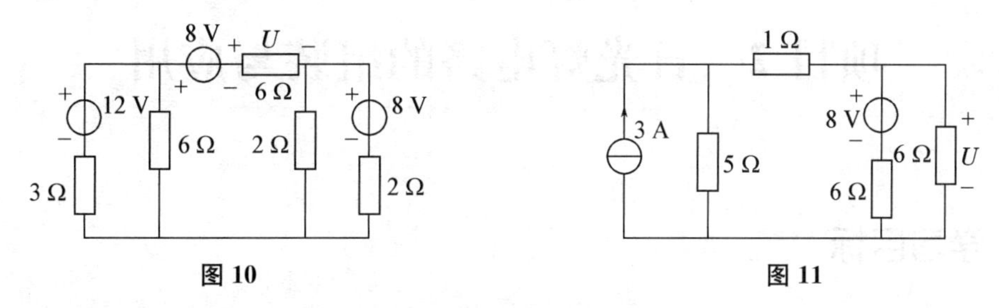

图 10　　　　图 11

7. 如题 12 所示电路，试用叠加定理和戴维宁定理求 U 和 I。

8. 如题 13 所示电路，试用叠加定理和戴维宁定理求 I。

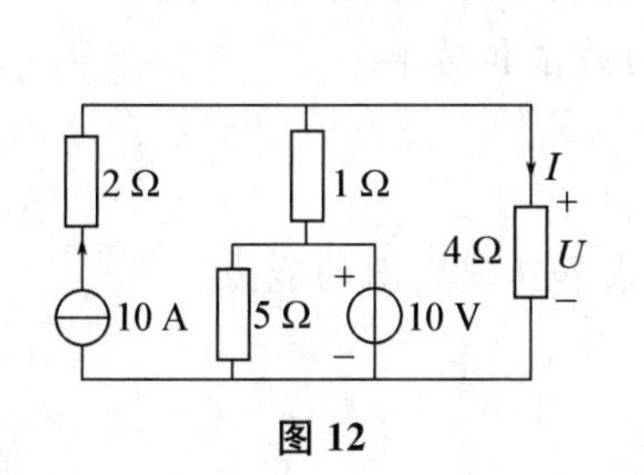

图 12

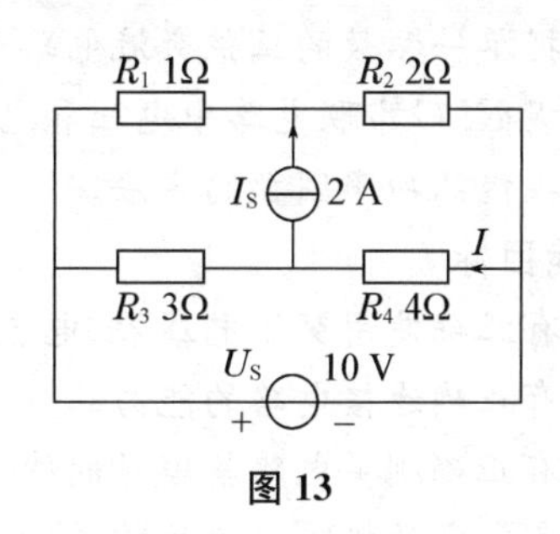

图 13

9. 如图 14 所示电路，试求戴维宁等效电路。

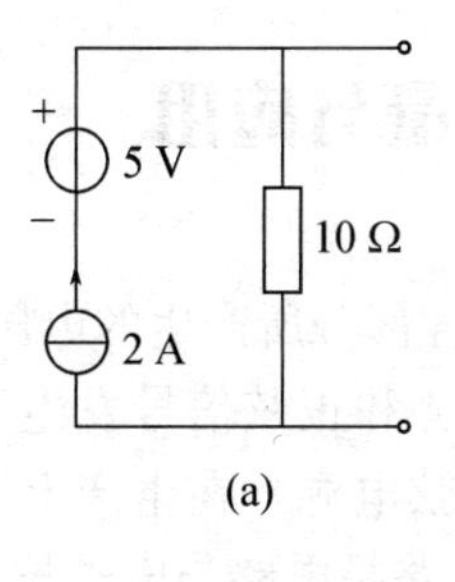

(a)

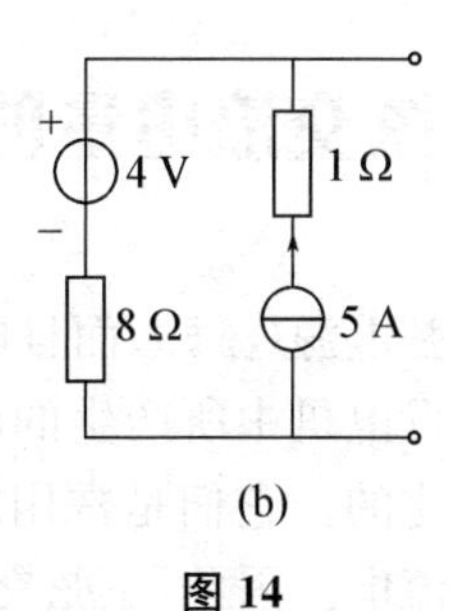

(b)

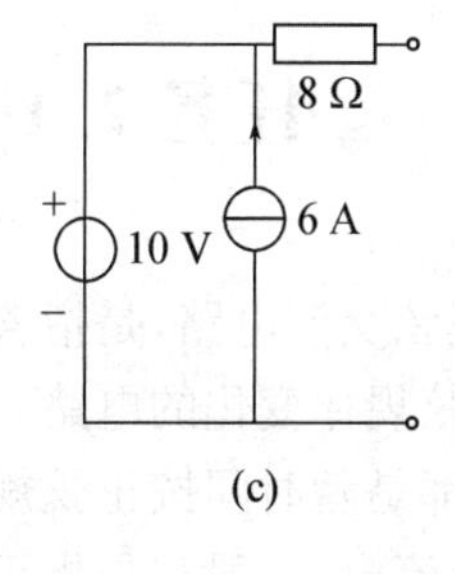

(c)

图 14

项目 2　日光灯电路的组装与应用

学习目标

1. 知识目标

(1) 理解正弦交流电量的表示方法。

(2) 掌握单一参数的正弦交流电路中电压和电流之间的关系和功率。

(3) 掌握 *RLC* 串联电路中电压和电流之间的关系和功率。

(4) 掌握提高功率因数的方法。

2. 技能目标

(1) 具有正确使用交流电压表、电流表、功率表和交流电源的能力。

(2) 具有正确连接电路的能力。

(3) 具有正确测量电路物理量的能力。

(4) 具备一定的排除电路故障的能力。

任务 2.1　正弦交流电量的测量与应用

扫码见视频 7

所谓正弦交流电路，是指含有正弦电源(激励)而且电路各部分所产生的电压和电流(响应)均按正弦规律变化的电路。交流发电机中所产生的电动势和正弦信号发生器所输出的信号电压，都是随时间按正弦规律变化的。它们是常用的正弦电源。在生产上和日常生活中所用的交流电，一般都是指正弦交流电。因此，正弦交流电路是电路与电子技术中很重要的一个部分。对本项目中所讨论的一些基本概念、基本理论和基本分析方法，应很好地掌握，并能运用，为后面学习交流电机、电器及电子技术打下理论基础。

分析与计算正弦交流电路，主要是确定不同参数和不同结构的各种正弦交流电路中电压与电流之间的关系和功率。交流电路具有用直流电路的概念无法理解和分析的物理现象，因此，在学习本项目的时候，必须建立交流的概念，否则容易引起错误。

前面分析的是直流电路，其中的电流和电压的大小与方向(或电压的极性)是不随时间而变化的，那么正弦的电流和电压的大小与方向又是如何变化的呢？它又具备什么特点呢？下面做两个实验来讨论交流电的基本概念。

学习活动　正弦交流电量的测量及分析

■做一做

实验 1：直流电源供电的白炽灯实验

观察由直流电源供电的白炽灯两端的电压波形，白炽灯电路如图 2.1.1。操作步骤：

1. 调节直流电源，使其输出直流电源电压值为 12 V；

2. 按图 2.1.1 电路图接线，先自行检查接线是否正确，并经教师检查无误后通电，观察灯泡亮度；

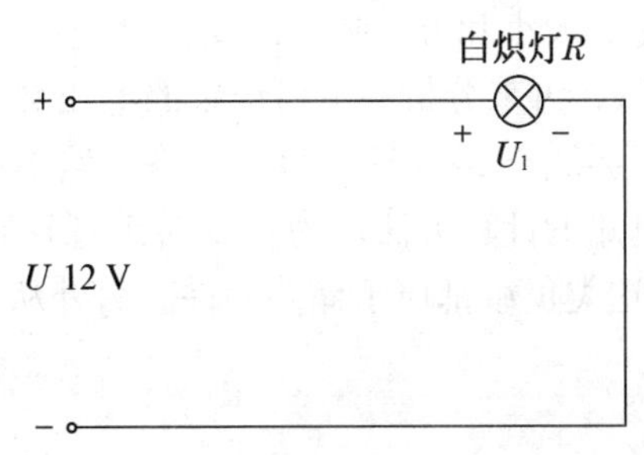

图 2.1.1　直流电源供电的白炽灯的测量电路

3. 用数字直流电压表分别测量直流电源 U、白炽灯两端电压 U_1，将结果填入表 2.1.1 中，注意比较 U、U_1 在数值上的关系；

4. 用示波器观察电源电压 U 和灯泡两端电压 U_1 的波形，仔细调节示波器，观察屏幕上显示的波形，并记录于表 2.1.1 中。

表 2.1.1　直流电源白炽灯电路的测量

U 波形	U_1 波形	U(V)	U_1(V)

实验 2：白炽灯的调光实验

操作步骤：

1. 调节单相交源电源，使其输出交源电压值为 220 V；

2. 按图 2.1.2 电路图接线，先自行检查接线是否正确，并经教师检查无误后通电，观察灯泡亮度；

3. 用交流电压表分别测量输入电压 U、白炽灯两端电压 U_1 及电感器两端的电压 U_2，将结果填入表 2.1.2 中，注意比较 U、U_1、U_2 在数值上的关系；

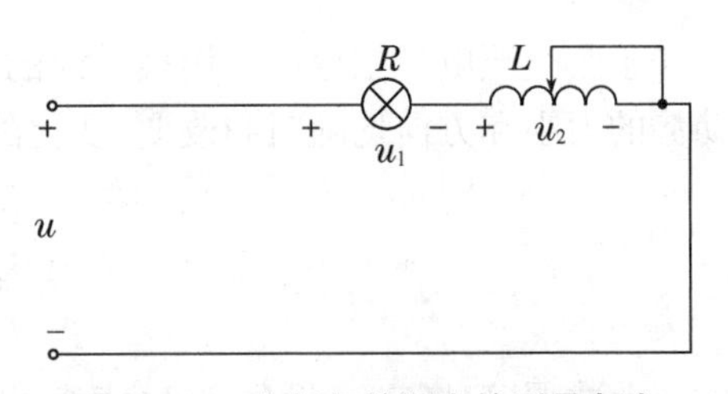

图 2.1.2　白炽灯的调光的测量电路

4. 用示波器的两个通道同时观察可调电感器两端电压 u_1 及灯泡两端电压 u_2 的波形（示波器的接地端要接在一起），仔细调节示波器，观察屏幕上显示的波形，并记录于表 2.1.2 中；

5. 改变可调电感数值，重复 2、3、4。

表 2.1.2　白炽灯的调光实验的测量

	u 波形	u_1、u_2 波形	U_m(V)	U(V)	U_1(V)	U_2(V)
可调电感变化前						
可调电感变化后						

■**议一议**

首先从实验1所得到的电压波形上看，其电压值不随时间而变化，是一条与横轴平行的直线。不随时间变化，这就是直流电的特征。那么交流电呢？我们接下去看实验2的波形：

1. 其电压的波形是正弦波，其大小和方向都是不断地随时间变化的，而且是周期性的变化。大小和方向随时间变化是交流电最显著的特征，也是和直流电最根本的区别。

2. 再来分析一下所记录的电压数值，我们会发现电路的端电压不等于各分电压之和，即$U \neq U_1 + U_2$。这与直流电路显然不同。因此，注意在进行交流电路计算时，不能照搬直流电路的计算方法。为什么会出现这种情况呢？是因为电路中出现了电感性与电容性负载，这类负载都属于储能元件。另外从示波器的波形观察，我们发现U_m、U具有下面关系：

$$U=\frac{U_m}{\sqrt{2}}$$

3. 接下去再比较灯泡和电感上的电压波形，看它们的波形起点有没有不同。

从它们的波形上可以看出，电感上的电压波形比灯泡上的电压波形超前了将近90度。由此可以看出，当同一个电流流过不同类型的负载时，负载上电压波形在时间轴上的起始点是不同的，存在一定的差值，这个差值我们称为相位差，是交流电的一个十分重要的特征。

4. 同时我们在示波器上可以看到波形重复出现，我们将出现一个完整波形所需时间称为周期。

5. 波形上任意时刻都对应一个不同的数值，我们称为瞬时值。瞬时值中的最大数值称为最大值（幅值）。

通过对两个实验的实验数据进行对比，我们对交流电的特征有了一定的概念，下面进行理论学习。

■**学一学**

正弦交流电是工程中应用最广泛的一种供电形式。正弦交流电路中的电压、电流及电动势的大小和方向均随时间改变，变化的规律可用正弦函数来描述，其数学表达式为

$$\left.\begin{aligned} e&=E_m\sin(\omega t+\Psi_e)\\ u&=U_m\sin(\omega t+\Psi_u)\\ i&=I_m\sin(\omega t+\Psi_i)\end{aligned}\right\}$$

上式是正弦交流量的瞬时值表达式，其中E_m、U_m、I_m称为正弦量的最大值或幅值；ω称为角频率；Ψ_e、Ψ_u、Ψ_i称为初相位。每个正弦交流量都包含三个基本要素，即有关数值大小的量、有关变化快慢的量和确定初始值的量。

以u为例，正弦交流电压的波形如图2.1.3所示。在$0\sim t_1$时间内，电压实际方向与参考方向相同，波形图在横轴的上方；而在$t_1\sim t_2$时间内，其实际方向与参考方向相反，波形图在横轴的下方。

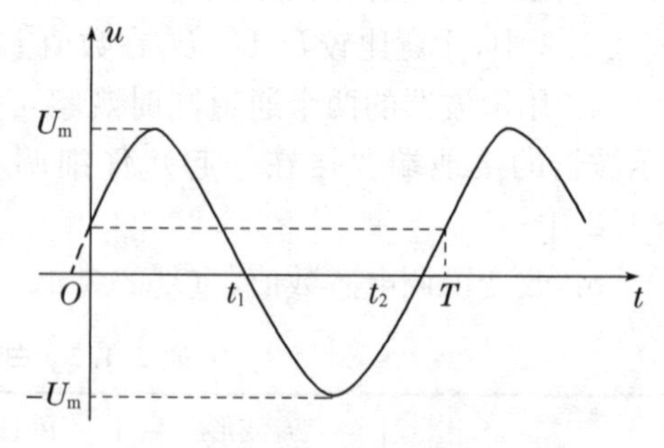

图2.1.3　正弦交流电压的波形

1. 周期、频率和角频率

正弦交流量变化一周所需的时间称为周期，用T表示，单位为秒(s)。正弦交流量每秒钟变化的次数称为频率，用f表示，单位为赫兹(Hz)。在无线电工程中，还常用千赫兹

(kHz)、兆赫兹(MHz)和吉赫兹(GHz)等单位。换算关系为 1 MHz=10^3 kHz=10^6 Hz。

显然,频率是周期的倒数,即

$$f=\frac{1}{T}$$

正弦交流量在单位时间内变化的弧度数叫作角频率,用 ω 表示,单位是弧度/秒(rad/s),即

$$\omega=\frac{2\pi}{T}=2\pi f$$

目前我国电力系统的供电频率为 50 Hz,这种频率称为工业频率,简称工频。对于工频为 50 Hz 的交流电,其周期为 0.02 s,角频率为 314 rad/s。

因此,周期、频率、角频率都是描述正弦交流量变化快慢的物理量。

2. 瞬时值、幅值和有效值

正弦交流量在任一瞬间所对应的值称为瞬时值,规定用小写字母表示,如 e、u、i。正弦交流量瞬时值中的最大值称为幅值、最大值或峰值,规定用大写字母加下标 m 表示,如 E_m、U_m、I_m。而人们常说的电压高低、电流大小或用电器上的标称电压或电流指的是有效值,有效值是以正弦交流电与直流电做功等效的观点来定义的。有效值可表述为:交流电流 i 通过电阻 R 在一个周期 T 内产生的热量与直流电流 I 通过 R 在时间 T 内产生的热量相等时,这个直流电流 I 的数值称为交流电流的有效值。理论和实验均可证明,正弦交流电压、电动势的有效值与最大值之间的关系为

$$U=\frac{U_m}{\sqrt{2}}=0.707U_m$$

$$E=\frac{E_m}{\sqrt{2}}=0.707E_m$$

3. 相位、初相位和相位差

相位:在正弦交流电瞬时值表达式中,$(\omega t+\Psi)$是正弦交流电随时间变化的(电)角度,称为该正弦交流电的相位角,简称相位。它是表示正弦交流电的物理量,单位是 rad(弧度)。

初相:$t=0$ 时的相位角称为初相 Ψ,它反映了对一个正弦量所取的计时起点。

相位差:交流电路中,经常要进行两个同频率正弦量的相位比较,两个同频率的正弦交流电量的相位之差称为相位差,用 φ 表示。如电压、电流的表达式如下:

$$u=U_m\sin(\omega t+\Psi_u)$$

$$i=I_m\sin(\omega t+\Psi_i)$$

同频率的电压和电流的相位差为

$$\varphi=(\omega t+\Psi_u)-(\omega t+\Psi_i)=\Psi_u-\Psi_i$$

可见,两个同频率正弦量的相位差 φ 就等于它们的初相之差。相位差有以下几种情况:

(1) 若 $\varphi>0$,表明 $\Psi_u>\Psi_i$,此时电压 u 和电流 i 的变化步调不一致,u 总是比 i 先通过零点及达到正最大值,即 u 的变化进程领先于 i,称这种情况为 u 超前于 i 一个相位角 φ(见图2.1.4(a))。

(2) 若 $\varphi<0$,表明 $\Psi_u<\Psi_i$,此时 u 的变化进程滞后于 i(或 i 超前于 u)一个相位角 φ(见

图 2.1.4(b))

(3) 若 $\varphi=0$,表明 $\Psi_u=\Psi_i$,此时 u 与 i 同时到达正(或负)最大值,也同时达到零,即 u 和 i 的变化进程保持一致,我们称它们是同相位,简称同相(见图 2.1.4(c))。

(4) 若 $\varphi=\pm180°$,则称它们的相位相反,简称反相(见图 2.1.4(d))。

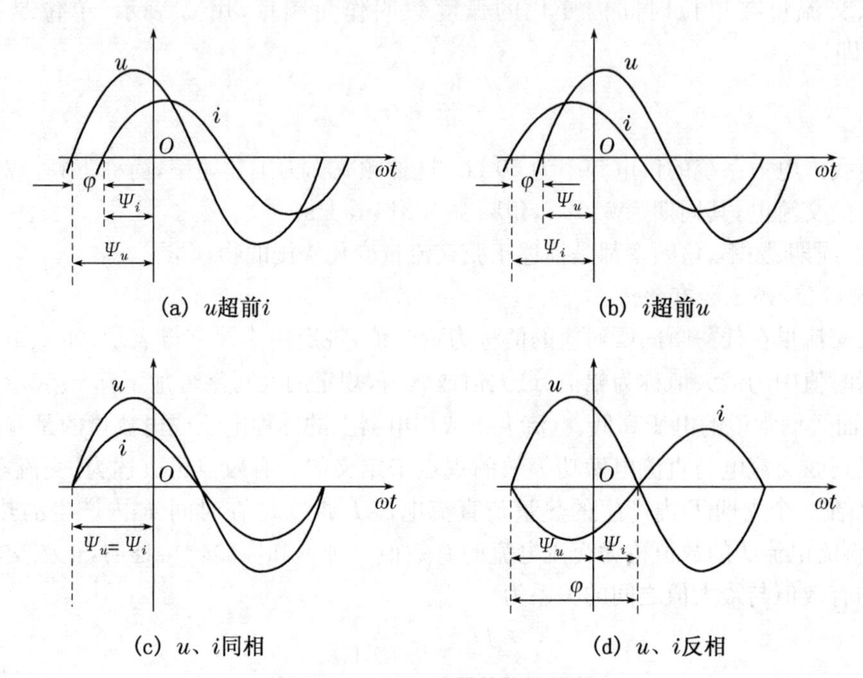

图 2.1.4　两正弦量的相位波形

从以上的分析可以看出,交流电不同于直流电。它的大小和方向是随时间不断变化的,我们可以得出正弦量的特征表现在变化的快慢、数值的大小及时间上的先后三个方面,它们分别由频率(或周期)、幅值(或有效值)及初相来确定。所以正弦量的三要素指的就是频率、幅值和初相。

■练一练

例 2.1.1:某正弦电压的有效值 $U=220$ V,初相 $\Psi_u=30°$;某正弦电流的有效值 $I=10$ A,初相 $\Psi_i=-60°$。它们的频率均为 50 Hz。试分别写出电压和电流的瞬时值表达式。

解:

电压的最大值为 $U_m=\sqrt{2}U=\sqrt{2}\times220\ \text{V}=310\ \text{V}$

电流的最大值为 $I_m=\sqrt{2}\times10\ \text{A}=14.1\ \text{A}$

电压的瞬时值表达式为 $u=U_m\sin(\omega t+\Psi_u)=310\sin(314t+30°)\text{V}$

电流的瞬时值表达式为 $i=I_m\sin(\omega t+\Psi_i)=14.1\sin(314t-60°)\text{A}$

■扩展与延伸

双踪示波器的正确使用

尤其要注意的是:示波器两个探头的接地端必须同时接在 B 点,两个探针分别接于 A 点和 C 点,如图 2.1.5(a)。如果照图 2.1.5(b)接线,会造成镇流器短路,灯泡此时仍接在 220 V 电源上,这是因为两个接地端在示波器内部是连在一起的。

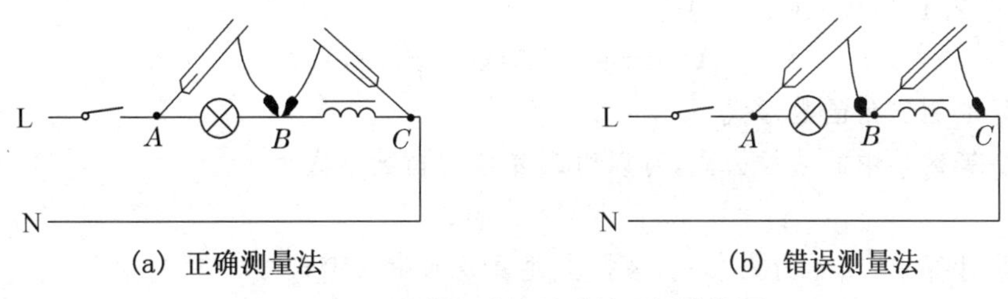

(a) 正确测量法　　(b) 错误测量法

图 2.1.5　观察双踪波形时的两探头位置

阅读材料　正弦量的相量表示法

如上面所述，一个正弦量具有幅值、频率及初相位三个特征或要素。而这些特征可以用一些方法表示出来。前面已经讲过两种表示法。一种是用瞬时值表达式来表示，如 $i=I_{\mathrm{m}}\sin\omega t$，这是正弦量的基本表示法；另一种是用正弦波形来表示，如图 2.1.3 所示。瞬时值表示式和波形图是表示正弦电量随时间变化规律的基本形式。但是若用这两种形式进行正弦电路的分析、计算，则十分繁琐和费时，很不方便。为此，有必要找到一种便于分析、计算的表示正弦电量的数学形式，这就是正弦电量的相量表示法。

相量表示法就是用复数表示正弦电量，并以此为基础，产生了在电路理论中被广泛应用的相量计算法。

首先围绕使用，简要复习复数及复数运算的基本知识。

1. 复数及复数运算

(1) 复数的表示形式

一个复数 A 是由实部和虚部组成的，即

$$A=a+\mathrm{j}b \tag{2.1.1}$$

这就是复数的代数形式。其中 a 是复数的实部，b 是复数的虚部，$\mathrm{j}=\sqrt{-1}$是虚数单位。

在复数坐标平面上，复数 A 与一个确定的点相对应。该点在实数轴(水平轴)和虚数轴(纵轴)上的投影分别是 a 和 b，如图 2.1.6 所示。

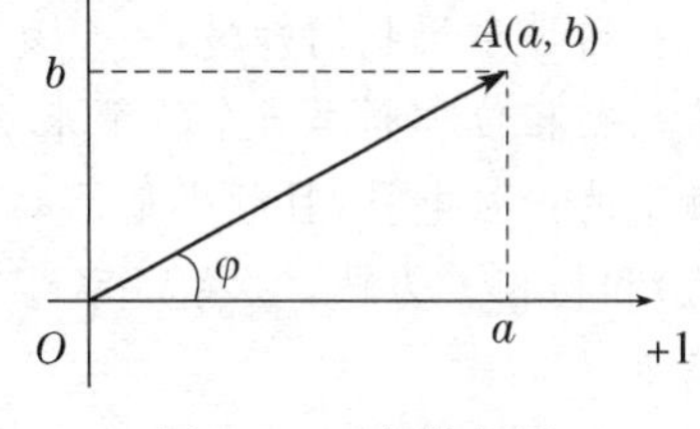

图 2.1.6　复数矢量

如果用有向线段把坐标原点 O 和该确定点 A 连接起来，在线段末端带有箭头符号，成为一个矢量。该矢量就与复数 A 对应，称为复数矢量。

由图 2.1.6 可知，矢量的模为

$$|A|=\sqrt{a^2+b^2} \tag{2.1.2}$$

矢量与实数轴的夹角称为辐角，即

$$\varphi=\arctan\frac{b}{a} \tag{2.1.3}$$

复数的实部 a 和虚部 b 与矢量模 $|A|$ 和辐角 φ 的关系为

$$\left.\begin{aligned}a&=|A|\cos\varphi\\ b&=|A|\sin\varphi\end{aligned}\right\} \tag{2.1.4}$$

把公式(2.1.4)代入(2.1.1)得

$$A=a+\mathrm{j}b=|A|(\cos\varphi+\mathrm{j}\sin\varphi)$$

上式称为复数的三角函数形式。

根据高等数学中的欧拉公式,可以得到复数的指数形式为

$$A=|A|\mathrm{e}^{\mathrm{j}\varphi}$$

在电路计算中,为了简化书写,常把上述复数的指数形式写成

$$A=|A|\mathrm{e}^{\mathrm{j}\varphi}=|A|/\!\underline{\angle\varphi}$$

上式称为复数的极坐标形式。

在以上复数的四种表示形式中,代数形式和极坐标形式应用最多,且经常需要将这两种形式进行相互转换。公式(2.1.2)和(2.1.3)是将代数形式转换成极坐标形式的计算公式,公式(2.1.4)是将极坐标形式转换成代数形式的计算公式。

(2) 复数运算

有两个复数

$$A_1=a_1+\mathrm{j}b_1=|A_1|\underline{/\varphi_1}$$

$$A_2=a_2+\mathrm{j}b_2=|A_2|\underline{/\varphi_2}$$

① 加、减运算

复数的加、减运算用代数形式进行,方法是实部和虚部分别相加或相减,即

$$A=A_1\pm A_2=(a_1\pm a_2)+\mathrm{j}(b_1\pm b_2)$$

② 乘、除运算

复数的乘、除运算用极坐标形式进行。其中乘法运算是模相乘,辐角相加,即

$$A_1\cdot A_2=|A_1|\cdot|A_2|\underline{/\varphi_1+\varphi_2}$$

除法运算是模相除、辐角相减,即

$$A_1/A_2=\frac{|A_1|}{|A_2|}\underline{/\varphi_1-\varphi_2}$$

2. 正弦交流电相量表示法

(1) 相量

通过学习我们知道,一个复数可以由模和幅角两个特征来确定。而正弦量由幅值(最大值)、初相位和频率三个特征来确定。但在一般线性交流电路问题中,所有电流、电压均为同频率的正弦电量,且频率是已知的,分析计算的任务只是确定未知正弦电量的最大值(有效值)和初相。为此,可将频率略去,因此,一个正弦电量由最大值(有效值)和初相就可以确定。

由于一个正弦电量的最大值和初相能够用矢量表示,而矢量又可以用复数表示,那么,正弦电量的最大值和初相也必然能够用复数表示,即复数的模为正弦量的最大值(有效值),复数的幅角为正弦量的初相位,这就是正弦电量的相量表示法。

为了与一般的复数相区别,我们把表示正弦量的复数称为相量,并在大写字母上打"·"。由于在工程实践中大多使用有效值表示正弦电量的大小,为此取复数的模等于正弦电量的有效值。于是表示正弦电压 $u=U_{\mathrm{m}}\sin(\omega t+\Psi_u)$ 相量式为

$$\dot{U}=U\mathrm{e}^{\mathrm{j}\Psi_u}=U\underline{/\Psi_u}$$

同理,正弦电流 $i=I_{\mathrm{m}}\sin(\omega t+\Psi_i)$ 的相量是

$$\dot{I}=Ie^{j\Psi_i}=I\angle\Psi_i$$

正弦电动势 $e=E_m\sin(\omega t+\Psi_e)$ 的相量是

$$\dot{E}=Ee^{j\Psi_e}=E\angle\Psi_e$$

应该指出的是，相量只是正弦电量的表示式，两者并不相等。正弦电量与表示它的相量之间有单一的对应关系，例如

$$u=U_m\sin(\omega t+\Psi_u)\Leftrightarrow\dot{U}=U\angle\Psi_u$$

这样，每给出一个正弦电量，就可以写出它所对应的相量；若已知正弦电量的相量，并已知其电角频率 ω，就能够写出相对应的正弦电量的瞬时值表示式。

(2) 相量图

按照各个正弦量的大小和相位关系画出的若干个相量的图形，称为相量图。在相量图上能形象地看出各个正弦量的大小和相互间的相位关系。如图 2.1.7 所示，电压相量 $\dot{U}$ 比电流相量 $\dot{I}$ 超前 φ 角，也就是正弦电压 u 比正弦电流 i 超前 φ 角。

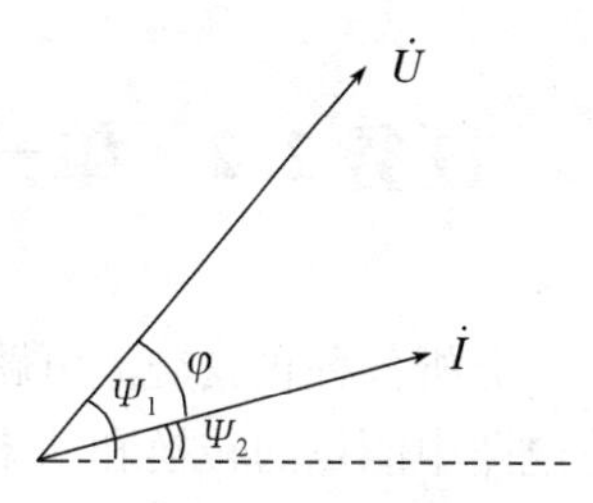

图 2.1.7　相量图

只有正弦周期量才能用相量表示，相量不能表示非正弦周期量。只有同频率的正弦量才能画在同一相量图上，不同频率的正弦量不能画在一个相量图上，否则就无法比较和计算。

由上可知，表示正弦量的相量有两种形式：相量图和相量式(复数式)。

(3) 学习相量表示法时要注意的几个问题

① 相量是表示正弦量的复数，在正弦量的大写字母上打“·”表示。

② 只有同频率的正弦量才能画在同一相量图上。

③ 表示正弦量的相量有两种形式：相量图和相量式(复数式)。

④ 相量只是表示正弦量，而不是等于正弦量。

⑤ 相量图的画法。

Ⅰ. 有向线段长度等于正弦量的有效值。

Ⅱ. 与水平轴的夹角等于正弦量的初相位。

(4) 相量计算法

相量计算法是分析计算交流电路的工具。多个同频率正弦电量进行加、减运算，其运算结果仍是同频率的正弦电量。例如

$$u=u_1\pm u_2$$

根据复数运算法则，可以将上式变换相应的相量形式

$$\dot{U}=\dot{U}_1\pm\dot{U}_2$$

再通过相量运算得到运算结果后，再经反变换就可以得到所求正弦量的瞬时值表达式。

举例说明正弦量相量表示及计算方法。

例 2.1.2：在图 2.1.8 所示电路中，设

$$i_1=I_{1m}\sin(\omega t+\Psi_1)=100\sin(\omega t+45°)\text{A}$$

$$i_2=I_{1m}\sin(\omega t+\Psi_2)=60\sin(\omega t-30°)\text{A}$$

求总电流 i。

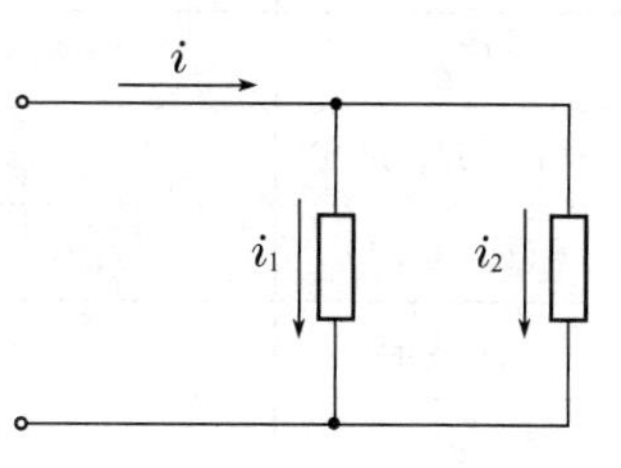

图 2.1.8　例 2.1.2 的电路

解:将 $i=i_1+i_2$ 转换为相量形式,即

$$\begin{aligned}\dot{I}_{m}&=\dot{I}_{1m}+\dot{I}_{2m}=I_{1m}e^{j\Psi_1}+I_{2m}e^{j\Psi_2}\\&=100e^{j45^\circ}+60e^{-j30^\circ}\\&=(100\cos 45^\circ+j100\sin 45^\circ)A+(60\cos 30^\circ-j60\sin 30^\circ)A\\&=[(70.7+j70.7)+(52-j30)]A\\&=(122.7+j40.7)A=129e^{j18^\circ 20'}A\end{aligned}$$

于是得

$$i=129\sin(\omega t+18^\circ 20')A$$

任务 2.2　单一参数的正弦交流电路的特性测试与应用

分析各种正弦交流电路,就是要确定电路中电压与电流之间的关系(大小和相位),并讨论电路中能量的转换和功率问题。

分析各种交流电路时,必须首先掌握单一参数(电阻、电感、电容)元件电路中电压与电流之间的关系,因为其他电路无非是一些单一参数元件的组合而已。

学习活动 1　电阻元件的正弦交流电路的特性测试与应用

扫码见视频 8

■做一做

按图 2.2.1 接好测量电路,测量电阻 R_1 元件的阻抗频率特性,通过电缆线将低频信号发生器输出的正弦信号接至如图 2.2.1 的电路,作为电源 u,并用交流毫伏表测量,使电源电压的有效值为 $U=3$ V,并保持不变。使信号源的输出频率从 200 Hz 逐渐增至 5 kHz(用频率计测量),用交流毫伏表测量 U_{R2},并通过计算得到各频率点时的 R 值,记入表 2.2.1 中。用双踪示波器观察在不同频率下的阻抗角的变化情况,同时观测电阻元件的电压和电流的相位关系并记录。

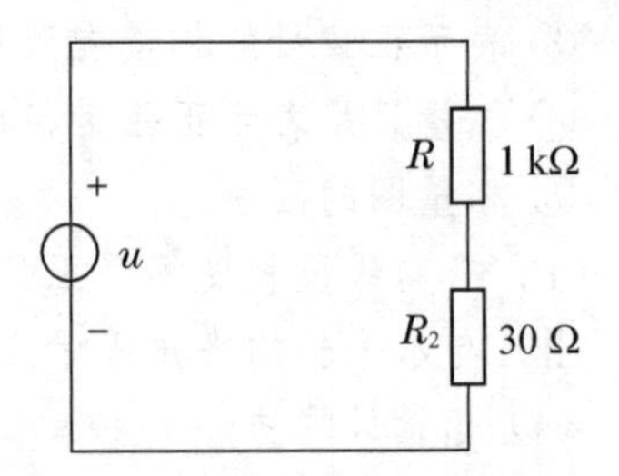

图 2.2.1　电阻元件特性的测量电路

表 2.2.1　电阻元件特性的测量

	200 Hz	1 kHz	2 kHz	3 kHz	4 kHz
U_{R2}					
$I(I=U_{R2}/R_2)$					
$R(R=U/I)$					
u、i 波形					
φ					

■议一议

图 2.2.1 中的 R_2 是提供测量回路电流用的标准小电阻，由于 R_2 的阻值远小于被测元件的阻抗值，因此可以认为电源的电压就是被测元件 R 两端的电压，流过被测元件的电流则可由 R_2 两端的电压除以 R_2 所得。若用双踪示波器同时观察 R_2 与被测元件两端的电压，亦就展现出被测元件两端的电压和流过该元件电流的波形，从而可在荧光屏上测出电压与电流的幅值及它们之间的相位差。通过表 2.2.1 的实验数据得出关于电阻元件的交流电路的特点：R 与频率无关，u、i 的相位差即 $\varphi=0$，因此 u、i 同相位，即电阻元件的电压与电流是同相位的关系。下面进行理论分析。

■学一学

1. 电阻元件电流、电压的关系

图 2.2.2(a)是一个线性电阻元件的交流电路。电压和电流的参考方向如图中所示。两者的关系由欧姆定律确定，即

$$u=Ri$$

为了分析方便起见，选择电流经过零值并将向正值增加的瞬间作为计时起点($t=0$)，即设

$$i=I_m\sin\omega t$$

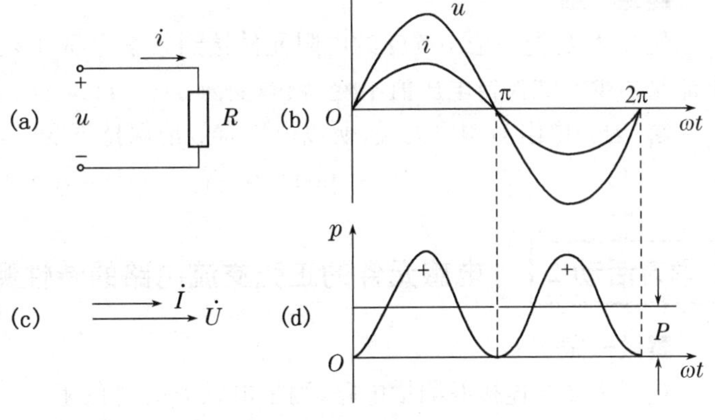

图 2.2.2　电阻元件的交流电路

为参考正弦量，则

$$u=Ri=RI_m\sin\omega t=U_m\sin\omega t \tag{2.2.1}$$

比较上列两式即可看出，在电阻元件的交流电路中，电压与电流同频率，并且电流和电压是同相位的(相位差 $\varphi=0$)。表示电压和电流的正弦波形如图 2.2.2(b)所示。

在式(2.2.1)中得出

$$\frac{U_m}{I_m}=\frac{U}{I}=R$$

由此可知，**在电阻元件电路中，电压与电流有效值的比值就是电阻 R**。

用相量表示电压与电流的关系，则为

$$\dot{U}=R\dot{I}$$

此即欧姆定律的相量表示式。电压和电流的相量图如图 2.2.2(c)所示。

2. 电阻元件的功率

(1) 瞬时功率

知道了电压与电流的变化规律和相互关系后，便可计算出电路中的功率。在任意瞬间，电压瞬时值 u 与电流瞬时值 i 的乘积，称为瞬时功率，用小写字母 p 代表，即

$$\begin{aligned}p=p_R&=ui=U_mI_m\sin^2\omega t=\frac{U_mI_m}{2}(1-\cos 2\omega t)\\&=UI(1-\cos 2\omega t)\end{aligned}$$

由上式可见，p 是由两部分组成的，第一部分是常数 UI，第二部分是幅值为 UI，并以 2ω 的角频率随时间而变化的交变量 $UI\cos 2\omega t$。p 随时间而变化的波形如图 2.2.2(d)所示。

由于在电阻元件的交流电路中 u 与 i 同相，它们同时为正，同时为负，所以瞬时功率总是正值，即 $p \geqslant 0$。瞬时功率为正，这表示电阻元件从电源取用电能而转换为热能，因此电阻元件是耗能元件。

(2) 平均功率

瞬时功率 p 不能表示电阻元件的实际耗能效果。为此取瞬时功率 p 在一个周期内的平均值，称为平均功率，并用大写字母 P 表示。平均功率又称为有功功率，可表示为

$$P=\frac{1}{T}\int_0^T p\mathrm{d}t=\frac{1}{T}\int_0^T UI(1-\cos 2\omega t)\mathrm{d}t=UI=RI^2=\frac{U^2}{R}$$

■**练一练**

例 2.2.1：把一个 100 Ω 的电阻元件接到频率为 50 Hz、有效值为 100 V 的正弦电源上，电流是多少？如保持电压值不变，频率变为 5 000 Hz，这时电流将为多少？

解：因为电阻与频率无关，所以电压有效值保持不变时，电流有效值相等，即

$$I=U/R=10/100\ \text{A}=0.1\ \text{A}$$

学习活动 2　电感元件的正弦交流电路的特性测试与应用

扫码见视频 9

■**做一做**

按图 2.2.3 连接好测量电路，测量电感 L 元件的阻抗频率特性，通过电缆线将低频信号发生器输出的正弦信号接至如图 2.2.3 的电路，作为电源 u，并用交流毫伏表测量，使电源电压的有效值为 $U=3$ V，并保持不变。使信号源的输出频率从200 Hz逐渐增至 5 kHz(用频率计测量)，用交流毫伏表测量 U_{R2}，并通过计算得到各频率点时的 X_L 值，记入表2.2.2 中。用双踪示波器观察在不同频率下的阻抗角的变化情况，同时观测电感元件的电压和电流的相位关系，并记录于表 2.2.2 中。

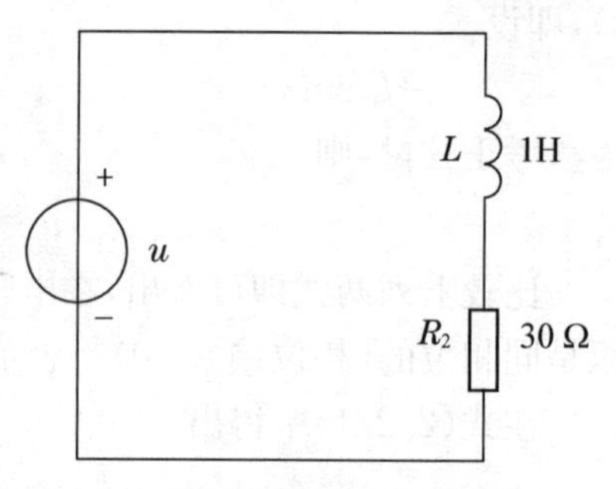

图 2.2.3　电感元件特性的测量电路

表 2.2.2　电感元件特性的测量

	200 Hz	1 kHz	2 kHz	3 kHz	4 kHz
U_{R2}					
$I(I=U_{R2}/R_2)$					
$X_L(X_L=U/I)$					
u、i 波形					
φ					

■**议一议**

图 2.2.3 中的 R_2 是提供测量回路电流用的标准小电阻，由于 R_2 的阻值远小于被测元

件的阻抗值，因此可以认为电源的电压就是被测元件 L 两端的电压，流过被测元件的电流则可由 R_2 两端的电压除以 R_2 所得。若用双踪示波器同时观察 R_2 与被测元件 L 两端的电压，亦就展现出被测元件两端的电压和流过该元件电流的波形，从而可在荧光屏上测出电压与电流的幅值及它们之间的相位差。通过表 2.2.2 的实验数据得出关于电感元件的交流电路的特点：X_L 与频率有关，u、i 的相位差即 $\varphi=90°$，因此电感元件的电压 u 超前电流 $i=90°$。下面进行理论分析。

■**学一学**

1. 电感元件电流、电压的关系

设电感元件正弦电流、电压的参考方向如图 2.2.4(a)所示，电流表达式为

$$i=\sqrt{2}I\sin(\omega t+\Psi_i)$$

因 $u=L\dfrac{\mathrm{d}i}{\mathrm{d}t}$（见扩展与延伸），把电流表达式代入此式，则有

$$u=L\frac{\mathrm{d}i}{\mathrm{d}t}=\sqrt{2}\omega LI\cos(\omega t+\Psi_i)=\sqrt{2}\omega LI\sin\left(\omega t+\Psi_i+\frac{\pi}{2}\right)$$

$$\sqrt{2}U\sin(\omega t+\Psi_u)=\sqrt{2}\omega LI\sin\left(\omega t+\Psi_i+\frac{\pi}{2}\right) \tag{2.2.2}$$

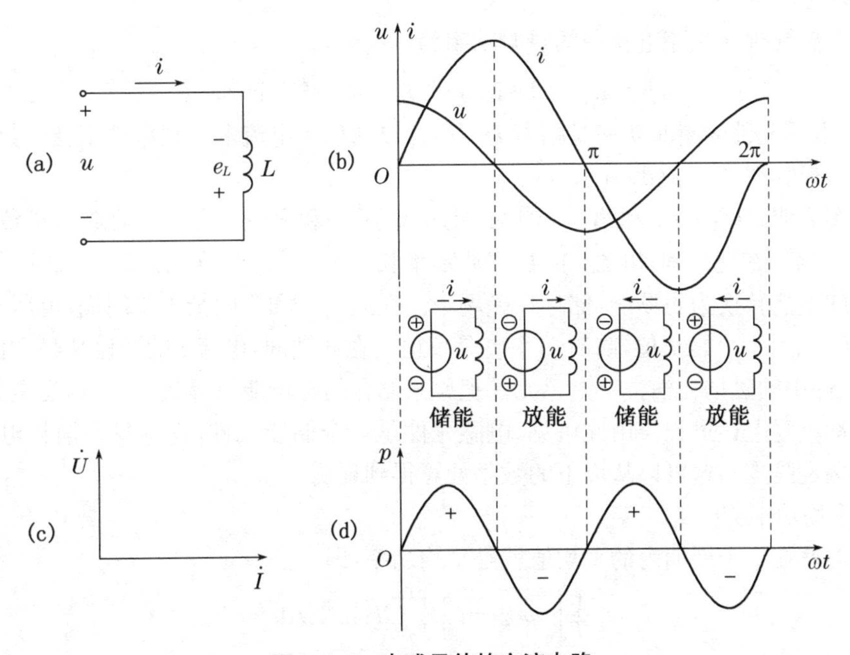

图 2.2.4　电感元件的交流电路

比较上两式可知：**在电感元件的交流电路中，电压与电流同频率，并且电压在相位上超前电流 90°**。即

$$\Psi_u=\Psi_i+\frac{\pi}{2}$$

在式(2.2.2)中，电流、电压的有效值关系为

$$U=I\omega L$$

由此可知，**在电感元件电路中，电压与电流的有效值（最大值）之比值为 $\omega L(X_L)$**。

其中令 $X_L=\omega L=2\pi fL$，称为感抗，单位为欧姆(Ω)。在电感一定的情况下，电感的感抗与频率成正比，只有在一定的频率下，感抗才是一个常量。对于直流，频率为零，感抗为零，电感相当于短路。当频率趋于无限大时，感抗也趋于无限大，电感相当于开路。所以**电感元件在电路中具有通直流($f=0$)、阻碍高频交流的作用**。

引入感抗 X_L 这一概念后，电感元件的端电压与电流的有效值之间具有欧姆定律的形式。当电压的有效值 U 一定，X_L 越大，电流的有效值 I 越小。可以认为，**感抗 X_L 是表征电感元件对电流呈现阻力大小的物理量**。电压与电流的有效值之比为

$$\frac{U}{I}=\omega L=X_L$$

可写成相量形式

$$U\underline{/\Psi_u}=I\omega L\underline{/\Psi_i+\frac{\pi}{2}} \text{ 或 } \dot{U}=\mathrm{j}\omega L\dot{I}$$

引入感抗以后，其相量表示式为

$$\dot{U}=\dot{I}(\mathrm{j}X_L)$$

电压与电流的波形与相位关系如图 2.2.4(b)、(c)所示。

2. 电感元件的功率

(1) 瞬时功率

线性电感元件在交流电路中的瞬时功率为

$$p=ui=\sqrt{2}U\sin\omega t\sqrt{2}I\cos\omega t=UI\sin 2\omega t$$

可见，电感元件的瞬时功率是幅值为 UI，并以两倍于电流电压频率的正弦函数，其随时间变化的波形如图 2.2.4(d)所示。

波形图表明，在第一个和第三个 1/4 周期，电压 u 和电流 i 同是正值或同是负值，瞬时功率 p 是正值。在此期间，电流 i 的数值从零增长到最大值，电感元件建立磁场，并将从电源处吸收的电能转换为磁场能，储存在磁场中。在第二个和第四个 1/4 周期，电压 u 和电流 i 一个是正值、另一个是负值，瞬时功率 p 是负值。在此期间，电流 i 的数值从最大值减小到零，电感元件中的磁场在消失。电感元件把原来储存的磁场能量释放出来，返还电源。在以下各周期都重复上述过程。由此可见，电感元件是一个储能元件，它本身不消耗电功率，其平均功率必定是零。这可以从以下的数学计算得到证明。

(2) 平均功率 P

瞬时功率在一个周期内的平均值就是平均功率，即

$$P=\frac{1}{T}\int_0^T p\,\mathrm{d}t=\frac{1}{T}\int_0^T UI\sin 2\omega t\,\mathrm{d}t=0$$

(3) 无功功率 Q

电感元件的平均功率 $P=0$，存在电源与电感之间的能量交换，所以瞬时功率不是零。而且这种能量交换对合理地使用交流电源以及减小输电线路上的功率损耗有重要影响。有关这方面的知识，将在后续内容中做专门介绍。为了衡量这种能量交换的规模，取瞬时功率的最大值称为无功功率，并用大写字母 Q 表示，为与有功功率相区别，无功功率的单位用乏(var)表示。

$$Q_L=UI=I^2X_L=\frac{U^2}{X_L}$$

■练一练

例 2.2.2:把一个 0.8H 的电感元件接到电压为 $u=220\sqrt{2}\sin(314t-60°)$V 的电源上,(1) 试求电感元件的电流表达式和无功功率;(2) 如电源的频率改为 150 Hz,电压有效值不变,电感元件的电流为多少?

解:(1) 电压相量表示式为

$$\dot{U}=220\underline{/-60°}\ \text{V}$$

$$X_L=\omega L=314\times0.8\ \Omega=251\ \Omega$$

$$\dot{I}=\frac{\dot{U}}{\text{j}X_L}=\frac{220\underline{/-60°}}{\text{j}251}\text{A}=0.876\underline{/-150°}\ \text{A}$$

$$i=0.876\sqrt{2}\sin(314t-150°)\text{A}$$

$$Q_L=UI=220\times0.876\ \text{var}=192.7\ \text{var}$$

(2) 电感的感抗与频率成正比,电源的频率改为 150 Hz,感抗增加为原来的 3 倍,电压有效值不变,电流减少为原来的三分之一,即

$$0.876/3\ \text{A}=0.292\ \text{A}$$

■扩展与延伸

1. 电感元件的伏安关系

(1) 线性电感元件

电感元件是表示电流建立磁场、储存磁场能这一电磁现象的理想电路元件。

在导线中有电流通过时,其周围就存在磁场。为了增强磁场,满足工程实际需要,用导线紧密地绕成线圈,称为电感线圈。例如日光灯电路中的镇流器、电子电路中的扼流圈等。图 2.2.5 是电感线圈的常见外形。

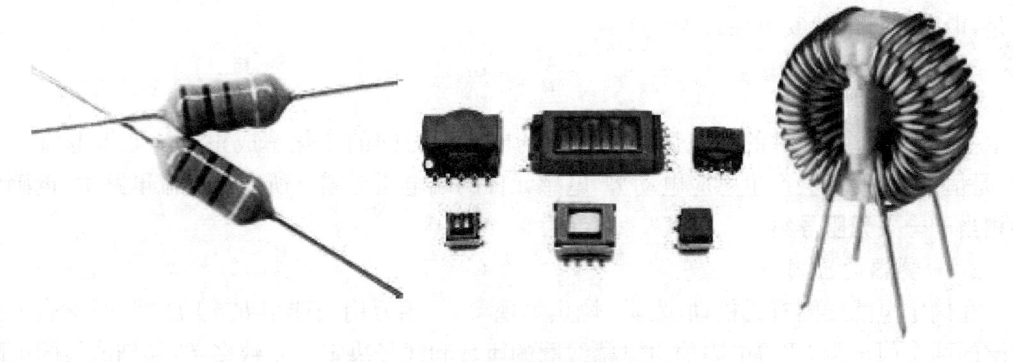

图 2.2.5　电感线圈的常见外形

电感线圈的原理示意如图 2.2.6(a)所示。若线圈的匝数是 N,通过的电流是 i,则将在电感线圈内集中建立磁场。设穿过每匝线圈的磁通为 Φ,这个磁通与 N 匝线圈交链,乘积 $\Psi=N\Phi$ 称为线圈的磁链。忽略极小的导线电阻和匝间电容,就可以认为该电感线圈是一个理想电

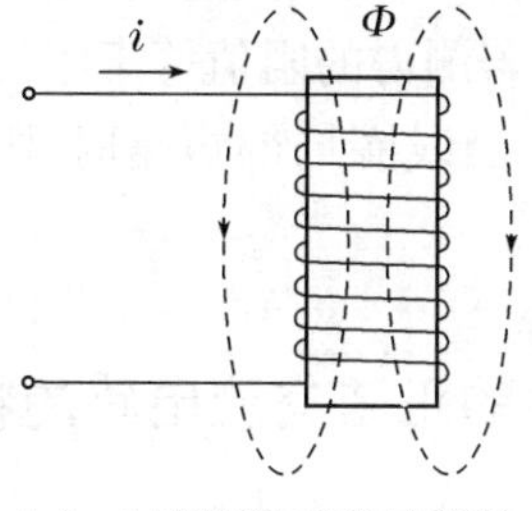

(a) 电感线圈原理示意图

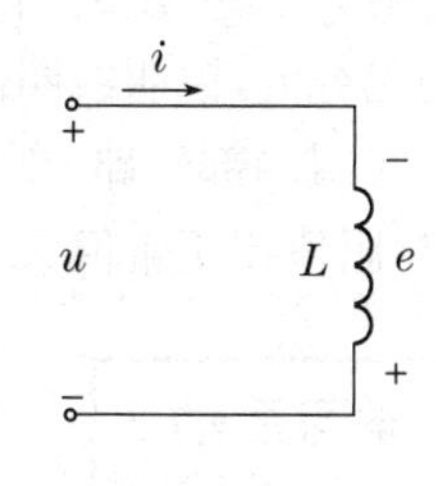

(b) 理想电感元件

图 2.2.6　电感线圈和理想电感元件

感元件，它只具有储存磁场能的功能。理想电感元件的图形符号及有关电量的参考方向如图 2.2.6(b)所示。

如果电感线圈周围的介质是非铁磁物质，那么磁链 Ψ 会与电流 i 成正比，比例系数用 L 表示，它是一个常数，称为电感，即

$$\Psi=Li$$

这样的电感元件称为线性电感元件，L 是它的参数。在国际单位制中，磁链 Ψ 的单位是韦[伯](Wb)，电流 i 的单位是安[培](A)，电感 L 的单位是亨[利](H)。在本书的电路基础部分，只涉及线性电感元件。

电感元件在某时刻的磁场能量与电感 L 和该时刻通过它的电流 $i(t)$ 有关，储能的表示式为

$$W(t)=\frac{1}{2}Li^2(t)$$

(2) 电感元件的伏安关系

通过电感元件的电流是交变的，磁通和磁链也相应发生变化。根据电磁感应定律，电感元件内就会产生感应电动势 e，e 的大小正比于磁通对时间的变化率，在规定的参考方向(图 2.2.6)下，有

$$e=-\frac{\mathrm{d}\Psi}{\mathrm{d}t}$$

线性电感元件的 $\Psi=Li$，代入上式得

$$e=-L\frac{\mathrm{d}i}{\mathrm{d}t}$$

根据基尔霍夫电压定律有

$$u=-e$$

于是，电感元件的伏安关系式为

$$u=L\frac{\mathrm{d}i}{\mathrm{d}t}$$

上式表明电感元件的端电压与通过它的电流对时间的变化率成正比。如果电流不变化，是恒定值，便不会产生感应电动势，电感元件的端电压为零。所以**在直流电路中，电感元件相当于一条无阻导线**。

2. 电感器的检测

在确定电感线圈有无松动、发霉、烧焦等现象后，用万用表选用 $R\times1\ \Omega$ 挡，两支表笔接线圈的两个引出脚，测得电阻值由电感线圈的匝数和线径决定。匝数多、线径细的线圈电阻值就大一些，反之相反。对于有抽头的线圈，各引出脚之间都有一定的阻值。若测得的阻值为无穷大，说明线圈已经开路；若测得的阻值等于零，说明线圈已经短路。另外，测量时要注意线圈局部短路、断路的问题，当线圈局部短路时，阻值比正常值小一些；当线圈局部断路时，阻值比正常值大一些。

学习活动 3　电容元件的正弦交流电路的特性测试与应用

扫码见视频 10

■做一做

按图 2.2.7 接好测量电路，测量电容 C 元件的阻抗频率特性，通过电缆线将低频信号

发生器输出的正弦信号接至如图 2.2.7 的电路，作为电源 u，并用交流毫伏表测量，使电源电压的有效值为 $U=3$ V，并保持不变。使信号源的输出频率从 200 Hz逐渐增至 5 kHz(用频率计测量)，用交流毫伏表测量 U_{R2}，并通过计算得到各频率点时的 X_C 值，记入表 2.2.3 中。用双踪示波器观察在不同频率下的阻抗角的变化情况，同时观测电容元件的电压和电流的相位关系并记录于表 2.2.3 中。

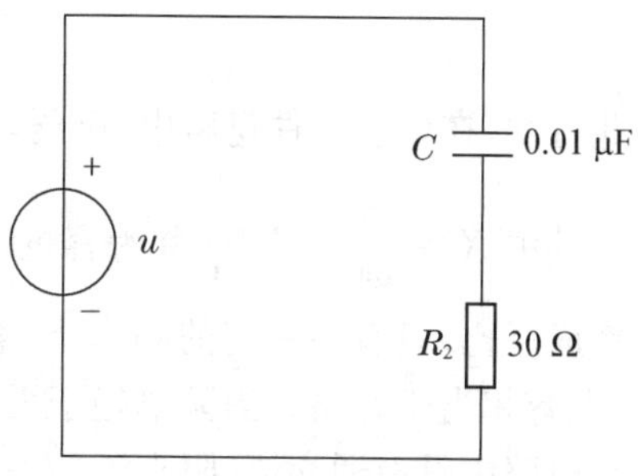

图 2.2.7　电容元件特性的测量电路

表 2.2.3　电容元件特性的测量

	200 Hz	1 kHz	2 kHz	3 kHz	4 kHz
U_{R2}					
$I(I=U_{R2}/R_2)$					
$X_C(X_C=U/I)$					
u、i 波形					
φ					

■议一议

图 2.2.7 中的 R_2 是提供测量回路电流用的标准小电阻，由于 R_2 的阻值远小于被测元件的阻抗值，因此可以认为电源的电压就是被测元件 C 两端的电压，流过被测元件的电流则可由 R_2 两端的电压除以 R_2 所得。若用双踪示波器同时观察 R_2 与被测元件两端的电压，亦就展现出被测元件两端的电压和流过该元件电流的波形，从而可在荧光屏上测出电压与电流的幅值及它们之间的相位差。通过表 2.2.3 的实验数据得出关于电容元件的交流电路的特点：X_C 与频率有关，i、u 的相位差即 $\varphi=90°$，因此电容元件的电流 i 超前电压 $u=90°$。下面进行理论分析。

■学一学

1. 电容元件电流与电压的关系

设正弦电流、电压的参考方向如图 2.2.8(a)所示，其电压表达式为

$$u=\sqrt{2}U\sin(\omega t+\Psi_u)$$

因 $i=C\dfrac{\mathrm{d}u}{\mathrm{d}t}$(见扩展与延伸)，把电压表达式代入此式，则有

$$i=C\frac{\mathrm{d}u}{\mathrm{d}t}=\sqrt{2}\omega CU\cos(\omega t+\Psi_u)=\sqrt{2}\omega CU\sin\left(\omega t+\Psi_u+\frac{\pi}{2}\right)$$

$$\sqrt{2}I\sin(\omega t+\Psi_i)=\sqrt{2}\omega CU\sin\left(\omega t+\Psi_u+\frac{\pi}{2}\right) \tag{2.2.3}$$

比较上列两式可知，在电容元件的交流电路中，电压与电流同频率，并且电流在相位上超前电压 90°，即

$$\Psi_i=\Psi_u+\frac{\pi}{2}$$

由式(2.2.3)可知，电流、电压的有效值关系为

$$I=U\omega C$$

由此可知，**在电容元件电路中，电压与电流的有效值(最大值)之比值为$\boldsymbol{\frac{1}{\omega C}(X_C)}$。**

其中 $X_C=\frac{1}{\omega C}=\frac{1}{2\pi fC}$称为容抗，单位为欧姆(Ω)。在电容一定的情况下，电容的容抗与频率成反比，只有在一定的频率下，容抗才是一个常量。对于直流，频率为零，容抗为无穷大，电容相当于开路。当频率趋于无限大时，容抗也趋于零，电感相当于短路。所以电容元件在电路中具有通交流、阻直流($f=0$)的作用。

引入容抗 X_C这一概念后，电容元件的端电压与电流的有效值之间具有欧姆定律的形式。当电压的有效值 U 一定，X_C越大，电流的有效值 I 越小。可以认为，容抗 X_C是表征电容元件对电流呈现阻力大小的物理量。电压与电流的有效值之比为

$$\frac{U}{I}=X_C$$

写成相量形式为

$$\dot{I}=\mathrm{j}\omega C\dot{U}$$

引入容抗以后，其相量表示式为

$$\dot{U}=\dot{I}(-\mathrm{j}X_C)$$

电压与电流的波形与相位关系如图 2.2.8(b)、(c)所示。

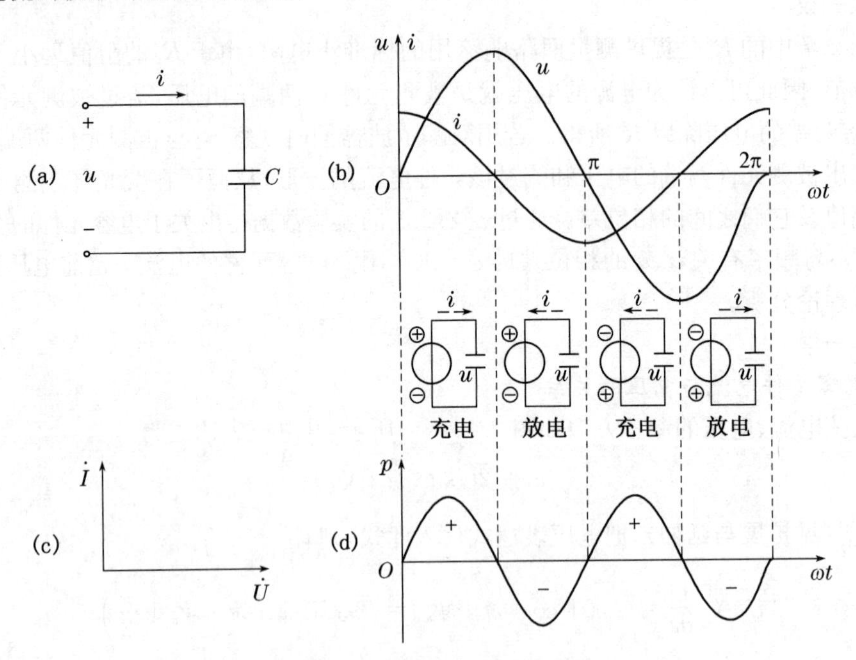

图 2.2.8　电容元件的交流电路

2. 电容元件的功率

(1) 瞬时功率

线性电容元件在交流电路中的瞬时功率为

$$p=ui=\sqrt{2}U\sin\omega t\sqrt{2}I\cos\omega t=UI\sin 2\omega t$$

可见,电容元件的瞬时功率是幅值 UI、以 2ω 为角频率随时间变化的交变量,其波形如图 2.2.8(d)所示。

波形图表明,在第一个和第三个 1/4 周期内,电压 u 和电流 i 同为正或同为负,瞬时功率 $p>0$。在这段时间内,电压 u 的数值从零增加到最大值,电容充电,建立电场,并把从电源处得到的电能储存在电场中。在第二个和第四个 1/4 周期内,电压 u 和电流 i 一个是正值,另一个是负值,瞬时功率 $p<0$。在这段时间内,电压 u 的数值从最大值减小到零,电容放电,并把储存的电场能释放出来,返还电源。在以后的各周期均重复上述过程。总结以上分析,电容元件不消耗电功率,其平均功率一定为零。所以它也是一个储能元件。

(2) 平均功率

理想线性电容元件也不消耗电能,其有功功率为

$$P=\frac{1}{T}\int_{0}^{T}p\mathrm{d}t=\frac{1}{T}\int_{0}^{T}UI\sin 2\omega t\,\mathrm{d}t=0$$

(3) 无功功率 Q

与电感元件一样,采用无功功率衡量电容元件与电源之间能量交换的规模。无功功率 Q 等于瞬时功率的最大值 UI,即电容元件电路的无功功率为

$$Q_C=-UI=-I^2X_C=-\frac{U^2}{X_C}=-\omega CU^2$$

■练一练

例 2.2.3:把一个 2 μF 的电容元件加到电压为 $u=10\sqrt{2}\sin(10^6t+60^\circ)$ V 的电源上,试求:

(1) 电容元件的电流表达式;

(2) 电容元件的有功功率和无功功率。

解:(1) 电压相量表示式为

$$\dot{U}=10\angle 60^\circ\ \text{V}$$

$$X_C=\frac{1}{\omega C}=\frac{1}{10^6\times 2\times 10^{-6}}\ \Omega=0.5\ \Omega$$

$$\dot{I}=\frac{\dot{U}}{-\mathrm{j}X_C}=\frac{10\angle 60^\circ}{0.5\angle -90^\circ}\text{A}=20\angle 150^\circ\ \text{A}$$

$$i=20\sqrt{2}\sin(10^6t+150^\circ)\text{A}$$

(2) 电容元件的有功功率和无功功率分别为

$$P=0\ \text{W}$$

$$Q_C=-UI=-10\times 20\ \text{var}=-200\ \text{var}$$

■扩展与延伸

1. 电容元件的伏安关系

电容元件的参数

$$C=\frac{q}{u}$$

称为电容,它的单位是法[拉]F,其他单位还有:毫法(mF)、微法(uF)、纳法(nF)、皮法(pF)。其中:1 F$=10^3$ mF$=10^6$ μF$=10^9$ nF$=10^{12}$ pF,电容元件的常见外形如图 2.2.9。

当电容元件的电荷量 q 或电压 u 发生变化时,则在电路中引起电流

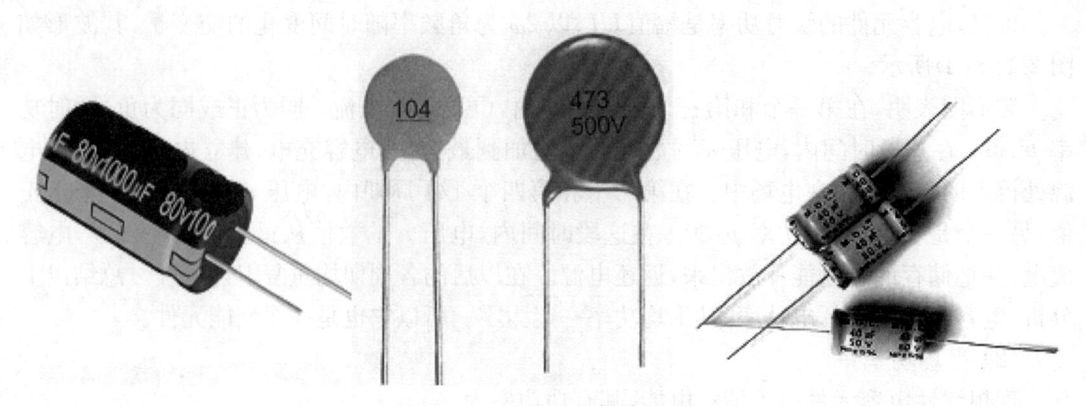

图 2.2.9　电容器的常见外形

$$i=\frac{\mathrm{d}q}{\mathrm{d}t}=C\frac{\mathrm{d}u}{\mathrm{d}t}$$

上式是在电压和电流的参考方向相同的情况下得出的，否则要加一负号。上式表明当电压恒定时，电容元件的电流为零，所以在直流电路中电容可视作开路。

电容元件在某时刻的电场能量与电容 C 和该时刻它两端的电压 $u(t)$ 有关，储能的表示式为

$$W(t)=\frac{1}{2}Cu^2(t)$$

2. 电解电容器的检测方法

对电解电容器的性能检测，最主要的是容量、漏电流的检测。对正、负极标志脱落的电容器，还应进行极性判别。

在检测前，先将电解电容的两根引脚相碰，以便放掉电容内残余的电荷。将万用表红表笔接负极，黑表笔接正极，在刚接触的瞬间，万用表指针即向右偏转较大偏度（对于同一电阻挡，容量越大，摆幅越大），接着逐渐向左回转，直到停在某一位置。此时的阻值便是电解电容的正向漏电阻，此值略大于反向漏电阻。实际使用经验表明，电解电容的漏电阻一般应在几百千欧以上，否则，将不能正常工作。在测试中，若正向、反向均无充电的现象，即表针不动，则说明容量消失或内部断路；如果所测阻值很小或为零，说明电容漏电大或已击穿损坏，不能再使用。对于正、负极标志不明的电解电容器，可利用上述测量漏电阻的方法加以判别。即先任意测一下漏电阻，记住其大小，然后交换表笔再测出一个阻值。两次测量中阻值大的那一次便是正向接法，即黑表笔接的是正极，红表笔接的是负极。

任务 2.3　*RLC* 串联正弦交流电路特性的测试与应用

扫码见视频 11

学习活动　*RLC* 串联正弦交流电路特性的测试与应用

■做一做

按图 2.3.1 所示接好测量电路，组成 *RLC* 串联电路，调节信号发生器使 $U=5$ V，检查

接线是否正确，并经教师检查无误后通电。用万用表分别测量 U、U_R、U_L、U_C，将值记入表 2.3.1 中。用双踪示波器两探头分别接 u_R 和 u，观察两波形的超前、滞后情况。将波形图画入表 2.3.1 中，实验调节频率时，保证信号发生器使 $U=5$ V（调节其输出旋钮），处理好信号发生器和双踪示波器的共地问题。

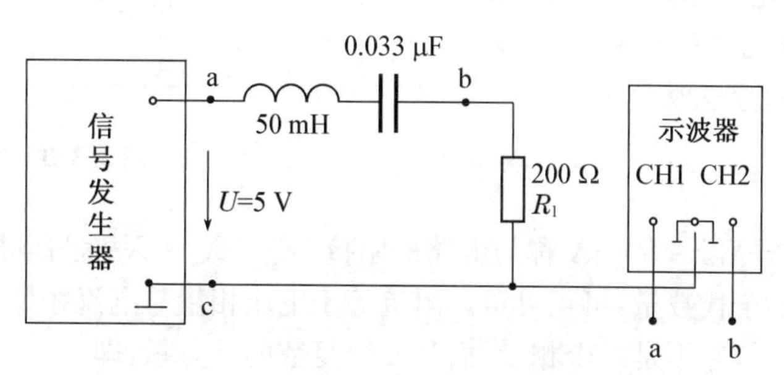

图 2.3.1　*RLC* 串联正弦交流电路特性的测量电路

表 2.3.1　*RLC* 串联正弦交流电路特性的测量

	测量值						
	U(V)	U_R(V)	U_L(V)	U_C(V)	波形记录	φ	f(kHz)
u、i 同相位							
u 超前 i							
u 滞后 i							

■**议一议**

通过对表 2.3.1 的实验数据进行分析，我们发现交流电路不同于直流电路的其中一点：$U\neq U_R+U_L+U_C$，当 L、C 值一定时，频率 f 发生变化时，u、i 的相位关系也发生变化。下面我们从理论内容进行分析。

■**学一学**

1. 各电压的关系

分析实验数据，我们发现交流电路不同于直流电路的其中一点：$U\neq U_R+U_L+U_C$，那么各电压具有什么关系呢？电阻、电感与电容串联的交流电路相量模型如图 2.3.2(b)，则由单一参数交流电路的伏安特性有

$$\dot{U}_R=\dot{I}R$$
$$\dot{U}_L=\dot{I}(\mathrm{j}X_L)$$
$$\dot{U}_C=\dot{I}(-\mathrm{j}X_C)$$

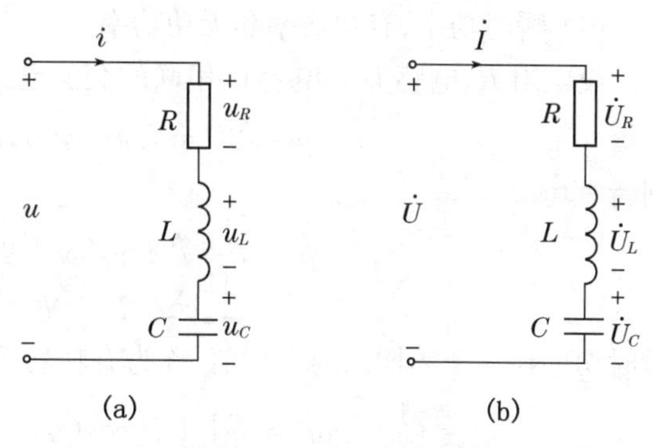

图 2.3.2　*RLC* 串联电路

根据 KVL 相量形式有

$$\dot{U}=\dot{U}_R+\dot{U}_L+\dot{U}_C$$

总电压的相量形式为

$$\dot{U}=\dot{U}_R+\dot{U}_L+\dot{U}_C=\dot{I}R+\dot{I}(\mathrm{j}X_L)+\dot{I}(-\mathrm{j}X_C) \tag{2.3.1}$$

各电压有效值之间的关系为

$$U=\sqrt{U_R^2+(U_L-U_C)^2}$$

这几个电压有效值之间的关系可用直角三角形三个边之间的关系来描述，如图 2.3.3 所示。

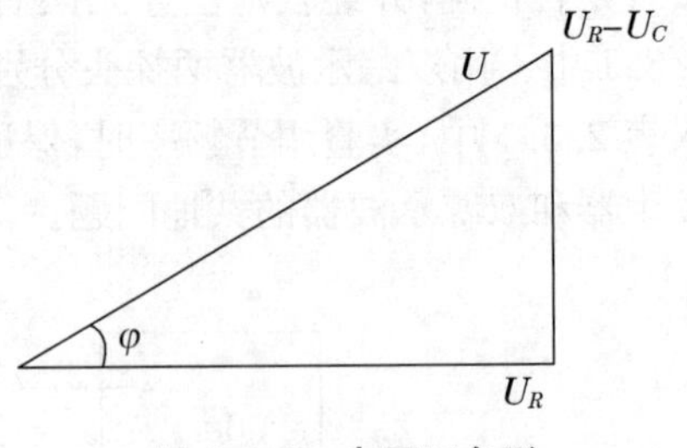

图 2.3.3　电压三角形

2. 端口上电压电流的关系

对(2.3.1)式进行整理得

$$\frac{\dot{U}}{\dot{I}}=R+jX_L-jX_C=R+jX=Z$$

式中，$Z=R+j(X_L-X_C)=R+jX$ 称为电路的阻抗，$X_L-X_C=X$ 称为电抗。感抗与容抗总为正值，而电抗是一个代数量，可正可负。阻抗等于电压相量与电流相量的比值。阻抗不同于正弦量的复数表示，它不是一个相量，而是一个复数的计算量，即

$$Z=\frac{\dot{U}}{\dot{I}}=\frac{U\angle\Psi_u}{I\angle\Psi_i}=\frac{U}{I}\angle\varphi=|Z|\angle\varphi$$

阻抗模值：

$$|Z|=\sqrt{R^2+X^2}=\sqrt{R^2+(X_L-X_C)^2}$$

可见，$|Z|$、R、$X=(X_L-X_C)$三者之间也可用一个直角三角形三个边之间的关系来描述，如图 2.3.4 所示。

总电压与电流的相位差角为阻抗的辐角，称为阻抗角，即

$$\Psi_u-\Psi_i=\varphi=\arctan\frac{X_L-X_C}{R}$$

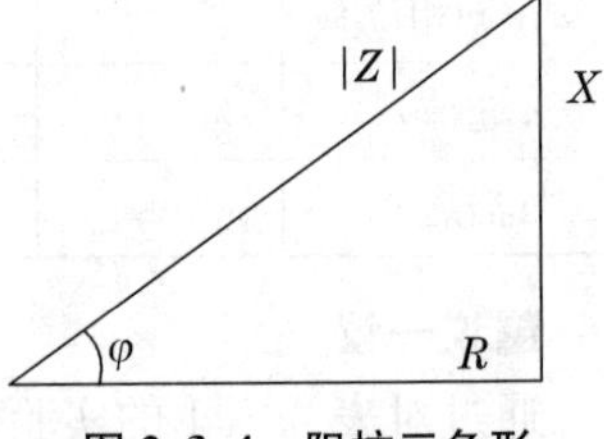

图 2.3.4　阻抗三角形

当 $X_L>X_C$时，$\varphi>0$，u 超前于 i，总效果是电感性质，称为显感性电路；

当 $X_L<X_C$时，$\varphi<0$，u 滞后于 i，总效果是电容性质，称为显容性电路；

而 $X_L=X_C$时，$\varphi=0$，u 与 i 同相位，电路呈纯阻性，称为谐振电路。

3. 电路的功率

(1) 瞬时功率、有功功率和无功功率

设电阻 R、电感 L 和电容 C 串联的交流电路

$$u=\sqrt{2}U\sin(\omega t+\Psi_u),\ i=\sqrt{2}I\sin(\omega t+\Psi_i)$$

则瞬时功率

$$\begin{aligned}p&=ui=\sqrt{2}I\sin(\omega t+\Psi_i)\sqrt{2}U\sin(\omega t+\Psi_u)\\&=UI[\cos(\Psi_u-\Psi_i)-\cos(2\omega t+\Psi_u+\Psi_i)]\end{aligned}$$

瞬时功率在一个周期内的平均值，称为有功功率，即

$$\begin{aligned}P&=\frac{1}{T}\int_0^T p\mathrm{d}t=\frac{1}{T}\int_0^T UI[\cos(\Psi_u-\Psi_i)-\cos(2\omega t+\Psi_u+\Psi_i)]\mathrm{d}t\\&=UI\cos(\Psi_u-\Psi_i)=UI\cos\varphi\end{aligned}$$

从电压三角形可知：

$$U\cos\varphi=U_R=IR$$

于是

$$P=UI\cos\varphi=U_RI=I^2R$$

而电感元件与电容元件要储放能量，即它们与电源之间要进行能量交换，相应的无功功率

$$Q=IU_L-IU_C=(U_L-U_C)I=UI\sin\varphi$$

(2) 视在功率和功率三角形

在交流电路中，有功功率一般不等于电压与电流有效值的乘积。如将两者有效值相乘，则得出视在功率 S，即

$$S=UI=I^2|Z|$$

为了区别于有功功率和无功功率，视在功率的单位为伏·安(V·A)。

$$P=S\cos\varphi$$

$$Q=S\sin\varphi$$

$$S=\sqrt{P^2+Q^2}$$

则其功率构成的三角形(如图 2.3.5 所示)与电压、阻抗三角形是相似三角形。亦即，由电压三角形同除以 I 便是阻抗三角形，同乘以 I 便是功率三角形，如图 2.3.6 所示。而

$$\cos\varphi=\frac{P}{S}$$

$\cos\varphi$ 称为功率因数；φ 称为功率因数角，它反映了有功功率的利用率，是电力供电系统中一个非常重要的质量参数。

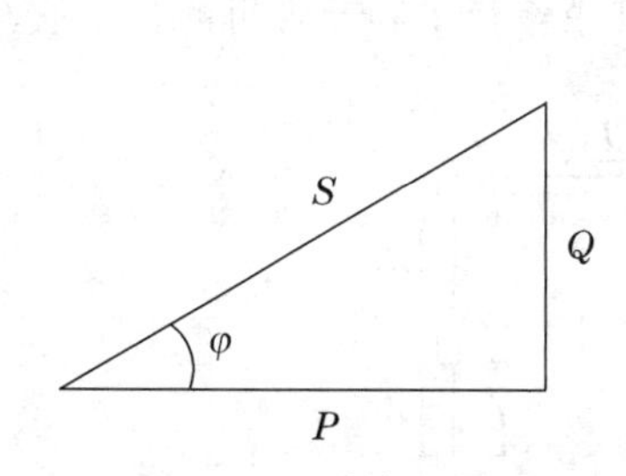

图 2.3.5　功率三角形

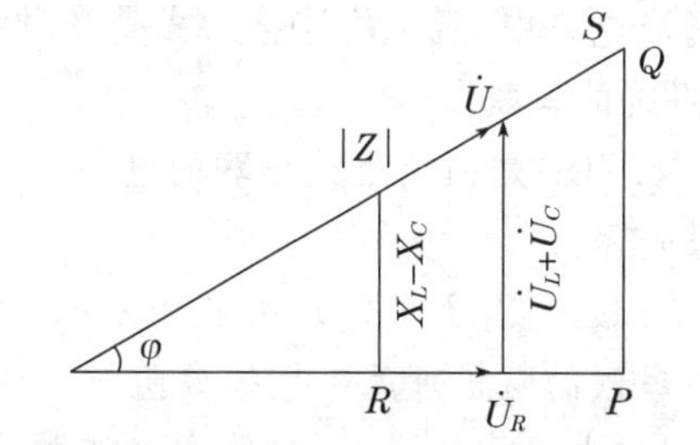

图 2.3.6　功率、电压、阻抗三角形

■**练一练**

例 2.3.1：在电阻、电感与电容元件串联的交流电路中，已知 $R=30\ \Omega$，$L=127\ \text{mH}$，$C=40\ \mu\text{F}$，电源电压 $u=220\sqrt{2}\sin(314t+20°)\text{V}$，求：(1) 电流 i 及各部分电压 u_R、u_L、u_C；(2) 功率 P 和 Q。

解：(1) 电流 i 及各部分电压 u_R、u_L、u_C

$$X_L=\omega L=314\times127\times10^{-3}\ \Omega=40\ \Omega$$

$$X_C=\frac{1}{\omega C}=\frac{1}{314\times40\times10^{-6}}\Omega=80\ \Omega$$

$$Z=R+\text{j}(X_L-X_C)=[30+\text{j}(40-80)]\Omega$$

$$=(30-\text{j}40)\Omega=50\angle-53°\ \Omega$$

$$\dot{U}=220\angle20°\ \text{V}$$

于是得

$$\dot{I}=\frac{\dot{U}}{Z}=\frac{220\angle20°}{50\angle-53°}\ \text{A}=4.4\angle73°\ \text{A}$$

$$i=4.4\sqrt{2}\sin(314t+73^\circ)\,\mathrm{A}$$

$$\dot{U}_R=R\dot{I}=30\times4.4\angle73^\circ\ \mathrm{V}=132\angle73^\circ\ \mathrm{V}$$

$$u_R=132\sqrt{2}\sin(314t+73^\circ)\,\mathrm{V}$$

$$\dot{U}_L=\mathrm{j}X_L\dot{I}=\mathrm{j}40\times4.4\angle73^\circ\ \mathrm{V}=176\angle163^\circ\ \mathrm{V}$$

$$u_L=176\sqrt{2}\sin(314t+163^\circ)\,\mathrm{V}$$

$$\dot{U}_C=-\mathrm{j}X_C\dot{I}=-\mathrm{j}80\times4.4\angle73^\circ\ \mathrm{V}=352\angle-17^\circ\ \mathrm{V}$$

$$u_C=352\sqrt{2}\sin(314t-17^\circ)\,\mathrm{V}$$

注意：

$$\dot{U}=\dot{U}_R+\dot{U}_L+\dot{U}_C$$

$$U\neq U_R+U_L+U_C$$

(2) 功率 P 和 Q

$$P=UI\cos\varphi=220\times4.4\times\cos(-53^\circ)\,\mathrm{W}=220\times4.4\times0.6\ \mathrm{W}=580.8\ \mathrm{W}$$

$$\begin{aligned}Q&=UI\sin\varphi=220\times4.4\sin(-53^\circ)\\&=220\times4.4\times(-0.8)\,\mathrm{var}\\&=-774.4\ \mathrm{var}(\text{电容性})\end{aligned}$$

阅读材料　阻抗的串联与并联

在交流电路中，阻抗的连接形式是多种多样的，其中最简单和最常用的是串联与并联。

1. 阻抗的串联

图 2.3.7(a)是两个阻抗串联的电路。

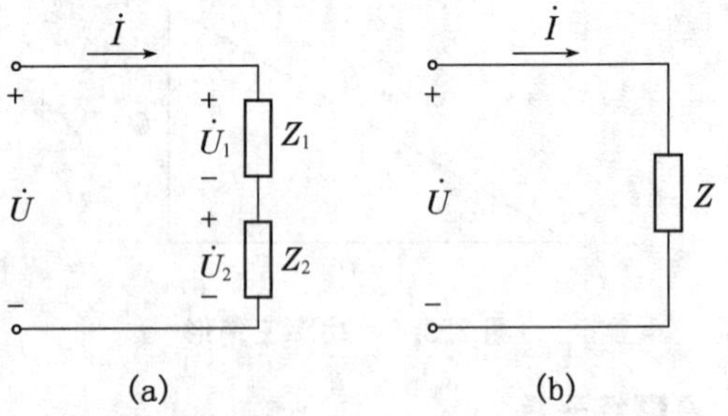

相量表示式

$$\dot{U}=\dot{U}_1+\dot{U}_2=Z_1\dot{I}+Z_2\dot{I}=(Z_1+Z_2)\dot{I}$$

两个串联的阻抗可用一个等效阻抗 Z 来代替，在同样电压的作用下，电路中电流的有效值和相位保持不变。根据图 2.3.7(b)所示的等效电路可写出

图 2.3.7　阻抗的串联

$$\dot{U}=Z\dot{I}$$

比较上列两式，则得

$$Z=Z_1+Z_2$$

因为一般

$$U\neq U_1+U_2$$

即

$$|Z|I\neq|Z_1|I+|Z_2|I$$

所以

$$|Z|\neq|Z_1|+|Z_2|$$

由此可见，只有等效阻抗才等于各个串联阻抗之和。在一般的情况下，等效阻抗可写为

$$Z=\sum Z_k=\sum R_k+\mathrm{j}\sum X_k$$

串联阻抗的分压公式

$$\dot{U}_1=\frac{Z_1}{Z_1+Z_2}\dot{U},\dot{U}_2=\frac{Z_2}{Z_1+Z_2}\dot{U}$$

例 2.3.2：在图 2.3.7(a)中，有两个阻抗 $Z_1=(6.16+\mathrm{j}9)\Omega$ 和 $Z_2=(2.5-\mathrm{j}4)\Omega$，它们串联接在 $\dot{U}=220\angle 30^\circ$ V 的电源上。试用相量计算电路中的电流和各个阻抗上的电压。

解：

$$\begin{aligned}Z&=Z_1+Z_2=\sum R_k+\mathrm{j}\sum X_k\\&=[(6.16+2.5)+\mathrm{j}(9-4)]\Omega\\&=(8.66+\mathrm{j}5)\Omega=10\angle 30^\circ\ \Omega\end{aligned}$$

$$\dot{I}=\frac{\dot{U}}{Z}=\frac{220\angle 30^\circ}{10\angle 30^\circ}\text{ A}=22\angle 0^\circ\text{ A}$$

$$\dot{U}_1=Z_1\dot{I}=(6.16+\mathrm{j}9)\angle 0^\circ\ 22\text{ V}=10.9\angle 55.6^\circ\times 22\angle 0^\circ\text{ V}=239.8\angle 55.6^\circ\text{ V}$$

$$\dot{U}_2=Z_2\dot{I}=(2.5-\mathrm{j}4)\angle 0^\circ\ 22\text{ V}=4.71\angle -58^\circ\times 22\angle 0^\circ\text{ V}=103.6\angle -58^\circ\text{ V}$$

2. 阻抗的并联

图 2.3.8(a)是两个阻抗并联的电路。根据基尔霍夫电流定律可写出它的相量表示式

$$\dot{I}=\dot{I}_1+\dot{I}_2=\frac{\dot{U}}{Z_1}+\frac{\dot{U}}{Z_2}=\dot{U}\left(\frac{1}{Z_1}+\frac{1}{Z_2}\right)$$

两个并联的阻抗也可用一个等效阻抗 Z 来代替。根据图 2.3.8(b)所示的等效电路可写出

$$\dot{I}=\frac{\dot{U}}{Z}$$

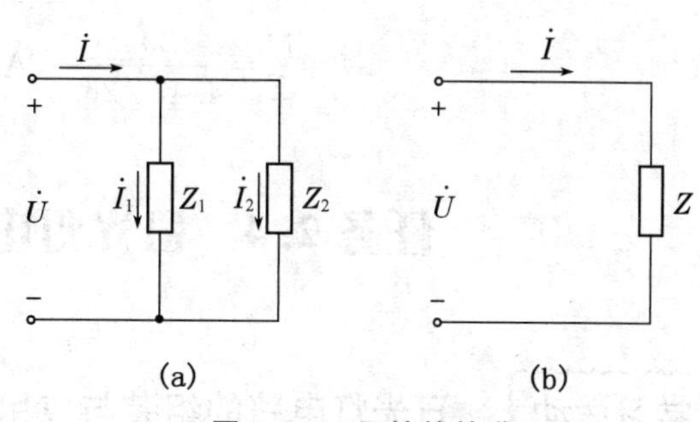

图 2.3.8　阻抗的并联

比较上列两式，则得

$$\frac{1}{Z}=\frac{1}{Z_1}+\frac{1}{Z_2}$$

或

$$Z=\frac{Z_1Z_2}{Z_1+Z_2}$$

因为一般

$$I\neq I_2+I_2$$

即

$$\frac{U}{|Z|}\neq\frac{U}{|Z_1|}+\frac{U}{|Z_2|}$$

所以

$$\frac{1}{|Z|}\neq\frac{1}{|Z_1|}+\frac{1}{|Z_2|}$$

由此可见，只有等效阻抗的倒数才等于各个并联阻抗的倒数之和，在一般情况下可写为

$$\frac{1}{Z}=\sum\frac{1}{Z_k}$$

并联阻抗的分流公式

$$\dot{I}_1=\frac{Z_2}{Z_1+Z_2}\dot{I},\dot{I}_2=\frac{Z_1}{Z_1+Z_2}\dot{I}$$

例 2.3.3:在图 2.3.8(a)中,有两个阻抗 $Z_1=(3+\mathrm{j}4)\Omega$ 和 $Z_2=(8-\mathrm{j}6)\Omega$,它们并联接在 $\dot{U}=220\angle 0^\circ$ V 的电源上。试计算电路中的电流。

解:

$$Z_1=(3+\mathrm{j}4)\Omega=5\angle 53^\circ\ \Omega,Z_2=(8-\mathrm{j}6)\Omega=10\angle -37^\circ\ \Omega$$

$$Z=\frac{Z_1Z_2}{Z_1+Z_2}=\frac{5\angle 53^\circ\times 10\angle -37^\circ}{3+\mathrm{j}4+8-\mathrm{j}6}\Omega=\frac{50\angle 16^\circ}{11-\mathrm{j}2}\Omega$$

$$=\frac{50\angle 16^\circ}{11.8\angle -10.5^\circ}\Omega=4.47\angle 26.5^\circ\ \Omega$$

$$\dot{I}_1=\frac{\dot{U}}{Z_1}=\frac{220\angle 0^\circ}{5\angle 53^\circ}\mathrm{A}=44\angle -53^\circ\ \mathrm{A}$$

$$\dot{I}_2=\frac{\dot{U}}{Z_2}=\frac{220\angle 0^\circ}{10\angle -37^\circ}\mathrm{A}=22\angle 37^\circ\ \mathrm{A}$$

$$\dot{I}=\frac{\dot{U}}{Z}=\frac{220\angle 0^\circ}{4.47\angle 26.5^\circ}\mathrm{A}=49.2\angle -26.5^\circ\ \mathrm{A}$$

任务 2.4 日光灯电路的组装与应用

扫码见视频 12

学习活动 日光灯电路的组装与应用

■**做一做**

图 2.4.1(a)是日光灯(结构见任务阅读材料)电路接线图,电路中灯管和镇流器串联构成一个感性负载电路。图 2.4.1(b)是它的等效电路,由灯管的等效电阻、镇流器的电阻和电感串联组成。

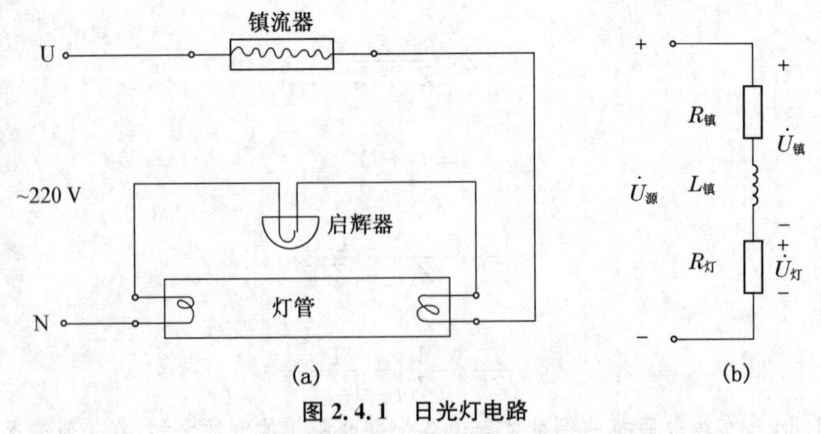

图 2.4.1 日光灯电路

按图 2.4.2 接好测量电路,功率表用来测量日光灯电路的有功功率。与日光灯电路并联的电容 C 为一个可变电容箱,其容量可在 0~8.4 μF 间调整,用以研究不同电容下电路的电流、功率和功率因数的变化情况。

1. 实验注意事项：

(1) 本实验使用的电源电压较高，要求学生必须遵守“先接线后通电，先断电后拆线”的实验操作原则，每次接线完毕，经教师检查后方可通电。

(2) 选择交流电压表量程为 300 V；交流电流表量程为 1 A。

2. 按图 2.4.1(a)将日光灯电路组装好，再按图 2.4.2 接入功率表、电流表、电容箱(各电容开关均应处于关断位置)。按表 2.4.1 内容测量有关数据。

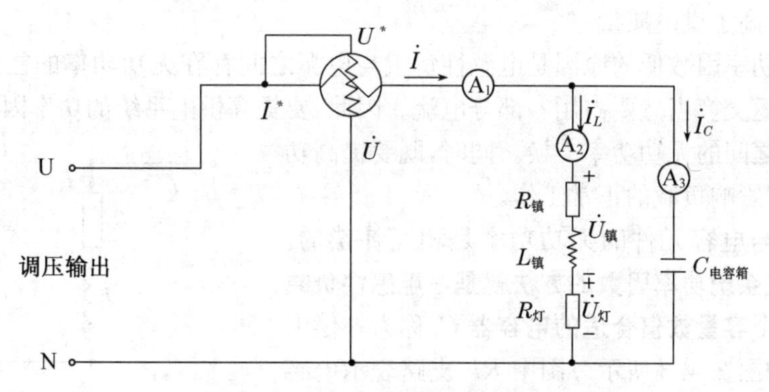

图 2.4.2　提高功率因数的测量电路

表 2.4.1　提高功率因数的测量

电容量	测量数据					
	U(V)	I(A)	I_L(A)	I_C(A)	P(W)	$\cos\varphi$
0 μF						
2.2 μF						
4.7 μF						
6.9 μF						

功率表的使用：在测量有功功率时，需要把功率表的电压线圈的同名端和电流线圈的同名端连接在一起，同时电压线圈并联在电路中，电流线圈串联在电路中。

■议一议

通过表 2.4.1 的实验数据得出如下结论：

1. 在并联电容前后，电感性负载工作状态不会改变，即本身参数不能改变。在并联电容前后，电路的有功功率 P 也没有改变。

2. 并联电容后，电路总电流降低，这是功率因数提高的根本原因。U 不变，I 和 φ 降低，故无功功率 Q 降低，电路中能量互换的规模降低，提高了电源设备的利用率。

3. 并联电容后，提高了电路的功率因数。不能利用串联电路的方法提高功率因数，否则电感性负载两端电压会降低，改变电感性负载工作状态。下面进行理论分析。

■学一学

1. 提高功率因数的意义

(1) 电源设备得到充分利用

交流电设备在额定电压 U_N 和额定电流 I_N 一定的情况下，能够供给的有功功率为 $P=$

$U_N I_N \cos\varphi$,若 $\cos\varphi$ 低,则负载吸收的功率低,因而电源供给的有功功率 P 也低,这样电源的潜力就没有得到充分发挥。

(2) 降低线路损耗和线路压降

输电线上的损耗为 $P_1 = I^2 R_1$,线路压降为 $U_1 = R_1 I$,而线电流 $I = P/U\cos\varphi$(R_1 为线路电阻)。由此可见,当电源电压 U 及输出有功功率 P 一定时,提高 $\cos\varphi$,可以使线路电流减小,从而降低了传输线上的损耗,提高了传输效率;同时,线路上的压降减小,使负载的端电压变化减小,提高了供电质量。

供电系统功率因数低的原因是电感性负载与电源之间存在无功功率的往返交换,这种无功功率的往返交换当然要占用一部分电流。因此,要提高供电系统的功率因数,就是要减小负载与电源之间的无功功率交换。同时,既要提高功率因数,又不能影响负载的正常工作。

电感元件与电容元件的无功功率是相互补偿的。因此,**提高供电系统功率因数的方法就是在电感性负载的两端并联一个容量数值合适的电容器 C**,称为补偿电容,原理电路如图 2.4.3 所示。图中 RL 支路表示电感性负载,C 为补偿电容。

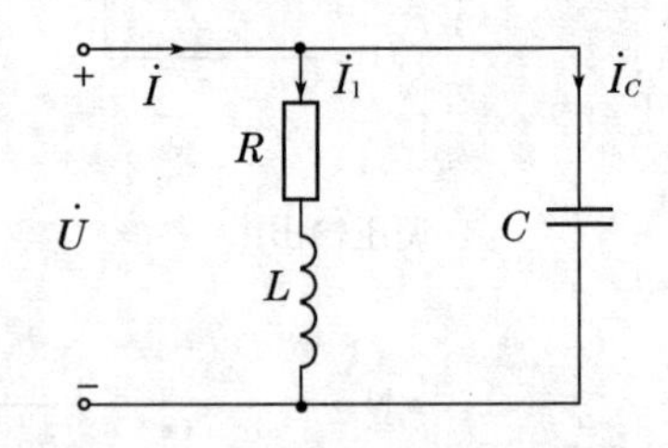

图 2.4.3 提高供电系统的功率因数

2. 并联电容的选取

由于未并入电容时,电路的无功功率为

$$Q = UI_1 \sin\varphi_1 = P\tan\varphi_1$$

而并入电容后,电路的无功功率为

$$Q' = UI\sin\varphi_2 = P\tan\varphi_2$$

因而电容需要补偿的无功功率为

$$Q_C = Q - Q' = P(\tan\varphi_1 - \tan\varphi_2)$$

又因为

$$Q_C = \frac{U^2}{X_C} = \omega C U^2$$

故

$$C = \frac{P}{\omega U^2}(\tan\varphi_1 - \tan\varphi_2)$$

这就是所需并联电容器的电容量。式中 P 是负载所吸收的功率,U 是负载的端电压,φ_1 和 φ_2 分别是补偿前和补偿后的功率因数角。

■**练一练**

例 2.4.1:有一电感性负载,其功率 $P = 10$ kW,功率因数 $\cos\varphi_1 = 0.6$,接在电压 $U = 220$ V 的电源上,电源频率 $f = 50$ Hz。(1) 如果将功率因数提高到 $\cos\varphi = 0.95$,试求与负载并联的电容器的电容值和电容器并联前后的线路电流;(2) 如要将功率因数从 0.95 再提高到 1,试问并联电容器的电容值还需增加多少?

解:(1) 当 $\cos\varphi_1 = 0.6$ 时,$\varphi_1 = 53°$;当 $\cos\varphi = 0.95$ 时,$\varphi = 18°$。

因此所需电容值为

$$C = \frac{10\times 10^3}{2\pi\times 50\times 220^2}(\tan 53° - \tan 18°)\text{F} = 656\ \mu\text{F}$$

电容器并联前的线路电流(负载电流)为

$$I_1=\frac{P}{U\cos\varphi_1}=\frac{10\times10^3}{220\times0.6}\text{A}=75.6\text{ A}$$

电容器并联后的线路电流为

$$I=\frac{P}{U\cos\varphi}=\frac{10\times10^3}{220\times0.95}\text{A}=47.8\text{ A}$$

(2) 如要将功率因数由 0.95 再提高到 1,则需要增加的电容值为

$$C=\frac{10\times10^3}{2\pi\times50\times220^2}(\tan18°-\tan0°)\text{F}=213.6\ \mu\text{F}$$

由此可见,在功率因数已经接近 1 时,若再继续提高,则所需的电容值是很大的,因此一般不必提高到 1。

阅读材料　日光灯电路结构及工作原理

日光灯又名荧光灯,由于它的发光效率比普通的白炽灯要高出 3 倍以上,是最经济的照明灯具之一。同时它发出的光具有光色柔和、接近自然光等优点,而成为一种常用的照明灯具。日光灯是一种低压汞放电灯具,通常由灯管、镇流器和启辉器等组成。

1. 日光灯管

日光灯管的结构如 2.4.4 所示,在玻璃灯管内壁涂有一层薄薄的荧光粉,密封的灯管内放入少量水银,充有惰性气体(氩气)。灯管两端各装有灯丝,灯丝上涂有一层氧化物,通电受热后会发射电子。灯管点亮前,管内气体未被电离,处于高阻阻断状态;灯管点亮后,管内气体被电离,从而转为低阻导通状态,若不加限流装置,会有过大的电流流过灯管,将灯管烧坏。

2. 镇流器

镇流器实际上是一个带铁芯的电感线圈。日光灯电路刚接通电源时,镇流器两端产生一个高电压,以帮助灯管起辉点亮。灯管点亮后,利用镇流器的阻抗限制灯管的工作电流。

3. 起辉器(启动器)

起辉器的构造如图 2.4.5 所示,在充有惰性气体(氖气)的密封玻璃泡内,装有动触片和静触片。动触片是用两种热膨胀系数不同的双金属片制成的,呈倒 U 形,倒 U 形内层的金属材料热膨胀系数高。在起辉器辉光放电时,放电产生的热量加热双金属片,双金属片伸开,与静触片接通。辉光放电停止后,双金属片冷却收缩,触点断开。

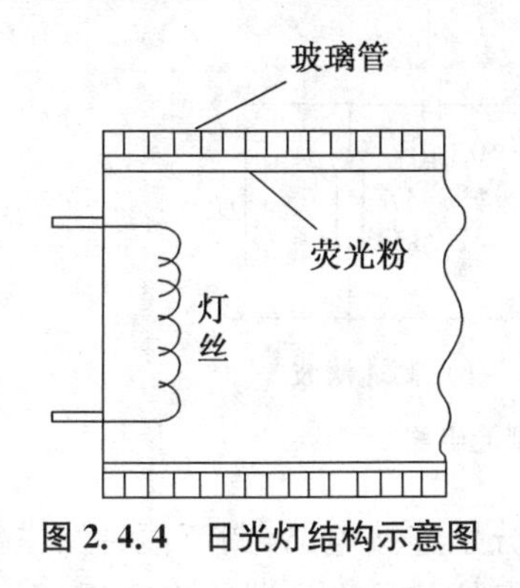

图 2.4.4　日光灯结构示意图

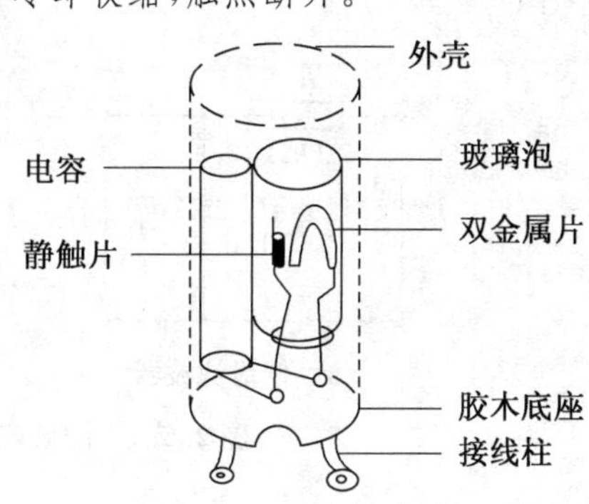

图 2.4.5　起辉器结构

4. 日光灯电路的工作原理

当日光灯电路刚接入交流电源时，起辉器中双金属片处于断开位置，灯管尚未放电，电路中没有电流。这时，电源电压经镇流器、灯管灯丝全部加在起辉器的动触片与静触片之间，使触片间的惰性气体(氖气)电离而产生辉光放电，双金属片受热伸展开，与静触片接触，触点闭合，电路接通，电流流过灯管灯丝。灯丝通电发光后开始发射电子，并且加热管内气体。同时，起辉器因动、静触片接触，辉光放电停止，双金属片冷却收缩，触点断开。起辉器触点断开瞬间，在镇流器绕组上产生一个相当高的感应电动势。此电动势与交流电源相叠加，共同加于灯管两端的灯丝之间，使管内氩气电离。氩气电离放电，灯管内温度升高，水银受热转化为水银蒸汽。灯丝发射出的电子撞击水银蒸汽，从而使灯管由氩气放电过渡为水银蒸汽放电，放电辐射的紫外线激励灯管内壁的荧光粉，于是发出了可见光。

任务 2.5　交流电路的频率特性的测试与应用

在交流电路中，电容元件的容抗和电感元件的感抗都与频率有关，频率一定时，它们有一确定值。但当电源电压或电流(激励)的频率改变(即使它们的幅值不变)时，容抗和感抗值随着改变，而使电路中各部分电流和电压(响应)的大小和相位也随着改变。响应与频率的关系称为电路频率特性或频率响应。在电力系统中，频率一般是固定的，但在电子技术和控制系统中，经常要研究在不同频率下电路的工作情况。

前面所学的电压和电流都是时间函数，在时间领域内对电路进行分析，所以常称为时域分析。任务 2.5 是在频率领域内对电路进行分析，就称为频域分析。

学习活动 1　滤波电路特性的测试及分析

所谓滤波，就是利用容抗或感抗随频率而改变的特性，对不同频率的输入信号产生不同的响应，让需要的某一频带的信号顺利通过，而抑制不需要的其他频率的信号。

滤波电路通常可分为低通(图 2.5.1(a))、高通(图 2.5.1(b))和带通等多种。除 RC 电路外，其他电路也可组成各种滤波电路。

■做一做

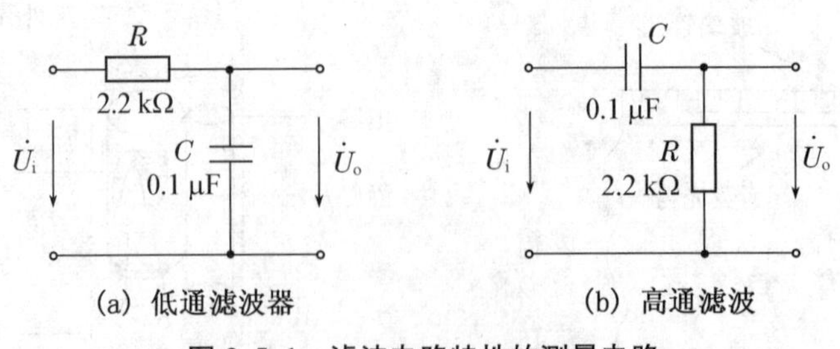

图 2.5.1　滤波电路特性的测量电路

调节信号发生器作电源，使 $U=1$ V。按图 2.5.1 分别连接电路，调节信号发生器的频率(因信号发生器不是稳压电源，在调节过程中应注意保持信号发生器输出电压 $U=1$ V)，分别测出不同频率时的 U_o，将实验数据记入表 2.5.1 和表 2.5.2 中。

表 2.5.1　低通滤波器特性的测量

次序	1	2	3	4	5	6	7	8	9	10
f(Hz)	20	60	100	200	500	f_0	1 kHz	2 kHz	5 kHz	10 kHz
U_o(mV)										

表 2.5.2　高通滤波特性的测量

次序	1	2	3	4	5	6	7	8	9	10
f(Hz)	20	60	100	200	500	f_0	1 kHz	2 kHz	5 kHz	10 kHz
U_o(mV)										

■议一议

通过从表 2.5.1 和表 2.5.2 的实验数据进行分析得出：低通滤波器传递低频率信号的能力强，而抑制高频信号的通过；高通滤波器传递高频率信号的能力强，而抑制低频信号的通过。下面进行理论分析。

■学一学

1. 低通滤波电路

图 2.5.2 是 RC 串联电路，$U_1(\mathrm{j}\omega)$是输入信号电压，$U_2(\mathrm{j}\omega)$是输出信号电压，两者都是频率的函数。

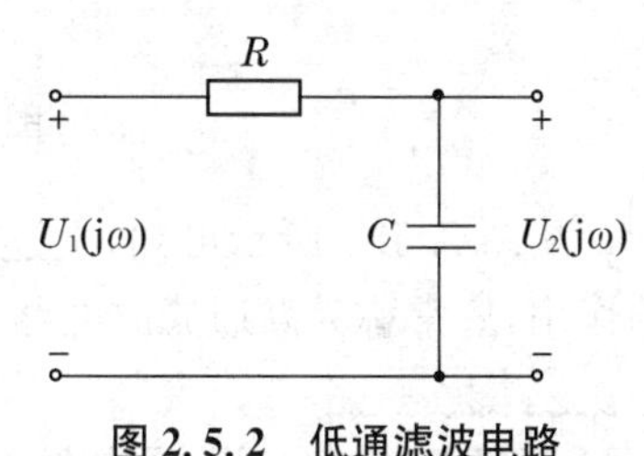

图 2.5.2　低通滤波电路

电路输出电压与输入电压的比值称为电路的传递函数或转移函数，用 $T(\mathrm{j}\omega)$表示，它是一个复数。由图 2.5.2 可得：

$$T(\mathrm{j}\omega)=\frac{U_2(\mathrm{j}\omega)}{U_1(\mathrm{j}\omega)}=\frac{\frac{1}{\mathrm{j}\omega C}}{R+\frac{1}{\mathrm{j}\omega C}}=\frac{1}{1+\mathrm{j}\omega RC}$$

$$=\frac{1}{\sqrt{1+(\omega RC)^2}}\angle-\arctan(\omega RC)=|T(\mathrm{j}\omega)|\angle\varphi(\omega)$$

$$|T(\mathrm{j}\omega)|=\frac{U_2(\omega)}{U_1(\omega)}=\frac{1}{\sqrt{1+(\omega RC)^2}}$$

由此得出 $|T(\mathrm{j}\omega)|$ 随 ω 变化的特性称为幅频特性，如图 2.5.3 所示。

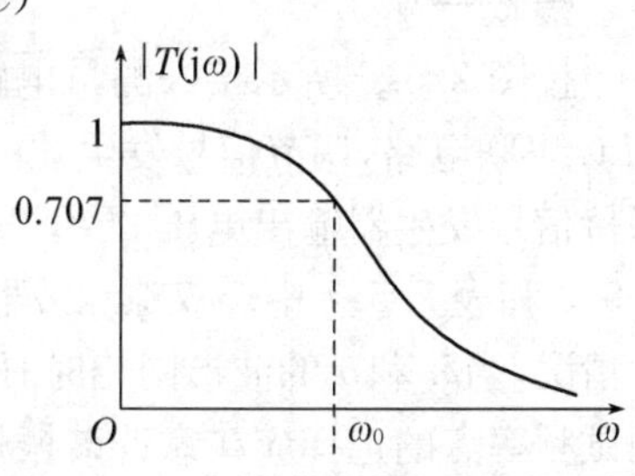

图 2.5.3　低通滤波电路的幅频特性

从图 2.5.3 所示可知，上述 RC 电路具有使低频信号较容易通过而抑制较高频率信号的作用，故常称为低通滤波电路。

2. 高通滤波电路

如图 2.5.4 所示电路为高通滤波电路。

电路的传递函数为

$$T(\mathrm{j}\omega)=\frac{U_2(\mathrm{j}\omega)}{U_1(\mathrm{j}\omega)}=\frac{R}{R+\frac{1}{\mathrm{j}\omega C}}=\frac{\mathrm{j}\omega RC}{1+\mathrm{j}\omega RC}$$

$$=\frac{1}{1-\mathrm{j}\frac{1}{\omega RC}}=\frac{1}{\sqrt{1+\left(\frac{1}{\omega RC}\right)^2}}\angle\arctan\frac{1}{\omega RC}$$

$$=|T(\mathrm{j}\omega)|\angle\varphi(\omega)$$

$$|T(\mathrm{j}\omega)|=\frac{U_2(\omega)}{U_1(\omega)}=\frac{1}{\sqrt{1+\left(\frac{1}{\omega RC}\right)^2}}$$

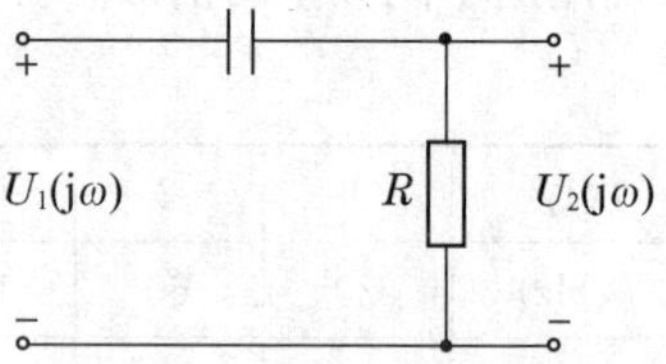

图 2.5.4　高通滤波电路

由此得出$|T(\mathrm{j}\omega)|$随ω变化的特性称为幅频特性，如图 2.5.5 所示。

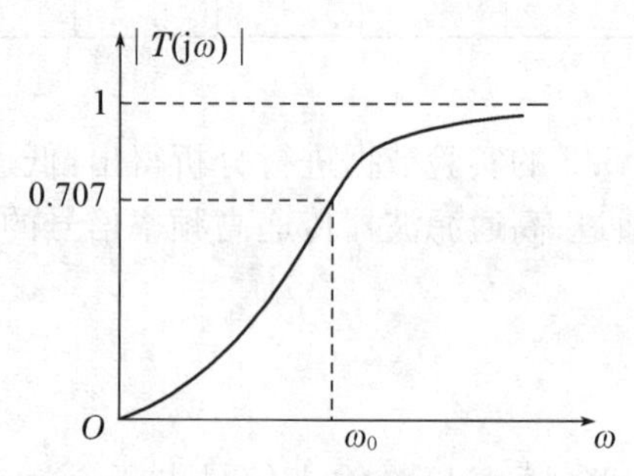

图 2.5.5　高通滤波电路的幅频特性

从图 2.5.5 所示可知，上述 RC 电路具有使高频信号较容易通过而抑制较低频率信号的作用，故常称为高通滤波电路。

学习活动 2　谐振电路特性的测试与应用

在具有电感和电容元件的电路中，电路网端的电压与其中的电流一般是不同相的。如果调节电路的参数或电源的频率而使它们同相，这时电路中就发生谐振现象。研究谐振的目的就是要认识这种客观现象，并在生产上充分利用谐振的特征，同时又要预防它所产生的危害。按发生谐振的电路不同，谐振现象可分为串联谐振和并联谐振。下面将分别讨论这两种谐振的条件和特征，以及谐振电路的频率特性。

■做一做

按图 2.5.6 所示接好测量电路，调节信号发生器作电源，使 $U=5$ V。按图 2.5.6 组成 RLC 串联电路，调节信号发生器的频率(因信号发生器不是稳压电源，在调节过程中应注意保持信号发生器输出电压 $U=5$ V)，分别测出不同频率时的 U_R、U_L、U_C，将实验数据记入表 2.5.3 和表 2.5.4 中。双踪示波器两探头分别接 a 和 b，频率变化时观察两波形的超前、滞后情况，当 a 和 b 的波形同相时，即可认为此时电路发生串联谐振，记录此时谐振频率 f_0。测试频率点的选择应在靠近谐振频率附近多取几点，在变换频率测试前，应调整信号输出幅度(用示波器监视输出幅度)，使其维持在 5 V 输出。

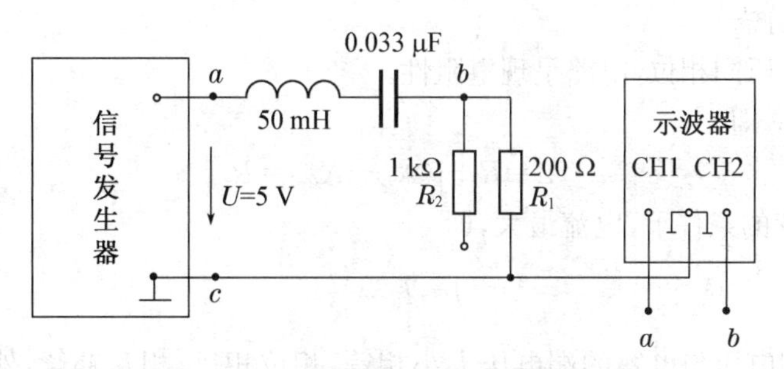

图 2.5.6　串联谐振电路特性的测量电路

表 2.5.3　串联谐振电路特性的测量($R_1=200\ \Omega$)

	1	2	3	4	5	6	7	8	9
f(Hz)					f_0				
U_R									
U_L									
U_C									

表 2.5.4　串联谐振电路特性的测量($R_2=1\ k\Omega$)

	1	2	3	4	5	6	7	8	9
f(Hz)					f_0				
U_R									
U_L									
U_C									

■议一议

观察表 2.5.3 的数据,我们发现 U 不管在哪个频率段,其大小都保持不变,随着频率逐渐增加,U_L和 U_C上的电压也不断增加,到 f_0附近的时候其值达到了最大值,用示波器观察,我们会发现 $U=U_R$,$U_L=U_C$且电感或电容的端电压大大超过外加电压,这个时候电路就产生了串联谐振。从表 2.5.3 和 2.5.4 发现,f_0与电路的电阻阻值无关。下面进行理论分析。

■学一学

1. 串联谐振的条件

电路图如图 2.3.2,当电抗 $X=X_L-X_C=0$,这时电路中的阻抗是电阻性的,故电流与电压同相位,也就是说电路发生了谐振,即

$$\omega_0 L=\frac{1}{\omega_0 C}$$

谐振角频率为

$$\omega_0=\frac{1}{\sqrt{LC}}$$

谐振频率为

$$f_0=\frac{1}{2\pi\sqrt{LC}}$$

2. 串联谐振特点

(1) 电流与电压同相位，电路呈现电阻性。

(2) 阻抗最小，即

$$Z=R+\mathrm{j}(X_L-X_C)=R$$

电源电压不变的条件下，电流最大，即

$$I=I_0=\frac{U}{R}$$

(3) 电感的端电压与电容的端电压大小相等，相位相反，相互补偿，外加电压与电阻上的电压相等，即

$$U=U_R=I_0R$$

(4) 电感或电容的端电压可能大大超过外加电压。电感或电容的端电压与总电压之比为

$$Q=\frac{U_L}{U}=\frac{U_C}{U}=\frac{\omega_0 L}{R}=\frac{1}{\omega_0 CR}$$

当 $X_L \gg R$ 时，则 L 或 C 上的端电压就大大超过外加电压，两者的比值 Q 称为谐振电路的品质因数。Q 值一般可达几十至几百，因此串联谐振又称为电压谐振。

在生产实践中，若没有考虑到电路谐振这一特点，就可能使某些电器设备在谐振时损坏，影响工作，甚至危及人身安全。所以在一般的电力系统中，应避免发生串联谐振。然而在电子系统中，串联谐振却得到了广泛应用，如在无线电接收机中常被用来选择信号。

■练一练

例 2.5.1:某收音机选频电路的电阻为 50 Ω，电感为 8 mH，当电容调达到 80 pF 时，接到 $U=100$ V 的电源上。试求：

(1) 谐振频率和品质因数；

(2) 谐振电路中的电流及电容的端电压；

(3) 超过谐振频率 10%时，电路中的电流和电容的端电压。

解:(1) 谐振频率和品质因数

$$f_0=\frac{1}{2\pi\sqrt{LC}}=\frac{1}{2\pi\sqrt{8\times10^{-3}\times80\times10^{-12}}}\mathrm{Hz}=199\ \mathrm{kHz}$$

$$Q=\frac{\omega_0 L}{R}=\frac{2\pi\times199\times10^3\times8\times10^{-3}}{50}=200$$

(2) 谐振电路中的电流及电容的端电压

$$I_0=\frac{U}{R}=\frac{100}{50}\ \mathrm{A}=2\ \mathrm{A}$$

$$U_C=I_0\frac{1}{\omega_0 C}=2\times\frac{1}{2\pi\times199\times10^3\times80\times10^{-12}}\ \mathrm{V}=20\,000\ \mathrm{V}$$

(3) 超过谐振频率 10%时，电路中的电流和电容的端电压

$$|Z|=\sqrt{R^2+(X_L-X_C)^2}$$

$$=\sqrt{50^2+\left(2\pi\times1.1\times199\times10^3\times8\times10^{-3}-\frac{1}{2\pi\times1.1\times199\times10^3\times80\times10^{-12}}\right)^2}\ \Omega$$

$$=1\,915\ \Omega$$

$$I=\frac{U}{|Z|}=\frac{100}{1\ 915}\ \text{A}=0.052\ \text{A}$$

$$U_C=I\frac{1}{\omega C}=0.052\times\frac{1}{2\pi\times1.1\times199\times10^3\times80\times10^{-12}}\ \text{V}$$
$$=474.6\ \text{V}$$

■扩展与延伸

如将一电感线圈与电容器并联，当电路参数选取适当时，可使总电流与外加电压同相位，就称这电路发生了并联谐振，如图 2.5.7。

1. 并联谐振的条件

图 2.5.7 的等效阻抗为

$$Z=\frac{(R+\mathrm{j}\omega L)\left(-\mathrm{j}\dfrac{1}{\omega C}\right)}{R+\mathrm{j}\omega L-\mathrm{j}\dfrac{1}{\omega C}}\approx\frac{\mathrm{j}\omega L\left(-\mathrm{j}\dfrac{1}{\omega C}\right)}{R+\mathrm{j}\omega L-\mathrm{j}\dfrac{1}{\omega C}}$$

$$=\frac{\dfrac{L}{C}}{R+\mathrm{j}\left(\omega L-\dfrac{1}{\omega C}\right)}$$

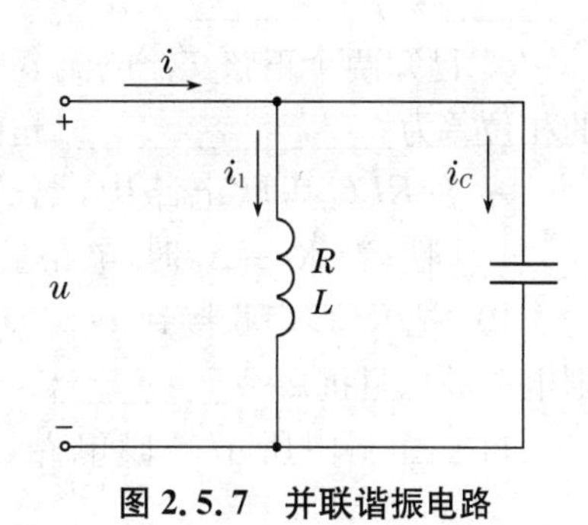

图 2.5.7　并联谐振电路

当电源频率 ω 调到 ω_0 时，使

$$\omega_0 L=\frac{1}{\omega_0 C},\omega=\omega_0=\frac{1}{\sqrt{LC}}\text{或}f=f_0=\frac{1}{2\pi\sqrt{LC}}$$

电路就发生了并联谐振。并联谐振的条件与串联谐振的条件基本相同，即相同的电感和电容，当它们接并联或串联时，谐振频率几乎相等。

2. 并联谐振的特点

(1) 电流与电压同相位，电路呈现电阻性。

(2) 阻抗最大，电流最小。

(3) 电感电流与电容电流几乎大小相等，相位相反。

(4) 电感或电容支路的电流可能大大超过总电流。电感支路的电流 I_1 或电容支路的电流 I_C 与 I_0 之比为电路的品质因数，即

$$Q=\frac{I_1}{I_0}=\frac{\dfrac{U}{\omega_0 L}}{\dfrac{U}{|Z_0|}}=\frac{|Z_0|}{\omega_0 L}=\frac{\dfrac{(\omega_0 L)^2}{R}}{\omega_0 L}=\frac{\omega_0 L}{R}$$

即通过电感或电容支路的电流是总电流的 Q 倍。Q 值一般可达几十至几百，所以并联谐振又称为电流谐振。并联谐振在无线电工程及电子仪器中得到广泛应用，如利用并联谐振时的高阻抗来进行选频。

习题 2

一、填空题

1. 交流电流是指电流的大小和________都随时间作周期变化，且在一个周期内其平均

值为零的电流。

2. 正弦交流电路是指电路中的电压、电流均随时间按________规律变化的电路。

3. 正弦交流电的瞬时表达式为 $e=$________、$i=$________。

4. 角频率是指交流电在________时间内变化的电角度。

5. 正弦交流电的三个基本要素是________、________和________。

6. 我国工业及生活中使用的交流电频率为________，周期为________。

7. 已知 $u(t)=-4\sin(314t+270°)$ V，$U_m=$________ V，$\omega=$________ rad/s，$T=$________ s，$f=$________ Hz。

8. 已知两个正弦交流电流 $i_1=10\sin(314t-30°)$ A，$i_2=10\sin(314t+90°)$ A，则 I_1 和 I_2 的相位差为________，________超前________。

9. 在 RLC 串联电路中，当 $X_L>X_C$ 时，电路呈________性；当 $X_L<X_C$ 时，电路呈________性；当 $X_L=X_C$ 时，电路呈________性。

10. 把 RLC 串联接到 $u=20\sin 314t$ V 的交流电源上，$R=3\ \Omega$，$L=1$ mH，$C=500\ \mu$F，则电路的总阻抗 $Z=$________ Ω，电路呈________性。

11. 图 1 中所示一段电路，$R=30\ \Omega$，$X_L=30\ \Omega$，$X_C=30\ \Omega$，则 $Z=$________，$\varphi=$________。

12. 图 1 所示电路中，$U_1=4$ V，$U_2=6$ V，$U_3=3$ V，则 $U=$________ V。

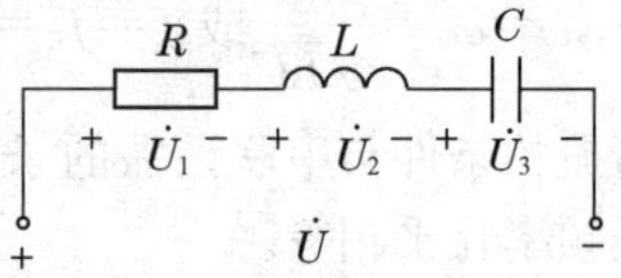

图 1

13. 在正弦交流电路中，视在功率 S 是指电源或设备的________，单位为________。

14. 由功率三角形写出交流电路中 P、Q、S、φ 之间的关系式：$P=$________，$Q=$________，$S=$________。

15. 纯电阻负载的功率因数为________，纯电感和纯电容负载的功率因数为________。

16. 在供电设备输出的功率中，既有有功功率，又有无功功率，当总功率 S 一定时，功率因数 $\cos\varphi$ 越低，有功功率就________；无功功率就________。

17. 当电源电压和负载有功功率一定时，功率因数越低，电源提供的电流就________；线路的电压降就________。

18. 电力工业中为了提高功率因数，常采用人工补偿法，即在通常广泛应用的电感性电路中，人为地并入________负载。

19. 一台容量 $S=25$ kV·A 的变压器，若输出功率 $P=15$ kW，负载的功率因素 $\cos\varphi$ 为________，如要输出 $P=20$ kW，负载的功率因素必须提高到________。

20. 使用功率表测量有功功率时，电流线圈和电压线圈的________需要连接在一起，同时电流线圈________联在电路中，电压线圈________联在电路中。

21. 纯电阻电路中，电压与电流的相位关系是________；纯电感电路中，电压与电流的相位关系是电压________电流________；纯电容电路中，电压与电流的相位关系是电压

________电流________。

二、选择题

1. 若两个同频率正弦交流电的相位差等于 180°，则它们相位关系是(　　)。

a. 同相　　　　b. 反相　　　　c. 相等

2. 在 RLC 串联电路中，阻抗的模 $|Z|$ 是(　　)。

a. $|Z|=\frac{U}{I^2}$　　　　b. $|Z|=\sqrt{R^2+X^2}$

c. $|Z|=\frac{U}{i}$　　　　d. $|Z|=R+\mathrm{j}X$

3. 在 RLC 串联电路中，电压电流为关联方向，总电压与总电流的相位差角 φ 为(　　)。

a. $\varphi=\arctan\frac{\omega L-\omega C}{R}$　　　　b. $\varphi=\arctan\frac{X_L-X_C}{R}$

c. $\varphi=\arctan\frac{U_L+U_C}{R}$　　　　d. $\varphi=\arctan\frac{U_L-U_C}{R}$

4. 在 RLC 串联的正弦交流电路中，电压电流为关联方向，总电压为(　　)。

a. $U=U_R+U_L+U_C$　　　　b. $U=\sqrt{U_R^2+(U_L-U_C)^2}$

c. $U=U_R+U_L-U_C$

5. 在 RLC 串联的正弦交流电路中，电路的性质取决于(　　)。

a. 电路外施电压的大小　　　　b. 电路连接形式

c. 电路各元件参数及电源频率　　　　d. 无法确定

6. 在 RLC 串联的正弦交流电路中，当端电压与电流同相时，频率与参数的关系满足(　　)。

a. $\omega L^2C^2=1$　　　　b. $\omega^2LC=1$　　　　c. $\omega LC=1$　　　　d. $\omega=L^2C$

7. 在 RLC 串联的正弦交流电路中，调节其中电容 C 时，电路性质变化的趋势为(　　)。

a. 调大电容，电路的感性增强　　　　b. 调大电容，电路的容性增强

c. 调小电容，电路的感性增强　　　　d. 调小电容，电路的容性增强

8. 图 2 所示为正弦交流电路，电压表 V_1、V_2、V 读数分别是 U_1、U_2、U，当满足 $U=U_1+U_2$ 时，框中的元件应该是(　　)。

a. 电感性　　　　b. 电容性

c. 电阻性　　　　d. 条件不够，无法确定

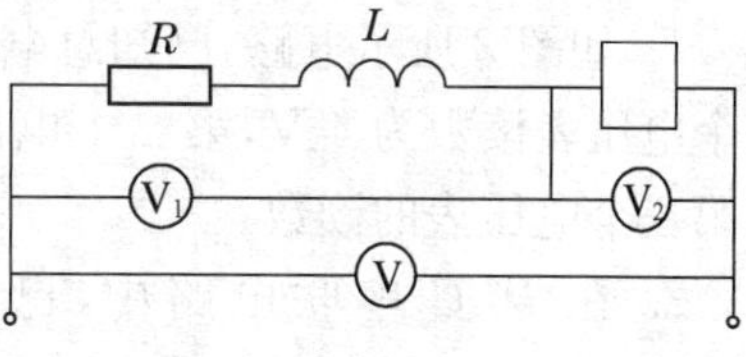

图 2

9. 交流电路的功率因数等于(　　)。

a. 有功功率与无功功率之比　　　　b. 有功功率与视在功率之比

c. 无功功率与视在功率之比　　　　d. 电路中电压与电流相位差

10. 在 R、L 串联的正弦交流电路中，功率因数 $\cos\varphi=$(　　)。

a. 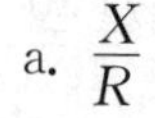　　　　b. $\frac{R}{X_L+R}$　　　　c. $\frac{R}{\sqrt{R^2+X_L^2}}$　　　　d. $\frac{X_L}{\sqrt{R^2+X_L^2}}$

11. 在 R、L、C 串联的正弦交流电路中，若电路中的电流为 I，总电压为 U，有功功率为 P，无功功率为 Q，视在功率为 S，则阻抗为(　　)。

a. $|Z|=\frac{U}{I}$　　b. $|Z|=\frac{P}{I^2}$　　c. $|Z|=\frac{Q}{I^2}$　　d. $|Z|=\frac{S}{U}$

12. 在R、L、C串联的正弦交流电路中，有功功率为(　　)。

a. $P=I^2R$　　b. $P=U_RI\cos\varphi$　　c. $P=UI$　　d. $P=S-Q$

13. 在R、L、C串联的正弦交流电路中，已知$X_L=X_C=20\ \Omega$，$R=10\ \Omega$，总电压有效值为220 V，则电容上电压为(　　)。

a. 0 V　　b. 440 V　　c. 220 V

三、判断题

1. 正弦量的初相角与起始时间的选择有关，而相位差则与起始时间无关。　(　　)
2. 两个不同频率的正弦量可以求相位差。　(　　)
3. 正弦量的三要素是最大值、频率和相位。　(　　)
4. RLC串联电路的阻抗随电源的频率的升高而增大，随频率的下降而减小。　(　　)
5. 在RLC串联交流电路中，各元件上电压总是小于总电压。　(　　)
6. 在RLC串联交流电路中，总电压$U=U_R+U_L+U_C$。　(　　)
7. 在RLC串联交流电路中，容抗和感抗的数值越小，电路中电流就越大。　(　　)
8. 串联交流电路中的电压三角形、阻抗三角形、功率三角形都是相似三角形。　(　　)
9. 在正弦交流电路中，总的有功功率$P=P_1+P_2+P_3+\cdots$。　(　　)
10. 在正弦交流电路中，总的无功功率$Q=Q_1+Q_2+Q_3+\cdots$。　(　　)
11. 在正弦交流电路中，总的视在功率$S=S_1+S_2+S_3+\cdots$。　(　　)
12. 在L、C组成的正弦交流电路中，总的无功功率$Q=|Q_L|-|Q_C|$。　(　　)
13. 谐振也可能发生在纯电阻电路中。　(　　)
14. 串联谐振会产生过电压，所以也称作电压谐振。　(　　)
15. 并联谐振时，支路电流可能比总电流大，所以又称为电流谐振。　(　　)
16. 电路发生谐振时，电源只供给电阻耗能，而电感元件和电容元件进行能量转换。　(　　)

四、计算题

1. 如图3所示电路，已知总电压表读数为5 V，第一个电压表读数为4 V，第二个电压表读数为9 V，计算第三个电压表的读数。

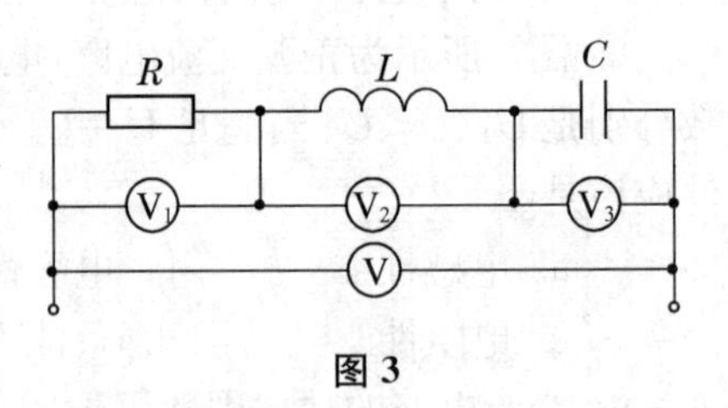

图3

2. 在RLC串联电路中，已知$R=10\ \Omega$，$L=0.1\ \mathrm{H}$，$C=200\ \mu\mathrm{F}$，电源电压$U=100\ \mathrm{V}$，频率$f=50\ \mathrm{Hz}$，求电路中的电流I，并画出电压、电流的相量图。

3. 电路为一电阻R与一线圈串联电路，已知$R=28\ \Omega$，测得$I=4.4\ \mathrm{A}$，$U=220\ \mathrm{V}$，电路总功率$P=580\ \mathrm{W}$，频率$f=50\ \mathrm{Hz}$，求线圈的参数r和L。

4. 已知RLC串联电路中，$R=10\ \Omega$，$X_L=15\ \Omega$，$X_C=5\ \Omega$，其中电流$\dot{I}=2\angle 30^\circ\ \mathrm{A}$，试求：(1) 总电压$\dot{U}$；(2) $\cos\varphi$；(3) 该电路的功率P、Q、S。

5. 把一个电阻为6 Ω、电感为50 mH的线圈接到$u=300\sin(200t+90^\circ)\mathrm{V}$的电源上，求电路的阻抗、电流、有功功率、无功功率、视在功率。

6. 把一个电阻为6 Ω、电容为120 μF的电容串接在$u=200\sin(200t+90^\circ)\mathrm{V}$的电源上，

求电路的阻抗、电流、有功功率、无功功率及视在功率。

7. 一个线圈接到 220 V 直流电源上时，功率为 1.2 kW，接到 50 Hz、220 V 的交流电源上，功率为 0.6 kW。试求该线圈的电阻与电感。

8. 已知 40 W 的日光灯电路，在 $U=220$ V 正弦交流电压下正常发光，此时电流值 $I=0.36$ A，求该日光灯的功率因数和无功功率 Q。

9. 已知 $Z_1=(3+j4)\Omega$，$Z_2=-j5\ \Omega$，Z_1 和 Z_2 串联，电流 $I=1$ A，求：

(1) Z_1 的 P_1、$\cos\varphi_1$；

(2) Z_2 的 P_2、Q_2、S_2、$\cos\varphi_2$；

(3) 电路总的 P、Q、S、$\cos\varphi$。

项目 3　三相照明电路的组装与应用

1. 知识目标

(1) 理解三相对称物理量的概念。

(2) 掌握星形连接电源的线、相电压的关系。

(3) 掌握星形连接对称负载电路的计算方法及星接负载电路的特点。

(4) 掌握三角形连接对称负载电路的计算方法及特点。

2. 技能目标

(1) 具有连接三相电路的能力。

(2) 具有分析三相电路常见故障的能力。

(3) 具有测量三相电路功率的能力。

(4) 具有设计三相电路连接形式的能力。

电力输配电系统中使用的交流电源绝大多数是三相制系统，前面研究的单相交流电也是由三相系统的一相提供的。之所以采用三相系统供电，是因为它在发电、输电以及电能转换为机械能等方面都具有明显的优越性。

任务 3.1　三相对称交流电源特性的测试与应用

扫码见视频 13

■做一做

测量三相交流电源的电压，并用示波器观察电压波形，使用示波器时注意示波器的接地端接到点接线柱上。按表 3.1.1 测量实验数据，并记录于表中。

表 3.1.1　三相星接电源特性的测量

U_{UV}	U_{VW}	U_{WU}	U_U	U_V	U_W	U_U、U_V、U_W 的波形

■议一议

对表 3.1.1 的实验数据进行分析，得出有关三相星接电源的初步结论：星接电源能够提供两种数值的电压，数值大的是线电压，数值小的是相电压，线电压是相电压的$\sqrt{3}$倍；3 个相电压初相位依次差 120°。下面进行理论分析。

■学一学

1. 三相交流电的产生

三相交流电源是由三相发电机产生的，图 3.1.1 是一台三相交流发电机的示意图。

令三相完全相同绕组 U_1-U_2、V_1-V_2、W_1-W_2(U_1、V_1、W_1为首端,U_2、V_2、W_2为末端)对称分布在定子凹槽内,三个绕组的首端和末端在空间依次有120°的相位差。转子通入直流电励磁。图示磁极形状是为产生正弦磁场而设计的。当转子由原动机带动以角速度 ω 旋转时,三个绕组依次切割旋转磁极的磁力线而产生幅值相等(绕组全同)、频率相同(以同一角速度切割)、只在相位上(时间上)相差120°的三相对称电压。它们分别为 u_U、u_V、u_W,并以 u_U 为参考相量,则

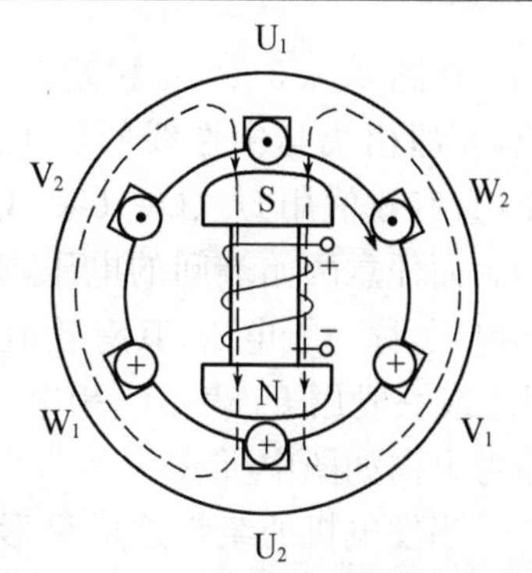

图3.1.1　三相交流发电机示意图

$$\left.\begin{aligned}u_U&=U_m\sin\omega t\\u_V&=U_m\sin(\omega t-120°)\\u_W&=U_m\sin(\omega t-240°)=U_m\sin(\omega t+120°)\end{aligned}\right\}$$

也可以用相量表示,即

$$\left.\begin{aligned}\dot{U}_U&=U\angle 0°=U\\\dot{U}_V&=U\angle -120°=U\left(-\frac{1}{2}-\mathrm{j}\frac{\sqrt{3}}{2}\right)\\\dot{U}_W&=U\angle 120°=U\left(-\frac{1}{2}+\mathrm{j}\frac{\sqrt{3}}{2}\right)\end{aligned}\right\}$$

如果用相量图和正弦波形表示,如图3.1.2表示。

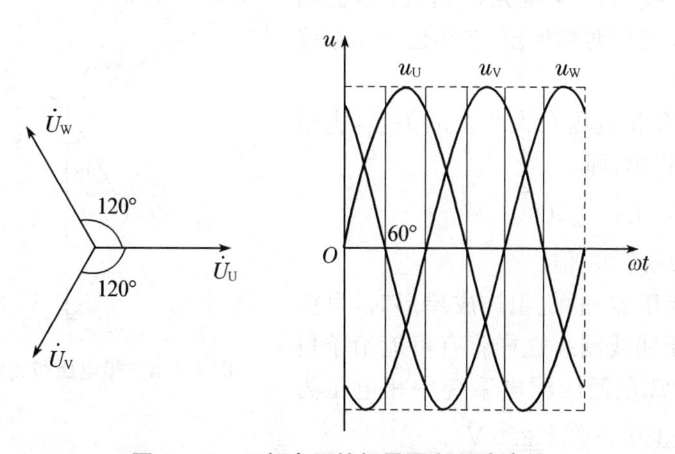

图3.1.2　三相电压的相量图和正弦波形

显然,三相对称正弦电压的瞬时值或相量之和为零,即

$$\left.\begin{aligned}u_U+u_V+u_W&=0\\\dot{U}_U+\dot{U}_V+\dot{U}_W&=0\end{aligned}\right\}$$

三相交流电压出现正幅值(或相应零值)的顺序称为相序。在此,相序是U→V→W。

2. 星形连接的电源

发电机三相绕组的接法通常如图3.1.3所示,即将三个末端连在一起,这一连接点称为中性点或零点,用N表示。这种连接方法称为星形连接。从中性点引出的导线称为中性线或零线。从始端 U_1、V_1、W_1引出的三根导线U,V,W,称为相线或端线,俗称火线。

在图 3.1.3 中，每相始端与末端间的电压，亦即相线与中性线间的电压，称为相电压，其有效值用 U_U、U_V、U_W 或一般用 U_P 表示。而任意两始端间的电压，亦即两相线间的电压，称为线电压，其有效值用 U_{UV}，U_{VW}，U_{WU} 或一般用 U_L 表示。相电压和线电压的参考方向如图中所示。

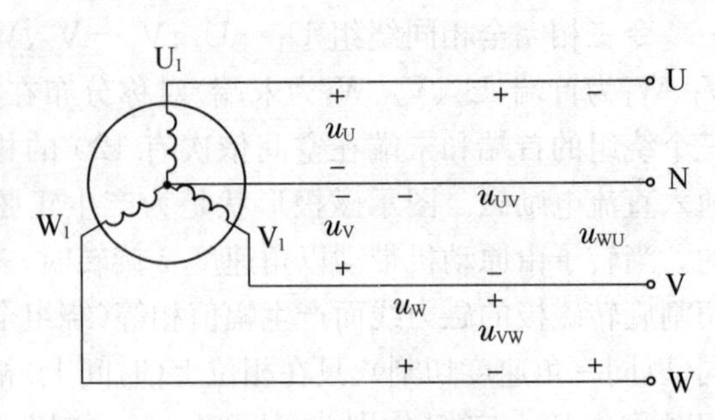

图 3.1.3　星形连接电源

当发电机的绕组连成星形时，相电压和线电压显然是不相等的。根据图 3.1.3 上的参考方向，它们的关系是

$$\left.\begin{aligned} u_{UV} &= u_U - u_V \\ u_{VW} &= u_V - u_W \\ u_{WU} &= u_W - u_U \end{aligned}\right\}$$

用相量表示为

$$\left.\begin{aligned} \dot{U}_{UV} &= \dot{U}_U - \dot{U}_V \\ \dot{U}_{VW} &= \dot{U}_V - \dot{U}_W \\ \dot{U}_{WU} &= \dot{U}_W - \dot{U}_U \end{aligned}\right\}$$

根据上式作出线、相电压的相量图，如图 3.1.4 所示，可见**线电压也是频率相同、幅值相等、相位互差 120°三相对称电压，在相位上比相应的相电压超前 30°**。

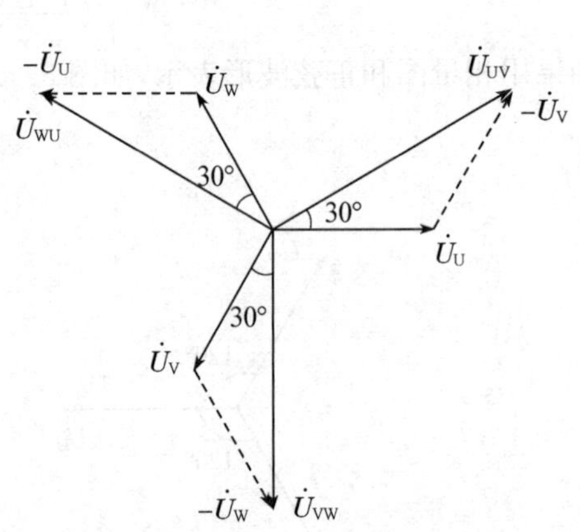

图 3.1.4　相电压和线电压的相量图

至于线电压和相电压在大小上的关系，也很容易从相量图上得出，即

$$U_L = \sqrt{3} U_P$$

即线电压是相电压的 $\sqrt{3}$ 倍。

发电机(或变压器)的绕组连成星形时，可引出四根导线(三相四线制)，这样就有可能给予负载两种电压。通常在低压配电系统中相电压为 220 V，线电压为 380 V($\sqrt{3}\times 220$ V)。

任务 3.2　负载星形连接的三相电路特性的测试与应用

扫码见视频 14

■做一做

按图 3.2.1 接好测量电路，三相灯组负载接通三相对称电源，使电源输出的三相线电压为 380 V，将测量的实验数据记入表 3.2.1，并观察各相灯组的变化，特别要注意观察中线的作用。

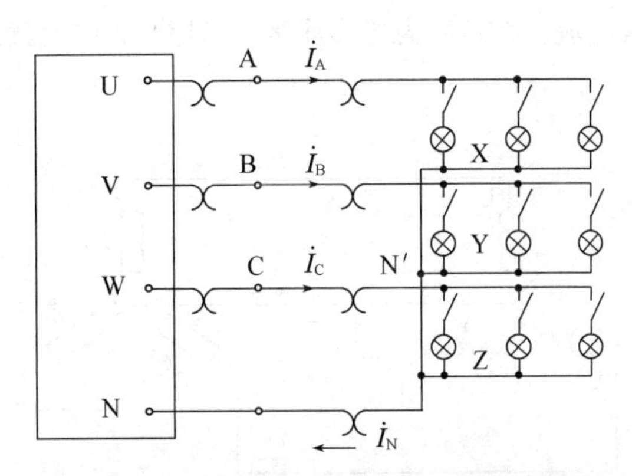

图 3.2.1　三相负载星形连接电路特性的测量电路

表 3.2.1　三相负载星形连接电路特性的测量

测量数据 / 负载情况	开灯盏数			相电流(A)			线电压(V)			相电压(V)			中线电流	中点电压
	A 相	B 相	C 相	I_A	I_B	I_C	U_{AB}	U_{BC}	U_{CA}	U_A	U_B	U_C	I_N(A)	$U_{N'N}$(V)
Y_N 接对称负载	3	3	3											
Y 接对称负载	3	3	3											
Y_N 接不对称负载	1	2	3											
Y 接不对称负载	1	2	3											

注意：应测量负载端的线电压和相电压。

■议一议

通过对表 3.2.1 的实验数据进行分析得出有关三相负载星形连接电路的结论：

1. 负载对称时相电流对称，中线电流为零，所以负载对称时中线可以省去。

2. 负载不对称时相电流不对称，中线电流不为零，所以负载不对称时中线不可以省去。

3. 负载不对称而又没有中性线时，负载的相电压就不对称。当负载的相电压不对称时，势必引起某相负载的电压过高，高于负载的额定电压；某相负载的电压过低，低于负载的额定电压，这都是不容许的。因此负载不对称时不能去掉中线，否则负载不能正常工作。

4. 负载对称时和负载不对称时但带有中线的电路，若忽略输电线的阻抗，负载的线电压是相电压的$\sqrt{3}$倍。

5. 星形连接负载电路的线电流与相电流相等。

6. 中性线的作用就在于使星形连接的不对称负载的相电压对称。为了保证负载的相电压对称，就不应让中性线断开。因此，中性线（中线）内不接入熔断器或闸刀开关。下面进行理论学习。

■学一学

负载星形连接的三相四线制电路一般可用图 3.2.2 电路表示。每相负载的阻抗模分别为$|Z_U|$，$|Z_V|$和$|Z_W|$。电压和电流的参考方向都已在图中标出。

三相电路中的电流也有相电流与线电流之分。每相负载中的电流 I_P 称为相电流，每根

相线中的电流 I_L 称为线电流。在负载为星形连接时，显然，相电流就是线电流，即

$$I_P=I_L$$

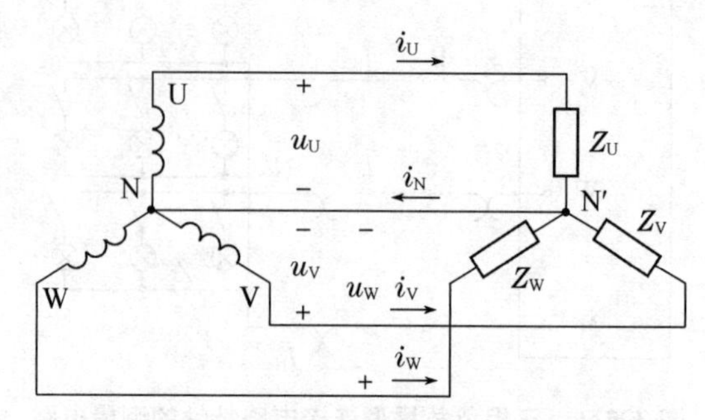

图 3.2.2　负载星形联结的三相四线制电路

对三相电路应该一相一相计算。设电源相电压 $\dot{U}_U$ 为参考正弦量，则有

$$\dot{U}_U=U_U\angle 0°,\dot{U}_V=U_V\angle -120°,\dot{U}_W=U_W\angle 120°$$

分析图 3.2.2 可知，负载的相电压就是电源的相电压，则有

$$\left.\begin{aligned}\dot{I}_U&=\frac{\dot{U}_U}{Z_U}=\frac{U_U\angle 0°}{|Z_U|\angle\varphi_U}=I_U\angle -\varphi_U\\ \dot{I}_V&=\frac{\dot{U}_V}{Z_V}=\frac{U_V\angle -120°}{|Z_V|\angle\varphi_V}=I_V\angle -120°-\varphi_V\\ \dot{I}_W&=\frac{\dot{U}_W}{Z_W}=\frac{U_W\angle 120°}{|Z_W|\angle\varphi_W}=I_W\angle 120°-\varphi_W\end{aligned}\right\}$$

式中：每相负载中电流的有效值分别是

$$I_U=\frac{U_U}{|Z_U|},I_V=\frac{U_V}{|Z_V|},I_W=\frac{U_W}{|Z_W|}$$

各相负载的电压与电流之间的相位差分别是

$$\varphi_U=\arctan\frac{X_U}{R_U},\varphi_V=\arctan\frac{X_V}{R_V},\varphi_W=\arctan\frac{X_W}{R_W}$$

在图 3.2.2 中，按选定的电流的参考方向，应用基尔霍夫定律得出中线电流是

$$\dot{I}_N=\dot{I}_U+\dot{I}_V+\dot{I}_W$$

下面按负载的情况来讨论负载星形连接的三相电路：

1. 负载对称

所谓负载对称，就是指各相阻抗相等，即

$$Z_U=Z_V=Z_W=Z$$
$$|Z_U|=|Z_V|=|Z_W|=|Z|$$
$$\varphi_U=\varphi_V=\varphi_W=\varphi$$

因为相电压对称，所以负载相电流也对称，即

$$I_U=I_V=I_W=I_p=\frac{U_P}{|Z|}$$

$$\varphi_U=\varphi_V=\varphi_W=\varphi=\arctan\frac{X}{R}$$

因此，这时中线电流等于零，即

$$\dot{I}_N=\dot{I}_U+\dot{I}_V+\dot{I}_W=0$$

电压和电流的相量图如图 3.2.3(a)，中性线既然没有电流通过，中性线就不需要了，因此图 3.2.2 就变成图 3.2.3(b)的三相三线制电路，此电路应用十分广泛，因为生产上的三相负载的三相电动机一般都是对称的。

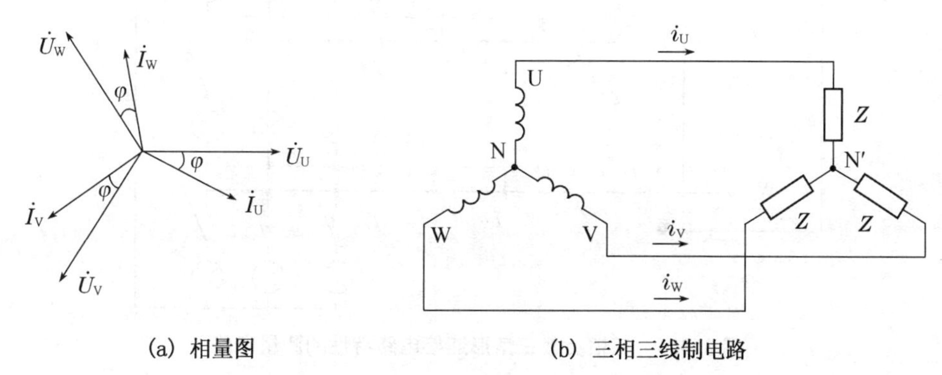

(a) 相量图　　(b) 三相三线制电路

图 3.2.3　电压和电流的相量图及三相三线制电路

2. 负载不对称

三相负载不对称时，相电流不对称，中性线的电流不再为零，所以中性线不能去掉。

■练一练

例 3.2.1：有一星形连接的三相负载，每相的阻抗 $Z=(6+j8)\Omega$，电源电压对称，设 $u_{UV}=380\sqrt{2}\sin(\omega t+30°)$ V，求电流。

解：因为负载对称，所以只需计算一相即可。

$$U_U=\frac{U_{UV}}{\sqrt{3}}=\frac{380}{\sqrt{3}}\text{V}=220\text{ V}$$

$$u_U=220\sqrt{2}\sin\omega t\text{ V}$$

$$I_U=\frac{U_U}{|Z_U|}=\frac{220}{\sqrt{6^2+8^2}}\text{A}=22\text{ A}$$

$$\varphi=\arctan\frac{X_L}{R}=\arctan\frac{8}{6}=53°$$

$$i_U=22\sqrt{2}\sin(\omega t-53°)\text{A}$$

$$i_V=22\sqrt{2}\sin(\omega t-53°-120°)\text{A}=22\sqrt{2}\sin(\omega t-173°)\text{A}$$

$$i_W=22\sqrt{2}\sin(\omega t-53°+120°)\text{A}=22\sqrt{2}\sin(\omega t+67°)\text{A}$$

任务 3.3　负载三角形连接的三相电路特性的测试与应用

■做一做

按图 3.3.1 接好测量电路，使三相电源输出线电压为 220 V，并按表 3.3.1 的内容进行测试，并记录于表 3.3.1 中。

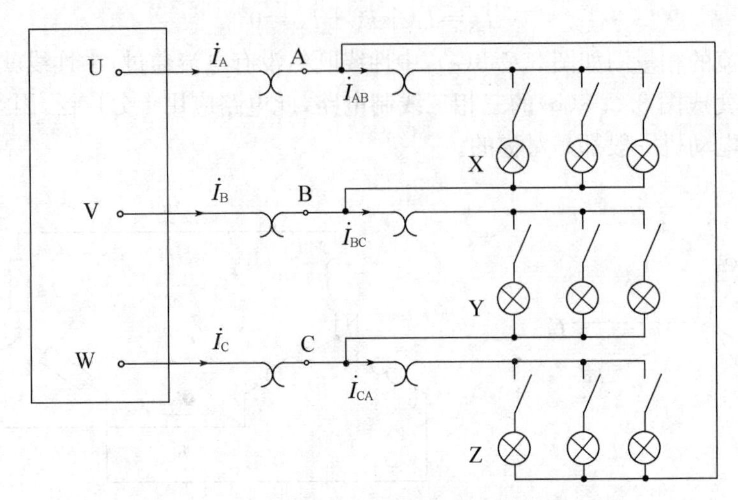

图 3.3.1　三相负载三角形连接电路特性的测量电路

表 3.3.1　三相负载三角形连接电路特性的测量

测量数据 / 负载情况	开灯盏数			线电压=相电压(V)			线电流(A)			相电流(A)		
	AB相	BC相	CA相	U_{AB}	U_{BC}	U_{CA}	I_A	I_B	I_C	I_{AB}	I_{BC}	I_{CA}
三相对称	3	3	3									
三相不对称	1	2	3									

■**议一议**

通过对表 3.3.1 的实验数据进行分析得出如下结论：**负载进行三角形连接时，若忽略输电线的阻抗，负载的线电压等于相电压。三角形连接负载对称电路的线电流是相电流的$\sqrt{3}$倍**。下面进行理论学习。

■**学一学**

负载三角形连接的三相电路一般可用图 3.3.2 所示的电路来表示。每相负载的阻抗模分别为$|Z_{UV}|$，$|Z_{VW}|$和$|Z_{WU}|$。电压和电流的参考方向都已在图中标出。

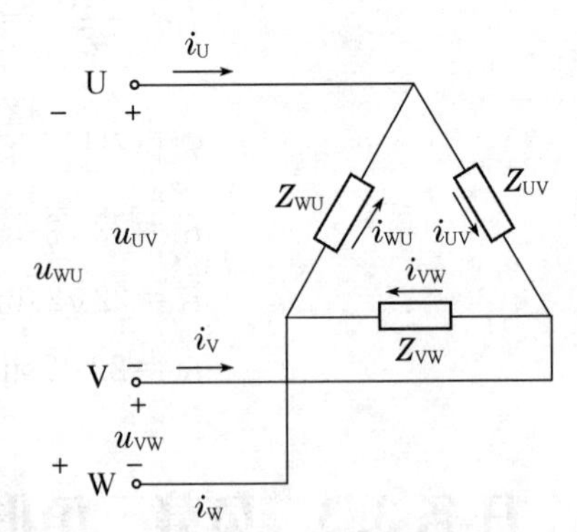

图 3.3.2　负载三角形联结的三相电路

因为各相负载都直接接在电源的线电压上，所以负载的相电压与电源的线电压相等。因此，不论负载对称与否，其相电压总是对称的，即

$$U_{UV}=U_{VW}=U_{WU}=U_L=U_P$$

在负载三角形连接时，相电流和线电流是不一样的。各相负载的相电流的有效值分别为

$$I_{UV}=\frac{U_{UV}}{|Z_{UV}|},I_{VW}=\frac{U_{VW}}{|Z_{VW}|},I_{WU}=\frac{U_{WU}}{|Z_{WU}|}$$

各相负载的电压与电流之间的相位关系分别为

$$\varphi_{UV}=\arctan\frac{X_{UV}}{R_{UV}},\varphi_{VW}=\arctan\frac{X_{VW}}{R_{VW}},\varphi_{WU}=\arctan\frac{X_{WU}}{R_{WU}}$$

由基尔霍夫电流定律得

$$\dot{I}_U=\dot{I}_{UV}-\dot{I}_{WU}$$
$$\dot{I}_V=\dot{I}_{VW}-\dot{I}_{UV}$$
$$\dot{I}_W=\dot{I}_{WU}-\dot{I}_{VW}$$

1. 负载对称

负载对称即

$$|Z_{UV}|=|Z_{VW}|=|Z_{WU}|=|Z|$$
$$\varphi_{UV}=\varphi_{VW}=\varphi_{WU}=\varphi$$

则负载的相电流也是对称的，即

$$I_{UV}=I_{VW}=I_{WU}=I_P=\frac{U_P}{|Z|}$$

$$\varphi_{UV}=\varphi_{VW}=\varphi_{WU}=\varphi=\arctan\frac{X}{R}$$

由图 3.3.3 负载的线电流和相电流的相量图可得出，**线电流也是对称的，在相位上线电流比相应的相电流滞后 30°**。

线电流和相电流在大小上的关系也很容易从向量图上得出，即

$$I_L=\sqrt{3}I_P$$

即线电流是相电流的$\sqrt{3}$倍。

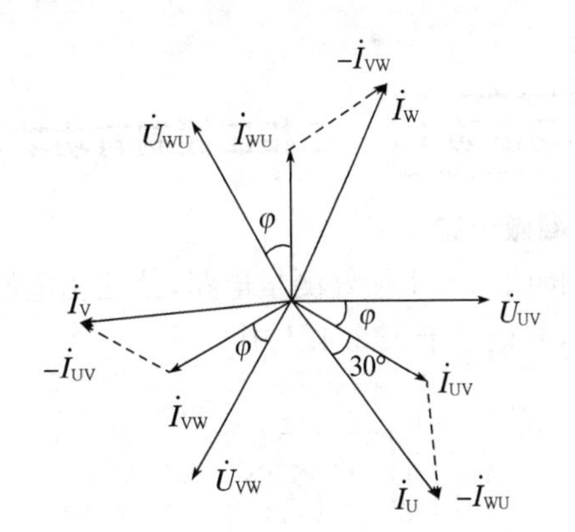

图 3.3.3　负载对称的线电流和相电流的相量图

2. 负载不对称

当负载不对称时，尽管三个相电压对称，但三个相电流因阻抗不同而不再对称，线电流也不再对称。

综上所述，三相负载中各电压和电流的关系列于表 3.3.2 中。

表 3.3.2　三相负载中电压和电流的关系

负载接法		电压		电流	
		对称负载	不对称负载	对称负载	不对称负载
星形连接	有中性线	$U_L=\sqrt{3}U_P$	$U_L=\sqrt{3}U_P$	$I_L=I_P$ $I_N=0$	$I_L=I_P,I_N\neq0$ 线电流不对称
	无中性线	$U_L=\sqrt{3}U_P$	相电压不对称	$I_L=I_P$	$I_L=I_P$ 线电流不对称
三角形连接		$U_L=U_P$	$U_L=U_P$	$I_L=\sqrt{3}I_P$ 相、线电流均对称	相电流不对称 线电流不对称

■**练一练**

例 3.3.1：某额定电压为 380 V/220 V 的三相异步电动机接法为 Y/△。试分析两种情况下的相电流、线电流之比。

解：

$$\frac{I_{\text{PY}}}{I_{\text{P}\triangle}}=\frac{\dfrac{\dfrac{380}{\sqrt{3}}}{|Z|}}{\dfrac{220}{|Z|}}=1$$

$$\frac{I_{\text{LY}}}{I_{\text{L}\triangle}}=\frac{I_{\text{PY}}}{\sqrt{3}I_{\text{P}\triangle}}=\frac{1}{\sqrt{3}}$$

任务 3.4　三相电路功率的测试与应用

学习活动 1　三相三线制有功功率的测量及分析

■做一做

按图 3.4.1 接好测量电路，使三相电源输出线电压为 220 V，并按数据表格的内容进行测试，并记录于表 3.4.1 中。

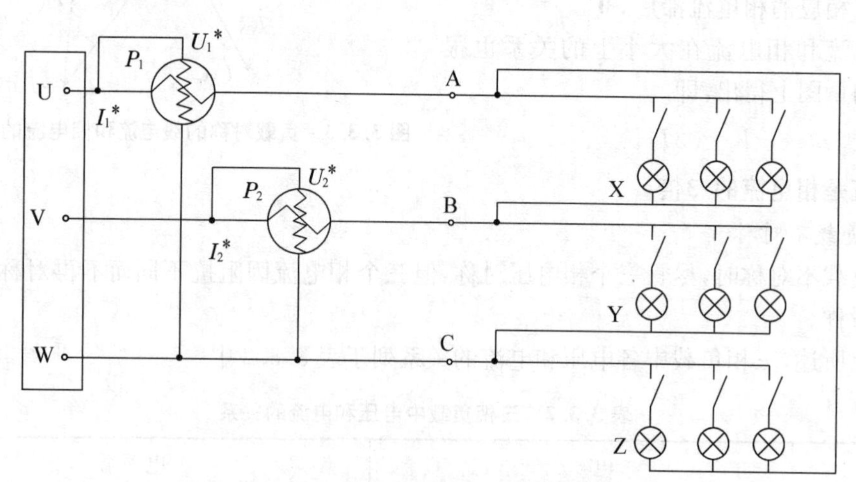

图 3.4.1　三相三线制有功功率的测量电路

表 3.4.1　三相三线制有功功率的测量

负载情况 \ 测量数据	开灯盏数			有功功率		
	AB 相	BC 相	CA 相	P_1	P_2	$\sum P$
三相对称	3	3	3			
三相不对称	1	2	3			

■议一议

通过对表 3.4.1 的实验数据进行观察，我们发现如下结论：**三相三线制负载总的有功功率等于两块功率表测得的数据之和，与负载对称与否无关**。这种测量有功功率的方法称为

"二表法"。下面进行理论学习。

■学一学

不论负载是星形连接还是三角形连接，总的有功功率必定等于各相有功功率之和。当负载对称时，每相的有功功率是相等的，因此三相总功率为

$$P=3P_P=3U_P I_P\cos\varphi$$

其中 φ 角是相电压与相电流之间的相位差。

当负载是星形连接时，

$$U_L=\sqrt{3}U_P, I_L=I_P$$

当负载是三角形连接时，

$$U_L=U_P, I_L=\sqrt{3}I_P$$

不论负载是星形连接还是三角形连接，可得

$$P=\sqrt{3}U_L I_L\cos\varphi$$

上式 φ 角仍是相电压与相电流之间的相位差。

同理可得三相无功功率和视在功率

$$Q=3U_P I_P\sin\varphi=\sqrt{3}U_L I_L\sin\varphi$$

$$S=3U_P I_P=\sqrt{3}U_L I_L$$

学习活动2 三相电路无功功率的测量及分析

■做一做

按图3.4.2接好测量电路，使三相电源输出线电压为220 V，并按数据表格的内容进行测试，并记录于表3.4.2中。

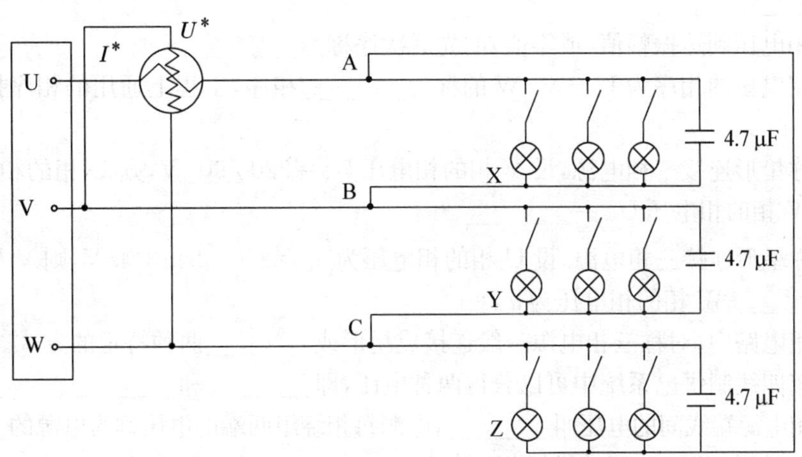

图3.4.2 三相电路无功功率测量实验电路图

表3.4.2 三相电路无功功率的测量

测量数据 / 负载情况	无功功率	
	Q_1	$\sum Q$
三相对称		

■**议一议**

通过对表 3.4.2 的实验数据进行观察，我们发现如下结论：三相对称负载总的无功功率等于$\sqrt{3}$倍的 Q_1。这种实验方法称为“一表跨相法”。

■**学一学**

例 3.4.1：有一三相电动机，每相等效电阻 $R=29\ \Omega$，等效感抗 $X_L=21.8\ \Omega$，绕组为星形连接，接于线电压 $U_L=380$ V 的三相电源上。试求电动机的相电流、线电流以及从电源输入的功率。

解：

$$I_P=\frac{U_P}{|Z|}=\frac{220}{\sqrt{29^2+21.8^2}}\text{A}=6.1\text{ A}$$

$$I_L=6.1\text{ A}$$

$$P=\sqrt{3}U_L I_L\cos\varphi=\sqrt{3}\times380\times6.1\times\frac{29}{\sqrt{29^2+21.8^2}}\text{W}$$

$$=3.2\text{ kW}$$

习题 3

一、填空题

1. 三个电动势的________相等，________相同，________互差 120°，就称为对称三相电动势。

2. 对称三相正弦量(包括对称三相电动势、对称三相电压、对称三相电流)的瞬时值之和等于________。

3. 三相电压到达振幅值(或零值)的先后次序称为________。

4. 三相电压的相序为 U－V－W 的称为________相序，工程上通用的相序指________相序。

5. 对称星形连接三相电源，设 V 相的相电压 $\dot{U}_V=220\ \underline{/90^\circ}$ V，则 U 相的相电压 $\dot{U}_U=$________，W 相的相电压 $\dot{U}_W=$________。

6. 对称星形连接三相电源，设 U 相的相电压为 $u_U=220\sqrt{2}\sin 314t$ V，则 V 相的相电压为 $u_V=$________，W 相的相电压为 $u_W=$________。

7. 三相电路中，对称三相电源一般连接成星形或________两种特定的方式。

8. 三相四线制供电系统中可以获得两种电压，即________和________。

9. 三相电源端线间的电压叫________，电源每相绕组两端的电压称为电源的________。

10. 在三相电源中，流过端线的电流称为________，流过电源每相的电流称为________。

11. 流过三相发电机每相绕组内的电流叫电源的________电流，它的参考方向为自绕组的相尾指向绕组的________。

12. 对称三相电源为星形连接，端线与中性线之间的电压叫________。

13. 对称三相电源为星形连接，线电压 $\dot{U}_{UV}$与相电压 $\dot{U}_U$之间的关系表达式为________。

14. 有一台三相发电机，其三相绕组接成星形时，测得各线电压均为 380 V，则当其改接成三角形时，各线电压的值为________。

15. 对称三相电源星形连接，若线电压 $u_{UV}=380\sqrt{2}\sin(\omega t+30°)$ V，则线电压 $U_{VW}=$________，$U_{WU}=$________；相电压 $U_U=$________，$U_V=$________，$U_W=$________，$\dot{U}_U=$________，$\dot{U}_V=$________，$\dot{U}_W=$________。

16. 对称三相电源 U 相的相电压 $u_U=U_m\sin\left(\omega t-\frac{\pi}{2}\right)$ V，则星形连接时，线电压 u_{WU} $=$________。

17. 三相电路中，每相负载两端的电压为负载的________，流经每相负载的电流称为________。

18. 三相电路中负载为星形连接时，负载相电压的参考方向常规定为自________线指向负载中性点，负载的相电流等于线电流，相电流的参考方向常规定为与相电压的参考方向________。

19. 如果三相负载的每相负载的复阻抗都相同，则称为________。

20. 三相电路中若电源对称，负载也对称，则称为________三相电路。

21. 在三相交流电路中，负载的连接方法有________和________两种连接方法。

22. 对称三相负载为星形连接，当线电压为 220 V 时，相电压等于________；线电压为 380 V 时，相电压等于________。

23. 如图 1 所示，对称三相电源的相电压 $u_W=220\sqrt{2}\sin(314t+30°)$ V，若负载的相电压 $Z_U=Z_V=Z_W=(3+j4)\,\Omega$，则负载相电压 $\dot{U}_U=$________，$\dot{U}_V=$________，$\dot{U}_W=$________；负载线电压 $\dot{U}_{UV}=$________，$\dot{U}_{VW}=$________，$\dot{U}_{WU}=$________；负载线电流 $\dot{I}_U=$________，$\dot{I}_V=$________，$\dot{I}_W=$________；中性线电流 $\dot{I}_N=$________，负载相线电流的关系为________。

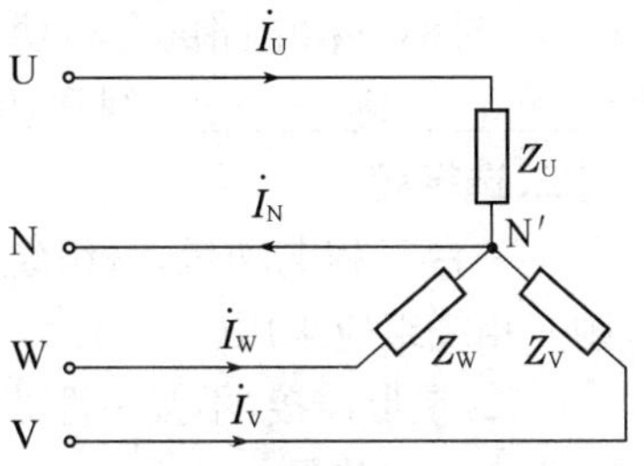

图 1

24. 如图 1 所示，电源线电压 $\dot{U}_{UV}=380\angle 30°$ V，负载阻抗分别为 $Z_U=11\,\Omega$，$Z_V=j22\,\Omega$，$Z_W=(20-j20)\,\Omega$，则相电流 $\dot{I}_U=$________，$\dot{I}_V=$________，$\dot{I}_W=$________。

25. 对称三相三线制电路中，负载线电流之和 $\dot{I}_U+\dot{I}_V+\dot{I}_W=$________，负载线电压之和 $\dot{U}_{UV}+\dot{U}_{VW}+\dot{U}_{WU}=$________。

26. 三角形连接的对称三相电路中，负载线电压有效值和相电压有效值的关系是________，线电流有效值和相电流有效值的关系是________，线电流相位滞后相应的相电流________度。

27. 三相电动机接在三相电源中，若其额定电压等于电源的线电压，应作________连接；若其额定电压等于电源线电压的 $1/\sqrt{3}$，应作________连接。

28. 如图 2 所示对称三相电路，安培表 A_1 的读数为 50 A，则安培表 A_2 的读数为________。

29. 如图 3 所示，已知 $R=20\,\Omega$，电源电压 $U_{UV}=220$ V，则各表的读数分别为 $V_1=$________，$V_2=$________，$I_A=$________。

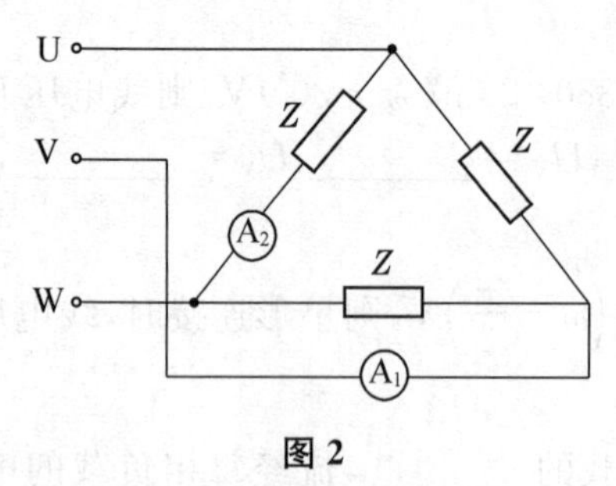

图 2

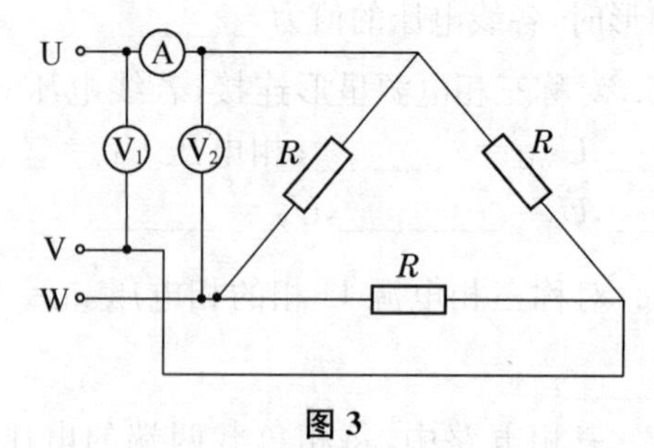

图 3

30. 同一个对称三相负载接在同一电网中,作三角形连接时的线电流是星形连接时的________倍。

31. 三相三线制系统中,常采用________法测量负载的有功功率,负载总的有功功率等于两块功率表的读数________,该方法与负载对称与否________。

32. 对称三相电路测量无功功率时,常采用________法,负载总的无功功率等于________倍的功率表的读数。

33. 负载星形连接的电路中,当负载对称时,________可以去掉,当负载不对称时,________不可以去掉;中线的作用是保证负载的________电压对称;负载不对称时,去掉中线,会造成负载某相的相电压过________,某相的相电压过________。

34. 对称三相电路的有功功率计算公式 $P=$________或________,无功功率计算公式 $Q=$________或________,视在功率计算公式 $S=$________或________。

二、选择题

1. 一台三相电动机,每组绕组的额定电压为 220 V,对称三相电源的线电压 $U_L=380$ V,则三相绕组应采用(　　)。

a. 星形连接,不接中性线　　b. 星形连接,并接中性线

c. a、b 均可　　d. 三角形连接

2. 一台三相电动机绕组星形连接,接到 $U_L=380$ V 的三相电源上,测得线电流 $I_L=10$ A,则电动机每组绕组的阻抗为(　　)Ω。

a. 38　　b. 22　　c. 66　　d. 11

3. 三相电源线电压为 380 V,对称负载为星形连接,未接中性线。如果某相突然断掉,其余两相负载的电压均为(　　)V。

a. 380　　b. 220　　c. 190　　d. 无法确定

4. 下列陈述是正确的(　　)。

a. 发电机绕组作星形连接时的线电压等于作三角形连接时的线电压的 $1/\sqrt{3}$

b. 对称三相电路负载作星形连接时,中性线里的电流为零

c. 负载作三角形形连接可以有中性线

d. 凡负载作三角形连接时,其线电流都等于相电流的 $\sqrt{3}$ 倍

5. 对称三相负载三角形连接,电源线电压 $\dot{U}_{UV}=220\angle 0°$ V,如不考虑输电线上的阻抗,则负载相电压 $\dot{U}_{UV}=$(　　)V。

a. $220\angle -120°$　　b. $220\angle 0°$　　c. $220\angle 120°$　　d. $220\angle 150°$

6. 对称三相电路负载三角形连接,电源线电压为 380 V,负载复阻抗为 $Z=(8-j6)\Omega$。

则线电流为(　　)A。

a. 38　　b. 22　　c. 0　　d. 65.82

7. 对称三相电源接对称三相负载,负载三角形连接,U 线电流 $\dot{I}_U=38.1\angle -66.9^\circ$ A,则 V 线电流 $\dot{I}_V=$(　　)A。

a. $22\angle -36.9^\circ$　　b. $38.1\angle -186.9^\circ$　　c. $38.1\angle 53.1^\circ$　　d. $22\angle 83.1^\circ$

三、判断题

1. 假设三相电源的正相序为 U—V—W,则 V—W—U 为负相序。(　　)

2. 对称三相电源,假设 U 相电压 $u_U=220\sqrt{2}\sin(\omega t+30^\circ)$ V,则 V 相电压为 $u_V=220\sqrt{2}\sin(\omega t-120^\circ)$ V。(　　)

3. 三个电压频率相同、振幅相同,就称为对称三相电压。(　　)

4. 对称三相电源,其三相电压瞬时值之和恒为零,所以三相电压瞬时值之和为零的三相电源,就一定为对称三相电源。(　　)

5. 无论是瞬时值还是相量值,对称三相电源三个相电压的和,恒等于零,所以接上负载不会产生电流。(　　)

6. 将三相发电机绕组 U_1U_2、V_1V_2、W_1W_2 的相尾 V_1、V_2、W_2 连接在一起,而分别从相头 U_1、V_1、W_1 向外引出的三条线作输出线,这种连接称为三相电源的三角形接法。(　　)

7. 从三相电源的三个绕组的相头 U_1、V_1、W_1 引出的三根线叫端线,俗称火线。(　　)

8. 三相电源无论对称与否,三个线电压的相量和恒为零。(　　)

9. 三相电源无论对称与否,三个相电压的相量和恒为零。(　　)

10. 三相电源三角形连接,当电源接负载时,三个线电流之和不一定为零。(　　)

11. 对称三相电源星形连接时,$U_L=\sqrt{2}U_P$;三角形连接时,$I_L=\sqrt{3}I_P$。(　　)

12. 目前电力网的低压供电系统又称为民用电,该电源即中性点接地的星形连接,并引出中性线(零线)。(　　)

13. 对称三相电源三角形连接,在负载断开时,电源绕组内有电流。(　　)

14. 对称三相电源绕组在作三角形连接时,在连成闭合电路之前,应该用电压表测量闭合回路的开口电压,如果读数为两倍的相电压,则说明一相接错。(　　)

15. 同一台发电机作星形连接时的线电压等于做三角形连接时的线电压。(　　)

16. 对称三相电压和对称三相电流的特点是同一时刻它们的瞬时值总和恒等于零。(　　)

17. 在三相四线制中,可向负载提供两种电压,即线电压和相电压,在低压配电系统中,标准电压规定为相电压 380 V,线电压 220 V。(　　)

四、计算题

1. 若已知对称三相交流电源 U 相电压为 $u_U=220\sqrt{2}\sin(\omega t+30^\circ)$ V,根据习惯相序写出其他两相的电压的瞬时值表达式及三相电源的相量式,并画出波形图及相量图。

2. 三相负载星形连接,U、V、W 三相负载复阻抗分别为 $Z_U=25\ \Omega$,$Z_V=(25+j25)\ \Omega$,$Z_W=-j10\ \Omega$,接于对称四相制电源上,电源线电压为 380 V,求各端线上电流。

3. 三相对称负载星形连接,每相为电阻 $R=4\ \Omega$,感抗 $X_L=3\ \Omega$ 的串联负载,接于线电

压 $U_L=380$ V 的三相电源上，试求相电流 $\dot{I}_U$、$\dot{I}_V$、$\dot{I}_W$，并画相量图。

4. 对称三相三线制电路，负载星形连接，负载各相复阻抗 $Z=(12+j3)\Omega$，输电线阻抗均为 $Z_1=(2+j1)\Omega$，中性线阻抗忽略不计，电源线电压 $u_{UV}=380\sqrt{2}\sin(314t)$ V，求负载端的电流和线电压。

5. 电路如图 4 所示，电源提供的线电压是 380 V，50 Hz。已知对称星形和三角形负载每相阻抗分别是 $7\angle 30^\circ\ \Omega$ 和 $15\angle -20^\circ\ \Omega$，求每相负载吸收的有功功率和无功功率；电路总的视在功率和总的功率因数。

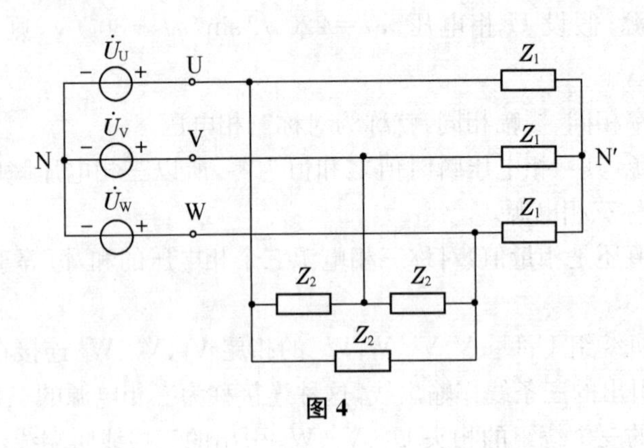

图 4

项目 4　烟雾电子报警器的设计、安装与调试

学习目标：

1. 知识目标：

(1) 掌握整流、滤波和稳压电路的应用。
(2) 掌握共发射极放大电路的分析。
(3) 掌握共集电极放大电路的应用。
(4) 掌握集成运放典型线性电路的应用。
(5) 掌握集成运放典型非线性电路的应用。
(6) 具有正确设计＋5 V 稳压电路的能力。
(7) 具有对＋5 V 稳压电路中的元件进行选型的能力。
(8) 具有正确分析烟雾电子报警器电路原理的能力。
(9) 具有对烟雾电子报警器电路的元件进行选型的能力。

2. 技能目标：

(1) 具有正确使用万用表的能力。
(2) 具有正确使用示波器的能力。
(3) 具有正确使用函数信号发生器的能力。
(4) 具有正确检测和使用常见的电子元器件的能力。
(5) 掌握焊接技术的技能。
(6) 具有对电子电路进行组装和调试的能力。
(7) 具有一定的排除电子电路故障的能力。

任务 4.1　半导体二极管特性的测试与应用

扫码见视频 15

半导体二极管的符号如图 4.1.1 所示，“＋”表示二极管的阳极，“－”表示二极管的阴极。常用二极管外形如图 4.1.2所示，它们是用于电视机、收音机、稳压电源等电子产品中的各种不同外形的二极管。

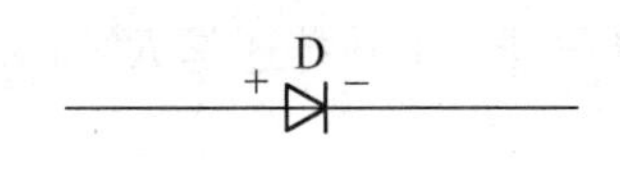

图 4.1.1　半导体二极管的符号

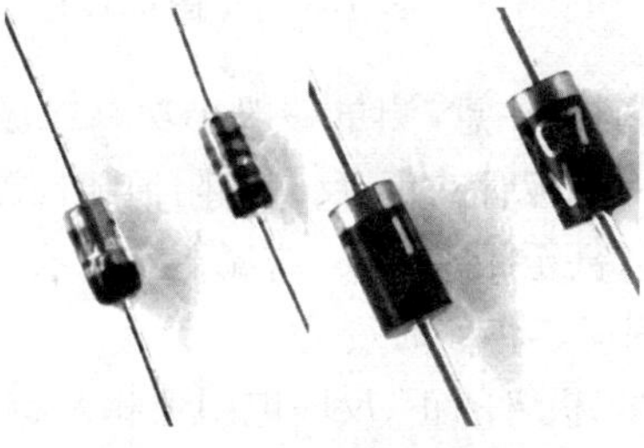

图 4.1.2　常用二极管外形

半导体二极管的类型很多。按材料分，最常用的有硅二极管和锗二极管两种；按用途又可分为整流二极管、稳压二极管、检波二极管、开关二极管等。

学习活动1　半导体二极管电极的判定

■做一做

取一只1N4007型二极管，按图4.1.3进行测量，并将测量结果记录于表4.1.1中。

表4.1.1　二极管电极判定的测量

图4.1.3(a)测量阻值	图4.1.3(b)测量阻值

■议一议

从表4.1.1测量的结果中，我们发现有一次测量出的阻值较小(称为正向电阻)，见图4.1.3(a)，认为二极管处于导通状态；另一次测量出的阻值较大(称为反向电阻)，见图4.1.3(b)，认为二极管处于截止状态。另外我们观察外壳发现二极管上标有色环，规定带色环的一端则为阴极。在阻值较小的一次测量中，红表笔所接端为二极管的色环端，因此在阻值较小的一次测量中，红表笔接的是二极管的阴极，黑表笔接的是二极管的阳极。

■学一学

从以上实验及讨论中得出以下结论：

1. 判别二极管的电极

将指针式万用表拨在$R\times100$或$R\times1$ k电阻挡上，两只表笔分别接触二极管的两个电极，若测出的电阻约几十欧、几百欧或几千欧，则黑表笔所接触的电极为二极管的阳(+)极，红表笔所接触的电极为二极管的阴(−)极，如图4.1.3(a)所示；若测出的电阻约几十千欧至几百千欧，则黑表笔所接触的电极为二极管的阴(−)极，红表笔所接触的电极为二极管的阳(+)极，如图4.1.3(b)所示。对塑封整流二极管，靠近色环(通常为白颜色)的引线为阴极。

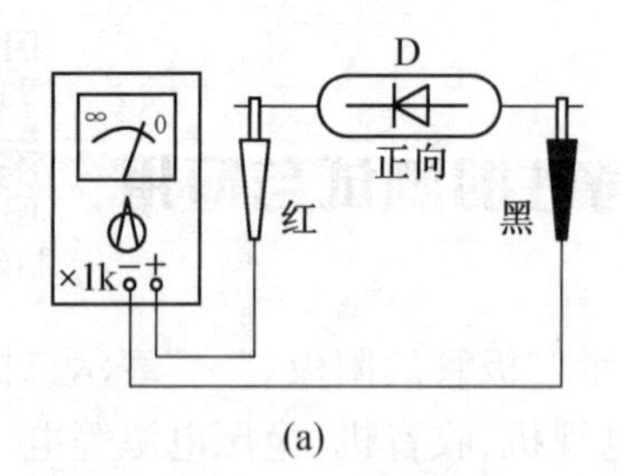

(a)

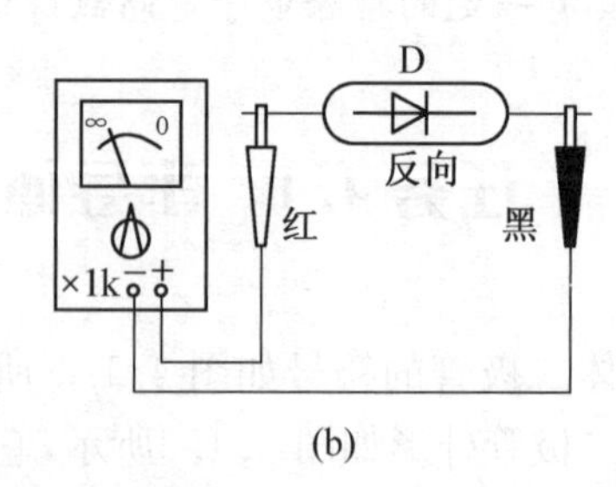

(b)

图4.1.3　二极管电极判定的测量

检测时应注意，测量一般小功率二极管的正、反向电阻值，不宜使用$R\times1$和$R\times10$ k挡。另外，二极管的正、反向电阻值随检测用万用表的量程($R\times100$挡还是$R\times1$ k挡)不同而不一样，甚至相差较大，这属正常现象。

2. 判断二极管的质量

通常二极管的正、反向电阻值相差越大，说明它的单向导电性能越好。因此，通过检测其正、反向电阻值，可方便地判断管子的单向导电性能。检测正向电阻时，对小功率的整流管(或检测二极管)应使用 $R\times100$ 挡，其值为几百欧(硅管为几千欧)；对大功率的整流管，应使用 $R\times1$ 挡检测，其值为十几欧或几十欧。检测反向电阻时，除大功率的硅材料整流管以外，一般应使用 $R\times1$ k 挡，其值应为几百千欧以上。

在检测时，如果二极管的正、反向电阻值都很大，说明其内部开路；反之，如果其正、反向电阻值都很小，说明其内部有短路故障；如果两次差别不大，说明此管失效。这几种情况都说明二极管已损坏，不能使用了。

■练一练

用数字万用表检测 1N4007 型二极管的电极，其测量结果与用指针式万用表的测量结果有何不同？说明什么？

■扩展与延伸

上面介绍的方法为普通二极管的检测方法。在电子产品中，还有一些特殊用途的特殊二极管，如稳压二极管(见图 4.1.4)和发光二极管(见图 4.1.5)等。下面介绍稳压二极管和发光二极管的检测方法。

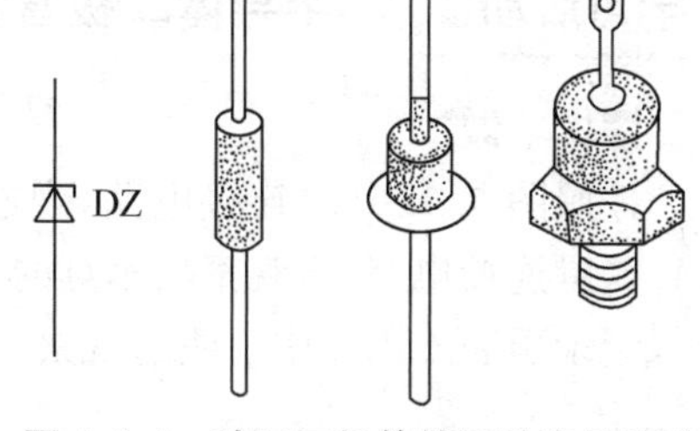

图 4.1.4　稳压二极管符号及常见外形

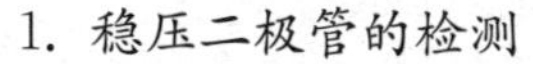

1. 稳压二极管的检测

(1) 稳压二极管电极的判别

从外形上看，金属封装稳压二极管管体的阳极一端为平面形，阴极一端为半圆面形。塑封稳压二极管管体上印有彩色标记的一端为阴极，另一端为阳极。对标志不清楚的稳压二极管，也可以用万用表判别其极性，测量的方法与普通二极管相同，即用万用表 $R\times1$ k 挡，将两表笔分别接稳压二极管的两个电极，测出一个结果后，再对调两表笔进行测量。在两次测量结果中，阻值较小那一次，黑表笔接的是稳压二极管的阳极，红表笔接的是稳压二极管的阴极。

若测得稳压二极管的正、反向电阻均很小或均为无穷大，则说明该二极管已击穿或开路损坏。

(2) 稳压值的测量

用 0～30 V 连续可调直流电源，对于 13 V 以下的稳压二极管，可将稳压电源的输出电压调至 15 V，将电源正极串接 1 只 5 kΩ 可调电阻做限流电阻，与被测稳压二极管的阴极相连接，电源负极与稳压二极管的阳极相接。调整可调电阻，使测量回路电流为 10～20 mA，再用万用表测量稳压二极管两端的电压值，所测的读数即稳压二极管的稳压值。若稳压二极管的稳压值高于 15 V，则应将稳压电源调至 20 V 以上。

若测量稳压二极管的稳定电压值忽高忽低，则说明该稳压二极管的性不稳定。

2. 发光二极管的检测

(1) 发光二极管电极的判别

将发光二极管放在一个光源下，观察两个金属片的大小，通常金属片大的一端为阴极(个别型号二极管为阳极)，金属片小的一端为阳极；发光二极管的长管脚为阳极，短管脚为负极。

(2) 发光二极管质量的判断

用万用表 $R\times10$ k 挡，测量发光二极管的正、反向电阻值。正常时，正向电阻值(黑表笔接阳极时)为 10～20 kΩ,反向电阻值为 250 kΩ～∞(无穷大)。较高灵敏度的发光二极管,在测量正向电阻值时,管内会发微光。若用万用表 $R\times1$ k 挡测量发光二极管的正、反向电阻值,则会发现其正、反向电阻值均接近∞(无穷大),这是因为发光二极管的正向压降大于 1.6 V(高于万用表 $R\times1$ k 挡内电池的电压值 1.5 V)。

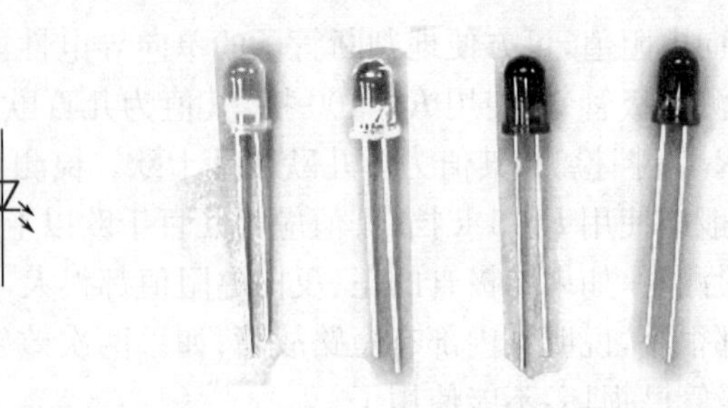

图 4.1.5　发光二极管符号及常见外形

学习活动 2　半导体二极管特性的测试及分析

■**做一做**

按照图 4.1.6(a)连接电路,观察指示灯是否发亮;将二极管的阴阳电极对调后,按图 4.1.6(b)连接电路,再观察指示灯的亮暗情况。U_S 为 1.3～18 V 可调直流电压源,将测量结果记录于表 4.1.2 中。注意观察指示灯的发光情况。

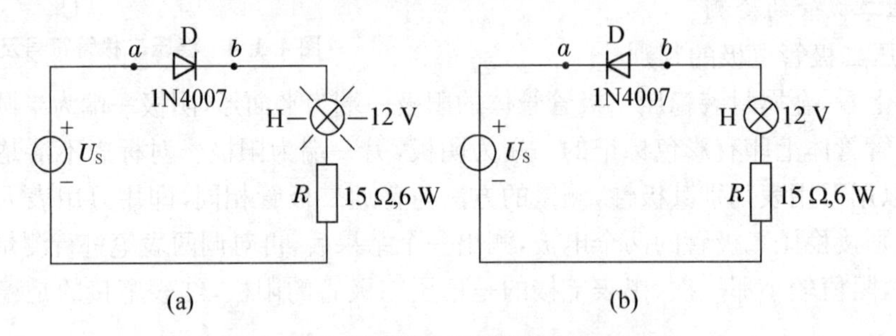

图 4.1.6　半导体二极管特性的测量电路

表 4.1.2　半导体二极管特性的测量

U_{ab} \ U_S \ 测量电路	4 V	8 V	12 V	16 V
图 4.1.6(a)				
图 4.1.6(b)				

■**议一议**

通过观察实验现象和表 4.1.2 的实验数据得出如下结论:1. 二极管加正向电压,导通(见图 4.1.6(a));2. 二极管加反向电压,截止(见图 4.1.6(b)),因此二极管具有单向导电特性;3. 二极管处于导通状态时,两端电压几乎不变。

■**学一学**

1. 加正向电压导通

在二极管的两电极加上电压,称为给二极管以偏置。如果将电源正极与二极管的阳极相连,电源负极与二极管的阴极相连,称为正向偏置,简称正偏。此时,二极管内部呈现较小的电阻，有较大的电流通过，二极管的这种状态为正向导通状态。

2. 加反向电压截止

与正向偏置相反，如果将电源负极与二极管的阳极相连，电源正极与二极管的阴极相连，称为反向偏置，简称反偏。此时，二极管内部呈现较大的电阻，几乎没有电流通过，二极管的这种状态称为反向截止状态。

综上所述，二极管具有“加正偏电压导通，加反偏电压截止”的导电特性，即单向导电性，它是二极管最重要的特性。

■练一练

熟练掌握二极管的检测及单向导电特性。

■扩展与延伸

二极管为什么具有单向导电性？

二极管的核心是PN结（PN结加上引出线和管壳就构成半导体二极管（简称二极管），它的结构示意图如图4.1.7所示），由P区引出的电极为二极管的阳极，由N区引出的电极为二极管的阴极。因此二极管的单向导电性是由PN结的特性所决定的。在P型和N型半导体的交界面附近，由于N区的自由电子浓度大，于是带负电荷的自由电子会由N区向电子浓度低的P区扩散，扩散的结果使PN结中靠P区一侧带负电，靠N区一侧带正电，形成由N区指向P区的电场，即PN结内电场。内电场将阻碍多数载流子继续扩散，又称为阻挡层。

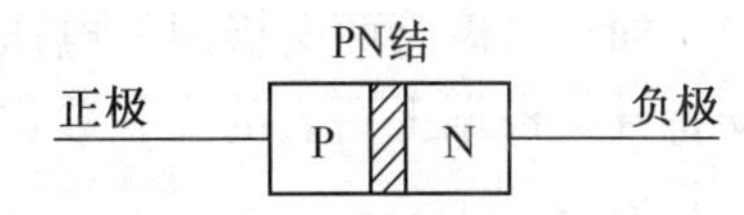

图4.1.7　二极管的结构示意图

1. PN结加上正向电压的情况：将PN结的P区接电源正极，N区接电源负极，此时外加电压对PN结产生的电场与PN结内电场方向相反，削弱了PN结内电场，使得多数载流子能顺利通过PN结，形成正向电流，并随着外加电压的升高而迅速增大，即PN结加正向电压时处于导通状态。

2. PN结加上反向电压的情况：将PN结的P区接电源的负极，N区接电源正极，此时外加电压对PN结产生的电场与PN结内电场方向相同，加强了PN结内电场，多数载流子在电场力的作用下难于通过PN结，反向电流非常微小，即PN结加反向电压时处于截止状态。

学习活动3　二极管伏安特性曲线的测试与应用

■做一做

按图4.1.8接线，R为限流电阻，测二极管D的正向特性时，其正向电流不得超过0.5 A，正向压降可在0～0.75 V之间取值。特别是在0.5～0.75 V之间更应多取几个测量点，如表4.1.3所列。作反向特性实验时，只需要将图中的二极管D反接，且反向电压可加至24 V。调节电源输出值，分别测量二极管的电压和电流值，并记录于表4.1.4中。

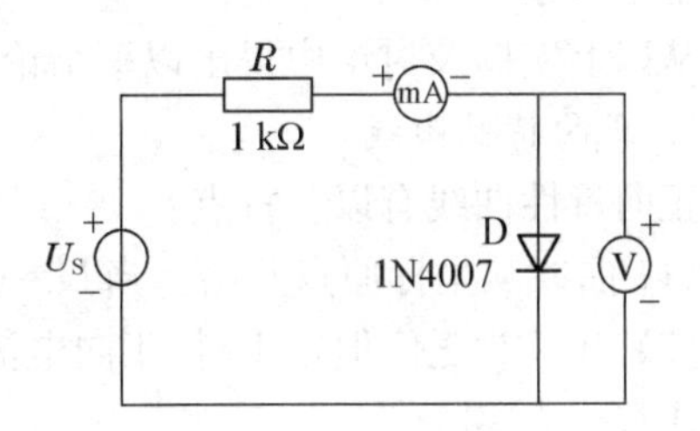

图4.1.8　半导体二极管伏安特性的测量电路

表 4.1.3 正向特性的测量

U(V)	0	0.2	0.4	0.5	0.55	…0.75
I(mA)						

表 4.1.4 反向特性的测量

U(V)	0	−5	−10	−15	−20	…
I(μA)						

测二极管正向特性时，稳压电源输出应从小到大逐渐增加，需时刻注意电流表读数不得超过 0.5 A。

■议一议

加在二极管两电极间的电压 U 与流过二极管的电流 I 的对应关系称为二极管的伏安特性。根据上两表的实验数据，利用描点法作出曲线，该曲线称为伏安特性曲线，见图 4.1.9(a)。

实验中二极管采用硅二极管，除此之外还有锗二极管，其伏安特性曲线如图 4.1.9(b)所示。

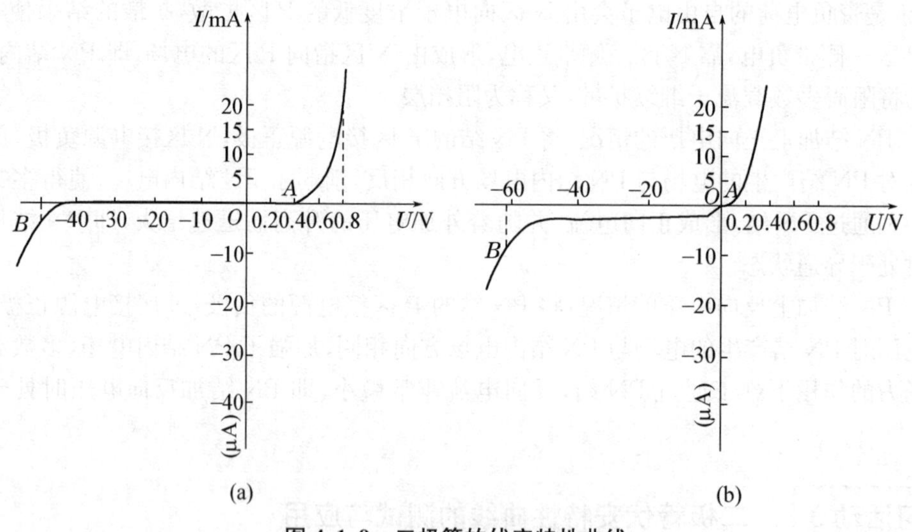

图 4.1.9 二极管的伏安特性曲线

■学一学

从以上实验及讨论中得出以下结论：特性曲线可以分为三部分，分述如下：

1. 正向特性曲线

正向特性曲线有以下特点：

(1) 曲线从坐标原点开始。当 $U=0$ 时，$I=0$。

(2) 当 U 为正值但很小时，正向电流 I 非常小(几乎为 0)，对应于特性曲线 OA 段，这个区域通常称为“死区”。

(3) 当 U 为正且超过一定值后(这个值称为“死区电压”，硅管为 0.5 V，锗管为 0.1 V)，对应图 4.1.9 中 A 点以后的曲线，正向电流增加得很快，这时二极管处于正向导通状态。

正常使用时，正向电流在较大范围内变化，二极管两端的正向压降变化不大，硅管的正向压降为0.6～0.8 V，锗管为0.2～0.3 V。二极管的死区电压和正向压降值是两个非常有用的数值，在以后的学习中会经常用到。

2. 反向特性曲线

在反向电压作用下，反向电流很小，对应于曲线 OB 段，这时二极管处于反向截止状态。在常温下，硅管的反向电流比锗管小得多，硅管在1 μA以下，锗管在几微安至几十微安之间，在选用二极管时要考虑到这一因素。温度升高，反向电流将显著增大。因反向电流 I_R 由少子(少数载流子)漂移形成，而少子又是由本征激发产生，所以 I_R 与环境温度密切相关，I_R 随温度上升而显著增大。

由正向特性曲线和反向特性曲线可知，二极管具有单向导电性；二极管的实质就是PN结，这也验证了前面所讲的PN结的单向导电性的理论分析。

3. 反向击穿特性曲线

反向电压在一定范围内时，反向电流基本不随反向电压增加而增加，但当反向电压超过一定值后(这个电压称为反向击穿电压 U_{BR})，反向电流急剧增大，对应 B 点以后的曲线，二极管失去单向导电性，这种现象称为二极管的反向击穿。普通二极管不允许工作在反向击穿状态。

■练一练

1. 硅管的死区电压是________V，正向压降为________V。
2. 锗管的死区电压是________V，正向压降为________V。

■扩展与延伸

二极管是电子电路中最常用的半导体器件。利用其单向导电性及导通时正向压降很小的特点，可应用于整流、检波、钳位、限幅、开关以及元件保护等各项工作。

1. 整流

所谓整流，就是将交流电变为单方向脉动的直流电。利用二极管的单向导电性可组成单相、三相等各种形式的整流电路，然后再经过滤波、稳压，便可获得平稳的直流电。这些内容将在任务4.2中详细介绍。

2. 钳位

利用二极管正向导通时压降很小的特性，可组成钳位电路，如图4.1.10所示。

图中若 A 点电位 $V_A=0$，二极管D可正向导通，其压降很小，故 F 点的电位也被钳制在0 V左右，即 $V_F=0$。

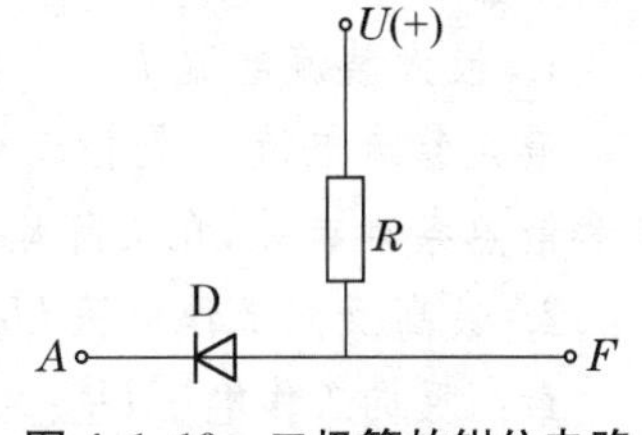

图4.1.10　二极管的钳位电路

3. 限幅

利用二极管正向导通后其两端电压很小且基本不变的特性，可以构成各种限幅电路，使输出电压限幅在某一电压值以内。图4.1.11(a)所示为一正、负对称限幅电路，设 $u_i=10\sqrt{2}\sin\omega t$ V，$U_{S1}=U_{S2}=5$ V。(忽略二极管的正向导通压降)

当 $-U_{S2}<u_i<U_{S1}$ 时，D_1、D_2 都处于反向偏置而截止，因此 $i=0$，$u_o=u_i$；当 $u_i>U_{S1}$ 时，D_1 处于正向偏置而导通，使输出电压保持在 U_{S1}；当 $u_i<-U_{S2}$ 时，D_2 处于正向偏置而导通，输出电压保持在 $-U_{S2}$。由于输出电压 u_o 被限制在 $+U_{S1}$ 与 $-U_{S2}$ 之间，即 $|u_o|\leqslant 5$ V，好像将

输入信号的高峰和低谷部分削掉一样，因此这种电路又称为削波电路。输出波形如图 4.1.11(b)所示。

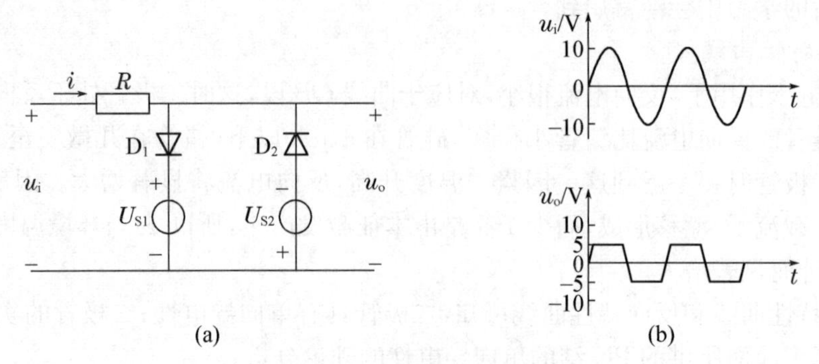

图 4.1.11　二极管限幅电路波形

4. 元件保护

在电子线路中，常用二极管来保护其他元器件免受过高电压的损害。如图 4.1.12 所示电路，L 和 R 是线圈的电感和电阻。

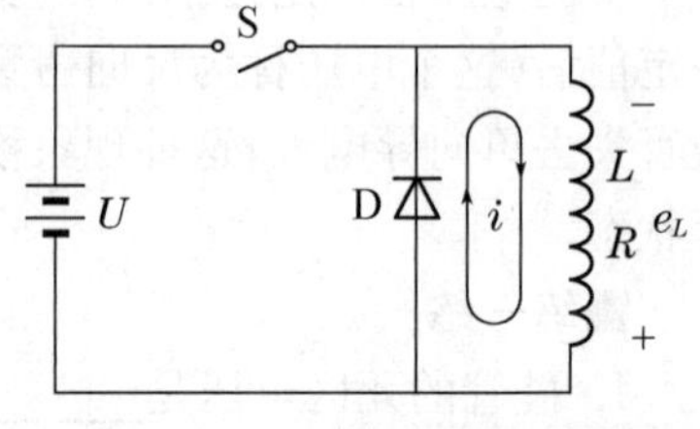

图 4.1.12　二极管保护电路

在开关 S 接通时，电源 U 给线圈供电，L 中有电流流过，储存了磁场能量。在开关 S 由接通到断开的瞬时，电流突然中断，L 中将产生一个高于电源电压很多倍的自感电动势 e_L，e_L 与 U 叠加作用在开关 S 的端子上，在 S 的端子上产生电火花放电，这将影响设备的正常工作，开关 S 寿命缩短。接入二极管 D 后，e_L 通过二极管 D 产生放电电流 i，使 L 中储存的能量不经过开关 S 放掉，从而保护了开关 S。

阅读材料　二极管的主要参数

电子器件的参数是用来表征器件的性能优劣和适用范围的，是合理选择和正确使用器件的依据。二极管有以下主要参数：

1. 最大整流电流 I_F

最大整流电流 I_F 是指二极管长期工作时，允许通过的最大正向平均电流。I_F 与环境温度和散热条件有关，在实际应用时不能超过此值，否则会烧坏二极管。

2. 最高反向工作电压 U_{RM}

最高反向工作电压 U_{RM} 是指二极管工作时所允许加的最高反向电压。若超过此值，二极管就有可能被反向击穿而损坏。一般元器件手册上给出的最高反向工作电压约为反向击穿电压 U_{BR} 的一半。如 2APl 锗二极管的反向击穿电压约为 40 V，而最高反向工作电压定为 20 V。

3. 反向电流 I_R

反向电流 I_R 是指二极管未被击穿时的反向电流。I_R 越小说明二极管的单向导电性能越好。温度升高，I_R 会急剧增大，使用二极管时要注意温度的影响。

实际工作中一般从两个方面使用二极管器件手册：

(1) 已知二极管的型号，查找其用途和主要参数，这常用于对已知型号的二极管进行分析，判断是否满足电路要求。

(2) 根据使用的要求，选二极管型号。例如当设备中的二极管损坏时，如没有同型号的管子更换，应查看手册，选用三项主要参数 I_F、U_{RM}、I_R 满足要求的其他型号的二极管代用。当然，如果三项主要参数比原管都大，一定可满足电路的要求。但并非替换管一定要比原管各项参数都高才行，关键是能否满足电路需要，只要满足电路需要即可。硅管与锗管在特性上是有差异的，一般不宜互相代用。

任务 4.2　单相整流电路的测试与应用

扫码见视频 16

直流稳压电源一般由电源变压器、整流电路、滤波电路和稳压电路等构成，如图 4.2.1 所示。电源变压器把交流电网 220 V 的电压 u_1 变换成所需的交流电压 u_2，整流电路则将正负交替的交流电压 u_2 变换成单向脉动的直流电压 U_{L1}。由于 U_{L1} 含有较大的脉动成分(称为纹波)，因此通过滤波电路加以滤除，得到比较平滑的直流电压 U_{L2}。考虑到电网电压的波动和负载、温度的变化将使 U_{L2} 发生变化，因此在滤波后还要接稳压电路，使输出直流电压 U_O 保持稳定。

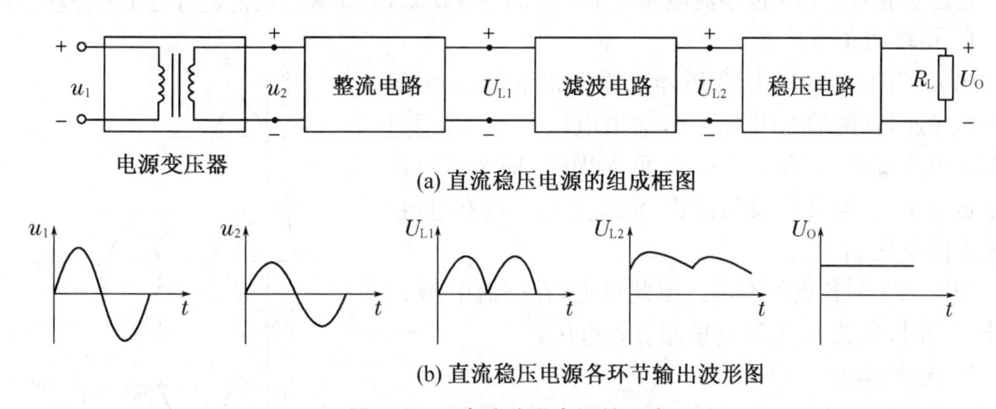

(a) 直流稳压电源的组成框图

(b) 直流稳压电源各环节输出波形图

图 4.2.1　直流稳压电源的组成

利用二极管的单向导电性，将交流电变成单向脉动直流电的电路，称为整流电路。根据交流电的相数，整流电路分为单相整流、三相整流电路等。在小功率电路中(1 kV 以下)，一般采用单相整流电路。常见的单相整流电路有半波、全波和桥式整流三种。

为简化分析，假设二极管是理想器件，即当二极管承受正向电压时，将其作为短路处理；当承受反向电压时，将其作为开路处理。

学习活动 1　单相半波整流电路特性的测试与应用

■做一做

按图 4.2.2 所示连接好测量电路，用万用表测出 u_L 的值，用示波器测量 u_2 及 u_L 的波形，分别记录于表 4.2.1 中。

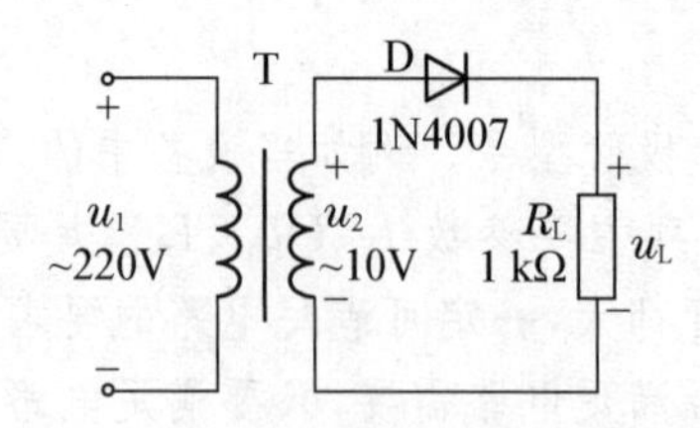

图 4.2.2　单相半波整流电路特性的测量电路

表 4.2.1　单相半波整流电路特性的测量

U_L	u_2 和 u_L 的波形

■**议一议**

根据表 4.2.1 所测的实验数据进行分析，得出如下结论：半波整流电路的平均值 $U_L=0.45U_2$。从测得的波形可以分析出：在 u_2 的正半周时，$u_L\approx u_2$；在 u_2 的负半周时，$u_L=0$。

■**学一学**

通过实验对单相半波整流电路有了一定的感性认识，下面从理论上进行电路的原理分析。

1. 电路的工作原理

当 u_2 为正半周时，即变压器次级上正下负，二极管 D 正偏导通，其两端电压 $u_D=0$，输出电压 $u_L=u_2$，通过负载的电流 $i_L=u_L/R_L$；当 u_2 为负半周时，即变压器次级上负下正，二极管 D 反偏截止，负载上几乎没有电流，负载上的电压 $u_L=0$。

图 4.2.3 为各点的波形。由此可见，在交流电压 u_2 变化一周时，负载 R_L 上得到单相脉动电压。

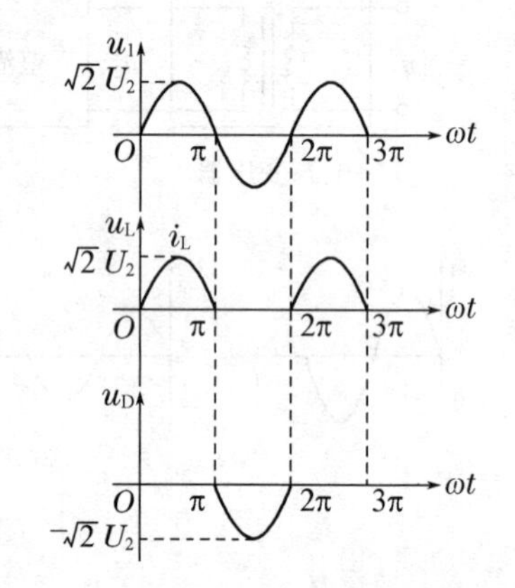

图 4.2.3　单相半波整流电路的波形图

2. 主要参数

设变压器次级电压 $u_2=U_{2m}\sin\omega t$，其中 U_2 为有效值。

(1) 整流输出电压的平均值 U_L 和平均值电流 I_L

整流输出的电压和电流是用一个周期内的平均值表示的，即

$$U_L=\frac{1}{2\pi}\int_0^{\pi}\sqrt{2}U_2\sin\omega t\,d(\omega t)=\frac{U_{2m}}{\pi}$$

即

$$U_L\approx 0.45U_2 \tag{4.2.1}$$

负载的平均值电流

$$I_L\approx\frac{U_L}{R_L}\approx\frac{0.45U_2}{R_L} \tag{4.2.2}$$

(2) 二极管的正向平均电流 I_D

I_D 是一个周期内通过二极管的平均电流。在半波整流中，有

$$I_D=I_L=0.45\frac{U_2}{R_L} \tag{4.2.3}$$

(3) 二极管的最大反向电压 U_{DM}

U_{DM}指二极管不导电时在它两端承受的最大反向电压。对于半波整流电路有

$$U_{DM}=U_{2m} \tag{4.2.4}$$

显然，在选择整流二极管时，必须满足以下两个条件：

① 二极管的额定反向电压 U_{RM}应大于其承受的最高反向电压 U_{DM}，即 $U_{RM}\geqslant U_{DM}$

② 二极管的额定整流电流 I_F应大于通过二极管的平均电流 I_D，即 $I_F\geqslant I_D$

■**练一练**

例 4.2.1：图 4.2.4 是电热用具(例如电热毯)的温度控制电路。整流二极管的作用是使保温时的耗电量仅为升温时的一半。如果此电热用具在升温时耗电 100 W，试计算对整流二极管的要求，并选择管子的型号。

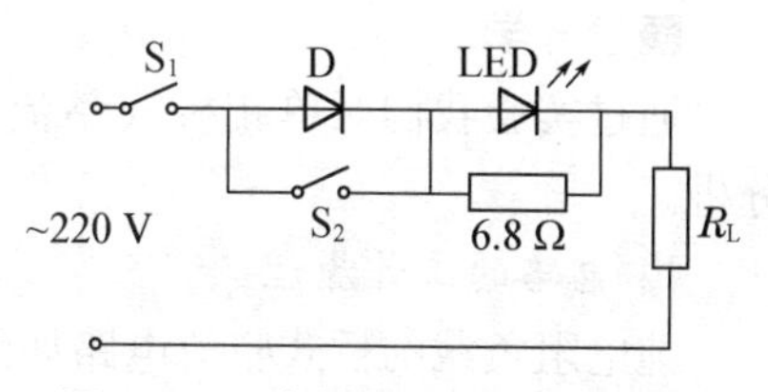

图 4.2.4　电热用具温度控制电路

解：保温时(此时 S_1 闭合，S_2 断开)负载 R_L 上的平均电压为

$$U_L\approx 0.45U_2=0.45\times 220\ \text{V}=99\ \text{V}$$

由于升温时耗电 100 W，可算出其 R_L 值为

$$R_L=\frac{U_2^2}{P}=\frac{220^2}{100}\ \Omega=484\ \Omega$$

因此有

$$I_D=\frac{U_L}{R_L}=\frac{99}{484}\ \text{A}\approx 0.2\ \text{A}$$

$$U_{DM}=U_{2m}=1.414\times 220\ \text{V}=311\ \text{V}$$

对整流二极管的要求是 $U_{RM}\geqslant 311$ V，$I_F\geqslant 0.2$ A，查手册可知，应选用 1N4004($U_{RM}=$ 400 V，$I_F=1$ A)。

通过上面的分析可知：半波整流电路结构简单，但输出直流分量较低，输出纹波大，且只有交流电半个周期，电源变压器利用率低。为克服上述缺点，可采用单相桥式整流电路。

学习活动 2　单相桥式整流电路特性的测试与应用

■**做一做**

按图 4.2.5 连接好测量电路，用万用表测出 u_L 的值，用示波器测量 u_L 和 u_2 的波形(波形要单独测量)，分别记录于表 4.2.2 中。

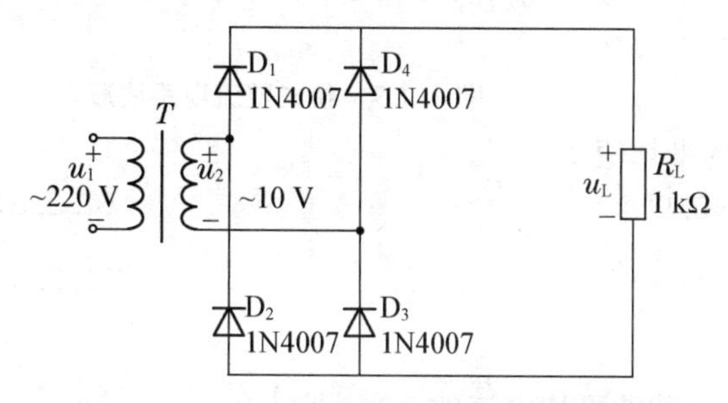

图 4.2.5　单相桥式整流电路特性的测量电路

表 4.2.2　单相桥式整流电路特性的测量

U_L	u_2 和 u_L 的波形

■议一议

根据表 4.2.2 所测的实验数据进行分析，得出如下结论：桥式整流电路的平均值 $U_L=0.9U_2$。从测得的波形进行分析出：在 u_2 的波形为正半周时，D_1、D_3 正向导通而 D_2、D_4 反向截止，这时负载 R_L 上获得一个与 u_2 正半周相同的电压 u_L（$u_L=u_2$）；当 u_2 的波形为负半周时，D_2、D_4 正向导通而 D_1、D_3 反向截止，这时负载 R_L 上获得一个与 u_2 正半周相同的电压 u_L（$u_L=-u_2$），因此，$u_L=|u_2|$。

■学一学

通过实验我们对单相桥式整流电路有了一定的认识，下面从理论上进行电路的原理分析。

1. 电路的工作原理

纯电阻负载的桥式整流电路如图 4.2.6(a)所示，其电源变压器与半波整流电路相同，4 个二极管作为整流元件，接成电桥的形式，故有桥式整流电路之称。其中 D_1、D_4 的阴极接在一起，该处为输出直流电压的正极性端；同时 D_2、D_3 的阳极接在一起，该处为输出直流电压的负极性端。电桥的另外两端之间，加入待整流的交流电压。图 4.2.6(b)是桥式整流电路的一种简化画法。

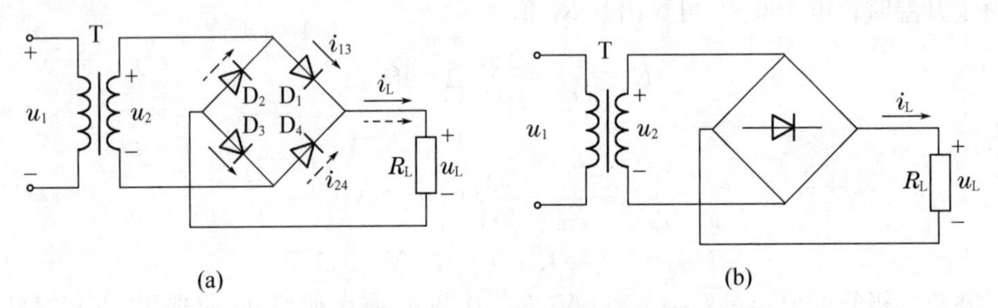

图 4.2.6 桥式整流电路

单相桥式整流电路是一种全波整流电路。当 u_2 的波形为正半周时，D_1、D_3 正向导通而 D_2、D_4 反向截止，电流 i_{13} 由正极出发，经 D_1、R_L、D_3 回到负极，这时负载 R_L 上获得一个与 u_2 正半周相同的电压 u_L（$u_L=u_2$）；当 u_2 的波形为负半周时，D_2、D_4 正向导通而 D_1、D_3 反向截止，电流 i_{24} 由正极出发，经 D_4、R_L、D_2 回到负极，这时负载 R_L 上获得一个与 u_2 正半周相同的电压 u_L（$u_L=-u_2$），因此，$u_L=|u_2|$，$i_L=i_{13}+i_{24}$，波形如图 4.2.7 所示。

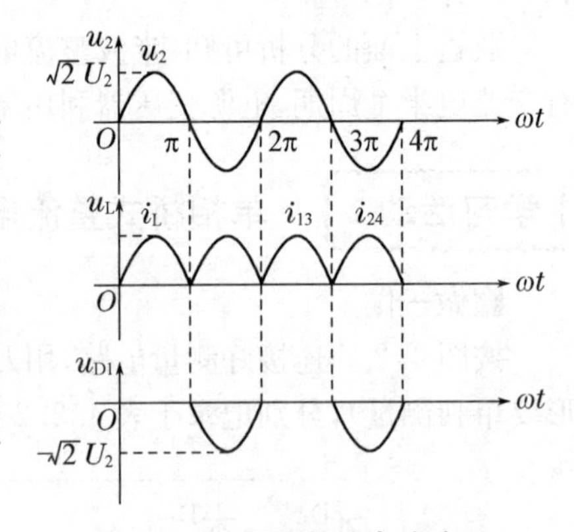

图 4.2.7 桥式整流电路波形

2. 主要参数

(1) 整流输出电压的平均值 U_L 和电流的平均值 I_L

$$U_L\approx0.9U_2 \tag{4.2.5}$$

$$I_L=\frac{U_L}{R_L}\approx\frac{0.9U_2}{R_L} \tag{4.2.6}$$

(2) 二极管的正向平均电流 I_D

每一支二极管上流过的平均电流是流过负载的平均电流的一半，即

$$I_D=\frac{I_L}{2}$$

$$I_D=0.45\frac{U_2}{R_L} \tag{4.2.7}$$

(3) 二极管的最大反向电压 U_{DM}

$$U_{DM}=U_{2m} \tag{4.2.8}$$

综上所述，单相桥式整流电路的直流输出电压较高，输出电压的脉动程度较小，而且变压器在正负半周都有电流供给负载，其效率高。因此该电路获得了广泛应用。

■练一练

例 4.2.2：有一单相桥式整流电路，要求输出 40 V 的直流电压和 2 A 的直流电流，交流电源电压为 220 V，试选择整流二极管。

解：变压器次级电压的有效值为

$$U_2=\frac{U_L}{0.9}=\frac{40}{0.9}\ \text{V}\approx 44.4\ \text{V}$$

二极管承受的最高反向电压为

$$U_{RM}=\sqrt{2}U_2=62.8\ \text{V}$$

二极管的平均电流为

$$I_D=\frac{I_L}{2}=\frac{2}{2}\ \text{A}=1\ \text{A}$$

查阅半导体手册，可选择 2CZ56C 型硅整流二极管。该管的额定电压是 100 V，额定整流电流为 3 A。

为使用方便，现已经生产出桥式整流的组合器件——硅整流组合管，又叫硅整流桥，它是将桥式整流电路的 4 个二极管集中制成一个整体，有 4 个管脚，其中有 2 个标有“～”符号的管脚，为交流电源输入端，另 2 个管脚为直流电压输出端，接负载端。

任务 4.3　滤波电路特性的测试与应用

扫码见视频 17

经整流电路输出的电压纹波太大，必须经过滤波，使其平滑接近直流，才能作为直流电源。滤波电路常由电容、电感等电抗元件构成，利用电容两端电压和流过电感的电流不能突变的特点，把电容和负载电阻并联或把电感与负载电阻串联，都能使输出电压波形平滑而实现滤波的功能。

学习活动　滤波电路特性的测试与应用

■做一做

按图 4.3.1 连接测量电路，用万用表测出 u_L 的值，用示波器测量 u_L 的波形（R_L 下端接地），分别记录于表 4.3.1 中。

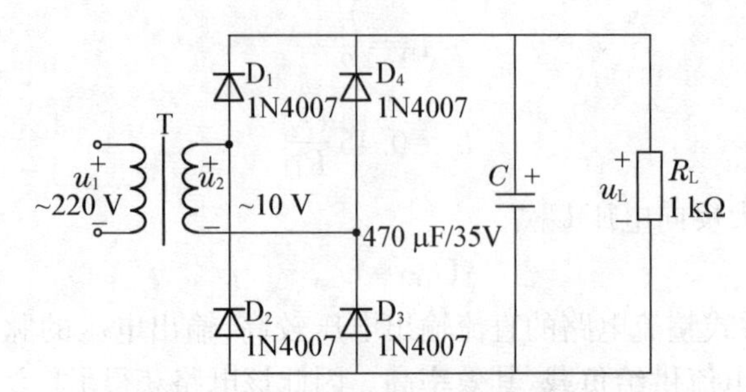

图 4.3.1 滤波电路特性的测量电路

表 4.3.1 滤波电路特性的测量

U_L	u_2 和 u_L 的波形

■议一议

根据表 4.3.1 所测的实验数据进行分析，得出如下结论：电容滤波电路的平均值 $U_L=1.2U_2$，比整流后的电压值高。从测量的 u_L 波形与整流后的波形进行比较，电容滤波后的脉动成分大大减少。

■读一读

通过实验我们对电容滤波电路有了一定的认识，下面从理论上进行电路的原理分析。

1. 电路工作原理

桥式整流电容滤波器的电路如图 4.3.2 所示，其中 C 为大容量的滤波电容。在下面分析中，均忽略二极管的导通电压，而用 R_D 表示导通时各二极管的正向电阻和变压器损耗电阻之和，一般 $R_D \ll R_L$。

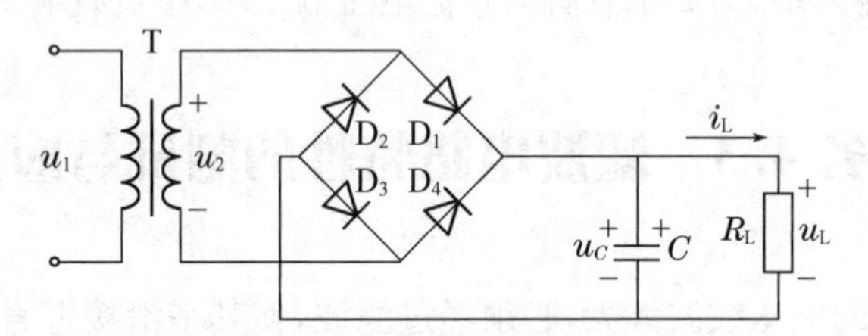

图 4.3.2 桥式整流电容滤波电路

(1) 空载时的情况

当初始电容电压 $u_C=0$，$t=0$ 时，接通电源，于是 u_2 分别通过 D_1、D_3（u_2 的正半周）和 D_2、D_4（u_2 的负半周）给 C 充电。由于没有放电回路，故 C 很快地充到 u_2 的峰值，即 $u_L=u_C=\sqrt{2}U_2$，且保持不变，无脉动。

(2) 负载时的情况

当初始电容电压 $u_C=0$，$t=0$ 时，接通电源，这时 u_2 为正半周，则 u_2 通过 D_1、D_3 给 C 充电，充电时间常数 $\tau_1=R_DC$ 较小，则电容两端的电压 u_C 快速上升。当 u_C 上升到如图 4.3.3 中 a 点时，$u_C=u_2$，过了 a 点后，$u_C>u_2$，各二极管因反偏均截止，C 通过 R_L 放电，放电时间常数 $\tau_2=R_LC$ 较大，于是 u_C 缓慢下降。直至 u_2 为负半周的某一时刻，如 b 点处，$u_C=-u_2$，过了b点后，$u_C < -u_2$，二极管D_2、D_4导通（D_1、D_3仍截止），于是C再次以$\tau_1 = R_D C$充电，u_C又很快上升。当u_C上升到图中c点后，各二极管又截止，C又以$\tau_2 = R_L C$放电，u_C又缓慢下降。直到u_2为第二个正半周的d点后，重复上述过程。

由于$\tau_1 < \tau_2$，C的充电速度大于放电速度，因此开始时充电电荷量多于放电电荷量，$u_L = u_C$不断上升。与此同时，充电时间（二极管D_1、D_3和D_2、D_4的导通时间）逐步减小，放电时间（各二极管截止的时间）逐步增大，因此在u_C上升的过程中，C的充电电荷量逐渐减小，放电电荷量逐渐增大，直到一个周期内充、放电电荷量相等，即达到动态平衡。此后，电路工作在稳定的状态，u_L就在平均值U_L上下做小锯齿状的波动。由图4.3.3的u_L的波形可以看出，其纹波大大减小，接近直流电压。

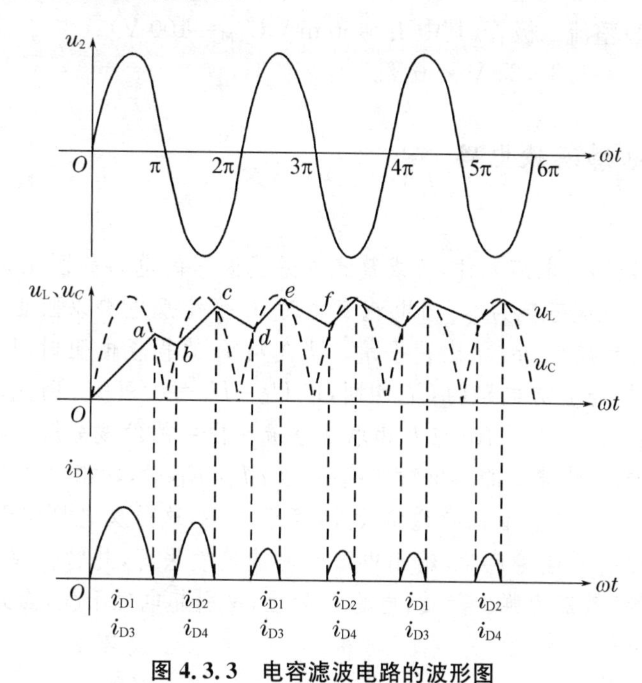

图4.3.3　电容滤波电路的波形图

2. 主要参数

(1) 输出电压的平均值U_L

经过滤波后的输出电压的平均值U_L得到了大幅升高，纹波大为减小，且$R_L C$越大，电容放电速度越慢，U_L越高。

若忽略u_L上的小锯齿波动，则

$$U_L \approx 1.2U_2 \tag{4.3.1}$$

(2) 二极管的额定电流I_F

二极管的导通角很小（小于180°），流过二极管的瞬时电流很大。在接通电源瞬间，存在很大的冲击尖峰电流，选择二极管时要求

$$I_F \geqslant (1.5 \sim 2)\frac{U_L}{2R_L} \tag{4.3.2}$$

总之，电容滤波电路简单，输出直流电压较高，纹波较小，但外特性较差，适用于负载电压较高、负载电流较小且负载变动不大的场合，作为小功率的直流电源。

■练一练

例 4.3.1:在图 4.2.6(a)所示的桥式整流电路中,$R_L=500\ \Omega$,$U_2=25$ V。(1) 求整流输出电压平均值 U_L,并选择二极管;(2) 若在该电路的 R_L 两端并联大电容滤波,求输出电压平均值 U_{L1}。

解:(1) $U_L\approx 0.9U_2=0.9\times 25\ \text{V}=22.5\ \text{V}$。

对二极管的要求是

$$I_F\geqslant I_D=\frac{U_L}{2R_L}=\frac{22.5}{2\times 500}\ \text{A}=22.5\ \text{mA}$$

$$U_{RM}>U_{DM}=\sqrt{2}U_2=\sqrt{2}\times 25\ \text{V}\approx 35\ \text{V}$$

因此可选择 2CZ51D 整流二极管(其中 $I_F=50$ mA,$U_{RM}=100$ V)。

(2) $U_{L1}\approx 1.2U_2=1.2\times 25\ \text{V}=30\ \text{V}$。

阅读材料　电感滤波电路

1. 电感滤波器

滤波元件还可以选用电感元件,桥式整流电感滤波器的电路如图 4.3.4 所示。由于电感 L 的交流感抗大,直流感抗为零,当电流变化时,L 产生反电势以阻止其变化,因此输出电压 u_L 中的纹波大大减小,u_L 就比较平滑。当忽略 L 的损耗电阻时,L 上的直流电压为零,输出直流电压 U_L 与整流电路的 U_L 相同,即 $U_L=U_L=0.9U_2$。因此,U_L 与 L 无关,电感 L 的作用是抑制纹波。由于 R_L 与 L 串联使整流输出中的纹波分压,因此 R_L 越小(或输出直流电流越大),电感滤波器的输出纹波越小,当 $\omega L\gg R_L$ 时,输出纹波近似为零。

电感滤波的特点是,二极管的导通角较大(等于 180°,这是反电势作用的结果),电源启动时无冲击电流,但有反电势产生,输出电流大时滤波效果好,外特性较好,其外特性如图 4.3.5 所示,因此带负载能力强。但是,电感 L 笨重,易引起电磁干扰,因此电感滤波适用于低电压、大电流的场合。

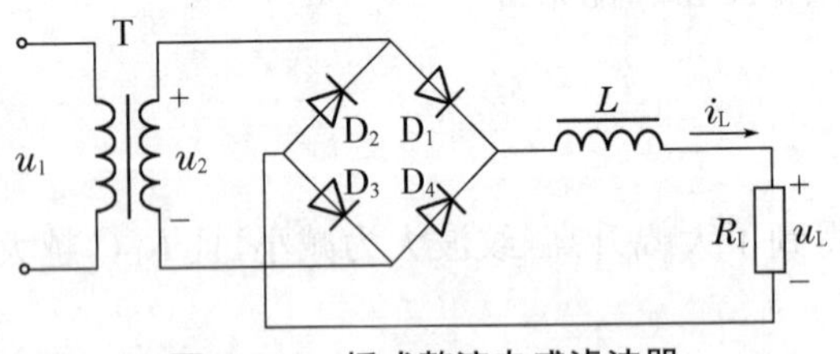

图 4.3.4　桥式整流电感滤波器

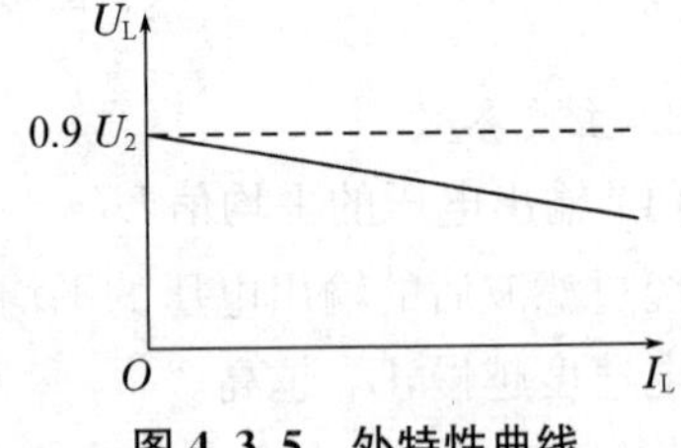

图 4.3.5　外特性曲线

2. 复式滤波电路

为进一步提高滤波效果,可将电感、电容、电阻组合起来,构成复式滤波电路。在此介绍其中的两种:LC 倒 L 型滤波器和 $RC-\pi$ 型滤波器。

由于电感滤波器适用于负载电流大的场合,而电容滤波器则适用于负载电流小的场合,为综合二者的优点,可在电感 L 后接一电容 C 构成 LC 倒 L 型滤波器,如图 4.3.6(a)所示。显然,LC 滤波器的滤波效果较好,由于整流输出先经过电感滤波,因此其性能和应用场合与电感滤波器相似。

无论是电感滤波器还是电容滤波器,都含有体积大、笨重且易引起电磁干扰的电感,因此在负载电流不大的情况下，可用电阻 R 代替 L。图 4.3.6(b)为 $RC-\pi$ 型滤波器，其整流输出电压先经过电容 C_1 滤波，再经 R、C_2 组成的 RC 倒 L 型滤波器滤波，因此也称为复式滤波器。两次滤波使纹波大为减小，而输出直流电压 $U_L=\dfrac{R_L}{R+R_L}U_{C1}$，$U_{C1}$ 为电容 C_1 两端的直流电压。可见，电阻 R 上的直流压降使 $RC-\pi$ 型滤波器的输出直流电压减小，故 R 取值要小。但从滤波效果来看，R 越大，R_L 上的纹波越小，滤波效果越好，因此 R 的选择要兼顾两方面的要求。

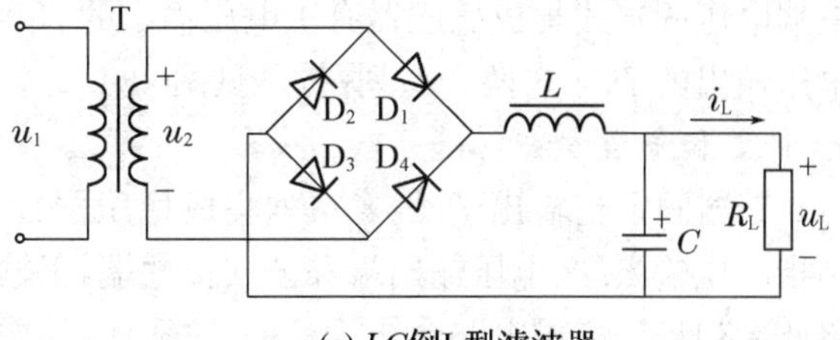

(a) LC倒L型滤波器

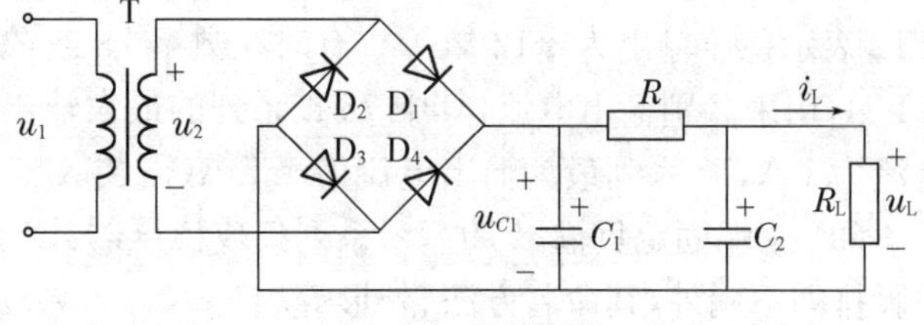

(b) RC–π型滤波器

图 4.3.6　两种复式滤波器

显然，$RC-\pi$ 型滤波器的性能和应用场合与电容滤波器相似。如果负载电流较大，可用 L 取代 R，这就是 $LC-\pi$ 型滤波器。

任务 4.4　稳压电路特性的测试及分析

扫码见视频 18

经过整流滤波后的直流电压，受电网电压波动、负载和环境温度变化的影响，将产生变化，因此，必须经过稳压电路以获得稳定的直流电压。随着半导体集成电路工艺的迅速发展，已经把调整管、比较放大器、基准电源等做在一块硅片内，成为集成稳压组件。目前生产的集成稳压组件形式很多，它与线性集成组件一样，具有体积小、重量轻、外围元件少、性能可靠、使用调整方便等一系列优点，因此获得了广泛的应用。集成稳压电路的类型很多，按结构形式分为串联型、并联型和开关型；按输出电压类型可分为固定式和可调式。作为小功率的稳压电源，以三端式串联型稳压器的应用最为普遍。因此本书主要介绍三端集成稳压器。

学习活动 1　三端集成稳压器的认识

■看一看

准备几个三端稳压器，同学们细心观察，发现该器件有三个管脚，所以称为三端集成稳压器。三个端分别是输入端、接地端和输出端。普遍存在两种形式，即金属菱形封装和塑料封装。塑料封装的稳压电路具有安装容易、价格低廉等优点，因此用得比较多。

TO–202　78M××　79M××　输入　输出　地　地

图 4.4.1　三端集成稳压器的外形图

■议一议

通过观察发现三端集成稳压器有三个管脚，如何判断三个管脚？另外稳压器上标的符号和数字分别代表什么含义？

■学一学

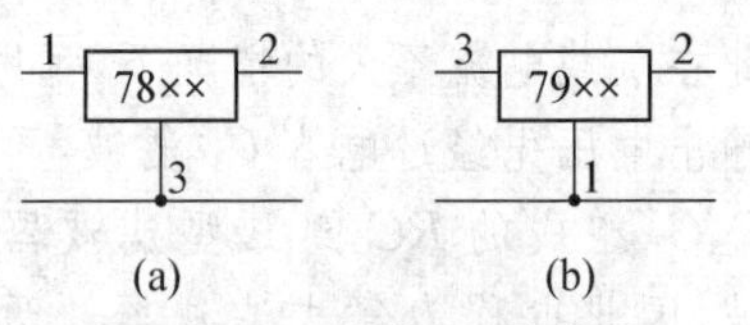

图 4.4.2　三端稳压器符号

三端电压固定式集成稳压器有正电压输出的78××和负电压输出的79××两个系列(符号见图 4.4.2)。

1. 种类和命名方法

(1) 三端固定正输出 78××系列集成稳压器:所谓三端是指电压输入端、电压输出端和公共接地端,正输出是指输出正电压。国内外各生产厂家均将此系列稳压集成电路命名为 78××系列,其中 78 后面的数字代表该稳压集成电路输出的正电压数值,单位为 V。例如,7806 即表示稳压输出为+6 V(相对于公共地端);7812 表示稳压输出为+12 V 等。有时在数字 78 或 79 后面还有一个 M 或 L,如 78M12 或 79L24,用来区别输出电流,其中 78 L 系列的最大输出电流为 100 mA,78 M 系列最大输出电流为 1 A,78 系列最大输出电流为 1.5 A(需装散热片)。

(2) 三端固定负输出 79××系列集成稳压器:该系列集成稳压器除输出电压为负电压、引脚排列不同外,其命名方法、外形等均与 78××系列相同。

2. 选用注意事项

(1) 引脚识别与主要性能检测

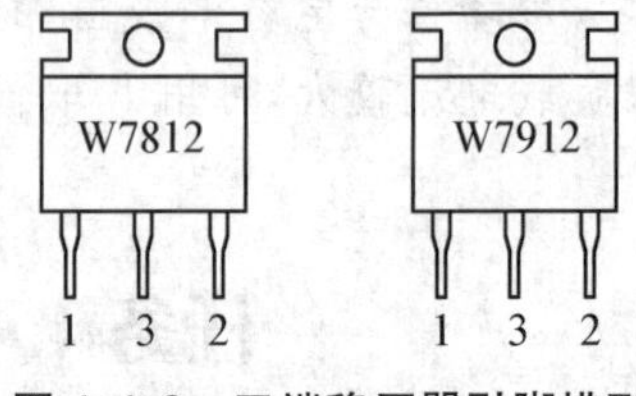

图 4.4.3　三端稳压器引脚排列

① 引脚识别:三端稳压器的引脚的排列如图 4.4.3 所示。不同系列的稳压器,其各脚的作用不同。其中,最常用的 W78××系列稳压器,1 为输入端(I),2 为输出端(O),3 为公共端(COM);W79××系列则是 1 为公共端,2 为输出端,3 为输入端。

图中的引脚号的标注方法是按照引脚电位从高到低的顺序标注的,引脚 1 为最高电位,3 脚为最低电位,2 脚居中。从图中可以看出,不论 78 系列,还是 79 系列,2 脚均为输出端。对于 78 正压系列,输入是最高电位,为 1 脚,地端为最低电位,为 3 脚。对于 79 负压系列,输入为最低电位,自然是 3 脚,而地端为最高电位,为 1 脚,输出为中间电位,为 2 脚。

此外,还应注意,散热片总是和最低电位的第 3 脚相连,这样在 78 系列中,散热片和地相连接,而在 79 系列中,散热片和输入端相连接。

② 性能鉴别:对 78××和 79××系列三端稳压器,可使用万用电表 $R\times100$ 挡鉴别其好坏,分别检测其输入端与输出端的正、反向电阻值。若阻值相差在数千欧以上,则说明其正常;若阻值相差很小或近似为零,则说明其已损坏。

(2) 使用注意事项

① 分清三个引出脚:三端集成稳压器的输入、输出和接地端装错时很容易损坏,需特别注意。在安装时一定要焊接良好,否则会导致输出电压的波动,易损坏输出端上的其他电路,也可能损坏集成稳压器本身。在拆装集成稳压器时,要先断开电源。输出电压大于 6 V 的三端集成稳压器的输入、输出端最好接一保护二极管,可防止输入电压突然降低时,输出电容对输出端放电引起三端集成稳压器的损坏。

② 正确选择输入电压范围:三端集成稳压器内部的二极管、三极管均有一定的耐压值,因此,整流器输入电压的最大值不能大于集成稳压器的最大允许输入电压值。7805(7905)~7818(7918)的最大输入电压为 35 V,7824(7924)的最大输入电压为 40 V。由于三端集成稳压器有一个使用最小压差(约为 2 V)的限制,一般应使其保持在 6 V 左右。

③ 保证散热良好：对于用三端集成稳压器组成的大功率稳压电源，应在三端集成稳压器上安装足够大的散热器。当散热器的面积不够大而内部调整管的结温达到保护动作点附近时，集成稳压器的稳压性能将变差。

④ 并联运用：当需要较大的稳压电流输出而单只集成稳压器的输出电流又不够时，可采用同型号稳压器并联输出的方法。这时的最大输出电流为 nI_{Omax}，式中 n 为并联稳压器的个数，I_{Omax}为单个稳压器的最大输出电流。稳压器并联运行时需注意两点：一是并联使用的集成稳压电路应采用同一厂家、同一型号（包括后缀）的产品，以保证集成稳压器参数的一致性；二是最好在输出总电流上留有 20%的余量，这样可以避免因个别集成稳压器失效而造成其他集成稳压器的连锁烧毁。

■练一练

1. CW7812 的输出电压为________V，额定输出电流为________A。

2. CW79L15 的输出电压为________V，额定输出电流为________A。

3. 判定图 4.4.4 集成稳压器的三个端。

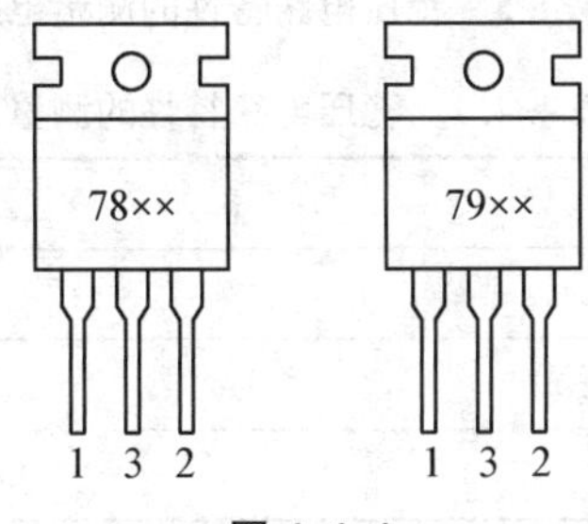

图 4.4.4

■扩展与延伸

主要技术参数

1. 最大输入电压 U_{Imax}：集成稳压器输入端允许加的最大电压。它完全取决于集成稳压器本身的击穿电压，使用中应注意整流滤波后的最大直流电压不能超过此值；否则，极易造成集成稳压器击穿损坏。另外，当计算整流滤波电路输出的最大直流电压时，变压器初级输入交流电压不能按 220 V 计算，要考虑到市电电压有时会偏高这一因素。

2. 最小输入输出压差$(U_I-U_O)_{min}$：能保证集成稳压器正常工作所要求的输入电压与输出电压的最小差值，其中U_I表示输入电压，U_O表示输出电压。此参数与输出电压值共同决定了集成稳压器所需的最低输入电压值。如果输入电压 U_I 过低，使输入、输出压差 $|U_I-U_O|<|(U_I-U_O)_{min}|$，则集成稳压器输出电压纹波变大，稳压性能变差。为保证稳压器正常工作，最小输入输出电压差约为 2 V。

3. 输出电压范围：集成稳压器符合指标要求时的输出电压范围。对于三端固定输出集成稳压器，其电压偏差范围一般为±5%；对于三端可调输出集成稳压器，应适当选择外接取样电阻分压网络，以建立所需的输出电压。

4. 最大输出电流 I_{Omax}：集成稳压器能够输出的最大电流值。实际使用时，应注意外接负载的大小，使集成稳压器输出电流不能超出此值。

5. 最大输出功率 P_{Omax}：集成稳压器所能输出的最大功率，其值等于输出电流乘以集成稳压器自身的压降。P_{Omax}与使用环境温度、外加散热片尺寸大小等有关。一种直观的检查方法是，稳压集成电路在稳定工作时，其外壳温热而不烫手。

学习活动 2　稳压电路特性的测试及分析

■做一做

按图 4.4.5 连接好测量电路，调节电位器 R_P 进行测量，并将实验数据记录于表 4.4.1 中，观察稳压效果。

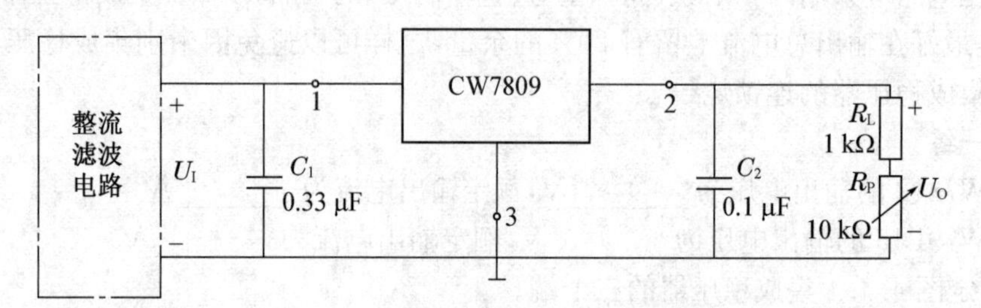

图 4.4.5　稳压电路特性的测量电路

表 4.4.1　稳压电路特性的测量

R_P	U_I	U_O
0		
5 kΩ		
10 kΩ		

■议一议

根据表 4.4.1 所测的实验数据进行分析，调节电位器 R_P 在不同值时，测量 U_O值不变，达到稳压的效果。实验中采用的 C_1、C_2 有何作用，U_I、U_O之间的取值有何要求，负电压输出电路如何连接？

■学一学

图 4.4.6 所示是 W78××和 W79××系列集成稳压器的基本应用电路。经过整流、滤波后未经稳压的直流电压 U_I加至稳压器的输入端和公共端之间，在输出端和公共端之间取得稳定的直流电压。输入端接入的电容 C_1 的作用是防止自激振荡，一般取值 0.33 μF。输出端接入的电容 C_2 的作用是改善输出特性，其典型取值约为 0.1 μF。为了使稳压器正常工作，其输入电压 U_I数值至少应比输出电压 U_O高出 2～3 V。

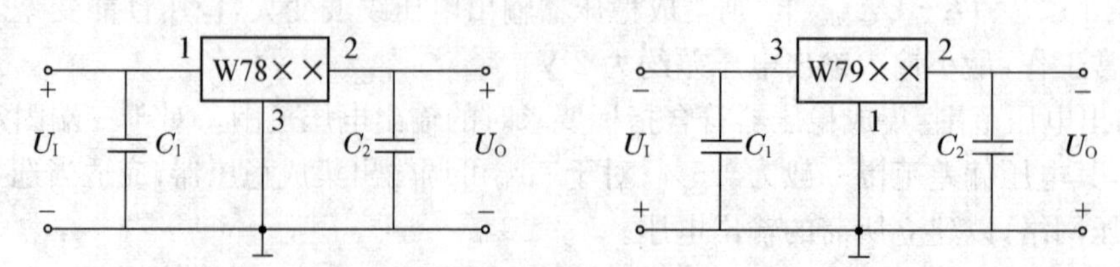

图 4.4.6　三端集成稳压器的基本应用电路

图 4.4.7 所示是同时输出正、负电压的稳压电路。由于采用了两片稳压数值相等、极性相反的三端集成稳压器 W7815 和 W7915，在输出端同时获得了对称的稳定输出电压。这

种对称直流电源在很多电子电路中得到应用。

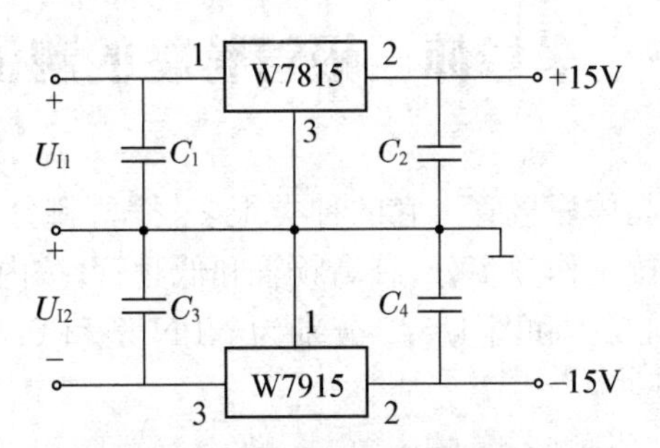

图 4.4.7　输出正、负电压的稳压电路

W78××和 W79××系列三端稳压器本身只能输出固定的直流电压，输出的直流电流也受其最大输出电流的限制。在使用中，为了满足负载的不同需要，可以采用外接元件和电路的方法提高并调节输出电压或扩大输出电流。

■**练一练**

1. 实验中采用的 C_1、C_2 有何作用？

2. U_I、U_O之间的取值有何要求？

■**扩展与延伸**

W317 是一种可调输出正压三端集成稳压器(图 4.4.8)，它的三个端子除了输入端和输出端外，第三个端子 ADJ 不是公共端(接地端)，而是电压调整端，通过调整端外接电阻 R_1、R_2、R_P组成调压电路，就能组成一个输出电压连续可调的稳压电源。请看电路图 4.4.8，只需调节可变电阻 R_P，就可改变输出电压大小。

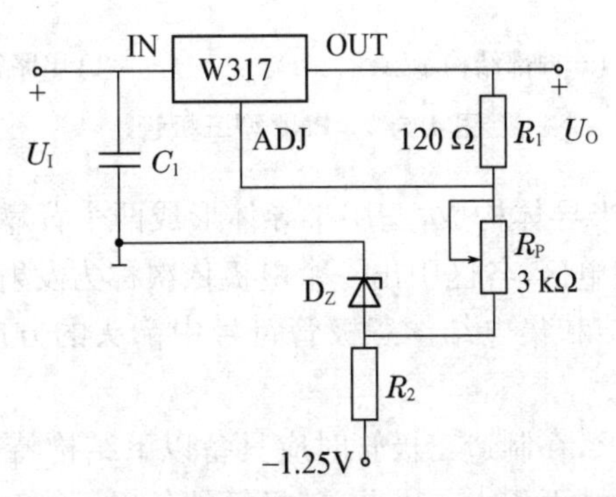

图 4.4.8　0 V～30 V 连续可调的正压三端集成稳压器

W317 的基准电压是 1.25 V，使得输出电压只能从 1.25 V 向上起调。在实际应用中，有时要求稳压电源从零伏开始起调。如果可变电阻 R_P 不接地，而接一个−1.25 V 的电压，便可做到集成稳压器的输出电压从零伏开始向上调节，图 4.4.8 所示为此种形式的电路。稳压管 D_Z的稳定电压值应略高于 1.25 V，R_2 是限流电阻，由 D_Z来确定。

任务 4.5　半导体三极管特性的测试与应用

扫码见视频 19

半导体三极管又称为晶体三极管。它的种类很多，按材料分，有硅管和锗管；按功率大小分，有大、中、小功率管；按工作频率分，有高频管和低频管；按内部结构的不同，分为 NPN 型和 PNP 型两大类。图 4.5.1 和图 4.5.2 分别为 NPN 型和 PNP 型三极管的内部结构示意图和符号。

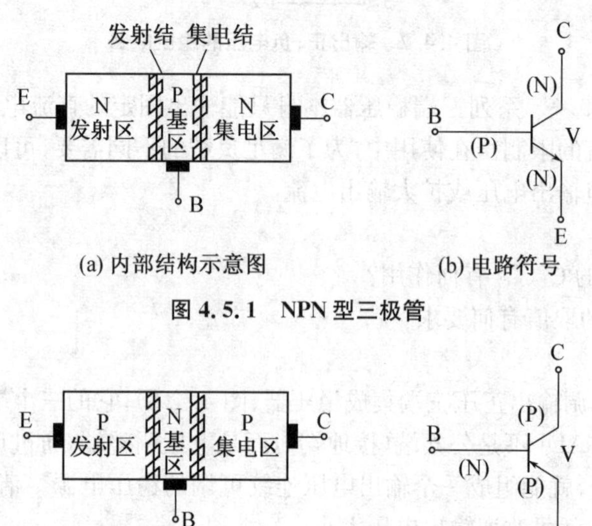

(a) 内部结构示意图　　(b) 电路符号

图 4.5.1　NPN 型三极管

(a) 内部结构示意图　　(b) 电路符号

图 4.5.2　PNP 型三极管

三极管的管芯由三层半导体构成，三层半导体形成两个背靠背的 PN 结。三层半导体分别称为发射区、基区和集电区，各区引出一个电极依次称为发射极 E、基极 B 和集电极 C，两个 PN 结分别称为发射结和集电结。三极管符号中箭头的方向表示发射结加正向电压时，发射极电流的方向。

由于三极管的性能要求，在制造三极管时应具备以下结构特点：发射区掺杂浓度高，基区很薄且掺杂浓度低，集电结面积大。因此，三极管的各极不能互换使用。

学习活动 1　半导体三极管电极及管型的判定

■做一做

实验中准备几只不同外形的三极管，同学们进行观察之后判定三极管的三个电极，用万用表对三极管进行检测。

■议一议

通过对三极管外形的观察，发现不同形状的三极管都有一定的外形标志，那么通过外形标志就可以判定三极管的三个电极（见图 4.5.3）。利用万用表对三极管进行检测时，既可以判断极性，又可以判断质量。下面进行学习。

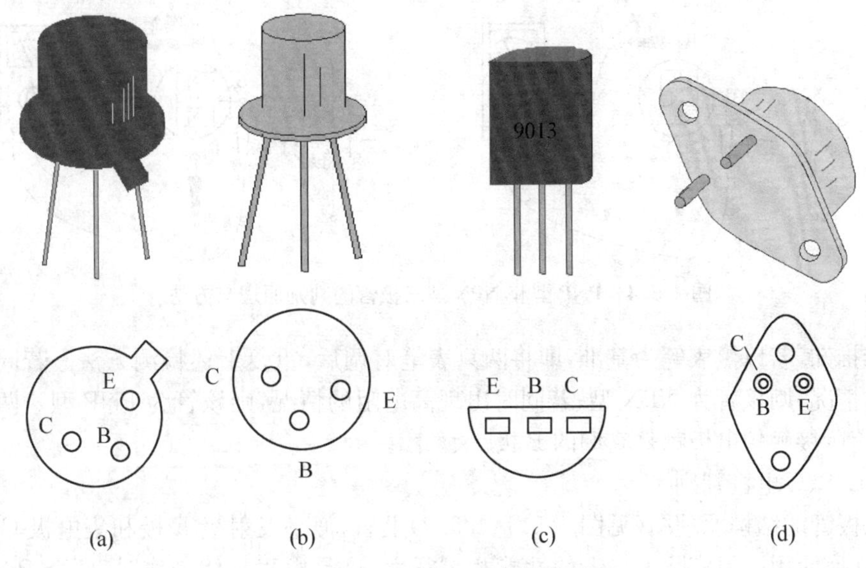

图 4.5.3　半导体三极管的外形图

■**学一学**

通过对三极管的观察和测量，我们对三极管相关知识进行以下总结。

1. 从外形判断管脚

(1) 圆筒形(见图 4.5.3(a)、(b))

三极管三条腿朝上，靠近定位点的是发射极 E，顺时针方向分别是基极 B、集电极 C，如果没有定位标志，如图(b)，仍是三极管三条腿朝上，观察到三条腿构成了等腰三角形，则等腰三角形的顶角是基极 B，基极 B 朝下，左边的管脚是集电极 C，右边的管脚是发射极 E。

(2) 半圆柱形(见图 4.5.3(c))

三极管三条腿朝上，如图(c)的投影，从左到右分别是发射极 E、基极 B 和集电极 C。

(3) 菱形(见图 4.5.3(d))

三极管两条腿朝上，并且两个管脚靠近管壳上端的部分朝上，右脚为发射极 E、左脚为基极 B，管壳是集电极 C。

2. 管型判别与电极判别

所谓管型判别是判别一只失掉型号标志的管子，是 NPN 型还是 PNP 型，是硅管还是锗管，是高频管还是低频管，而电极判别则是分辨出它的 E、B、C。

(1) PNP 型和 NPN 型三极管的判别

由图 4.5.4 可见，对 PNP 型三极管而言，C、E 极分别为其内部两个 PN 结的正极，B 极为它们共同的负极；对 NPN 型三极管而言，情况恰好相反，C、E 极分别为两个 PN 结的负极，而 B 极为它们共同的正极。显然，根据这一点可以很方便地进行管型判别。具体方法如下：将万用电表量程开关拨在 $R\times100$ 或 $R\times1$ k 挡上，红表笔任意接触三极管的一个电极后，黑表笔依次接触另外两个电极，分别检测它们之间的电阻值，如图 4.5.4 所示。当红表笔接触某一电极，其余电极与该电极之间均为几百欧的低电阻时，则该管为 PNP 型，而且红表笔所接触的电极为 B 极；与其相反，若同时出现几十至上百千欧的高电阻时，则该管为

NPN 型,这时红表笔所接触的电极也为该管的 B 极。

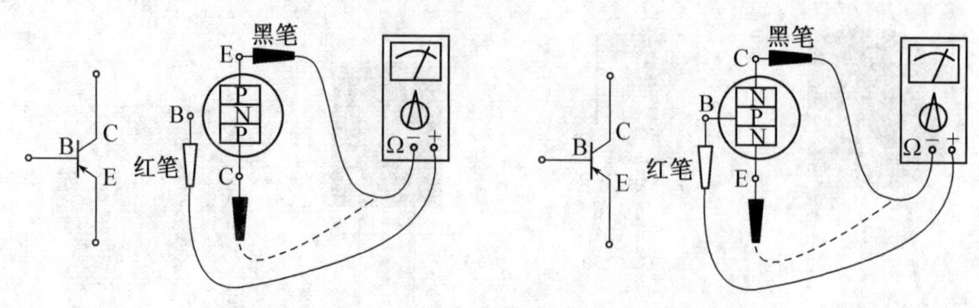

图 4.5.4 PNP 型和 NPN 型三极管的判别原理与方法

不难推知,若以黑表笔为基准,即将两只表笔对调后,重复上述检测方法。若同时出现低电阻的情况,则该管为 NPN 型;若同时出现高电阻的情况,则该管为 PNP 型。两种情况中,黑表笔所接触的电极都是它们的 B 极。

(2) E、B、C 电极判别

从三极管的结构原理图(见图 4.5.1、4.5.2)上看,似乎发射极 E 极和集电极 C 并无区别,可以互换使用。但实际上二者的性能相差很大,这是由于具体制作时,两个 P 区(或 N 区)的“掺杂”浓度不一样的缘故。E、C 极使用正确时,三极管的放大能力强;反之,若 E、C 相互换使用,则其放大能力非常弱。根据这一点,就可以把管子的 E、C 极区别开来。

在判别出管型和基极 B 的基础上,任意假定一个电极为 E 极,另一个电极为 C 极,将万用电表拨在 $R\times1$ k 挡上。对于 PNP 型管,将红表笔接其 C 极,黑表笔接 E 极,再用手同时捏一下管子的 B、C 极,注意不要让电极直接相碰。在用手捏管子 B、C 极的同时,注意观察万用电表指针向右摆动的幅度,然后使假设的 E、C 极对调,重复上述的测试步骤。比较两次检测中表针向右摆动的幅度,若第一次检测时摆动幅度大,则说明最初对 E、C 极的假定是符合实际情况的;若第二次检测时摆动幅度大,则说明后来的假定与实际情况符合。

■练一练

1. 半导体三极管有________个电极,________个 PN 结。
2. 如何判定三极管的电极?

学习活动 2　三极管的电流放大作用的测试及分析

■做一做

按图 4.5.5 所示连接好测量电路,调节 R_B 使基极电流 I_B 的数据变化并测试出相对应的集电极电流 I_C 和发射极电流 I_E,将结果填入表 4.5.1 中。

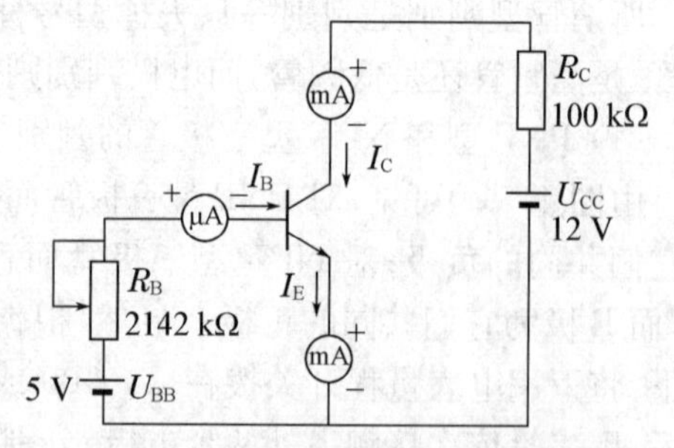

图 4.5.5 三极管电流放大作用的测量电路

表4.5.1　三极管电流放大作用的测量

基极电流 I_B(μA)						
集电极电流 I_C(mA)						
发射极电流 I_E(mA)						

■议一议

通过对表4.5.1的实验数据进行分析得出如下结论：1. $I_B \approx 0$，$I_E \approx I_C$；2. 三个电流关系是 $I_E = I_B + I_C$；3. $\frac{I_C}{I_B} = \frac{\Delta I_C}{\Delta I_B}$=常数。

■学一学

1. 三极管的工作条件

二极管的主要性能是单向导电性，三极管的主要性能是具有电流放大作用。前面介绍的三极管的结构特点是三极管具有电流放大作用的内部条件。三极管具有放大作用的外部条件是必须外加合适的偏置电压，使三极管的发射结处于正向偏置，集电结处于反向偏置。为此，NPN型管三个电极的电位高低必须满足 $V_C > V_B > V_E$ 的关系；PNP型管三个电极的电位高低必须满足 $V_C < V_B < V_E$ 的关系。

2. 三极管的电流放大作用

(1) 三极管中的电流分配关系

表4.5.1中每组 I_B，I_C，I_E数据都符合以下关系：

$$I_E = I_C + I_B \tag{4.5.1}$$

若把图4.5.1中的三极管看作一个广义的结点，则以上关系符合基尔霍夫电流定律。

(2) 三极管的电流放大作用

表4.5.1中每组的 I_C 均比 I_B大得多，并且当 I_B增大时，I_C 成比例相应增大。I_C 与 I_B 的比值称为三极管的直流电流放大系数，用 $\bar{\beta}$ 表示，即

$$I_C = \bar{\beta} I_B \tag{4.5.2}$$

表4.5.1中 I_C 的变化量 ΔI_C 比 I_B 的变化量 ΔI_B 也大得多，其比值用 β 表示，称为三极管的交流电流放大系数，即

$$\Delta I_C = \beta \Delta I_B \tag{4.5.3}$$

$\bar{\beta}$ 和 β 这两个系数表明了三极管的电流放大能力，$\bar{\beta}$ 和 β 越大，三极管的电流放大作用越强。从4.5.1表中还看出 $\bar{\beta} \approx \beta$，因此工程上不作严格区别，统称电流放大系数 β。

从表4.5.1中的实验数据得出一个重要的结论：基极电流对集电极电流具有小量控制大量的作用，这就是三极管的电流放大作用(实质是控制作用)。

■练一练

1. 三极管具有________作用。

2. 实现三极管电流放大作用的条件是________。

3. 三极管三个电流的关系式是________。

4. 某三极管的1脚流出电流为3 mA，2脚流出电流为2.95 mA，3脚流出电流为0.05 mA，判断各脚名称，并指出该管的类型。

学习活动3 晶体三极管输入、输出特性的测试及分析

■做一做

按图4.5.6接线。当U_{CE}为常数时，调节R_{P1}，则可改变U_{BE}和I_B，因此每改变一次R_{P1}，就可以得到一组U_{BE}- I_B 值。画出I_B与U_{BE}的关系曲线，便得到晶体管的输入特性曲线。当I_B为常数时，每改变一次R_{P2}，则可得到一组U_{CE}- I_C 值，取I_B为参量，画出I_C与U_{CE}的关系曲线，便得到晶体管的输出特性曲线。测出U_{CE}=0 V、2 V、10 V的三条输入特性曲线和I_B=25 μA、50 μA、75 μA、100 μA的四条输出特性曲线。将测量结果填入表4.5.2和表4.5.3中。实验中测量输入特性曲线时，调节R_{P1}时，用电压表监测U_{CE}的值不变；测量输入特性曲线特性曲线时，调节R_{P2}时，用电流表监测I_B的值不变。

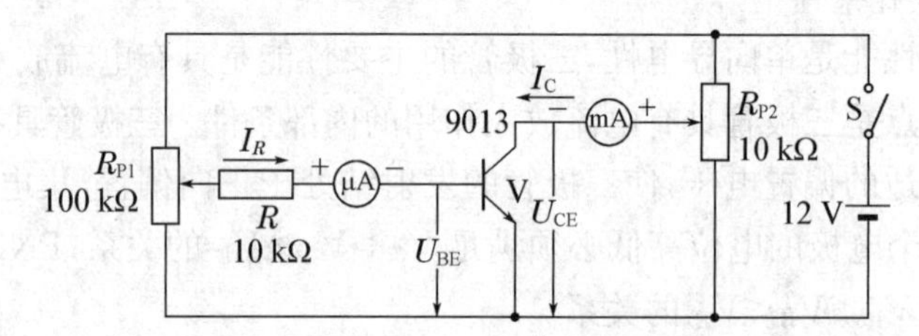

图4.5.6 三极管输入、输出特性曲线的测量电路

表4.5.2 三极管输入特性曲线的测量(U_{CE}=2 V)

I_B(μA)						
U_{BE}(V)						

表4.5.3 三极管输出特性曲线的测量(I_B=25 μA)

I_C(mA)						
U_{CE}(V)						

■议一议

根据表4.5.2和表4.5.3所测得的测量数据分别描点画图，得出输入特性曲线(见图4.5.7)和输出特性曲线(见图4.5.8)。因为输入、输出特性曲线是非线性的，所以三极管元件是非线性元件。

■学一学

1. 三极管在放大电路中的三种连接方式

在图4.5.6电路中，三极管的基极、发射极和外部电路构成放大电路的输入回路；三极管的集电极、发射极和外部电路构成放大电路的输出回路。当R_{P1}变动引起I_B变化，集电极电流亦随之变化，三极管集电极对发射极出现了变化的电压，输入回路和输出回路的公共端是发射极，这种接法称为共发射极接法。

三极管有三个电极，所以它在放大电路中可以有三种连接方式，除共发射极接法外还有共基极接法和共集电极接法。无论哪种接法，要想使三极管有放大作用，都必须保证发射结正向偏置、集电结反向偏置这个工作条件。

2. 三极管的伏安特性曲线

三极管各极的电压与电流间的关系可用伏安特性曲线来表示。因为三极管有三个电极，所以就有两种伏安特性曲线，这就是三极管的输入特性曲线和输出特性曲线。

因为三极管在不同连接方式时具有不同的端电压和端电流，所以特性曲线也就不同，这里我们只讨论共发射极接法时的特性曲线。

(1) 三极管输入特性曲线

共发射极输入特性曲线是指当输出电压 U_{CE} 为某一固定值时，输入电流 I_B 与输入电压 U_{BE} 之间的关系，其函数表达式为

$$I_B = f(U_{BE})\big|_{U_{CE}=\text{常数}}$$

如图 4.5.7 所示，改变 U_{CE} 的大小，可得到一组输入特性曲线。但当 $U_{CE}>1$ V 以后，不同 U_{CE} 数值下的输入特性曲线基本重合。实际使用时，$U_{CE}>1$ V 的条件总能满足，所以 $U_{CE}>1$ V 的这条曲线具有实际意义。

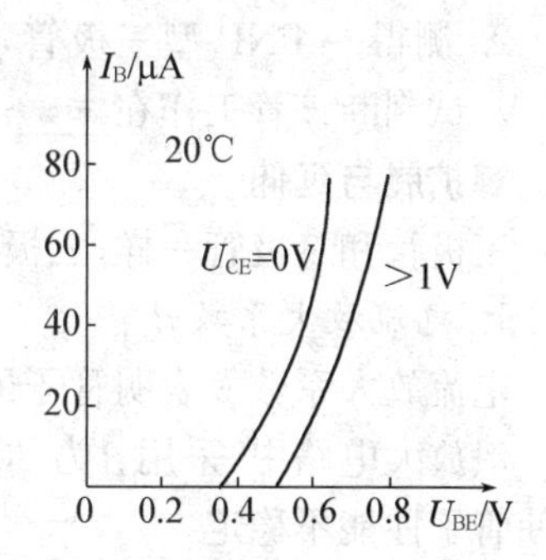

图 4.5.7　共发射极输入特性曲线

输入特性曲线与二极管的伏安特性曲线形状相似，因为三极管的基极与发射极之间也是一个 PN 结。三极管输入特性曲线也有死区，硅管死区电压约为 0.5 V，锗管约为 0.1 V。当 U_{BE} 大于死区电压后，I_B 增长很快。正常工作时的发射结压降，硅管为 0.6～0.8 V，锗管为 0.2～0.3 V。

(2) 三极管输出特性曲线

共发射极输出特性曲线是指当输入电流 I_B 为某一固定值时，输出电流 I_C 与输出电压 U_{CE} 之间的关系，其函数表达式为

$$I_C = f(U_{CE})\big|_{I_B=\text{常数}}$$

如图 4.5.8 所示，输出特性曲线是由数条不同 I_B 值时的曲线组成的一个曲线簇。

根据三极管的不同工作状态，输出特性曲线可分为三个工作区，即放大区、截止区和饱和区。

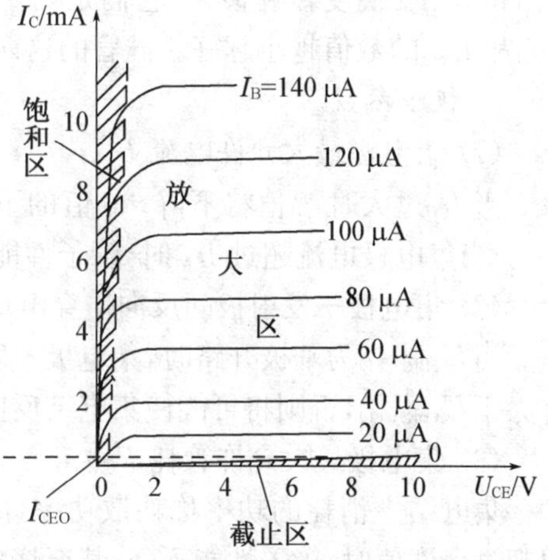

图 4.5.8　共射输出特性曲线

① 放大区

输出特性曲线平坦部分称为放大区，三极管工作在放大区的工作条件：发射结正偏、集电结反偏。

放大区的特点：第一是有电流放大作用，具体体现为 I_C 的大小受 I_B 控制，I_C 的变化量 ΔI_C 是 I_B 变化量 ΔI_B 的 β 倍；第二是有恒流特性，具体体现为 I_C 几乎不随 U_{CE} 的变化而变化。

② 截止区

输出特性曲线中，$I_B=0$ 的那条曲线以下的区域称为截止区。三极管工作在截止区时，发射结、集电结均为反向偏置。

截止区的特点：$I_B=0$，$I_C=0$，三极管失去放大作用而处于截止状态。

③ 饱和区

各条曲线拐弯点以左的部分称为饱和区，饱和区中各条曲线几乎重合在一起。三极管工作在饱和区时，发射结、集电结均处于正向偏置状态。

饱和区的特点：第一，集—射极间电压 U_{CE} 很小，这个电压称为集—射饱和管压降，用 $U_{CE(SAT)}$ 表示，小功率硅管的 $U_{CE(SAT)}$ 约为 0.3 V，锗管的 $U_{CE(SAT)}$ 约为 0.1 V；第二，I_C 不受 I_B 的控制，三极管失去放大作用。

■练一练

1. 测得一 NPN 型三极管，基极电位是 0.7 V，发射极电位是 0 V，集电极电位是 6 V，试判断该管工作在________状态。

2. 测得一 PNP 型三极管，基极电位是－0.3 V，发射极电位是－1 V，集电极电位是－6 V，试判断该管工作在________状态。

■扩展与延伸

三极管和二极管一样，三极管也用一些参数来说明其性能，三极管主要有以下参数：

1. 电流放大系数 β

电流放大系数 β 表明管子的电流放大能力。常用三极管的 β 值通常在 20～200 之间，在一般放大电路中，采用 β 为 30～80 的三极管为宜。若 β 值太小，则放大作用差，但 β 太大易使管子性能不稳定。

2. 极间反向电流

(1) 集电极—基极反向饱和电流 I_{CBO}

I_{CBO} 为发射极开路时，集电极和基极间的反向饱和电流，其值很小。小功率硅管的 I_{CBO} 小于 1 μA，锗管的 I_{CBO} 约为 10 μA。

(2) 集电极—发射极反向饱和电流 I_{CEO}

I_{CEO} 是基极开路时，由集电区穿过基区流入发射区的穿透电流，它是 I_{CBO} 的 $(1+\beta)$ 倍。I_{CBO} 和 I_{CEO} 受温度影响很大，它们是衡量三极管温度稳定性的参数。在选用管子时，希望 I_{CBO} 和 I_{CEO} 的数值越小越好。硅管的这两个参数比锗管小得多。

3. 极限参数

(1) 集电极最大允许电流 I_{CM}

当 I_C 过大时，β 值将下降。β 值的下降不超过允许值时的集电极允许最大电流，就是 I_{CM}。当集电极电流超过 I_{CM} 时，管子性能将显著下降，不能正常工作。

(2) 集电极—发射极间反向击穿电压 $U_{(BR)CEO}$

当 $U_{(BR)CEO}$ 为基极开路时，集电极—发射极间的反向击穿电压。三极管使用时 U_{CE} 不允许大于 $U_{(BR)CEO}$，否则将可能使集电结反向击穿而损坏三极管。

(3) 集电极最大允许管耗 P_{CM}

集电结上消耗的功率称耗散功率，用 P_C 表示。P_C 将使集电结发热，结温升高。当结温超过允许值时，管子性能下降，甚至烧坏，所以 P_C 有一个最大值 P_{CM}，即 P_{CM} 为集电结上允许的耗散功率的最大值。P_{CM} 值与允许的最高结温、环境温度和管子的散热方式有关，为了提高 P_{CM}，可给三极管加散热装置。

根据公式 $P_{CM}=I_C \cdot U_{CE}$，可以在三极管的输出特性曲线上画出 P_{CM} 曲线，称为管耗线，如图 4.5.9 所示。I_{CM}，$U_{(BR)CEO}$，P_{CM} 共同确定三极管的安全工作区。

温度对三极管的参数有影响，使用三极管时应加以注意。温度升高时，I_{CBO}，I_{CEO}和β值都增大，但$U_{(BR)CEO}$，P_{CM}都减小，三极管的发射结正向压降U_{BE}也减小。

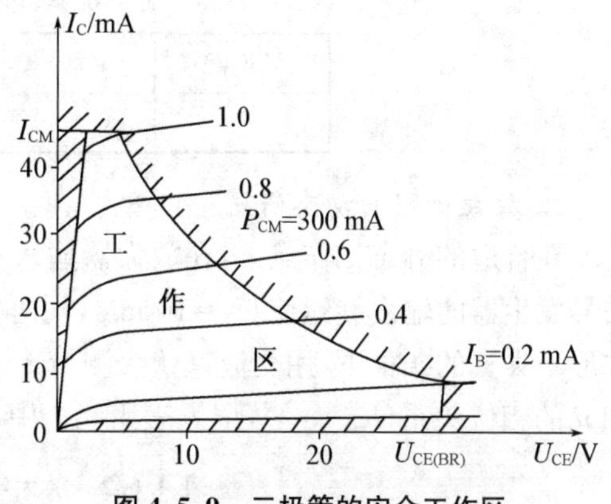

图 4.5.9　三极管的安全工作区

4. 晶体三极管的选用

(1) 根据电路工作要求选择高、低频管。

(2) 根据电路工作要求选择P_{CM}、I_{CM}、$U_{(BR)CEO}$，应保证：

$$P_C > P_{CM}$$

$$I_C > I_{CM}$$

$$U_{(BR)CEO} > U_{CC}$$

(3) 一般三极管的β值在40～100之间为好，9013、9014等低噪声、高β的管子不受此限制。

(4) 穿透电流I_{CEO}越小越好，硅管比锗管的小。

任务4.6　共发射极放大电路特性的测试与应用

扫码见视频20

学习活动1　共发射极放大电路特性的测试与应用

■做一做

按图4.6.1接好测量电路，然后按下面步骤进行测量。

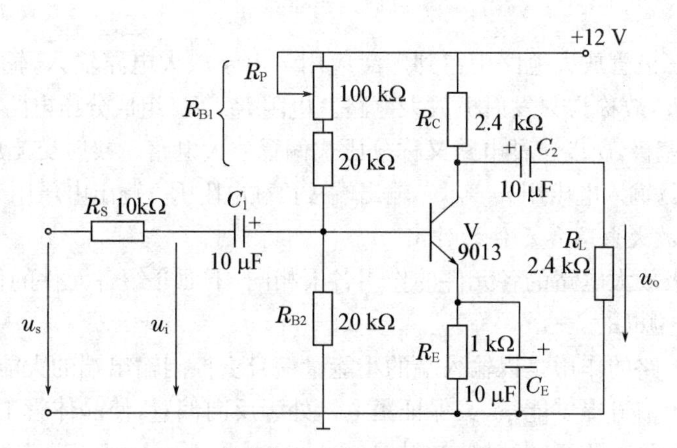

图 4.6.1　共发射极放大电路特性的测量电路

1. 设置合适的静态工作点

接通电源前，先将图4.6.1的R_P调至最大，函数信号发生器输出旋钮旋至零($u_i=0$)。接通+12 V电源、调节R_P，使$I_C=2.0$ mA($V_E=2.0$ V)，用直流电压表测量V_B、V_E、V_C及万用表测量R_{B1}值(万用表测量R_{B1}值时一定要切断电源)。记入表6.2.1中。

表 4.6.1　静态工作点的测量

V_B(V)	V_E(V)	V_C(V)	R_{B2}(kΩ)

2. 放大电路的动态研究

在合适的静态工作点下，在放大器输入端加入频率为 1 kHz 的正弦信号 u_s，调节函数信号发生器的输出旋钮使 $U_i = 10$ mV，同时使用示波器观察放大器输出电压 u_o的波形，在波形不失真的条件下，用交流毫伏表测量下述几种情况下的 U_o值，并用双踪示波器观察 u_o和 u_i的相位关系($R_L = \infty$)，记入表 4.6.2 中。(R_{E1} 串接在三极管发射极与 R_E 之间)

表 4.6.2　放大电路动态研究的测量

R_{E1}(Ω)	R_C(kΩ)	R_L(kΩ)	U_O(V)	A_u	u_o和 u_i波形($R_L = \infty$)
0	2.4	∞			
0	2.4	2.4			
0	0	2.4			
100	2.4	2.4			

■议一议

通过对表 4.6.2 的实验数据和波形的分析，得出共发射极放大电路的特性：(1) 共发射极放大电路实现了电压放大的作用，同时输出电压 u_o与输入电压 u_i在相位上实现了反相位的关系；(2) 负载发生变化时，放大电路的电压放大倍数也将发生变化，带负载时电路的电压放大倍数低于空载时的电压放大倍数；(3) R_C 的作用是实现电压的放大；(4) C_E 的作用是使电路的电压放大倍数不降低。下面进行理论学习。

■学一学

图 4.6.1 在三极管放大电路中得到广泛应用。由于放大电路输入、输出回路的公共端是晶体管的发射极，故称为共发射极放大电路。电阻 R_{B1}、R_{B2}组成分压电路，电源电压经分压后，加至晶体管的基极，所以这种电路又称分压式偏置放大电路。共射交流放大电路中，输入端接低频交流信号，输入电压用 u_i表示。输出端接负载电阻 R_L，输出电压用 u_o表示。

1. 共发射极放大电路各元件的作用

组成共发射极放大电路的各元件的作用各不相同，下面介绍各元件的作用：

(1) 集电极电源 U_{CC}

晶体管放大电路的作用是以输入端的小能量信号去控制输出端的大能量信号。电源既为放大电路的输出信号提供能量，又保证集电结处于反向偏置，使晶体管工作在放大区。

(2) 基极电阻 R_{B1}、R_{B2}和发射极电阻 R_E

基极电阻 R_{B1}、R_{B2}和发射极电阻 R_E 互相配合，稳定电路的静态工作点。

(3) 晶体管 V

晶体管是放大电路的核心元件。它的作用是放大电流。

(4) 集电极电阻 R_C

R_C 是晶体管集电极负载电阻，它将集电极电流的变化转化为电压的变化。R_C 的值与

输出电压以及放大倍数有直接关系。(见表 4.6.2 的实验数据)

(5) 耦合电容 C_1、C_2 和 C_E

电容器 C_1、C_2 和 C_E 起隔直作用,隔断放大电路与输入信号源(C_1)和输出端负载(C_2)之间的直流通路;另一方面对交流信号起着耦合作用。使用电解电容器,连接时应注意极性。电解电容器的"+"端接至电源的正极性端。C_1、C_2 和 C_E 的连接如图 4.6.1 所示。与 R_E 并联的电容 C_E 称为旁路电容,可为交流信号提供低阻通路,使电压放大倍数不至于降低,C_E 一般为几十微法到几百微法。(见表 4.6.2 的实验数据)

2. 静态分析

在图 4.6.1 所示的放大电路中,当 $u_i=0$ 时,放大电路处于静态(直流工作状态),这时的 I_B,I_C 和 U_{CE} 用 I_{BQ},I_{CQ},U_{CEQ} 表示。它们在三极管特性曲线上所确定的点就称为静态工作点,习惯上用 Q 表示。此时,各电流的通路叫放大电路的直流通路。将图 4.6.1 所示电路进行如下两步处理:(1) $u_i=0$;(2) 电容断开,就变成了如图 4.6.2 所示的直流通路了。静态工作点的设置如下:

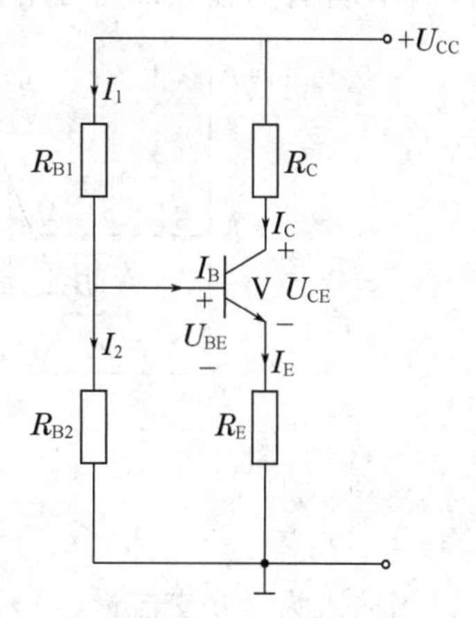

图 4.6.2　直流通路

因为 $I_B\approx0$,所以有 $I_1\approx I_2$,R_{B1} 和 R_{B2} 的电流近似相等,因此有

$$V_B=\frac{R_{B2}}{R_{B1}+R_{B2}}U_{CC} \tag{4.6.1}$$

取 $U_{BEQ}=0$,则 $V_E\approx V_B$

$$I_{CQ}\approx I_E=\frac{V_B-U_{BEQ}}{R_E}\approx\frac{V_B}{R_E} \tag{4.6.2}$$

$$U_{CEQ}=U_{CC}-I_{CQ}(R_C+R_E) \tag{4.6.3}$$

$$I_{BQ}=\frac{I_{CQ}}{\beta} \tag{4.6.4}$$

■练一练

例 4.6.1:如图 4.6.1 所示的放大电路中,已知 $U_{CC}=12$ V,$R_C=2$ kΩ,$R_E=1$ kΩ,$R_{B1}=30$ kΩ,$R_{B2}=10$ kΩ,$R_L=8$ kΩ,三极管 3DG6 的 $\beta=40$,试求静态工作点。

解:由图 4.6.2 中的直流通路分析可得

$$V_B=\frac{R_{B2}}{R_{B1}+R_{B2}}U_{CC}=3\text{ V}$$

$$I_{CQ}\approx I_E=\frac{V_B-U_{BEQ}}{R_E}=2.3\text{ mA}$$

$$U_{CEQ}=U_{CC}-I_{CQ}(R_C+R_E)=5.1\text{ V}$$

$$I_{BQ}=\frac{I_{CQ}}{\beta}=60\ \mu\text{A}$$

所以静态工作点为 $I_{BQ}=60\ \mu$A,$I_{CQ}=2.3$ mA,$U_{CEQ}=5.1$ V。

3. 放大电路的动态分析

放大电路的动态分析方法通常采用微变等效法,下面介绍微变等效法。

(1) 晶体管的微变等效电路

放大电路的微变等效电路的核心是晶体管的微变等效电路。下面从晶体管的输入、输出特性入手,引出晶体管的微变等效电路。

如图 4.6.3(a)所示为晶体管的输入特性曲线。在小信号输入作用下(图中 ΔU_{BE}),引起了 ΔI_B,由于 ΔU_{BE} 和相应的 ΔI_B 为微变量(图中故意夸大),则可认为在静态工作点 Q 邻近的工作范围内的曲线为直线(图中 AB 段),因此,ΔI_B 将随 ΔU_{BE} 作线性变化。用 r_{be} 作为两者的比较,它就是晶体管的输入电阻,即

$$r_{be}=\Delta U_{BE}/\Delta I_B \tag{4.6.7}$$

式中表示晶体管输入回路可用管子的输入电阻 r_{be} 来等效代替。

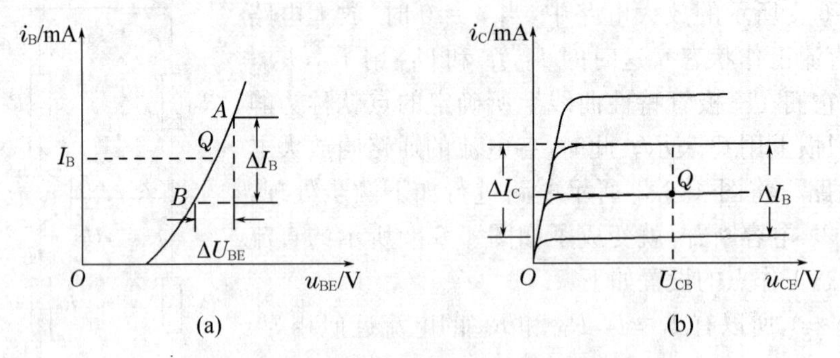

图 4.6.3　晶体管的输入、输出特性曲线

当输入为微变交流量,则 $r_{be}=u_{be}/i_b$,其输入回路的等效电路如图 4.6.4(a)、(b)所示。r_{be} 由半导体的体电阻及 PN 结的结电阻所形成。根据文献资料,工程中用下式估算:

$$r_{be}=300(\Omega)+(1+\beta)\frac{26(\text{mV})}{I_E(\text{mA})} \tag{4.6.8}$$

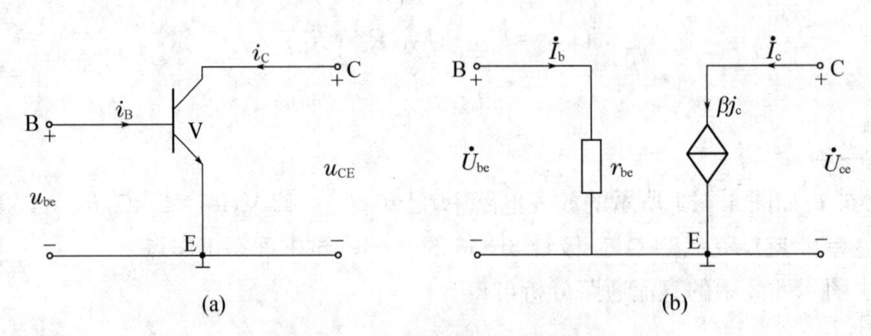

图 4.6.4　晶体管的微变等效电路

图 4.6.3(b)是晶体管的输出特性曲线簇。在放大区是一组近似等距的水平线,它反映了集电极电流只受基极电流控制而与管子两端电压 u_{CE} 无关,因而晶体管的输出回路可等效为一个受控的恒流源,即 $\Delta I_C=\beta\Delta I_B$,用微变交流量表示时,可得

$$i_c=\beta i_b \tag{4.6.9}$$

综上所述,可以作出三极管的微变等效电路如图 4.6.4(b)所示。

(2) 共射极放大电路的微变等效电路

用微变等效电路法分析放大电路的步骤:先画出放大电路的交流通路(U_{CC} 对地短路,电容短路处理),交流通路上电压、电流都是交变量,既可用交流量表示,也可以用相量表示,

电路图中的箭标表示它们的参考方向。再用相应的等效电路代替三极管，最后计算性能指标。放大电路的微变等效电路如图4.6.5所示。

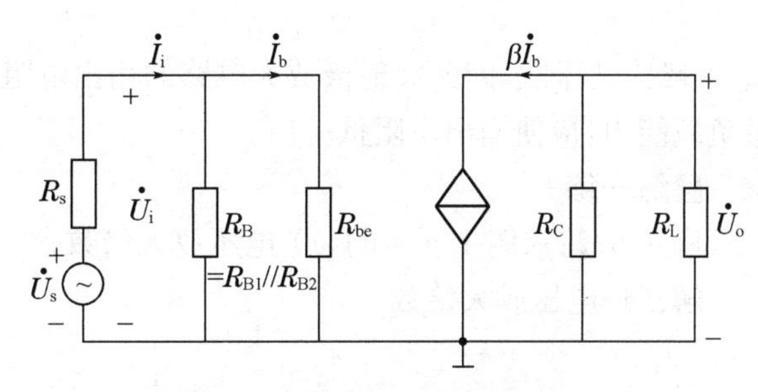

图4.6.5　放大电路的微变等效电路

① 电压放大倍数(增益)A_u

电压放大倍数定义是输出电压与输入电压的比值，即

$$A_u=\frac{\dot{U}_o}{\dot{U}_i}$$

由图4.6.5可得输入电压为

$$\dot{U}_i=\dot{I}_b\cdot r_{be}$$

输出电压为

$$\dot{U}_o=\dot{I}_c\cdot\frac{R_CR_L}{R_C+R_L}=-\beta\dot{I}_b\cdot\frac{R_CR_L}{R_C+R_L}=-\beta\dot{I}_b\cdot R_L'$$

放大电路等效负载电阻

$$R_L'=R_C/\!/R_L=\frac{R_CR_L}{R_C+R_L}$$

故电压放大倍数

$$A_u=\frac{\dot{U}_o}{\dot{U}_i}=\frac{-\beta\dot{I}_b\cdot R_L'}{\dot{I}_b r_{be}}=-\beta\frac{R_L'}{r_{be}}\tag{4.6.9}$$

A_u为负数，它反映了输出与输入间大小和相位关系，负号表示共射放大电路的输出电压与输入电压的相位反相。

当放大电路输出端开路时(未接负载电阻R_L)，可求得空载时的电压放大倍数

$$A_u=\frac{-\beta R_C}{r_{be}}\tag{4.6.10}$$

放大电路接有负载R_L时的电压放大倍数比空载时降低了。R_L愈小，电压放大倍数愈低。

② 放大电路的输入电阻r_i

放大电路的输入电阻是从放大电路的输入端看进去的等效电阻，定义为输入电压与输入电流的比值：

$$r_i=\frac{\dot{U}_i}{\dot{I}_i}=R_{B1}/\!/R_{B2}/\!/r_{be}$$

因为$R_{B1}/\!/R_{B2}\gg r_{be}$，所以

$$r_i\approx r_{be}\tag{4.6.11}$$

对于共射极放大电路，r_{be}约为1 kΩ，输入电阻不高。为了减轻信号源的负担和提高放大电路的静输入电压，通常希望放大电路的输入电阻越大越好。

③ 放大电路的输出电阻r_o

放大电路的输出电阻是当信号源为零时，保留内阻，断开负载，外加激励，从输出端看进去的等效电阻，因受控电流源内阻无穷大，所以

$$r_o = R_C \tag{4.6.12}$$

R_C 一般为几千欧，因此共射极放大电路的输出电阻是较高的，为使输出电压平稳，有较强的带负载能力，应使输出电阻低一些。

■练一练

例 4.6.2：求例 4.6.1 的(1) 电压放大倍数；(2) 输入电阻和输出电阻。

解：(1)电压放大倍数

$$A_u = -\beta \frac{R_L'}{r_{be}}$$

$$r_{be} = 300(\Omega) + (1+\beta)\frac{26(\text{mV})}{I_E(\text{mA})} \approx 0.763\ \text{k}\Omega$$

所以 $A_u \approx -84$，负号表示输出电压与输入电压反相。

(2) 输入、输出电阻

$$r_i = R_{B1} /\!/ R_{B2} /\!/ r_{be} \approx 0.693\ \text{k}\Omega$$

■扩展与延伸

电压、电流的名称

放大电路中各处电压、电流的名称及含义加以区别，务必搞清(见表 4.6.3)。

表 4.6.3　放大电路中电压、电流的名称及字符

名称	静态值 (直流分量)	交流分量	有效值	总电压或总电流 (瞬时值)
基极电流	I_B	i_b	I_b	i_B
集电极电流	I_C	i_c	I_c	i_C
发射极电流	I_E	i_e	I_e	i_E
集—射极电压	U_{CE}	u_{ce}	U_{ce}	u_{CE}
基—射极电压	U_{BE}	u_{be}	U_{be}	u_{BE}

学习活动 2　静态工作点对放大电路影响的测试及分析

■做一做

置图 4.6.1 中的 $R_C = 2.4\ \text{k}\Omega$，$R_L = 2.4\ \text{k}\Omega$，$u_i = 0$，调节 R_P 使 $V_E = 2\ \text{V}$，测出 U_{CE} 值，再逐步加大输入信号，使输出电压 u_o 足够大但不失真。然后保持输入信号不变，分别增大和减小 R_P，使波形出现失真，绘出 u_o 的波形，并测出失真情况下的 I_C 和 U_{CE} 值，记入表 4.6.4 中。每次测 I_C 和 U_{CE} 值时，都要将信号源的输出旋钮旋至零。

表 4.6.4　静态工作点对输出波形失真影响的测量

I_C(mA)	U_{CE}(V)	u_o 波形	失真情况	管子工作状态
2.0				

■**议一议**

通过实验记录的波形不难发现，静态工作点对输出波形有影响。当静态工作点不合适时，将造成输出波形与输入波形不一致，这种现象称为波形失真。因此放大电路的静态工作点的设置与稳定有着重要的意义。

■**学一学**

1. 非线性失真和产生的原因

对放大电路有一基本要求，就是输出信号尽可能不失真。所谓失真，是指输出信号的波形不像输入信号的波形。引起失真的原因有多种，其中最基本的一个就是静态工作点不合适或者信号太大，使放大电路的工作范围超出了晶体管特性曲线上的线性范围。这种失真通常称为非线性失真。

在图 4.6.6(a)中，静态工作点 Q 的位置太低，即使输入的是正弦电压，但在它的负半周，晶体管进入截止区工作，i_B，u_{CE}和 i_C(i_B 图中未画出)都严重失真了，i_C 的负半周和 u_{CE}的正半周被削平。这是由晶体管的截止而引起的，故称为截止失真。

在图 4.6.6(b)中，静态工作点 Q 的位置太高，在输入电压的正半周，晶体管进入饱和区工作，u_{CE}和 i_C 都严重失真了，i_C 的正半周和 u_{CE}的负半周被削平。这是由晶体管的饱和而引起的，故称为饱和失真。

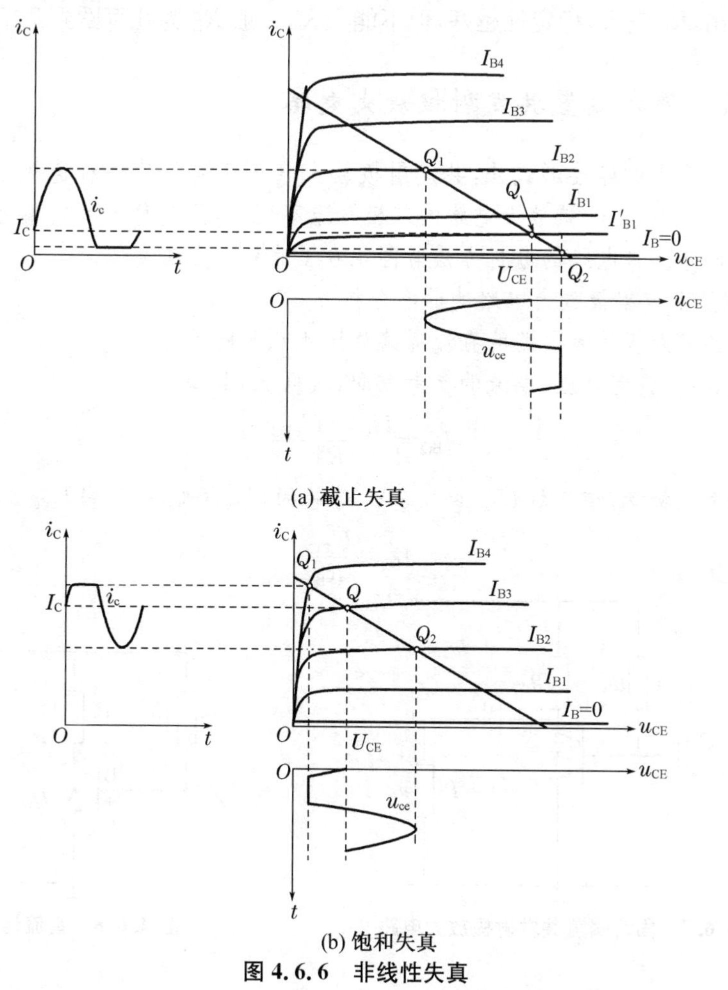

(a) 截止失真

(b) 饱和失真

图 4.6.6　非线性失真

因此，要放大电路不产生非线性失真，必须要有一个合适的静态工作点，工作点 Q 应大致选在交流负载线的中点。此外，输入信号 u_i 的幅值不能太大，以避免放大电路的工作范围超过特性曲线的线性范围。在小信号放大电路中，此条件一般都能满足。

2. 温度变化对静态工作点的影响

放大电路选择了合适的静态工作点，但如果不对电路采取一些特殊的措施，在外界条件变化时，仍不能保证不产生非线性失真，温度的变化对晶体管的参数有着显著的影响，其中变化最明显的是静态工作点 I_C，造成静态工作点的不稳定。常用的稳定静态工作点的电路如图 4.6.1 的分压式偏置放大电路。分析如下：

利用 R_{B1}，R_{B2} 分压，固定基极电位：

$$V_B=\frac{R_{B2}}{R_{B1}+R_{B2}}U_{CC}$$

从上式可以看出 V_B 与三极管参数无关。

图 4.6.1 能自动稳定静态工作点，保持稳定的过程如下：

温度$\uparrow\to I_C\uparrow\to I_E\uparrow\to V_E\uparrow\to U_{BE}\downarrow\to I_B\downarrow\to I_C\downarrow$；

温度$\downarrow\to I_C\downarrow\to I_E\downarrow\to V_E\downarrow\to U_{BE}\uparrow\to I_B\uparrow\to I_C\uparrow$。

利用发射极电阻 R_E 产生反映 I_C 变化的电位 V_E，V_E 能自动调节 I_B，使 I_C 保持不变。从以上过程看出，R_E 越大，稳定性越好，但不能太大，一般 R_E 为几百欧到几千欧。

阅读材料　固定偏置共发射极放大电路

扫码见视频 21

除了如图 4.6.1 的连接形式外，共发射极放大电路还有另外一种连接方式，如图 4.6.7 所示。由于该放大电路的基极电流不可调，因此称为固定偏置共发射极放大电路。该电路的分析方法与图 4.6.1 的分析方法类似。

1. 固定偏置共发射极放大电路的静态分析

固定偏置共发射极放大电路的直流通路如图 4.6.8 所示。

在图 4.6.8 中，设定电压、电流的参考方向，根据 KVL 有

$$I_{BQ}=\frac{U_{CC}-U_{BEQ}}{R_B} \tag{4.6.13}$$

对于小功率三极管，锗管的 $U_{BEQ}\approx0.3$ V，硅管的 $U_{BEQ}\approx0.7$ V，当 $U_{CC}\gg U_{BEQ}$ 时，有

$$I_{BQ}\approx\frac{U_{CC}}{R_B}$$

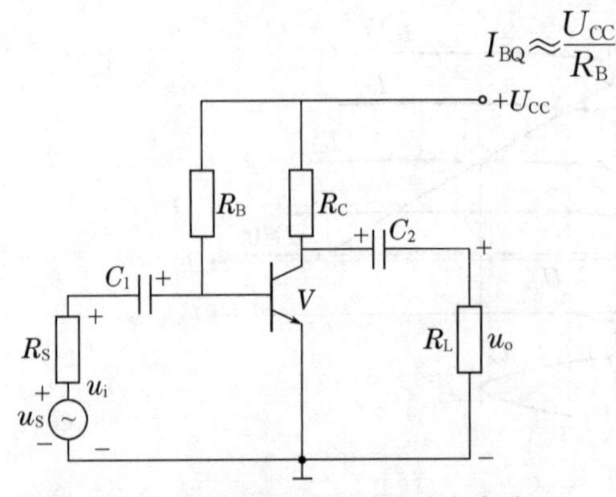

图 4.6.7　固定偏置共发射极放大电路

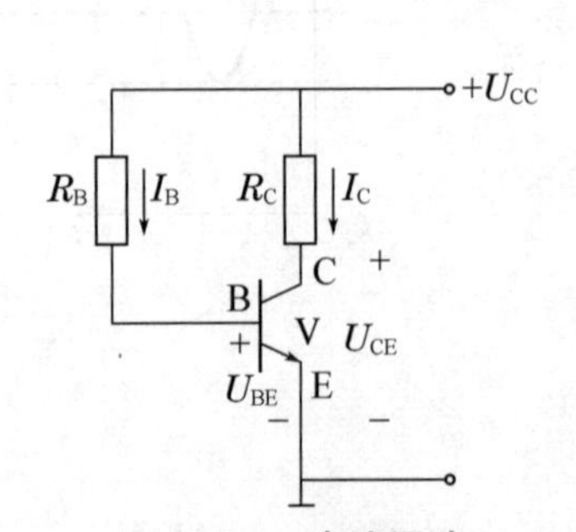

图 4.6.8　直流通路

同理，根据 KVL 有

$$U_{CEQ}=U_{CC}-I_{CQ}R_C \tag{4.6.14}$$

式中 $I_{CQ}=\beta I_{BQ}$。

注意：上述求静态工作点的方法是假设电路工作在放大区，如果按此法求出 U_{CEQ} 很小，接近零或负值时（原因可能是 R_B 太小或 R_C 太大），说明集电结失去正常的反向偏置，三极管接近饱和区或已进入饱和区，这时 β 将逐渐减小或根本无放大，$i_C=\beta i_B$ 不再成立，只能是 $I_{CQ}\approx\dfrac{U_{CC}}{R_C}$，$U_{CEQ}\approx 0$。

2. 固定偏置共射极放大电路的微变等效电路

作图 4.6.7 所示电路的交流通路，如图 4.6.9(a)所示。将交流通路中的晶体管元件用微变等效电路来取代，即可得共射极放大电路的微变等效电路，如图 4.6.9(b)所示。

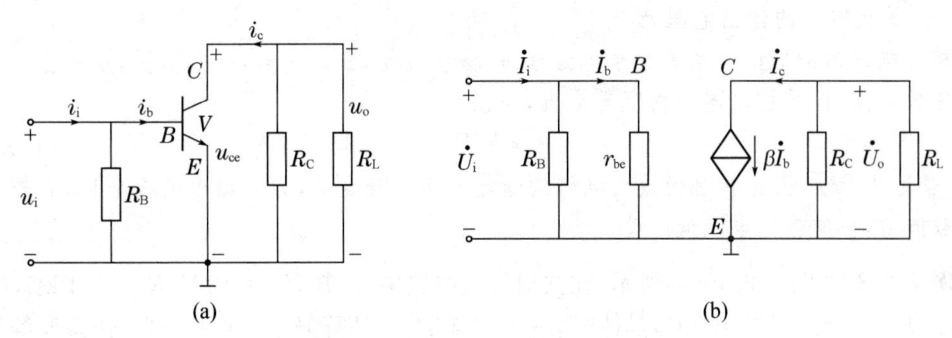

图 4.6.9　图 4.6.7 的微变等效电路

(1) 电压放大倍数（增益）A_u

电压放大倍数定义是输出电压与输入电压的比值，即

$$A_u=\frac{\dot{U}_o}{\dot{U}_i}$$

由图 4.6.9 可得输入电压为

$$\dot{U}_i=\dot{I}_b\cdot r_{be}$$

输出电压为

$$\dot{U}_o=-\dot{I}_c\cdot\left(\frac{R_CR_L}{R_C+R_L}\right)=-\beta\dot{I}_b\cdot\left(\frac{R_CR_L}{R_C+R_L}\right)=-\beta\dot{I}_b\cdot R_L'$$

放大电路等效负载电阻

$$R_L'=R_C/\!/R_L=\frac{R_CR_L}{R_C+R_L}$$

故电压放大倍数

$$A_u=\frac{\dot{U}_o}{\dot{U}_i}=\frac{-\beta\dot{I}_b\cdot R_L'}{\dot{I}_b r_{be}}=-\beta\frac{R_L'}{r_{be}}$$

A_u 为负数，它反映了输出与输入间大小和相位关系，负号表示共射放大电路的输出电压与输入电压的相位反相。

当放大电路输出端开路时（未接负载电阻 R_L），可求得空载时的电压放大倍数

$$A_u = \frac{-\beta R_C}{r_{be}} \tag{4.6.15}$$

放大电路接有负载 R_L 时的电压放大倍数比空载时降低了。R_L 愈小，电压放大倍数愈低。

(2) 放大电路的输入电阻 r_i

放大电路的输入电阻是从放大电路的输入端看进去的等效电阻，定义为输入电压与输入电流的比值：

$$r_i = \frac{\dot{U}_i}{\dot{I}_i} = R_B // r_{be}$$

由于 $R_B \gg r_{be}$，所以

$$r_i \approx r_{be} \tag{4.6.16}$$

对于共射极放大电路，r_{be} 约为 1 kΩ，输入电阻不高。

(3) 放大电路的输出电阻 r_o

放大电路的输出电阻是当信号源为零时，保留内阻，断开负载，外加激励，从输出端看进去的等效电阻，因受控电流源内阻无穷大，所以

$$r_o = R_C \tag{4.6.17}$$

R_C 一般为几千欧，因此共射极放大电路的输出电阻是较高的，为使输出电压平稳，有较强的带负载能力，应使输出电阻低一些。

例 4.6.3：如图 4.6.10(a)所示，在共射放大电路中，已知 $U_{CC}=12$ V，$R_C=5.1$ kΩ，$R_B=400$ kΩ，$R_L=2$ kΩ，$R_S=100$ Ω，晶体管 $\beta=40$。求：(1) 估算静态工作点；(2) 作微变等效电路；(3) 计算电压放大倍数；(4) 计算输入电阻和输出电阻；(5) 标出耦合电容的极性，并求 C_1 和 C_2 上的电压 U_{C1} 和 U_{C2}。

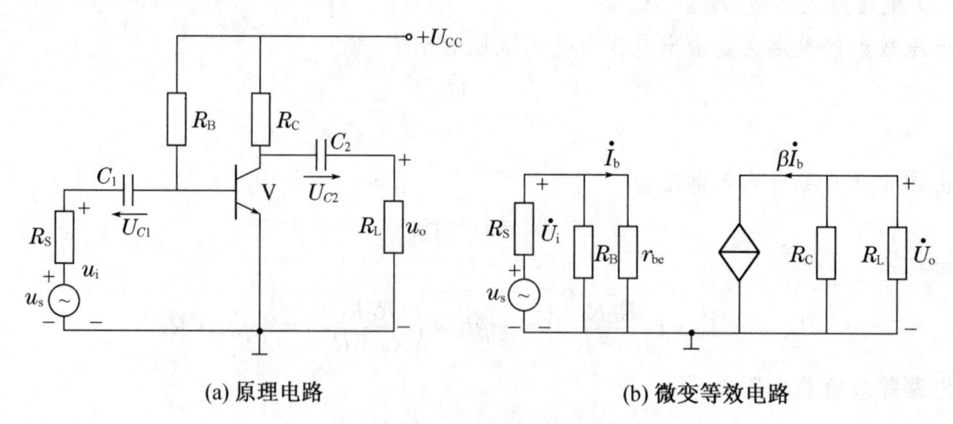

图 4.6.10　例 4.6.3 的电路图

解：(1)先估算：

$$I_{BQ} \approx \frac{U_{CC}}{R_B} = \frac{12}{400 \times 10^3}\ \text{A} = 30\ \mu\text{A}$$

$$I_{CQ} = \beta I_{BQ} = 40 \times 30\ \mu\text{A} = 1\ 200\ \mu\text{A} = 1.2\ \text{mA}$$

$$U_{CEQ} = U_{CC} - I_{CQ} R_C = 12\ \text{V} - 1.2 \times 10^{-3} \times 5.1 \times 10^3\ \text{V} \approx 5.9\ \text{V}$$

所以静态工作点为 $Q(I_{BQ}=30\ \mu\text{A}, I_{CQ}=1.2\ \text{mA}, U_{CEQ}=5.9\ \text{V})$。

(2) 微变等效电路如图 4.6.10(b)。

C_1 和 C_2 及直流电源 U_{CC} 均作短路处理。

(3) 电压放大倍数

$$A_u = \frac{-\beta R_L'}{r_{be}} = -40\frac{R_L'}{r_{be}}$$

上式中 $r_{be} = 300(\Omega) + (1+\beta)\dfrac{26(\text{mV})}{I_E(\text{mA})} = 1.188\ \text{k}\Omega$，$R_L' = \dfrac{5.1\times 2}{5.1+2}\ \text{k}\Omega = 1.437\ \text{k}\Omega$。

代入得 $A_u = -48.4$。

(4) 输入电阻 $r_i = (R_B /\!/ r_{be}) \approx r_{be} = 1.188\ \text{k}\Omega$。

输出电阻 $r_o = R_C = 5.1\ \text{k}\Omega$。

(5) C_1 的极性为右"+"左"−"，而 C_2 则是左"+"右"−"，C_1 和 C_2 起隔直作用。因此，按图上参考方向得：$U_{C1} = U_{BE}$（硅管为 0.6～0.7 V，锗管为 0.2～0.3 V）；$U_{C2} = U_{CE} = 5.9$ V。

任务 4.7　共集电极放大电路特性的测试与应用

学习活动　共集电极放大电路特性的测试与应用

■做一做

按图 4.7.1 连接电路，调节 R_P 使 $V_E = 9$ V，测量静态工作点，记入表 4.7.1。在放大器输入端加入 $U_i = 0.2$ V，1 kHz 的正弦信号 u_i，同时使用示波器观察放大器输出电压 u_o 的波形。在波形不失真的条件下，用交流毫伏表测量 u_o 值，并用双踪示波器观察 u_o 和 u_i 的相位关系，记入表 4.7.2。

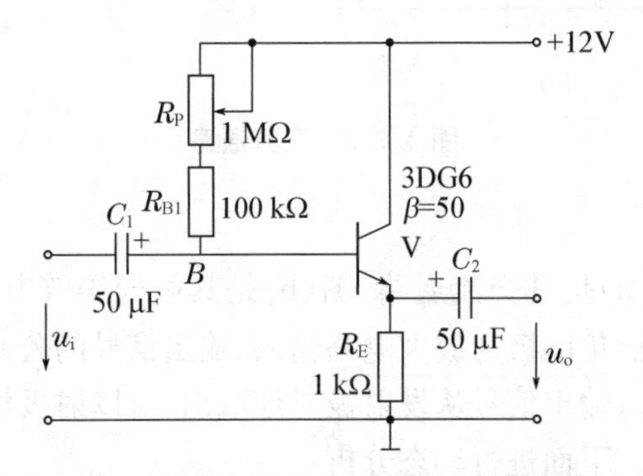

图 4.7.1　共集电极放大电路特性的测量电路

表 4.7.1　共集电极放大电路的静态测量

V_E(V)	V_B(V)	V_C(V)

表 4.7.2　共集电极放大电路的动态测量

U_i(V)	U_o(V)	A_u	观察记录一组 u_o 和 u_i 波形

■**议一议**

实验中通过双踪示波器观察 u_o和 u_i的相位关系，可以得出共集电极放大电路的输出电压 u_o与输入电压 u_i的相位关系是同相。从实验数据上可以看出，共集电极放大电路的电压放大倍数近似为1。

■**学一学**

图 4.7.2(a)是共集电极放大电路，在三极管放大电路中得到广泛应用。共集电极放大电路是从发射极输出，所以简称射极输出器。

1. 静态分析

图 4.7.2(b)是共集电极放大电路的直流通路。由此确定静态工作点的值。

$$U_{CC}=I_BR_B+U_{BE}+I_ER_E=I_BR_B+U_{BE}+(1+\beta)I_BR_E$$

$$I_B=\frac{U_{CC}-U_{BE}}{R_B+(1+\beta)R_E}\approx\frac{U_{CC}}{R_B+(1+\beta)R_E} \quad (4.7.1)$$

$$I_C=\beta I_B\approx I_E \quad (4.7.2)$$

$$U_{CE}=U_{CC}-I_ER_E\approx U_{CC}-I_CR_E \quad (4.7.3)$$

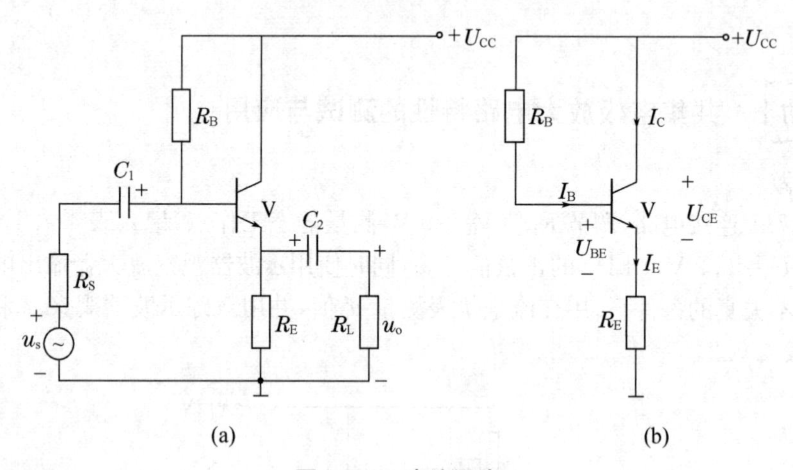

图 4.7.2 直流通路

2. 动态分析

如图 4.7.3 所示，图(a)是其交流通路，图(b)是其微变等效电路。由图 4.7.3(a)中射极输出器的交流通路可见，集电极为放大电路输入、输出信号的公共端，即参考点地，而输入信号从基极对地之间输入，输出信号从发射极对地取出，所以射极输出器从电路连接特点而言，为共集电极放大电路。下面进行动态分析：

(1) 电压放大倍数

由共集电极放大电路的微变等效电路，即图 4.7.3(b)，可得

$$\dot{U}_o=R_L'\dot{I}_e=(1+\beta)R_L'\dot{I}_b$$

$$R_L'=R_E//R_L$$

$$\dot{U}_i=r_{be}\dot{I}_b+R_L'\dot{I}_e=r_{be}\dot{I}_b+(1+\beta)R_L'\dot{I}_b$$

$$A_u=\frac{\dot{U}_o}{\dot{U}_i}=\frac{(1+\beta)R_L'\dot{I}_b}{r_{be}\dot{I}_b+(1+\beta)R_L'\dot{I}_b}=\frac{(1+\beta)R_L'}{r_{be}+(1+\beta)R_L'} \quad (4.7.4)$$

因为

$$r_{be} \ll (1+\beta)R'_L$$

所以

$$\dot{U}_o \approx \dot{U}_i$$

即输出电压跟随输入电压，且同相。

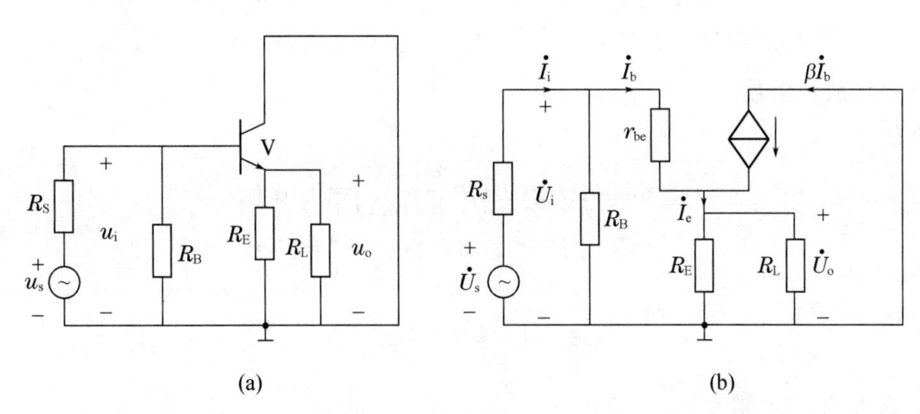

图 4.7.3　共集电极放大电路的交流通路及微变等效电路

(2) 输入电阻

由 4.7.3(b)可得

$$r_i = R_B // [r_{be} + (1+\beta)R'_L] \tag{4.7.5}$$

可见，射极输出器的输入电阻较共射放大电路高得多，因此，从信号源索取的电流较小。

(3) 输出电阻

计算输出电阻的电路如图 4.7.4 所示，将电压源信号短路，保留其内阻 R_S 及受控源，输出端开路，并外加一个电压 $\dot{U}$ 而得到。由图 4.7.4 可得

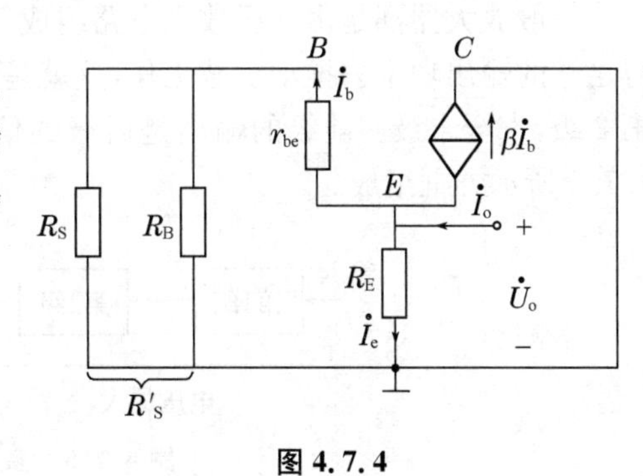

图 4.7.4

$$\dot{I}_o = \dot{I}_b + \beta\dot{I}_b + \dot{I}_e = \frac{\dot{U}_o}{r_{be}+R'_S} + \beta\frac{\dot{U}_o}{r_{be}+R'_S} + \frac{\dot{U}_o}{R_E}$$

$$r_o = \frac{\dot{U}_o}{\dot{I}_o} = \frac{1}{\dfrac{1+\beta}{r_{be}+R'_S} + \dfrac{1}{R_E}} = \frac{R_E(r_{be}+R'_S)}{(1+\beta)R_E + (r_{be}+R'_S)}$$

$$(1+\beta)R_E \gg (r_{be}+R'_S), \beta \gg 1$$

$$r_o \approx \frac{r_{be}+R'_S}{\beta} \tag{4.7.6}$$

其中 $R'_S = R_B // R_S$。可见，输出电阻很低。输出电阻越低，带负载能力越强。

射极输出器的特点：① 电压放大倍数小于 1，但近似等于 1；输出电压与输入电压同相。② 输入电阻高。③ 输出电阻低。

■**练一练**

例 4.7.1：有一共集电极放大电路，如图 4.7.2 所示。已知电源电压 $U_{CC}=12$ V，硅管，$\beta=40$，$R_B=120$ kΩ，$R_E=4$ kΩ，$R_L=4$ kΩ，信号源内阻 $R_S=100$ Ω，试求静态值及电压放大

倍数、输入电阻和输出电阻。

解:① 静态工作点

$$I_B=\frac{U_{CC}-U_{BE}}{R_B+(1+\beta)R_E}\approx\frac{U_{CC}}{R_B+(1+\beta)R_E}=\frac{12}{[120+(1+40)\times4]\times10^3}\text{ A}\approx40\ \mu\text{A}$$

$$I_C=\beta I_B\approx I_E=40\times0.04\text{ mA}=1.60\text{ mA}$$

$$U_{CE}=U_{CC}-I_ER_E\approx U_{CC}-I_CR_E=12\text{ V}-1.60\times4\text{ V}=5.6\text{ V}$$

② 电压放大倍数

因为

$$r_{be}=300(\Omega)+(1+\beta)\frac{26(\text{mV})}{I_E(\text{mA})}=0.97\text{ k}\Omega$$

$$R_L'=R_E/\!/R_L=4\times4/(4+4)\text{k}\Omega=2\text{ k}\Omega$$

所以

$$A_u=\frac{(1+40)\times2}{0.97+41\times2}\approx0.99$$

③ 输入、输出电阻

$$r_i=R_B/\!/[r_{be}+(1+\beta)R_L']\approx49\text{ k}\Omega$$

$$r_o\approx\frac{R_S'+r_{be}}{\beta}=25.3\ \Omega$$

■扩展与延伸

多级放大电路

一般放大器都是由几级放大电路组成,能对输入信号进行逐级接力方式连续放大,以获得足够的输出功率去推动负载工作,这就是多级放大器。其中接入信号的为第1级,接着为第2级,直至末级。前级的输出是后级的信号源,后级是前级的负载。多级放大器由如图4.7.5所示方框组成。

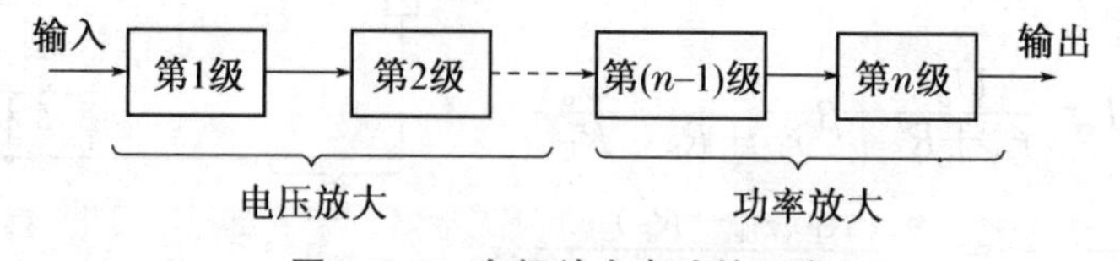

图 4.7.5 多极放大电路的组成

1. 级间耦合方式

多级放大器的级间连接元件分别有电容、变压器,还有直接连接的。因此多级放大器常用的耦合方式有阻容耦合、直接耦合、变压器耦合。本教材只讨论前两种级间耦合方式。

(1) 阻容耦合

阻容耦合就是利用电容作为耦合和隔直流元件,其电路如图4.7.6所示。第1级的输出信号,通过电容 C_2 和第2级的输入电阻 r_{i2} 加到第2级的输入端。

阻容耦合的优点:前后级直流通路彼此隔开,每一级的静态工作点都相互独立,便于分析、设计和应用;缺点:信号在通过耦合电容加到下一级时会大幅度衰减。在集成电路里制造大电容很困难,所以阻容耦合只适用于分立元件电路。

(2) 直接耦合

直接耦合是将前后级直接相连的一种耦合方式。

直接耦合的优点:电路中没有大电容和变压器,能放大缓慢变化的信号,它在集成电路中得到广泛的应用;缺点:它的前、后级直流电路相通,静态工作点相互牵制、相互影响,不利于分析和设计。

2. 静态分析

如图 4.7.6 所示电路,由于是阻容耦合电路,各级静态工作点相对独立,因此两级可以分别求出静态工作点,求解方法同单级电路,这里不再赘述。

3. 动态分析

因为多级放大电路是多级串联逐级连续放大,所以总的电压放大倍数是各级放大倍数之积,即

$$A_u = A_{u1} \times A_{u2} \times \cdots \times A_{un}$$

本级的输出电压就是后级的输入信号,第 1 级的输入信号就是整个放大器的输入信号;最后级的输出信号就是整个放大器的输出信号;第 1 级的输入电阻就是整个放大器的输入电阻;最后级的输出电阻就是整个放大器的输出电阻。

下面结合例题来讨论多级放大器的增益、输入电阻和输出电阻。

■练一练

例 4.7.2:如图 4.7.6 所示电路,已知两个晶体管 $\beta_1=100$,$\beta_2=60$,$r_{be1}=0.96\ \text{k}\Omega$,$r_{be2}=0.8\ \text{k}\Omega$;电路元件参数 $R_{11}=24\ \text{k}\Omega$,$R_{21}=36\ \text{k}\Omega$,$R_{C1}=2\ \text{k}\Omega$,$R_{E1}=2.2\ \text{k}\Omega$,$R_{12}=10\ \text{k}\Omega$,$R_{22}=33\ \text{k}\Omega$,$R_{C2}=3.3\ \text{k}\Omega$,$R_{E2}=1.5\ \text{k}\Omega$,直流电源 $U_{CC}=24\ \text{V}$,交流负载电阻 $R_L=5.1\ \text{k}\Omega$,信号源内阻 $R_S=360\ \Omega$。试求:(1) 放大器的电压放大倍数;(2) 放大器的输入、输出电阻。

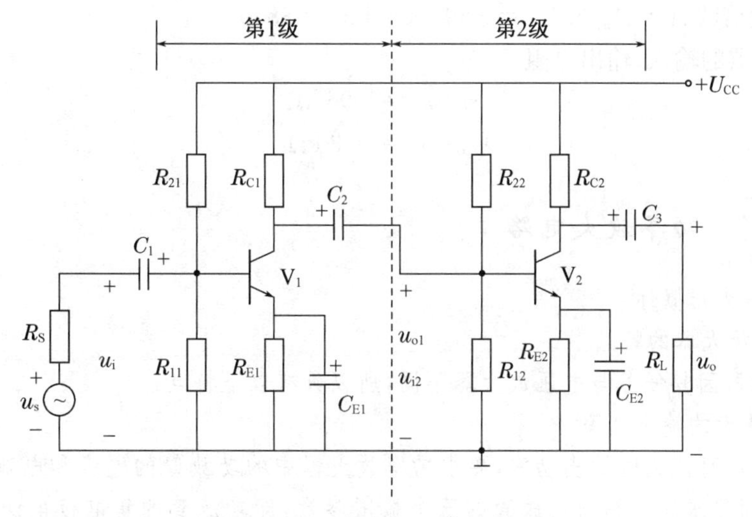

图 4.7.6　例 4.7.2 的电路图

解:微变等效电路图如图 4.7.7 所示

各级的输入电阻和输出电阻

第 1 级:

$$r_{i1}=R_{11}/\!/r_{be1}/\!/R_{21}\approx r_{be1}=0.96\ \text{k}\Omega$$

$$r_{o1}=R_{C1}=2\ \text{k}\Omega$$

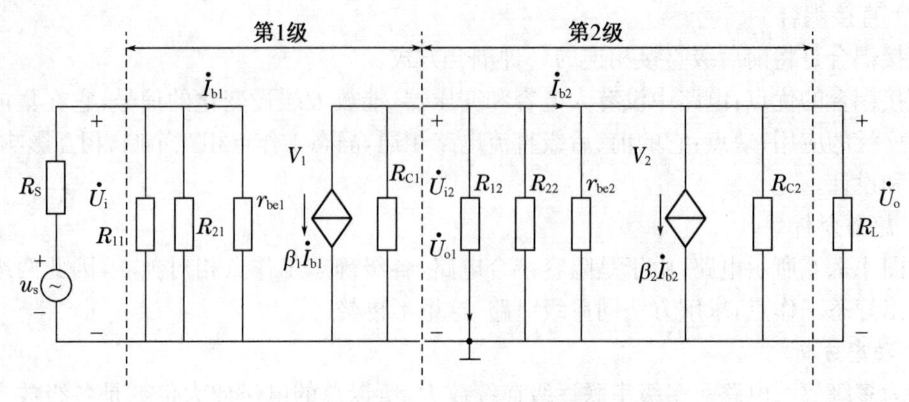

图 4.7.7 例 4.7.2 的微变等效电路图

第 2 级：
$$r_{i2}=r_{be2}/\!/R_{12}/\!/R_{22}\approx r_{be2}=0.8\ \text{k}\Omega$$
$$r_{o2}=R_{C2}=3.3\ \text{k}\Omega$$

(1) 求各级放大倍数和总放大倍数

各级等效负载电阻
$$R'_{L1}=r_{o1}/\!/r_{i2}=2\times0.8/(2+0.8)\text{k}\Omega=0.57\ \text{k}\Omega$$
$$R'_{L2}=r_{o2}/\!/R_L=3.3\times5.1/(3.3+5.1)\text{k}\Omega=2\ \text{k}\Omega$$

第 1 级放大倍数 $A_{u1}=\dfrac{-\beta R'_{L1}}{r_{be1}}=-\dfrac{100\times0.57}{0.96}=-59$

第 2 级放大倍数 $A_{u2}=\dfrac{-\beta R'_{L2}}{r_{be2}}=-\dfrac{60\times2}{0.8}=-150$

总的放大倍数 $A_u=A_{u1}\times A_{u2}=-59\times(-150)=8850$

(2) 放大器的输入、输出电阻
$$r_i=r_{i1}=0.96\ \text{k}\Omega$$
$$r_o=r_{o2}=3.3\ \text{k}\Omega$$

阅读材料　功率放大电路

扫码见视频 22

1. 功率放大器概述

(1) 功率放大器的特点

功率放大器因其任务与电压放大器不同，所以具有以下特点：

① 尽可能大的输出功率

为了获得尽可能大的输出功率，要求功率放大器中的功放管的电压和电流应该有足够大的幅度，因而要求充分利用功放管的三个极限参数，即功放管的集电极电流接近 I_{CM}，管压降最大时接近 $U_{(BR)CEO}$，耗散功率接近 P_{CM}。在保证管子安全工作的前提下，尽量增大输出功率。

② 尽可能高的功率转换效率

功放管在信号作用下向负载提供的输出功率是由直流电源供给的直流功率转换而来的，在转换的同时，功放管和电路中的耗能元件都要消耗功率。因此，要求尽量减小电路的

损耗，来提高功率转换效率。若电路输出功率为 P_O，直流电源提供的总功率为 P_E，其转换效率为

$$\eta=\frac{P_O}{P_E}$$

③ 允许的非线性失真

工作在大信号极限状态下的功放管，不可避免会存在非线性失真。不同的功放电路对非线性失真要求是不一样的。因此，只要将非线性失真限制在允许的范围内就可以了。

④ 采用图解分析法

电压放大器工作在小信号状况，能用微变等效电路进行分析，而功率放大器的输入是放大后的大信号，不能用微变等效电路进行分析，须用图解分析法。

(2) 功率放大器的分类

① 甲类

甲类功率放大器中晶体管的 Q 点设在放大区的中间，管子在整个周期内集电极都有电流，导通角为 360°，Q 点和电流波形如图 4.7.8(a)所示。工作于甲类时，管子的静态电流 I_C 较大，而且，无论有没有信号，电源都要始终不断地输出功率。在没有信号时，电源提供的功率全部消耗在管子上；有信号输入时，随着信号增大，输出的功率也增大。但是，即使在理想情况下，效率也仅为 50%。所以，甲类功率放大器的缺点是损耗大，效率低。

② 乙类

为了提高效率，必须减小静态电流 I_C，将 Q 点下移。若将 Q 点设在静态电流 $I_C=0$ 处，即 Q 点在截止区时，管子只在信号的半个周期内导通，称此为乙类。乙类状态下，信号等于零时，电源输出的功率也为零。信号增大时，电源供给的功率也随着增大，从而提高了效率。乙类状态下的 Q 点与电流波形如图 4.7.8(b)所示。

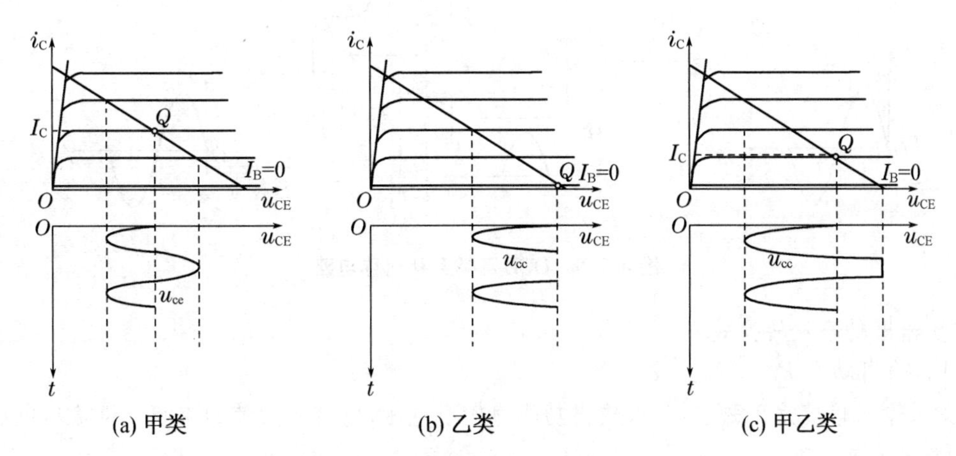

图 4.7.8　Q 点设置与三种工作状态

③ 甲乙类

若将 Q 点设在接近 $I_C\approx0$ 而 $I_C\neq0$ 处，即 Q 点在放大区且接近截止区，管子在信号的半个周期以上的时间内导通，称此为甲乙类。由于 $I_C\approx0$，因此，甲乙类的工作状态接近乙类工作状态。甲乙类状态下的 Q 点与电流波形如图 4.7.8(c)所示。

2. 互补对称功率放大电路

互补对称式功率放大电路有两种形式：其一为无输出变压器互补对称功率放大器，称为OTL(Output Transformer Less)；其二为无输出电容耦合互补对称功率放大器，称为OCL(Output Capacitor Less)，两者工作原理基本相同。由于耦合电容影响低频特性和难以实现电路的集成化，加之OCL电路广泛应用于集成电路的直接耦合式功率输出级，下面将对OCL电路作重点讨论。

(1) OCL 电路

① 电路的组成及工作原理

图4.7.9所示为OCL互补对称功率放大电路。由一对特性及参数完全对称、类型却不同(NPN和PNP)的两个三极管组成射极输出器电路，输入信号接于两管的基极，负载电阻 R_L 接于两管的发射极，由正、负等值的双电源供电。下面分析电路的工作原理。

静态时($u_i=0$)，由图可见，两管均未设直流偏置，因而，$I_B=0$，$I_C=0$，两管处于乙类。

动态时($u_i \neq 0$)，设输入为正弦信号。当 $u_i>0$ 时，V_1 导通，V_2 截止，如图4.7.9所示，R_L 中有经放大的信号电流 i_{C1} 流过，R_L 两端获得正半周输出电压 u_o；当 $u_i<0$ 时，V_2 导通，V_1 截止，R_L 中有经放大的信号电流 i_{C2} 流过，R_L 两端获得输出电压 u_o 的负半周。可见，在一个周期内两管轮流导通，使输出 u_o 取得完整的正弦信号。V_1、V_2 在正、负半周交替导通，互相补充，故称为互补对称电路。功率放大电路采用射极输出器的形式，提高了输入电阻和带负载的能力。

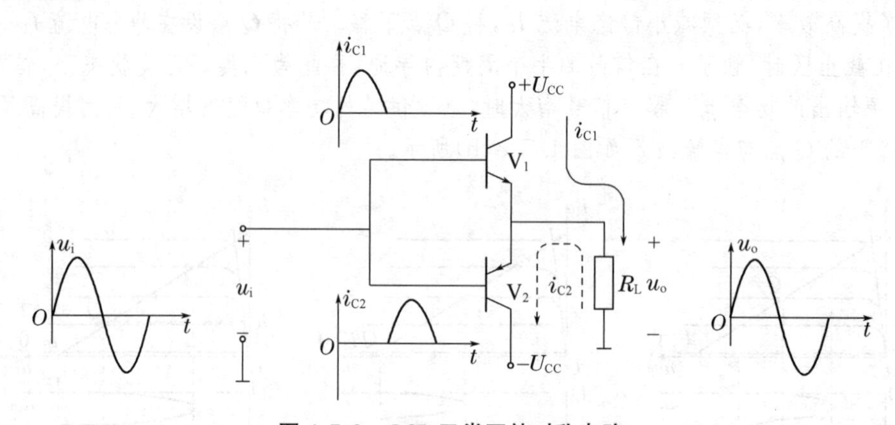

图4.7.9 OCL乙类互补对称电路

② 输出功率及转换效率

Ⅰ. 输出功率 P_O

如果输入信号为正弦波，那么输出功率为输出电压、电流有效值的乘积。设输出电压幅度为 U_{om}，则输出功率为

$$P_O=\left(\frac{U_{om}}{\sqrt{2}}\right)^2 \cdot \frac{1}{R_L}=\frac{1}{2} \cdot \frac{U_{om}^2}{R_L} \tag{4.7.8}$$

Ⅱ. 电源提供的功率 P_E

电源提供的功率 P_E 为电源电压与平均电流的乘积，即

$$P_E=U_{CC} I_{DC} \tag{4.7.9}$$

输入为正弦波时，每个电源提供的电流都是半个正弦波，每个电源提供的功率为

$$P_{E1}=P_{E2}=\frac{1}{\pi}\cdot\frac{U_{om}}{R_L}U_{CC}$$

两个电源提供的总功率为

$$P_E=P_{E1}+P_{E2}=\frac{2}{\pi}\cdot\frac{U_{om}}{R_L}\cdot U_{CC} \tag{4.7.10}$$

Ⅲ. 转换效率 η

效率为负载得到的功率与电源供给功率的比值，代入 P_O，P_E 的表达式，可得效率为

$$\eta=\frac{\frac{1}{2}\cdot\frac{U_{om}^2}{R_L}}{\frac{2}{\pi}\cdot\frac{U_{om}U_{CC}}{R_L}}=\frac{\pi}{4}\cdot\frac{U_{om}}{U_{CC}}$$

可见，η 正比于 U_{om}，U_{om} 最大时，P_O 最大，η 最高。忽略管子的饱和压降时，$U_{om}\approx U_{CC}$，因此

$$\eta_{max}=\frac{\pi}{4}=78.5\% \tag{4.7.11}$$

$$P_{Omax}=\frac{1}{2}\frac{U_{CC}^2}{R_L}$$

③ 功率管的最大管耗

电源提供的功率一部分输出到负载，另一部分消耗在管子上。由前面的分析可得，两个管子的总管耗为

$$P_V=P_E-P_O \tag{4.7.12}$$

乙类功放电路中，静态时 $I_B=0$，$I_C=0$，所以管耗 $P_V=0$。输入较小时，输出功率较小，管耗也较小。当输出为最大值时，电源提供的功率也为最大值，因此转换效率也处于最高值，所以功率管的管耗并不是最大值。由实验和理论可以证明：当输出电压的幅度 $U_{om}=0.636U_{CC}$ 时，管耗最大，每管的最大管耗为

$$P_{Vmax}\approx 0.4P_{Omax} \tag{4.7.13}$$

此式是选用管子功耗极限参数的依据。

④ 功率管的选择

根据乙类工作状态及理想条件，功率管的极限参数可分别按下式选取

$$\left.\begin{aligned}&I_{CM}\geqslant\frac{U_{CC}}{R_L}\\&U_{(BR)CEO}\geqslant 2U_{CC}\\&P_{CM}\geqslant 0.2P_{Omax}\end{aligned}\right\} \tag{4.7.14}$$

在互补对称电路中，一只功率管导通，另一只功率管截止。若略去导通管上的电压，则截止管承受的最高反向电压接近 $2U_{CC}$。

⑤ 交越失真及其消除方法

工作在乙类的互补电路，由于发射结存在“死区”，三极管没有直流偏置，管子中的电流只有在 u_{be} 大于死区电压后才会有明显的变化。当 $|u_{be}|$ 小于死区电压时，V_1、V_2 都截止，此时负载电阻上电流为零，出现一段死区，使输出波形在正、负半周交接处出现失真，如图 4.7.10 所示，这种失真称为交越失真。

在图 4.7.11 所示电路中，为了克服交越失真，静态时，给两个管子提供较小的能消除交越失真所需的正向偏置电压，使两管均处于微导通状态，因而放大电路处在接近乙类的甲乙类工作状态。因此称为甲乙类互补对称电路。

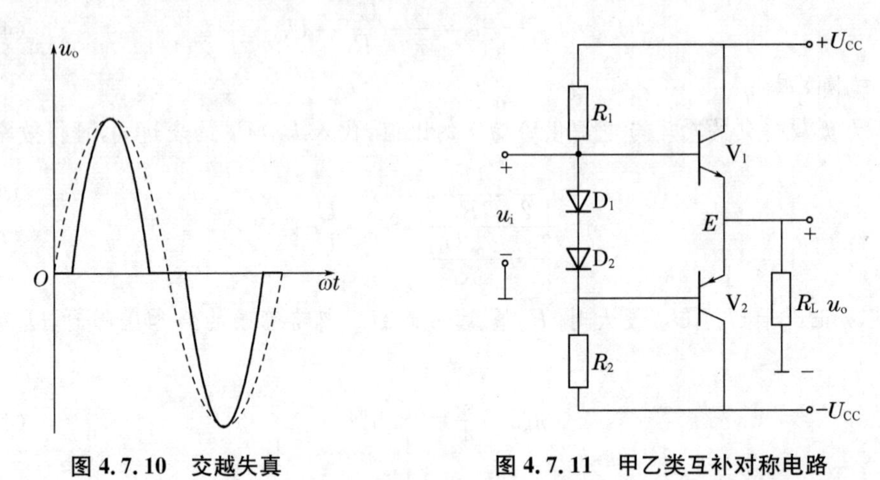

图 4.7.10　交越失真　　　　图 4.7.11　甲乙类互补对称电路

图 4.7.11 是由二极管组成的偏置电路，给 V_1、V_2 的发射结提供所需的正偏压。静态时 $I_{C1}=I_{C2}$，在负载电阻 R_L 中无静态压降，所以两管发射极的静态电位 $V_E=0$。在输入信号作用下，因 D_1、D_2 的动态电阻都很小，V_1 和 V_2 管的基极电位对交流信号而言可认为是相等的，正半周时，V_1 继续导通，V_2 截止；负半周时，V_1 截止，V_2 继续导通。这样，可在负载电阻 R_L 上输出已消除了交越失真的正弦波。由于电路处在接近乙类的甲乙类工作状态，因此，电路的动态分析计算可以近似按照分析乙类电路的方法进行。

(2) 单电源互补对称电路(OTL)

图 4.7.12 所示为单电源互补对称功率放大电路。电路中放大元件仍是两个不同类型但特性和参数对称的三极管，其特点是由单电源供电，输出端通过大容量的耦合电容 C_L 与负载电阻 R_L 相连。

OTL 电路工作原理与 OCL 电路基本相同。

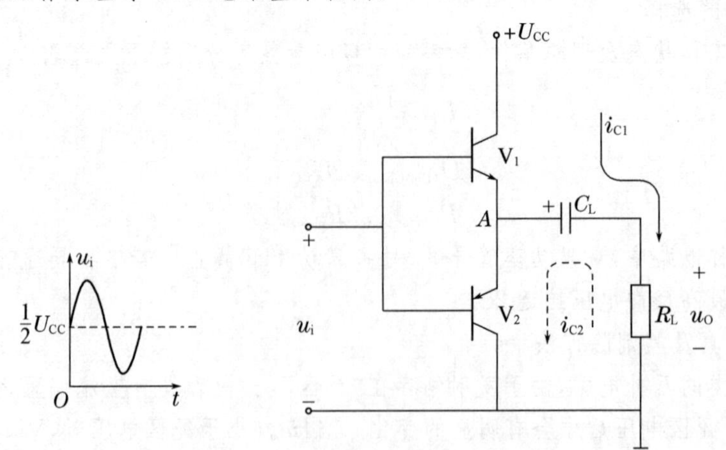

图 4.7.12　OTL 乙类互补对称电路

静态时，因两管对称，穿透电流 $I_{CEO1}=I_{CEO2}$，所以中点电位 $V_A=1/2U_{CC}$，即电容 C_L 两端的电压 $U_{CL}=1/2U_{CC}$。

有信号时，如不计 C_L 的容抗及电源内阻，在 u_i 正半周，V_1 导通，V_2 截止，电源 U_{CC} 对 C_L 充电，并在 R_L 两端输出正半周波形；在 u_i 负半周，V_1 截止，V_2 导通，C_L 向 V_2 放电提供电能，并在 R_L 两端输出负半周波形。只要 C_L 容量足够大，放电时间常数 R_LC_L 远大于输入信号最低工作频率所对应的周期，则 C_L 两端的电压可认为近似不变，始终保持为 $1/2U_{CC}$。因此，V_1 和 V_2 的电源电压都是 $1/2U_{CC}$。

讨论 OCL 电路所引出的计算 P_O、P_E、η 的公式中，只要以 $1/2U_{CC}$ 代替式中的 U_{CC}，就可以用于 OTL 电路的公式计算。

任务 4.8　集成运算放大器特性的测试及分析

集成运算放大器(简称运算放大器或运放)是由多级基本放大电路直接耦合而组成的高增益放大器，因能进行多种数学运算而得名。

从电路结构而言，集成运放是一个具有高开环电压放大倍数的多级直接耦合放大电路。集成运放的内部电路一般由输入级、中间级、输出级和偏置电路四个基本环节组成，如图 4.8.1 所示。输入级采用差分放大电路(见任务 4.9 的阅读材料)，所以有两个输入端，中间级一般采用高增益共射电路。输出级的输出阻抗一般很低，以便提高运放的带负载能力。

运算放大器最早应用于模拟计算机中，它可以完成诸如加法、减法、微分、积分等各种数学运算。随着集成电路技术的不断发展，运算放大器的应用日益广泛，它还可以完成信号的产生、变换、处理等各种各样的功能。目前，运算放大器已成为模拟系统的一个基本单元，广泛应用于家电产品、仪器、仪表、自动控制及多种电子设备中。

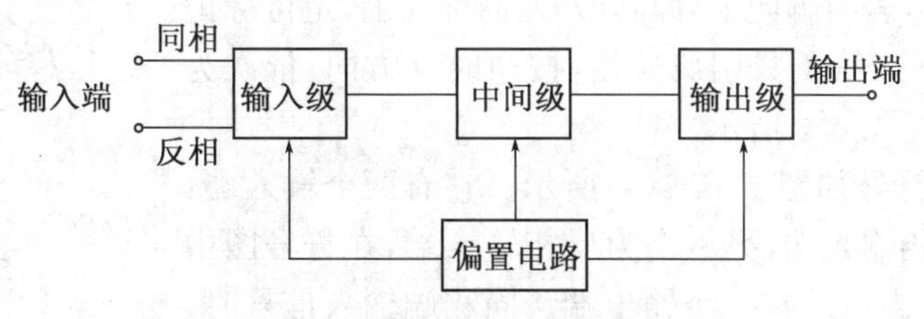

图 4.8.1　集成运放电路结构框图

学习活动 1　集成运算放大器工作在线性区特性的测试与分析

扫码见视频 23

扫码见视频 24

■做一做

实验前要看清运放组件各管脚的位置，切忌正、负电源极性接反和输出端短路。否则将会损坏集成块。按图 4.8.2 接好测量电路，接通 ±12 V 电源，输入端对地短路，调节 R_P 使输出端对地电压为零，即进行调零和消振。然后输入 U_i 为 0～5 V 连续可调的直流电源，测量相应的 U_- 和 U_+，将实验数据记入表 4.8.1。

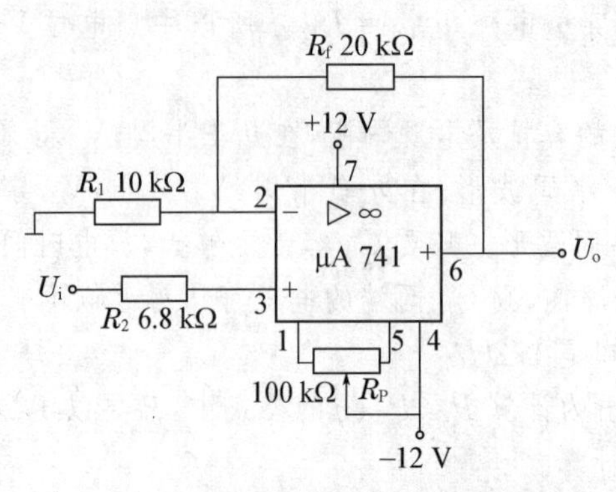

图 4.8.2　集成运放线性区特性的测量电路

表 4.8.1　集成运放线性区特性的测量

U_i 数值 / 测量值	1 V	2 V	3 V	4 V
U_+				
U_-				

■**议一议**

通过对表 4.8.1 的实验数据进行分析，得出理想运放在线性区的特性：1. $u_+=u_-$，称为“虚短”；2. $i_+=i_-=0$，称为“虚断”。

■**学一学**

1. 集成运放的管脚识别

集成电路的封装外形不同，其引脚排列顺序也不一样。本书主要介绍双列直插式封装的引脚识别。双列直插式集成电路，识别其引脚时，若引脚向下，即其型号、商标向上，定位标记在左边，则从左下角第 1 只引脚开始，按逆时针方向，依次为①、②、③……如图 4.8.3 所示。

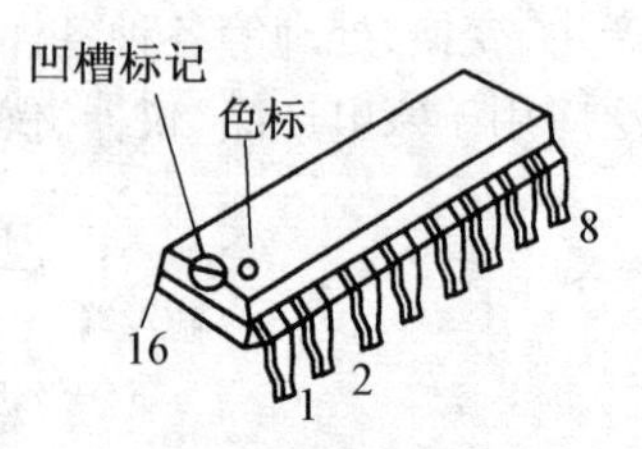

图 4.8.3　双列直插式集成运算放大器的外形

集成运放的符号如图 4.8.4(a)所示。它有两个输入端：一个输入端为同相输入端，另一个为反相输入端，在符号图中分别用“+”、“−”表示。有一个输出端。同相端输入信号时，

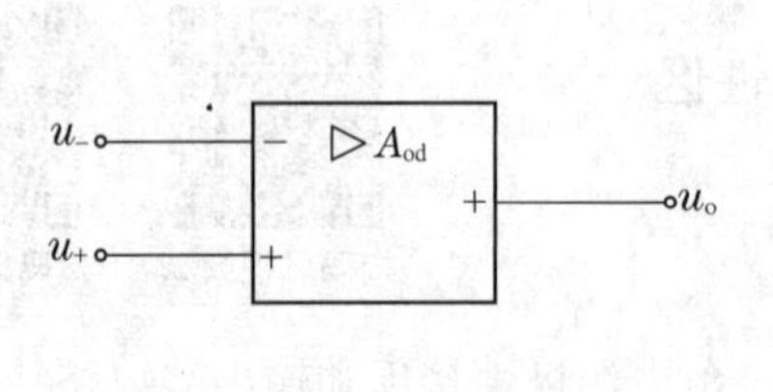

(a) 集成运放的符号

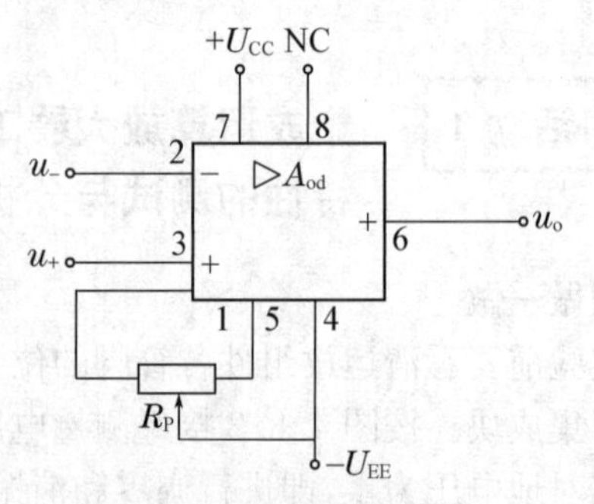

(b) μA 741集成运放引脚

图 4.8.4　集成运放的符号及引脚

反相输入端接地，输出信号与输入信号同相或同极性；反相端输入信号时，同相输入端接地，输出信号与其反相或极性相反。实际集成运算放大器的引出端不止3个，还有两个电源端等，如图4.8.4(b)。习惯只画出图示的三个端就可以了，如图4.8.4(a)。

集成运放的外引脚因型号而异。图4.8.4(b)所示为μA741国产集成运放的管脚情况。

2. 理想运算放大器

在分析集成运算放大器的工作原理时，为了简便，通常把集成运算放大器理想化，称为理想运算放大器，简称理想运放。其具体内容是将其性能指标理想化。

(1) 集成运放的理想化条件

在分析集成运放构成的应用电路时，将集成运放看成理想运算放大器，可以使分析大大简化。理想运算放大器应当满足以下各项条件：

① 开环差模电压放大倍数$A_{od}\to\infty$；

② 输入电阻$r_{id}\to\infty$；

③ 输出电阻$r_o\to 0$；

④ 共模抑制比K_{CMR}(见任务4.9阅读材料)$\to\infty$；

⑤ 失调电压、失调电流均为零；

⑥ 上限频率$f_H\to\infty$。

尽管理想运放并不存在，但由于实际集成运放的技术指标比较理想，在具体分析时将其理想化一般是允许的。本书除特别指出外，均按理想运放对待。

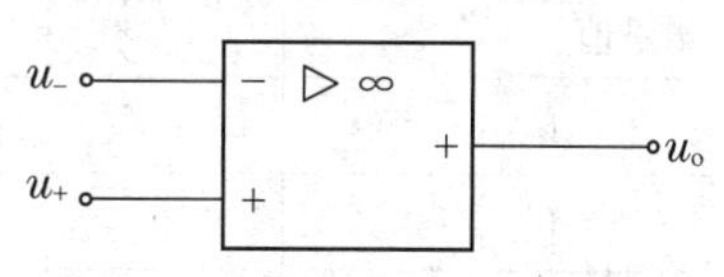

图4.8.5　理想运放的图形符号

理想运放的图形符号如图4.8.5所示。图中三角表示信号的传输方向，∞表示是理想运放。

(2) 理想运算放大器线性区的特点

集成运放工作在线性区时，输出信号与输入信号之间有以下的关系成立：

$$u_o=A_{od}(u_+-u_-)$$

由于一般集成运放的开环差模增益都很大，因此，都要接有深度负反馈，使其净输入电压减小，这样才能使其工作在线性区。理想运放工作在线性区时，可有以下两条重要特点：

① 由于理想运放的$r_{id}\to\infty$，可知其两个输入端的电流都为零，即

$$i_+=i_-=0$$

这就是说两个输入端均无电流，这一特点为“虚断”。“虚断”只是指输入端电流趋近于零，而不是输入端真的断开。

② 由于$A_{od}\to\infty$，而输出电压总为有限值，则有

$$u_+=u_-$$

我们把集成运放两个输入端电位相等称为“虚短”，但两点并非真正短路。

■练一练

1. 理想运放在线性区的特性有________和________的特性。

2. 理想运放“虚短”的特性是指集成运放两个输入端________相等，但两点并非真正短路。

3. 理想运放“虚断”的特性只是指输入端电流趋近于________，而不是输入端真的断开。

学习活动 2　集成运算放大器工作在非线性区特性的测试与分析

扫码见视频 26

■做一做

按图 4.8.6 接好测量电路，然后输入 U_i 为 0～5 V 连续可调的直流电源，测量相应的 U_- 和 U_+，将实验数据记入表 4.8.2。

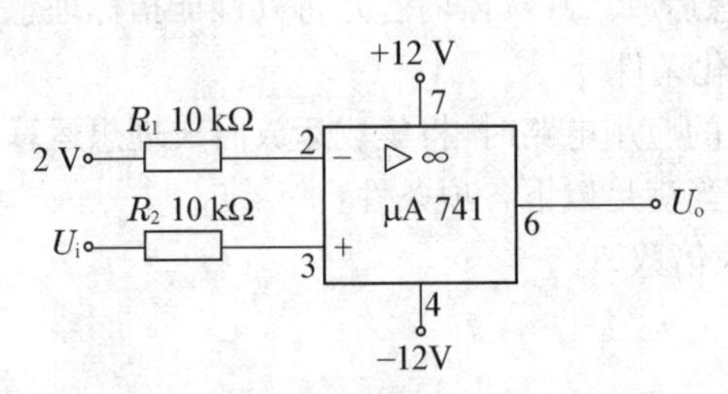

图 4.8.6　集成运放非线性区特性的测量电路

表 4.8.2　集成运放非线性区特性的测量

U_i 数值 / 测量值	0.5 V	1 V	1.5 V	2 V	2.5 V	3 V	3.5 V
U_+							
U_-							
U_o							

■议一议

通过对表 4.8.2 的实验数据进行分析，得出理想运放在非线性区的特性：1. ① 当 $u_+ > u_-$ 时，$u_o = +U_{om}$；② 当 $u_+ < u_-$ 时，$u_o = -U_{om}$；$u_+ = u_-$ 是正负两种饱和状态的转换点。2. $i_+ = i_- = 0$，称为"虚断"。

■学一学

由于集成运放的开环增益 A_{od} 很大，当它工作于开环状态或加有正反馈时，只要有差模信号输入，哪怕是微小的电压信号，集成运放都将进入非线性区，其输出电压立即达到正向饱和值 U_{om} 或负向饱和值 $-U_{om}$（U_{om} 或 $-U_{om}$ 在数值上接近正负电压源）。此时，"虚短"不再成立。理想运放工作在非线性区时，有以下两个特点：

1. 只要输入电压 u_+ 与 u_- 不相等，输出电压就饱和。因此，当 $u_+ > u_-$ 时，$u_o = +U_{om}$；当 $u_+ < u_-$ 时，$u_o = -U_{om}$；$u_+ = u_-$ 是正负两种饱和状态的转换点。

2. 虚断仍然成立，即

$$i_+ = i_- = 0$$

■练一练

1. 理想运放一定存在________特性，不一定有________。
2. 理想运放工作在非线性区时，当________时，$u_o = U_{om}$；当________时，$u_o = -U_{om}$。
3. 理想运放工作在非线性区时，U_{om} 或 $-U_{om}$ 在数值上接近________。

■扩展与延伸

集成运算放大器的主要参数

1. 输入失调电压 U_{IO}

理想的运算放大器，当输入为零时，输出电压应该为零。由于工艺等原因造成元件参数不对称，输出并不为零。通常用失调电压来反映这种不对称程度。当输入端加入补偿电压，输出为零，这个补偿电压就是失调电压，一般为几个 mV。显然失调电压越小越好。

2. 输入失调电流 I_{IO}

输入为零时，放大器两个输入端的静态基极电流之差称为输入失调电流，即

$$I_{IO}=|I_{B1}-I_{B2}|$$

希望 I_{IO} 越小越好。

3. 输入偏置电流 I_{IB}

输入为零时，两个输入端静态电流的平均值称为输入偏置电流。I_{IB} 越小，由信号源内阻变化而引起的输出电压的变化也越小，它也是一个重要指标，一般在几百 nA 级。

4. 开环差模电压放大倍数 A_{od}

A_{od} 是集成运放在开环时输出电压与输入差模信号电压之比，常用分贝表示。这个值越大越好。

5. 共模抑制比 K_{CMR}

集成运放开环差模电压放大倍数与开环共模电压放大倍数之比就是集成运放的共模抑制比，常用分贝表示。

6. 最大差模输入电压 U_{idm}

U_{idm} 是指同相输入端和反相输入端之间所能承受的最大电压值。

7. 最大共模输入电压 U_{icm}

U_{icm} 是集成运放在线性工作范围内所能承受的最大共模输入电压。

阅读材料　放大电路的负反馈

1. 反馈的基本概念

将放大电路输出信号(电压或电流)的一部分或全部通过某一电路送回输入端，称为反馈。具有反馈作用的放大器叫反馈放大器。反馈到输入回路的信号称为反馈信号。由输出信号形成反馈信号的电路叫反馈电路或反馈网络。构成反馈网络的元件叫反馈元件。反馈信号与输出信号之比叫反馈系数。如果反馈信号削弱了输入信号使放大电路的净输入减小，导致电路的放大倍数降低的反馈称为负反馈；反之，则为正反馈。

2. 反馈放大器的结构

负反馈放大电路的结构分为两部分：一个是基本放大电路；另一个就是反馈电路(或称反馈网络)。通常用反馈环方框图表示，如图 4.8.7 所示。方框图由基本放大电路和反馈网络构成闭合环路。用 x 表示信号电压或电流。x_i、x_o、x_f 分别表示输入、

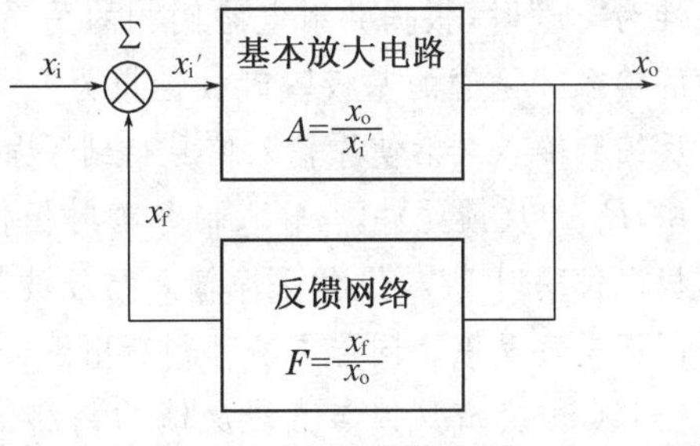

图 4.8.7　反馈放大器

输出和反馈信号。x_i'为基本放大电路的净输入，它由x_i与x_f之差决定，即$x_i'=x_i-x_f$（设各个信号都为正弦量）。

A为基本放大电路的放大倍数，它由净输入信号x_i'经基本放大电路正向传输至输出端；F为反馈网络的反馈系数，反映输出信号经反馈网络反向传输至输入端的程度。通常将基本放大电路的放大倍数称为反馈放大电路的开环放大倍数；反馈放大电路的放大倍数$A_f=\dfrac{X_o}{X_i}$称为闭环放大倍数；$A=\dfrac{X_o}{X_i'}$称为未引入反馈放大电路的放大倍数。

3. 反馈的分类

(1) 正反馈与负反馈

如果反馈信号使净输入信号加强，这种反馈就称为正反馈；反之，称为负反馈。

(2) 直流反馈与交流反馈

如果反馈信号中只有直流成分，即反馈元件只能反映直流量的变化，这种反馈就叫直流反馈；如果反馈信号中只有交流成分，即反馈元件只能反映交流量的变化，这种反馈就叫交流反馈；如果反馈信号中既有直流成分，又有交流成分，这种反馈则称为交、直流反馈。

(3) 电压反馈与电流反馈

这是按照反馈信号与输出信号之间的关系来划分的。若反馈信号与输出电压成正比，就是电压反馈；与输出电流成正比，就是电流反馈。从另一个角度说，看反馈是对输出电压采样还是对输出电流采样，对应分别称为电压反馈和电流反馈。

(4) 串联反馈与并联反馈

这是按照反馈信号在放大器输入端的连接方式不同来分类的。如果反馈信号在放大器输入端以电压的形式出现，就是串联反馈；如果反馈信号在放大器输入端以电流的形式出现，就是并联反馈。

4. 反馈类型的判别

在分析实际反馈电路时，必须首先判别其属于哪种反馈类型。在判别反馈类型之前，首先应看放大器的输出端与输入端之间有无电路连接，以便确定有无反馈。

(1) 正、负反馈的判别

通常采用瞬时极性法判别反馈的正负。这种方法是首先假定输入信号为某一瞬时极性（一般设为对地为正的极性），然后由各级输入、输出之间的相位关系，分别推出其他有关各点的瞬时极性（用“+”表示升高，用“−”表示降低），最后看反馈到输入端的作用是加强了还是削弱了净输入信号。使净输入信号加强了的为正反馈，削弱的为负反馈。

如图4.8.8所示为四个反馈电路，图(a)中R_f为反馈元件，当输入端的输入信号瞬时极性为“+”时，根据共射电路倒相的关系，V_1管的集电极的瞬时极性为“−”，V_1的输出即V_2的输入，V_2管的基极瞬时极性也为“−”，V_2管的集电极为“+”，经C_2的输出端为“+”，经R_f反馈到输入端后使原输入信号得到了加强（反馈信号与输入信号同相），所以为正反馈。图(b)中，R_E为反馈元件，当输入信号瞬时极性为“+”时，基极电流与集电极电流瞬时增加，使发射极电位瞬时为“+”，结果净输入信号被削弱（$u_{BE}=u_i-u_o$，原输入电压u_i大于净输入电压u_{BE}），因而是负反馈。同样方法可判断出图(c)、(d)都为负反馈电路。

(2) 交流反馈与直流反馈的判别

判别交流反馈与直流反馈主要是从反馈网络（反馈元件）上来观察，在反馈支路中，若只有交流信号，则为交流反馈；若只有直流信号，则为直流反馈；若两者同时存在，则为交、直流反馈。

如图 4.8.8 所示：图(a)中，反馈支路(C_2 和 R_f 串联)仅能通交流，不能通直流，故为交流反馈；图(b)中，反馈支路(R_E 和 C_E 并联)仅通直流，不能通交流，故为直流反馈；图(c)同图(a)；图(d)中，反馈支路(只有电阻 R_E)既能通直流，又能通交流，故为交、直流反馈。

(3) 电压、电流反馈的判别

判断电压、电流反馈，一是看输出取样信号是电压还是电流，反馈信号与什么输出量成正比，就是什么反馈。二是采取负载电阻 R_L 短路法来判断，也就是使输出电压为零。此时若原来是电压反馈，则反馈信号一定随输出电压为零而消失；若电路中仍然有反馈存在，则原来的反馈应该是电流反馈。

如图 4.8.8 所示：图(a)中，令 $u_o=0$，反馈信号 i_F 随之消失，所以为电压反馈；图(b)中，令 $u_o=0$，则反馈信号 u_F 仍然存在，所以为电流反馈；图(c)中，令 $u_o=0$，反馈信号 i_F 随之消失，所以为电压反馈；图(d)中，令 $u_o=0$，则反馈信号 u_F 随之消失，所以为电压反馈。

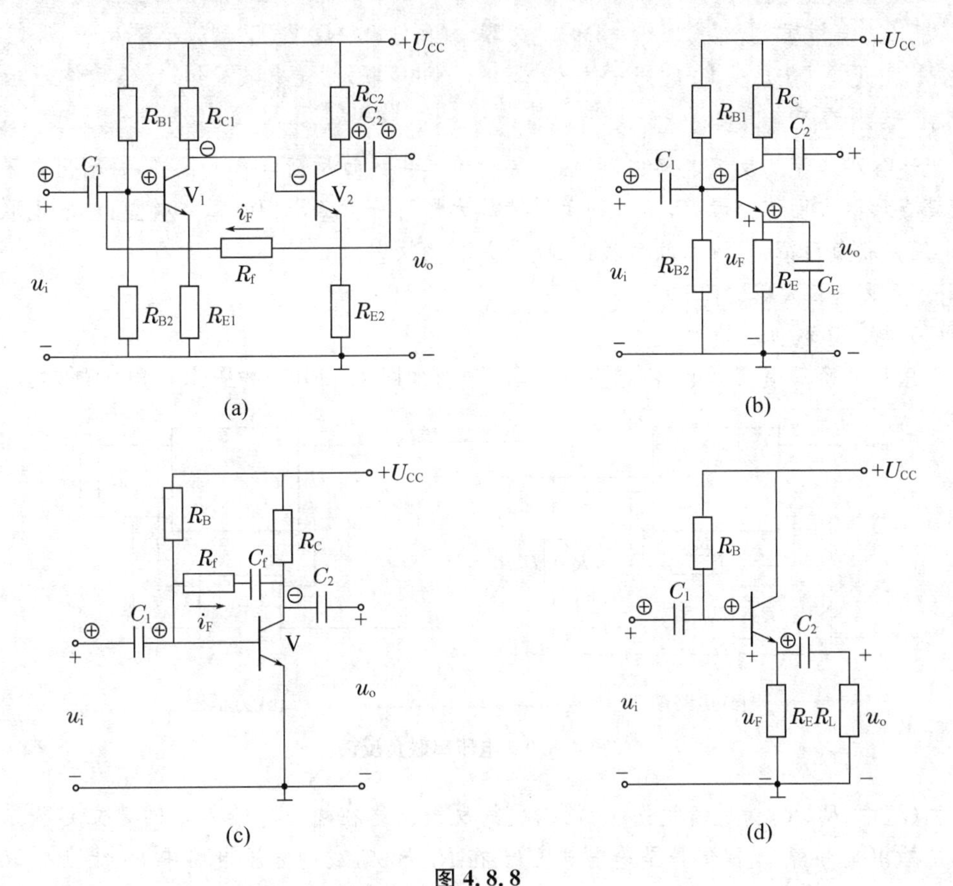

图 4.8.8

(4) 串联、并联反馈的判别

判断串联、并联反馈，一是看反馈信号与输入信号在输入回路中是以电压形式叠加，还是以电流形式叠加，前者为串联反馈，后者为并联反馈。二是反馈节点对地短路法，当反馈节点对地短路时，输入信号不能加进基本放大器，则为并联反馈；否则为串联反馈。

如图 4.8.8 所示：图(a)中，反馈节点（反馈元件 R 与输入回路的交点，即三极管的基极）对地短路时，输入信号不能加进基本放大器，则为并联反馈；图(b)中，反馈节点（反馈元件 R_E 与输入回路的交点，即三极管的发射极）对地短路时，输入信号仍能加进基本放大器，则为串联反馈；图(c)中，反馈节点（反馈元件 R_f 与输入回路的交点，即三极管的基极）对地短路时，输入信号不能加进基本放大器，则为并联反馈；图(d)中，反馈节点（反馈元件 R_E 与输入回路的交点，即三极管的发射极）对地短路时，输入信号仍能加进基本放大器，则为串联反馈。

小知识

一般来说，可以这样来判别电压、电流、串联、并联反馈：当反馈支路与输出端直接相连（公共端除外）时，为电压反馈，否则为电流反馈；当反馈支路与输入端直接相连（公共端除外）时，为并联反馈，否则为串联反馈。

可以这样来判别正、负反馈：当设输入端瞬时极性为“＋”时，由反馈支路反馈回来的极性也为“＋”，如直接反馈回到输入端（公共端除外），为正反馈，否则为负反馈；反馈回来的极性为“－”，如直接反馈回到输入端（公共端除外），为负反馈，否则为正反馈。

可以这样判别交、直流反馈：当反馈支路中，反馈元件为电容，则是交流反馈；反馈元件为电阻，则是交、直流反馈；反馈元件为电容和电阻串联，则是交流反馈；反馈元件为电容与电阻并联，则为直流反馈。

上述各种类型的反馈电路中，我们主要讨论其中的负反馈电路。这样，将输出端采样与输入端叠加两方面综合考虑，实际的负反馈放大器可分为如下四种基本类型：电压串联负反馈、电压并联负反馈、电流串联负反馈、电流并联负反馈。

5. 负反馈放大器的四种组态

(1) 电压串联负反馈

电压串联负反馈实际电路和连接方框图分别如图 4.8.9(a)和图 4.8.9(b)所示。

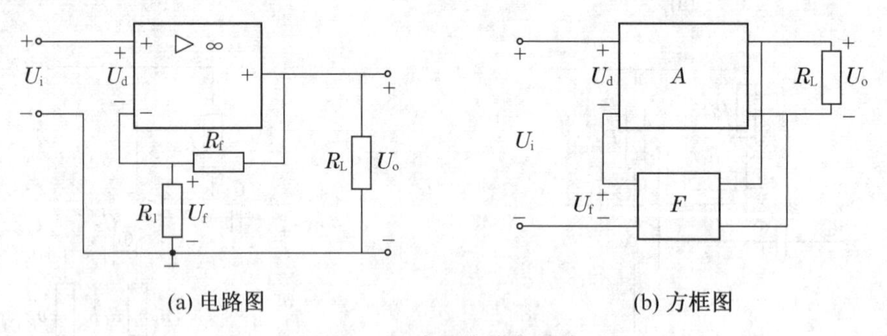

(a) 电路图　　(b) 方框图

图 4.8.9　电压串联负反馈

图(a)中，R_f、R_1 为反馈元件，它们构成的反馈网络在输出与输入之间建立起联系。从电路的输出来分析，反馈信号是输出电压 U_o 在 R_f，R_1 组成的分压电路中 R_1 上所分取电压 U_f，反馈电压是输出电压 U_o 的一部分。假设将输出短路，$U_o=0$，则 $U_f=0$，因此，这个反馈是电压反馈。从输入端来分析，假设反馈节点（运放的反相输入端）对地短路，$U_f=0$，输入信号仍能加入运放电路，因此，这是串联反馈。由瞬时极性法，设 U_i 瞬时为“＋”，根据运放的输入输出特性，则输出 U_o 亦为“＋”，反馈至反相输入端亦为“＋”，这样，反馈的引入使运放的净输入信号 U_d 减小，因而是负反馈。反馈支路中，无电容串、并联，这是交、直流反馈。

所以总的来看，该电路是一个交、直流电压串联负反馈放大电路。电压负反馈放大器具有恒压源的性质。

(2) 电压并联负反馈

电压并联负反馈实际电路和连接方框图分别如图4.8.10(a)和图4.8.10(b)所示。

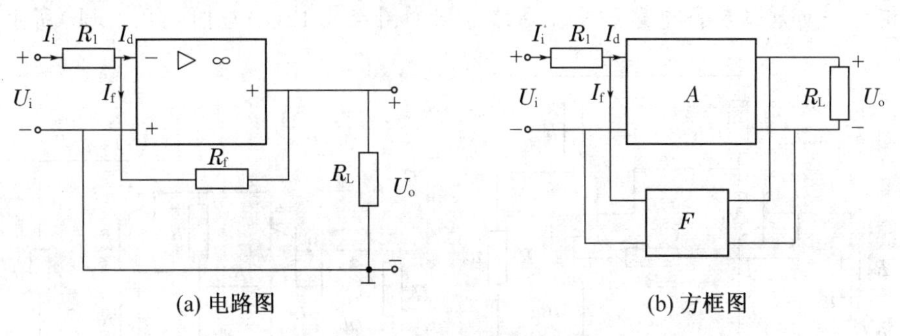

图4.8.10　电压并联负反馈

图(a)中，R_f为反馈元件，它构成的反馈网络在输出与输入之间建立起联系。从电路的输出端来分析，在输出端的采样对象是输出电压U_o，假设将输出短路，$U_o=0$，则反馈信号消失，因此，这个反馈是电压反馈。从输入端来分析，假设反馈节点(运放的反相输入端)对地短路(两输入端短路)，输入信号不能加入运放电路，因此，这是并联反馈。由瞬时极性法，设U_i瞬时为"+"，根据运放的输入输出特性，则输出U_o亦为"−"，从而使流过R_f的电流I_f增加，在I_i不变的条件下，因I_f的分流作用而使流入运放的净输入电流I_d(等于I_i-I_f)减少，因而是负反馈。反馈支路中，无电容串、并联，这是交、直流反馈。所以总的来看，该电路是一个交、直流电压并联负反馈放大电路。电压负反馈能够稳定输出电压。

(3) 电流串联负反馈

电流串联负反馈实际电路和交流通路分别如图4.8.11(a)和图4.8.11(b)所示。

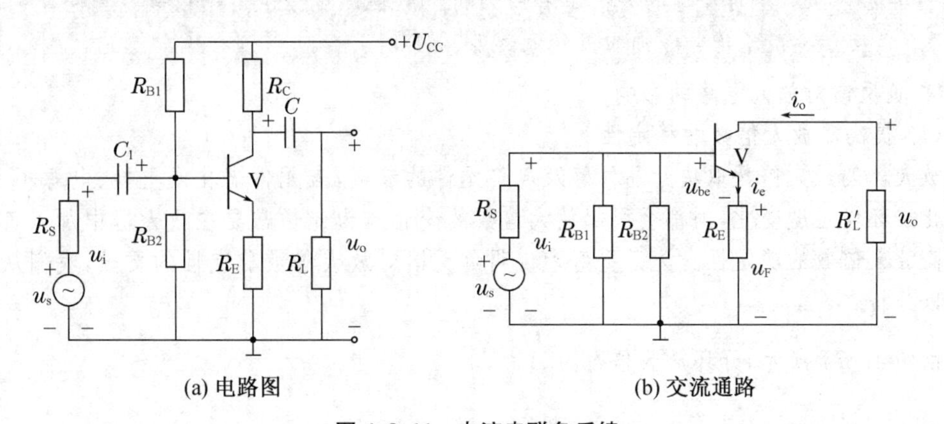

图4.8.11　电流串联负反馈

图(a)中，R_E为反馈元件，它构成的反馈网络在输出与输入之间建立起联系。从电路的输出端来分析，反馈量不是取自输出电压，假设将输出短路，$u_o=0$，反馈信号$u_F=R_E i_e$依然存在，因此，这个反馈是电流反馈。从输入端来分析，假设反馈节点(三极管的发射极)对地短路，$u_F=0$，输入信号仍能加入三极管基极输入端，因此，这是串联反馈。由瞬时极性法，设

u_i 瞬时为"+",三极管的射极也为"+",这样,反馈的引入使电路的净输入信号 $u_{be}=u_i-u_F$ 减小,因而是负反馈。反馈支路中,无电容串、并联,这是交、直流反馈。所以总的来看,该电路是一个交、直流电流串联负反馈放大电路。电流负反馈放大器具有恒流源的性质。

(4) 电流并联负反馈

电流并联负反馈实际电路和交流通路分别如图 4.8.12(a)与图 4.8.12(b)所示。

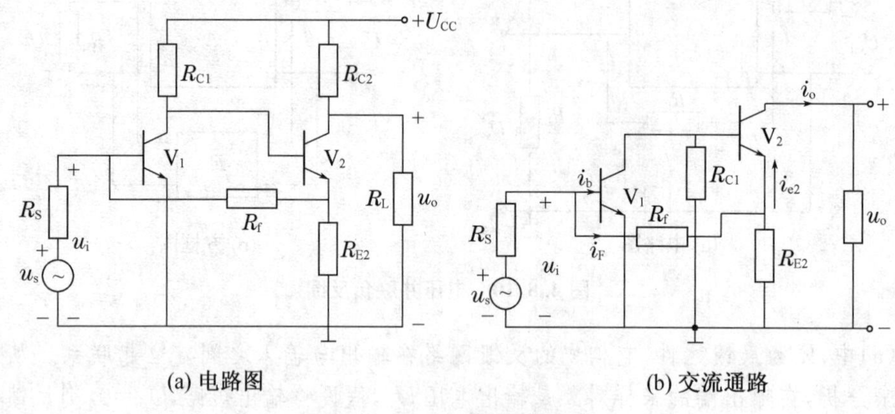

图 4.8.12　电流并联负反馈

图(a)中,R_f 为反馈元件,它构成的反馈网络在输出与输入之间建立起联系。从电路的输出端来分析,假设将输出短路,$u_o=0$,则反馈信号依然存在,因此,这个反馈是电流反馈。从输入端来分析,假设反馈节点对地短路,输入信号不能加入电路,因此,这是并联反馈。由瞬时极性法,可判断出为负反馈。反馈支路中,无电容串、并联,这是交、直流反馈。所以总的来看,该电路是一个交、直流电压并联负反馈放大电路。

小知识

信号源内阻对于负反馈的效果是有影响的。串联负反馈适用于信号源内阻小的电压源;并联负反馈适用于信号源内阻大的电流源。

6. 负反馈对放大电路的影响

(1) 提高了放大倍数的稳定性

放大器的放大倍数取决于晶体管及电路元件的参数,若元件老化或更换、电源不稳、负载变化或环境温度变化,则都会引起放大倍数的变化。为此通常要在放大器中加入负反馈以提高放大倍数的稳定性。为了更好地说明负反馈对放大倍数稳定性的贡献,我们从定量上加以分析。

由图 4.8.7 所示,开环放大倍数为 $A=\frac{X_o}{X_i'}$

反馈系数为 $F=\frac{X_f}{X_o}$

闭环放大倍数 $A_f=\frac{X_o}{X_i}$

放大器的净输入信号为 $x_i'=x_i-x_f$

由以上的式子,可得 $A_f=\frac{A}{1+AF}$

上式反映了闭环放大倍数与开环放大倍数及反馈系数之间的关系。$1+AF$ 称为反馈深度，$1+AF$ 越大，则反馈越深。

中频时 $A_f=\dfrac{A}{1+AF}$

将上式求导，可得

$$\frac{\mathrm{d}A_f}{A_f}=\frac{1}{(1+AF)}\cdot\frac{\mathrm{d}A}{A}$$

可见，虽然负反馈的引入使放大倍数下降了$(1+AF)$倍，但放大倍数的稳定性却提高了$(1+AF)$倍。

(2) 展宽通频带

通频带 BW 反映放大电路对输入信号频率变化的适应能力。图4.8.13表示负反馈放大电路展宽通频带的原理。

中频段的开环放大倍数$|A|$较高，反馈后，中频段的闭环放大倍数衰减较大。当信号频率在高频和低频段时，开环放大倍数随信号频率的升高或降低而随之减小，闭环放大倍数$|A_f|$在高频和低频段的衰减倍数就比中频段时小，因此，负反馈放大电路的上、下限频率向更高或更低的频率扩展，如图4.8.13所示。BW_f为负反馈时的通频带，可见，$BW_f>BW$，频带展宽。

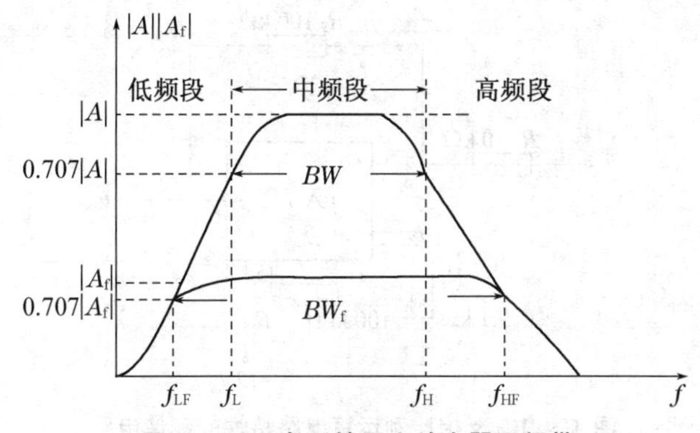

图4.8.13　负反馈展宽放大器通频带

(3) 减小非线性失真

负反馈可以减小非线性失真，具体减小的原理这里不作论述。注意，负反馈可以减小的是放大器非线性所产生的失真，而对于输入信号本身固有的失真并不能减小。此外，负反馈只是“减小”非线性失真，并非完全“消除”非线性失真。

(4) 负反馈对输入电阻的影响

① 串联负反馈提高输入电阻

r_i为开环时基本放大电路的输入电阻，r_{if}为闭环时负反馈放大电路的输入电阻。

② 并联负反馈降低输入电阻

r_i为开环时基本放大电路的输入电阻，r_{if}为闭环时负反馈放大电路的输入电阻。

(5) 负反馈对输出电阻的影响

① 电压负反馈降低输出电阻

r_o为开环放大电路的输出电阻，r_{of}为闭环放大电路的输出电阻。

由于放大电路的输出电阻降低了，因此，电压负反馈放大电路增强了带负载能力。

② 电流负反馈提高输出电阻

r_o为开环放大电路的输出电阻，r_{of}为闭环放大电路的输出电阻。

■**练一练**

1. 什么是正反馈、负反馈、电压反馈、电流反馈、串联反馈、并联反馈？
2. 如何区分这些不同类型的反馈？

任务 4.9　集成运放典型线性电路特性的测试与应用

学习活动 1　反相比例运算电路特性的测试与应用

扫码见视频 23

扫码见视频 24

■**做一做**

按图 4.9.1 连接实验电路，接通±12 V 电源，输入端对地短路，调节 R_P 使输出端对地电压为零，即进行调零和消振。然后输入 $f=1$ kHz，$U_i=0.5$ V 的正弦交流信号，按表 4.9.1 进行实验数据的测量。

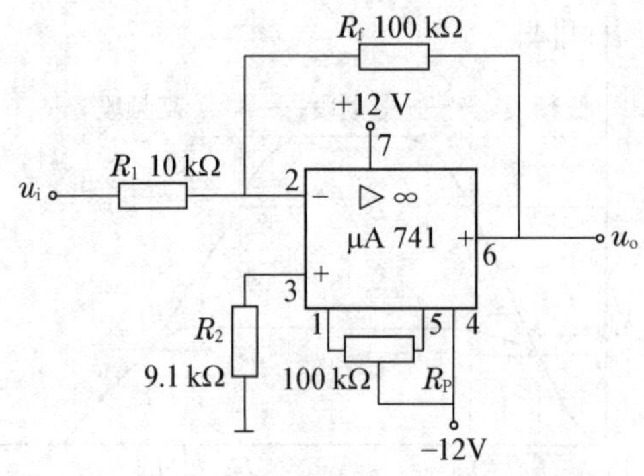

图 4.9.1　反相比例运算电路特性的测量电路

表 4.9.1　反相比例运算电路特性的测量

U_-(V)	U_+(V)	U_i(V)	U_o(V)	A_u	u_o和 u_i的波形

■**议一议**

通过对表 4.9.1 的实验数据和所测量的波形进行分析，得出反相比例运算电路具有如下作用：实现电压放大作用，同时实现了输出电压 u_o 和输入电压 u_i在相位上反相位的关系。

■**学一学**

如图 4.9.2 所示为反相比例运算电路。根据反馈类型的判断方法可知，它是一个电压并联负反馈放大器。输入信号从反相端加入集成放大器。

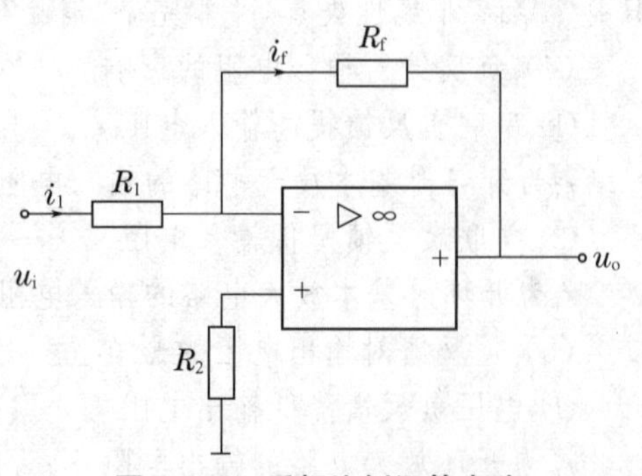

图 4.9.2　反相比例运算电路

1. 电压放大倍数 A_{uf}

由 $i_+=i_-=0$ 可知，R_2 上无压降，所以得 $u_+=0$，再由 $u_+=u_-$，得 $u_-=0$。即反相端也为地电位，但反相端并没有真正接地，称它为“虚地”。各电流的参考方向如图 4.9.2 所示，由“虚地”、“虚断”概念可得

$$i_1=i_f, i_1=\frac{u_i-u_-}{R_1}=\frac{u_i}{R_1}, i_f=\frac{u_--u_o}{R_f}=-\frac{u_o}{R_f}$$

整理后得 $u_o=-\frac{R_f}{R_1}u_i$，所以电压放大倍数为

$$A_{uf}=-\frac{R_f}{R_1}$$

上式表明，该反相输入运放电路具有比例运算功能，即输出电压与输入电压呈线性关系，比例系数只与外接电阻 R_f 和 R_1 的阻值有关。只要选用阻值精确、性能稳定的精密电阻，就能够实现相当精确的比例运算。公式中的负号说明，输出电压与输入电压反相，体现了反相输入方式的特点。

2. 输入电阻 r_i

由于引入了并联负反馈，其输入电阻不高。因为反相输入端为虚地，故该运放电路的输入电阻为

$$r_i=R_1$$

3. 输出电阻 r_o

由于引入了电压负反馈，具有稳定输出电压的作用，表明其输出电阻很小，带负载能力强。

4. 平衡电阻 R_2

集成运放的两个输入端就是输入级差分放大电路(见阅读材料)两个晶体管的基极，而保持两个基极输入电路的对称是十分必要的。静态时($u_i=0$，$u_o=0$，输入端和输出端均接地)，反相输入端到地的等效电阻是 $R_1/\!/R_f$，故应取 $R_2=R_1/\!/R_f$，以保证输入电路的对称，并称 R_2 为平衡电阻。

■练一练

例 4.9.1:在图 4.9.2 所示反相输入比例运放电路中，已知 $R_1=20\ \text{k}\Omega$，$R_f=200\ \text{k}\Omega$。计算电路的电压放大倍数、输入电阻、和平衡电阻。

解:电压放大倍数

$$A_{uf}=-\frac{R_f}{R_1}=-\frac{200}{20}=-10$$

输入电阻

$$r_i=R_1=20\ \text{k}\Omega$$

平衡电阻

$$R_2=R_1/\!/R_f=20/\!/200\ \text{k}\Omega=18.18\ \text{k}\Omega$$

■扩展与延伸

反相器

当 $\frac{R_f}{R_1}=1$ 时，即 $A_{uf}=-\frac{R_f}{R_1}=-1$ 这样的反相比例电路，又称为反相器。

学习活动 2　同相比例运算电路特性的测试与应用

■做一做

按照图 4.9.3 连接实验电路，接通±12 V 电源，输入端对地短路，调节 R_P 使输出端对地电压为零，即进行调零和消振。然后输入 $f=1\ \text{kHz}$，$U_i=0.5\ \text{V}$ 的正弦交流信号，按照表 4.9.2 进行实验数据的测量。

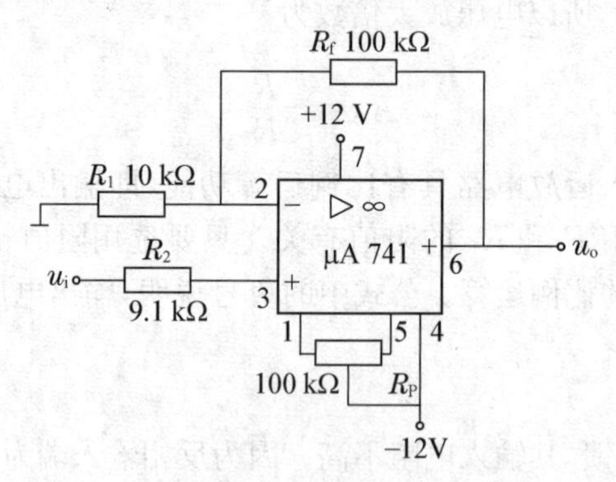

图 4.9.3　同相比例运算电路特性的测量电路

表 4.9.2　同相比例运算电路特性的测量

U_-(V)	U_+(V)	U_i(V)	U_o(V)	A_u	u_o和 u_i的波形

■议一议

通过对表 4.9.2 的实验数据和所测量的波形进行分析，得出同相比例运算电路具有如下作用：实现电压放大作用，同时实现了输出电压 u_o和输入电压 u_i在相位上同相位的关系。

■学一学

如图 4.9.4 所示为同相比例运算电路。根据反馈类型的判断方法，可知，它是一个电压串联负反馈放大器。输入信号从同相端加入集成放大器。

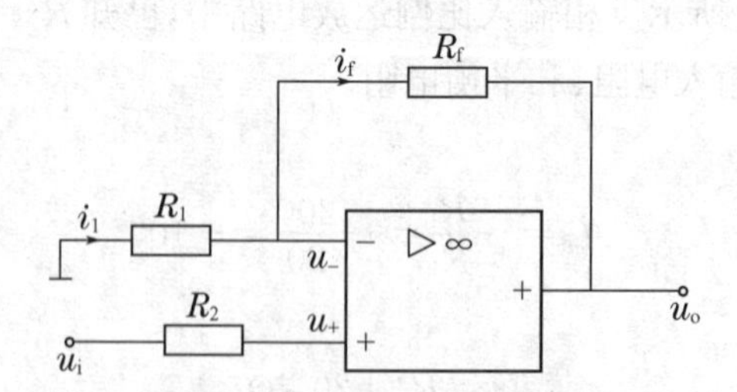

图 4.9.4　同相比例运算电路

1. 电压放大倍数 A_{uf}

各电流的参考方向如图 4.9.4 所示，由“虚断”、“虚短”概念可得

$$i_1=i_f,u_+=u_-=u_i,i_1=\frac{0-u_-}{R_1}=\frac{u_i}{R_1},i_f=\frac{u_--u_o}{R_f}=\frac{u_i-u_o}{R_f}$$

整理得 $u_o=\left(1+\frac{R_f}{R_1}\right)u_i$，所以电压放大倍数为

$$A_{uf}=1+\frac{R_f}{R_1}$$

上式表明，该同相输入运放电路也能够完成比例运算功能，比例系数仅取决于反馈网络的电阻比值 $1+\frac{R_f}{R_1}$，而与运放本身的参数无关，式中的值为正值，说明了输出电压与输入电压同相，体现了同相输入的特点。另外，同相输入比例运放电路的比例系数总是大于或等于 1。

2. 输入电阻 r_i

由于引入了串联负反馈，使同相输入比例运放电路的输入电阻大大提高，最高可达 10^3 MΩ 以上。

3. 输出电阻 r_o

由于引入了电压负反馈，使同相输入比例运放电路的输出电阻非常小，带负载能力强。

4. 平衡电阻 R_2

平衡电阻 $R_2=R_1/\!/R_f$。

■练一练

例 4.9.2：运放电路如图 4.9.5 所示，写出输出与输入的关系式。

解：运放电路为同相输入，根据虚断有

$$u_+=\frac{R_3}{R_2+R_3}\cdot u_I$$

根据虚断和虚短有

$$u_-=u_+=\frac{R_3}{R_2+R_3}\cdot u_I$$

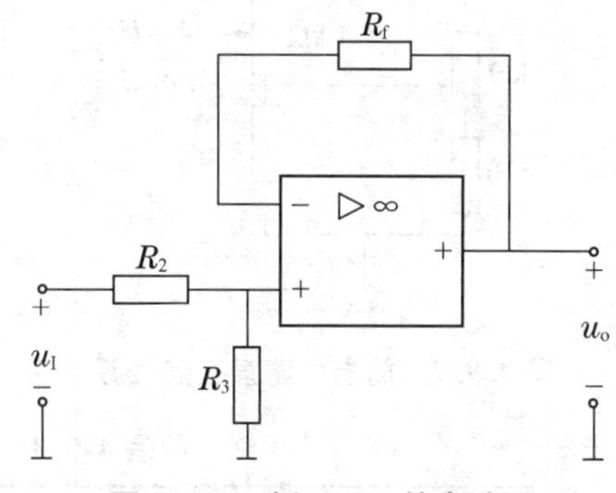

图 4.9.5　例 4.9.2 的电路图

输出电压

$$u_o=u_-=\frac{R_3}{R_2+R_3}\cdot u_I$$

■扩展与延伸

电压跟随器

如果取电阻 $R_1=\infty$（断开 R_1 支路）或者同时使 $R_1=\infty$、$R_f=0$（将 R_f短路），此时对应电路分别如图 4.9.6(a)、(b)所示。根据公式 $A_{uf}=1+\frac{R_f}{R_1}=1$，即输出电压与输入电压数值相

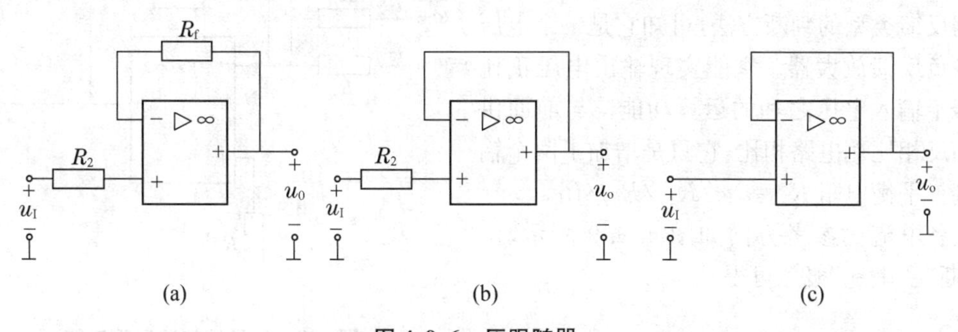

图 4.9.6　压跟随器

等，相位相同。这种电路称为电压跟随器。电压跟随器最简单的形式如图 4.9.6(c)所示。电压跟随器经常被用来检测集成芯片的好坏。

学习活动 3　反相加法运算电路特性的测试与应用

■做一做

按图 4.9.8 连接实验电路，接通±12 V 电源，输入端对地短路，调节 R_P 使输出端对地电压为零，即进行调零和消振。

输入信号采用直流信号，图 4.9.7 所示电路为简易直流信号源，由实验者自行完成。实验时要注意选择合适的直流信号幅度，以确保集成运放工作在线性区。用直流电压表测量输入电压 U_{i1}、U_{i2} 及输出电压 U_o，记入表 4.9.3。

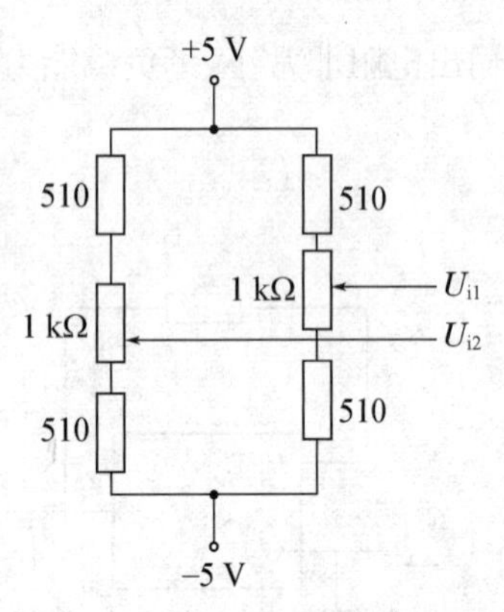

图 4.9.7　简易可调直流信号源

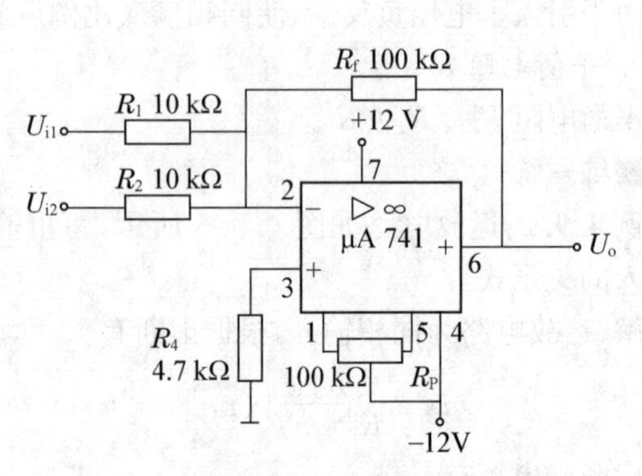

图 4.9.8　反相加法运算电路特性的测量电路

表 4.9.3　加法运算电路特性的测量

U_{i1}(V)					
U_{i2}(V)					
U_o(V)					

■议一议

通过对表 4.9.3 的实验数据进行分析可知，反相加法运算电路实现了反相求和的功能。

■学一学

如图 4.9.9 所示为反相加法运算电路。根据反馈类型的判断方法，可知它是一个电压并联负反馈放大器。它能实现输出电压正比于若干输入电压之和的运算功能。与前面讲到的反相比例电路相比，它只是增加了两个输入端。平衡电阻 $R_4 = R_1 /\!/ R_2 /\!/ R_3 /\!/ R_f$。

各电流的参考方向如图 4.9.9 所示，由“虚断”、“虚地”概念可得

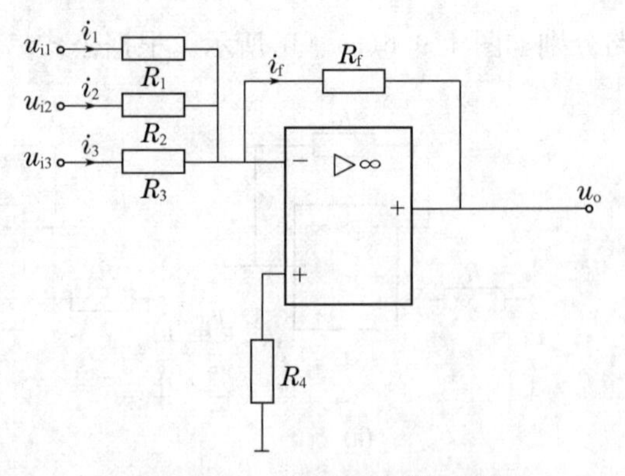

图 4.9.9　反相加法运算电路

$$i_1+i_2+i_3=i_f,\ i_1=\frac{u_{i1}-u_-}{R_1}=\frac{u_{i1}}{R_1},i_2=\frac{u_{i2}}{R_2},i_3=\frac{u_{i3}}{R_3}$$

$$i_f=\frac{u_--u_o}{R_f}=\frac{-u_o}{R_f}$$

整理后得

$$u_o=-R_f\left(\frac{u_{i1}}{R_1}+\frac{u_{i2}}{R_2}+\frac{u_{i3}}{R_3}\right)$$

从上式可见，此电路的结果相当于三个反相比例电路输出结果之和。多个输入端的计算方法相同。此电路实现了反相求和的功能。

当 $R_1=R_2=R_3=R_f=R$ 时

$$u_o=-(u_{i1}+u_{i2}+u_{i3})$$

■练一练

例 4.9.3：已知图 4.9.10 所示电路中，$u_i=-2\text{ V}$，$R_f=2R_1$，试求 u_o。

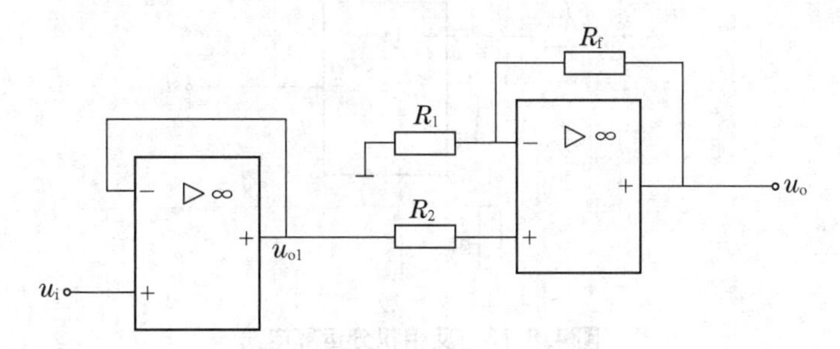

图 4.9.10　例 4.9.3 的电路

解：此电路为两级运放的串联形式，可以每级单独计算。

先求第 1 级的输出 u_{o1}，第 1 级为电压跟随器，因此，$u_{o1}=u_i=-2\text{ V}$

第 2 级为同相比例运算，其输入电压为 u_{o1}，因此，按式 $u_o=\left(1+\frac{R_f}{R_1}\right)u_i$ 可求得

$$u_o=\left(1+\frac{R_f}{R_1}\right)u_{o1}=\left(1+\frac{2R_1}{R_1}\right)\times(-2)\text{V}=-6\text{ V}$$

■扩展与延伸

1. 减法运算电路

如图 4.9.11 所示为差动输入时能实现减法运算的电路图，u_{i1} 和 u_{i2} 分别加在运放的反相和同相输入端，输出信号仍由反馈电阻 R_f 和 R_1 经分压后加在反相输入端。电路中，$R_2/\!/R_3=R_1/\!/R_f$。各电流的参考方向如图 4.9.11 所示，由“虚断”、“虚短”概念可得

$$u_+=\frac{R_3}{R_2+R_3}u_{i2}$$

$$i_1=i_f,i_1=\frac{u_{i1}-u_-}{R_1},i_f=\frac{u_--u_o}{R_f}$$

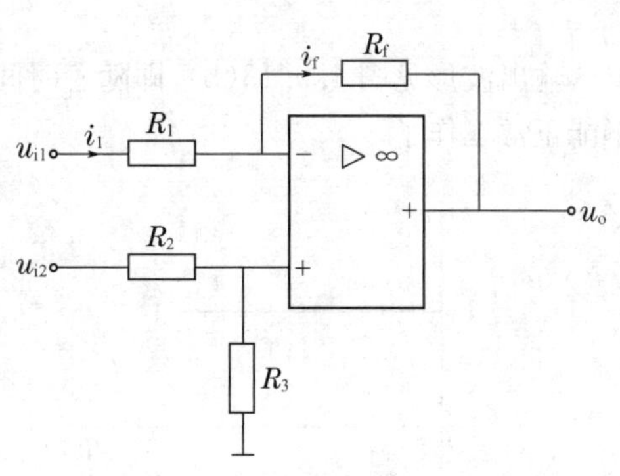

图 4.9.11　减法运算电路

经整理后得

$$u_o=\left(1+\frac{R_f}{R_1}\right)u_{i2}\times\frac{R_3}{R_2+R_3}-\frac{R_f}{R_1}u_{i1}$$

当 $R_1=R_2, R_3=R_f$ 时

$$u_o=u_{i2}-u_{i1}\frac{R_f}{R_1}$$

当 $R_1=R_2=R_3=R_f$ 时

$$u_o=u_{i2}-u_{i1}$$

可见此电路实现了减法运算。

2. 积分运算电路

如图 4.9.12 所示为反相积分运算电路，与反相比例运算电路相比较，接在输出端与反相输入端之间的反馈电阻 R_f 用电容 C 来代替。

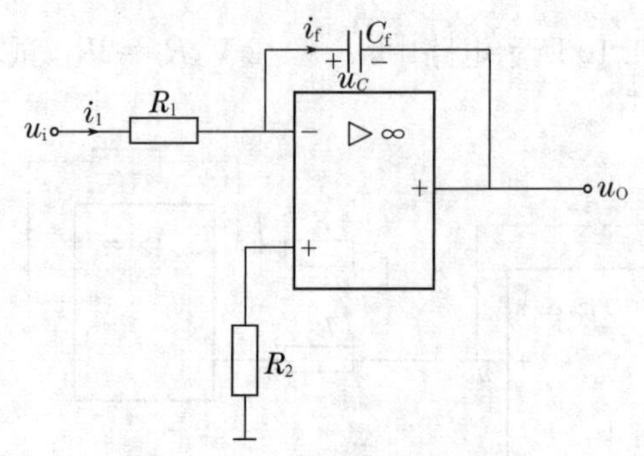

图 4.9.12 反相积分运算电路

用虚地概念，则有 $i_1=i_f=\frac{u_i}{R_1}$，按电路图上参考方向

$$u_O=-u_C=-\frac{1}{C_f}\int i_C\mathrm{d}t$$

$$u_O=-\frac{1}{C_f}\int\frac{u_i}{R_1}\mathrm{d}t=-\frac{1}{C_fR_1}\int u_i\mathrm{d}t$$

上式表明，电路实现了积分运算功能。负号表示反相，R_1C_f 为积分时间常数。

当输入电压 u_i 为阶跃电压时，如图 4.9.13(a)所示，则

$$u_o=-\frac{tU_i}{R_1C_f}$$

输出波形见图 4.9.13(b)，即随着时间的增长，u_o 最后将达到负向饱和值。这时运放已不能正常工作了。

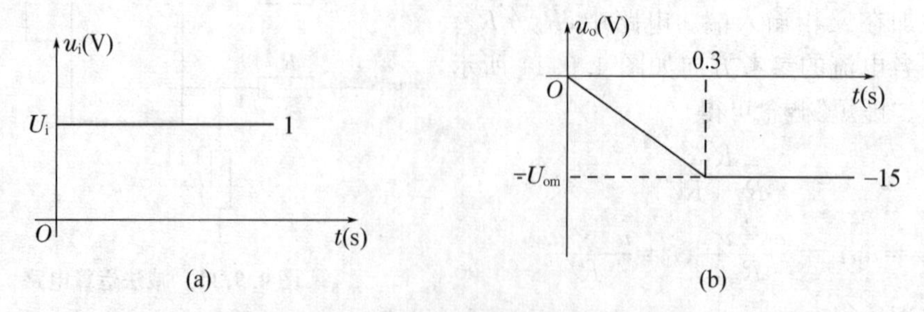

图 4.9.13 反相积分运算电路 u_i 及 u_o 波形

3. 微分运算电路

如图 4.9.14 所示为反相微分电路。微分运算是积分运算的逆运算，在电路结构上只要将反馈电容和输入端的电阻位置两者互调即可。

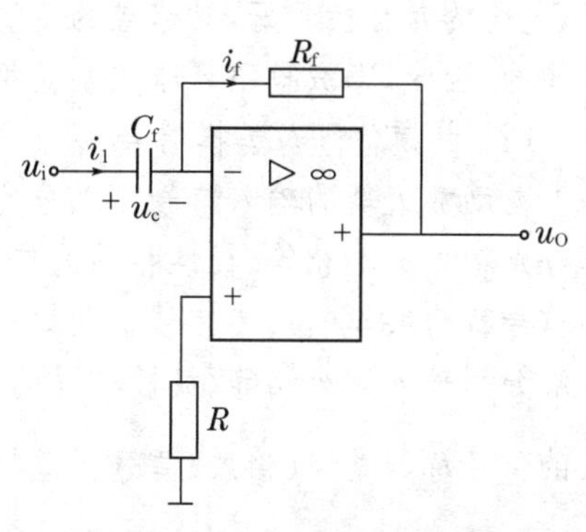

图 4.9.14　微分运算电路

由图可知

$$i_1 = i_C = i_f, u_i = u_C, u_O = -i_f R_f, i_C = C_f \frac{du_C}{dt}$$

$$u_O = -R_f C_f \frac{du_C}{dt} = -R_f C_f \frac{du_i}{dt}$$

上式表明，电路实现了微分运算功能。负号表示反相。

阅读材料　差动放大器

扫码见视频 25

1. 直接耦合放大器中的特殊问题

在多级放大电路中，采用直接耦合，虽然可以解决传输变化缓慢的信号以及设备小型化的问题，但存在两个特殊问题：一是级间互相影响问题，二是零点漂移问题。

在直接耦合放大器中，各级放大器的静态工作点会相互影响。几级耦合之后，末级的集电极电位接近于电源电压，从而限制了放大器的级数。采用直接耦合时，必须处理好抑制零漂这一关键问题。

所谓的零点漂移，是指当输入信号为零时，在放大器输出端出现一个变化不定(时大时小，时快时慢)的输出信号的现象，简称零漂。产生零漂的原因：温度变化、电源电压波动、晶体管参数变化等，但主要是温度变化引起的，所以零漂又称为温漂。因此，直接耦合放大器的第一级工作点的漂移对整个放大器影响是最严重的。显然，放大器的级数越多，零漂越严重。抑制零漂最实用、最广泛的方法是采用差动放大器。

2. 差动放大器

(1) 基本差动放大器的组成及抑制零漂的原理

如图 4.9.15 所示为基本的差动放大器，它由完全相同的单管放大器组成。由于两个三极管 V_1、V_2 的特性完全一样，外接电阻也完全对称相等，两边各元件的温度特性也都一样，因此两边电路完全对称。输入信号从两管的基极输入，输出信号从两管的集电极之间输出。

静态时，输入信号为零，即 $u_{i1} = u_{i2} = 0$。由于电路对称，即 $I_{C1} = I_{C2}$，$I_{C1} R_C = I_{C2} R_C$ 或 $U_{C1} = U_{C2}$，故输出电压为 $U_O = U_{C1} - U_{C2} = 0$。当电源波动或温度变化时，两管集电极电位将同时发生变化。比如，温度升高时，两管的集电极电流同步增加，相应地，集电极电位同步下降。由于电路对称，两管变化量相等，即 $\Delta u_{C1} = \Delta u_{C2}$，因此输出电压为 $u_o = \Delta u_{C1} - \Delta u_{C2} = 0$，可见，虽然每只管子的零漂并未减少，但两管各自的零漂电压在输出端可以互相抵消，因而使零漂被抑制掉。显

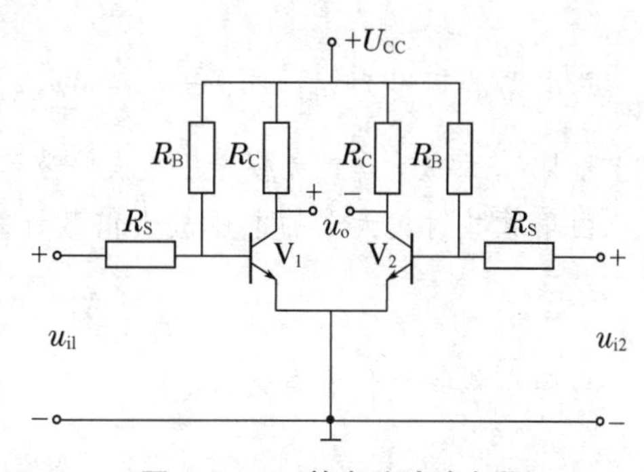

图 4.9.15　基本差动放大器

然,电路的对称性越好,对零漂的抑制能力越强,但是也应该看到,两边电路的绝对对称是不可能的,因此,零漂也不可能完全被抑制。

(2) 共模信号与差模信号

差动放大器的输入信号可以分为两种,即共模信号和差模信号。在放大器的两个输入端分别输入大小相等、极性相同的信号,即 $u_{i1}=u_{i2}$ 时,这种输入方式称为共模输入,所输入的信号称为共模(输入)信号。共模输入信号常用 u_{ic},即 $u_{ic}=u_{i1}=u_{i2}$。在放大器的两个输入端分别输入大小相等、极性相反的信号,即 $u_{i1}=-u_{i2}$ 时,这种输入方式为差模输入,所输入的信号称为差模(输入)信号。差模输入信号常用 u_{id} 来表示,即 $u_{i1}=\frac{u_{id}}{2}$,$u_{i2}=-\frac{u_{id}}{2}$。

如图 4.9.16(a)所示为共模输入方式,由图中可以看出,当差动放大器输入共模信号时,由于电路对称,两管的集电极电位变化相同,因而输出电压 u_{oc} 恒为零。可见,在理想情况下(电路完全对称),差动放大器在输入共模信号时不产生输出电压,或者说,差动放大器对共模信号没有放大作用,而是有抑制作用。实际上,上述差动放大器对零漂的抑制作用就是抑制共模信号。如图 4.9.16(b)所示为差模输入方式,由图中可以看出,当差动放大器输入差模信号时,由于电路对称,其两管输出电位的变化也是大小相等、极性相反。若某个管集电极电位升高 Δu_c,则另一个管集电极电位必然降低 Δu_c。

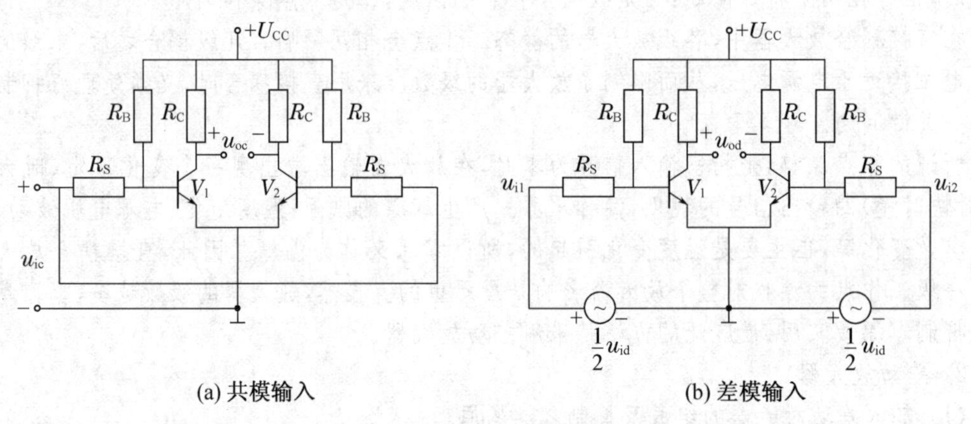

图 4.9.16 差动放大器的输入方式

设两管的电压放大倍数均为 A,则两管输出电压分别为 u_{o1},u_{o2},则

$$u_{o1}=Au_{i1}=A\frac{u_{id}}{2},u_{o2}=Au_{i2}=A\frac{u_{id}}{2}$$

总电路的输出为 $u_{od}=u_{o1}-u_{o2}=Au_{id}$,差模电压放大倍数为 $A_d=\frac{u_{od}}{u_{id}}=A$。

可见,差动放大器的差模电压放大倍数等于组成该差动放大器的半边电路的电压放大倍数。由单管共射放大器的电压放大倍数计算式,可得

$$A_d=A\approx-\frac{\beta R_C}{R_S+r_{be}}$$

当两个集电极接有负载时,则

$$A_d=-\frac{\beta R_L'}{R_S+r_{be}}$$

其中 $R'_L = R_C // [(1/2)R_L]$。

放大器的输入回路经过两个管子的发射结和 R_S，故输入电阻为

$$r_{id} = 2(R_S + r_{be})$$

放大器的输出端经过两个 R_C，故输出电阻为

$$r_{od} = 2R_C$$

小知识

当两个输入信号电压既非共模，又非差模，而是任意的两个信号，分析这类信号时，可先将它们分解成共模信号和差模信号，然后再去处理。其中差模信号是两个输入信号之差，共模信号是两个输入信号的平均值。

(3) 共模抑制比

如上所述，差动放大器的输入信号可以看成一个差模信号与共模信号的叠加。对于差模信号，我们要求放大倍数尽量地大；对于共模信号，我们希望放大倍数尽量地小。为了全面衡量一个差动放大器放大差模信号、抑制共模信号的能力，我们引入一个新的量——共模抑制比，用来综合表征这一性质。其定义为

$$K_{CMR} = \frac{A_d}{A_C}$$

有时也用对数形式表示 $K_{CMR} = 20\lg\left(\frac{A_d}{A_C}\right)\text{dB}$

这个定义表明，共模抑制比越大，差动放大器放大差模信号(有用信号)的能力越强，抑制共模信号(无用信号)的能力也越强。也就是说，共模抑制比越大越好。理想情况下 $K_{CMR} \to \infty$，一般差放电路的 K_{CMR} 为 40～60 dB，高质量的可达 120 dB。

3. 差动放大电路的四种接法

前面讲到的差动放大电路，信号都是从两个管的基极输入、从两个管的集电极输出，这种方式称为双端输入、双端输出。此外，根据不同需要，输入信号也可以从一个管的基极和地之间输入(即单端输入)，输出信号也可以从一个管的集电极和地之间输出(即单端输出)。因此，差动放大器可以有以下四种接法。

(1) 双端输入、双端输出

如图 4.9.17(a)所示。电压放大倍数的计算式

$$A_d = A \approx -\frac{\beta R_C}{R_S + r_{be}}$$

输入电阻计算式

$$r_{id} = 2(R_S + r_{be})$$

输出电阻计算式

$$r_{od} = 2R_C$$

(2) 双端输入、单端输出

如图 4.9.17(b)所示。输出只从一个管子 V_1 的集电极与地之间引出。u_o只有双端输出时的一半，电压放大倍数 A_d也只有双端输出时的一半，即

$$A_d = \frac{1}{2}A \approx -\frac{\beta R_C}{2(R_S + r_{be})}$$

输入电阻不随输出方式改变，而输出电阻为

$$r_{od}=R_C$$

(3) 单端输入、双端输出

如图4.9.17(c)所示。输入信号只从一个管子 V_1 的基极引入，另一管子 V_2 的基极接地。表面上看，似乎两管不是工作在差动状态。然而 R_E 一般很大，因而其对信号的分流作用可以忽略不计，V_1、V_2 两管的基极的信号仍分别为 $u_i/2$ 和 $-u_i/2$，所以这种接法的动态分析与双端输入方式相同。

(4) 单端输入、单端输出

如图4.9.17(d)所示。这种接法，它既有图(b)单端输出的特点，又具有图(c)单端输入的特点。所以，它的电压放大倍数、输入电阻、输出电阻的计算与双端输入、单端输出的情况相同。

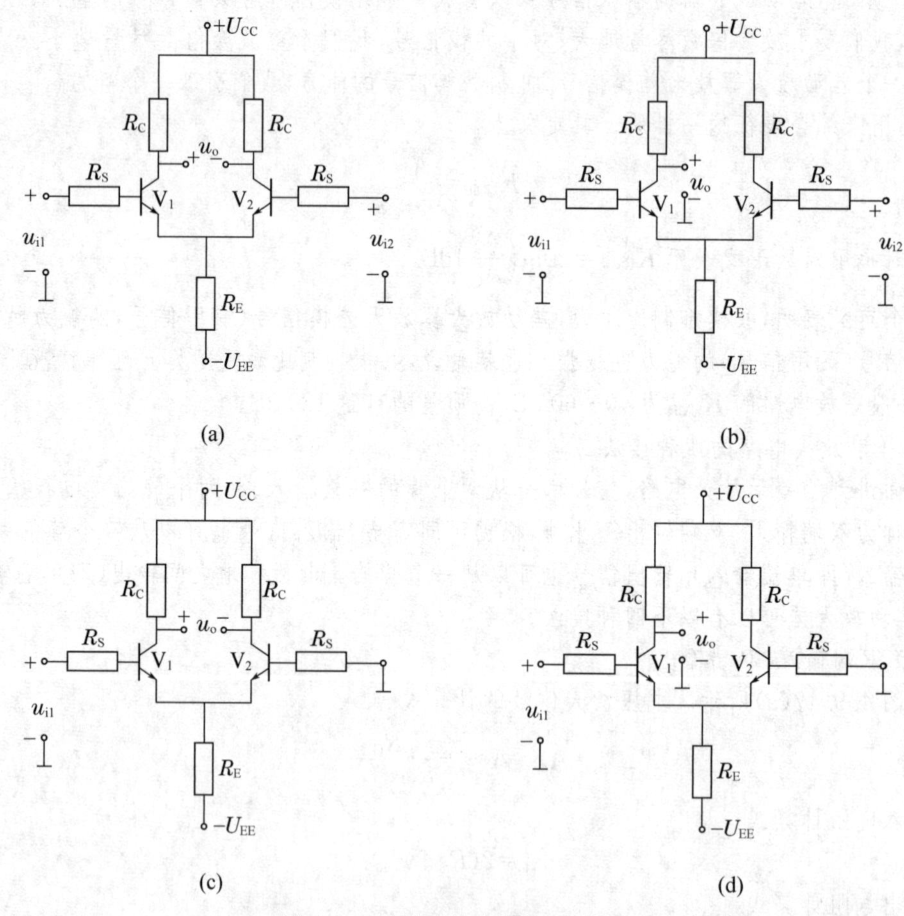

图4.9.17 差动放大器的不同接法

小知识

不论何种输入方式，只要是双端输出，其差模放大倍数就等于单管放大倍数，输出电阻就等于 $2R_C$；只要是单端输出，差模放大倍数及输出电阻均减少一半。另外，输出方式对输入电阻无影响。

任务 4.10　集成运放典型非线性电路特性的测试与应用

扫码见视频 26

电压比较器(简称比较器)的功能是比较两个输入电压的大小。比较器中的运放都在开环或正反馈情况下工作。电压比较器有两个输入电压,一个是参考电压,用U_R表示,另一个就是被比较的输入信号电压u_i。当u_i与U_R进行比较时,比较器的输出有两个稳定状态:

当u_i与U_R的比较结果导致$u_+ > u_-$时,比较器的输出为正向饱和值,称为高电平,用$+U_{om}$表示(或用U_{OH})。

当u_i与U_R的比较结果导致$u_+ < u_-$时,比较器的输出为负向饱和值,称为低电平,用$-U_{om}$表示(或用U_{OL})。

当比较器的输出处于上述两个稳定状态时,运放工作在非线性区,此时分析运放在线性区工作时的概念已不再适用。分析比较器的关键是要找出比较器输出发生跃变时的门限电压。门限电压是指u_i与U_R在比较时,使比较器的$u_+ = u_-$而使比较器输出发生跃变时的u_i值。门限电压用U_T表示。

学习活动 1　电压比较器特性的测试与应用

■**做一做**

实验电路图如图 4.10.1 所示,集成运放采用 μA741 型,接通±12 V 电源,输入有效值为 1.5 V,频率为 1 kHz 的正弦信号,当$U_R = 0$及 1 V 时,用双踪示波器观察u_i和u_o波形并记录。改变u_i幅值,测量传输特性曲线。

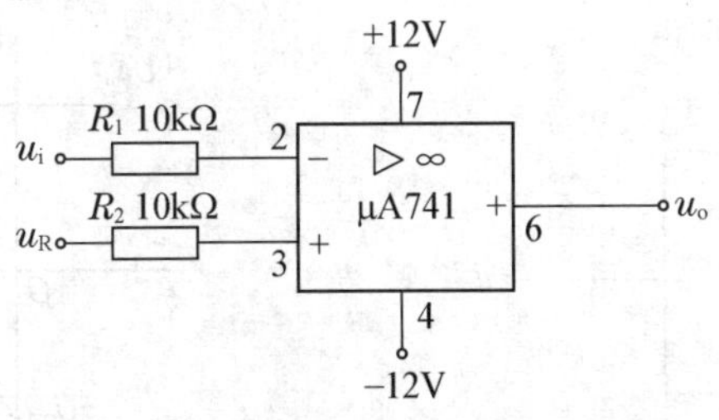

图 4.10.1　电压比较器特性的测量电路

表 4.10.1　电压比较器特性的测量

测量值 \ U_R 值	0 V	1 V
u_i 与 u_o 波形		
u_-		
u_+		

■**议一议**

通过对表 4.10.1 实验波形的观察,不难发现图 4.10.1 的电压比较器的功能如下:当$u_i > U_R$,$u_o = -U_{om}$;当$u_i < U_R$,$u_o = +U_{om}$。

■学一学

如图 4.10.2(a)所示是一个最简单的电压比较器电路。图中运放的同相输入端接参考电压 $U_R=0$，被比较信号由反相端输入，集成运放处于开环状态。由图中可见，当 $u_i=U_R$ 时，$u_+=u_-$，所以门限电压 $U_T=0$，此时比较器的输出电压发生跃变。当 $u_i>U_T$ 时，$u_+<u_-$，$u_o=-U_{om}$；当 $u_i<U_T$ 时，$u_+>u_-$，$u_o=+U_{om}$。

根据以上分析，可做出其传输特性如图 4.10.2(b)所示。

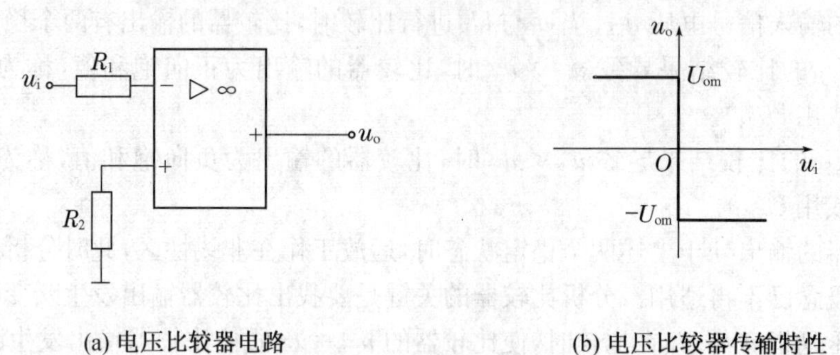

(a) 电压比较器电路　　(b) 电压比较器传输特性

图 4.10.2　过零比较器

■练一练

例 4.10.1：如图 4.10.3(a)所示是一个简单的单限比较器电路。分析其传输特性。

解：图中运放的同相输入端接参考电压 U_R，被比较信号由反相端输入，集成运放处于开环状态。由图中可见，当 $u_i=U_R$ 时，$u_+=u_-$，所以门限电压 $U_T=U_R$，此时比较器的输出电压发生跃变。当 $u_i>U_T$ 时，$u_+<u_-$，$u_o=-U_{om}$；当 $u_i<U_T$ 时，$u_+>u_-$，$u_o=+U_{om}$。

根据以上分析，可做出其传输特性如图 4.10.3(b)所示。

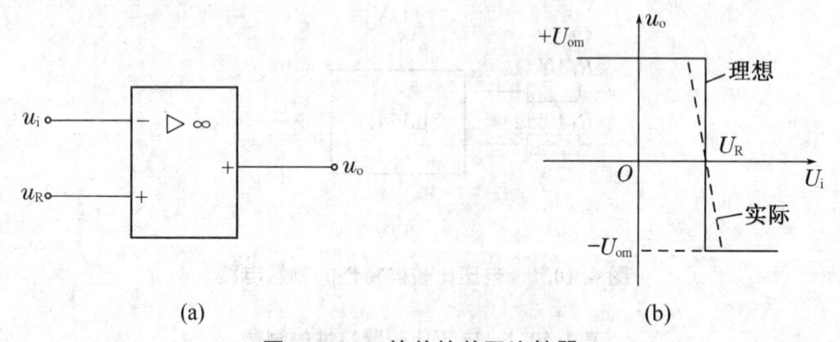

(a)　　(b)

图 4.10.3　简单的单限比较器

作为特殊情况，若 $U_R=0$ V，即参考电压为零，门限电压也为零，这时的比较器称为过零比较器。

单限比较器的缺点：其一，当集成运放的开环放大倍数不是非常大时，其传输特性曲线中高低电平的切换并非理想状态，它们之间有个线性的状态；其二，抗干扰能力差，若 $u_i=U_R$ 附近出现干扰或噪声，将会使电压比较器产生误翻转，导致输出不稳定。

■扩展与延伸

过零电压比较器变换波形的功能

设图 4.10.4 中的输入信号为正弦信号 $u_i=2\sin\omega t$ V，$U_R=0$。已知运放的输出电压的

饱和值是 $\pm U_{om}=\pm 13.5$ V，双向稳压管的稳定电压 $U_{DZ}=6$ V。试画出输出电压的波形。

解：根据反相输入过零比较器的电压传输特性，可以画出输出波形，如图 4.10.4 所示。

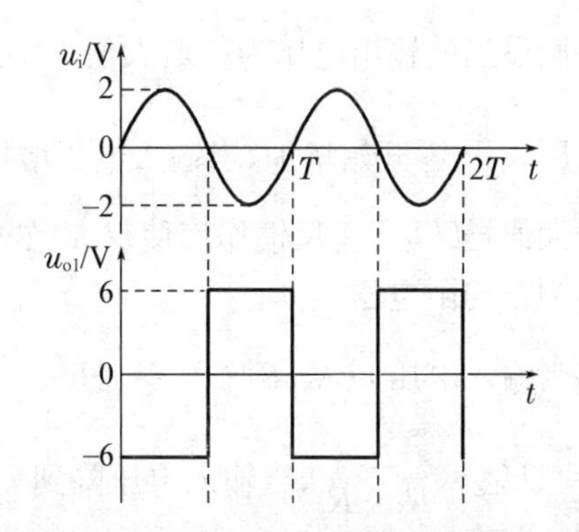

图 4.10.4　过零电压比较器变换波形的功能

由于运放输出电压的饱和值是 13.5 V，大于双向稳压管的稳定电压 $U_{DZ}=6$ V，接在输出端的双向稳压管起稳压作用。

过零电压比较器能够通过输出电压的正、负值判断输入电压的极性，同时它还具有变换波形的功能，如将正弦波等连续变化的波形变换为方波或矩形波。

学习活动 2　迟滞电压比较器特性的测试与应用

■做一做

按图 4.10.5 接线，u_i接 +5 V 可调直流电源，测出 u_o由 $+U_{om}$到 $-U_{om}$时 u_i的临界值。同上，测出 u_o由 $-U_{om}$到 $+U_{om}$时 u_i的临界值。u_i接 500 Hz，峰值为 2 V 的正弦信号，观察并记录 u_i到 u_o波形。

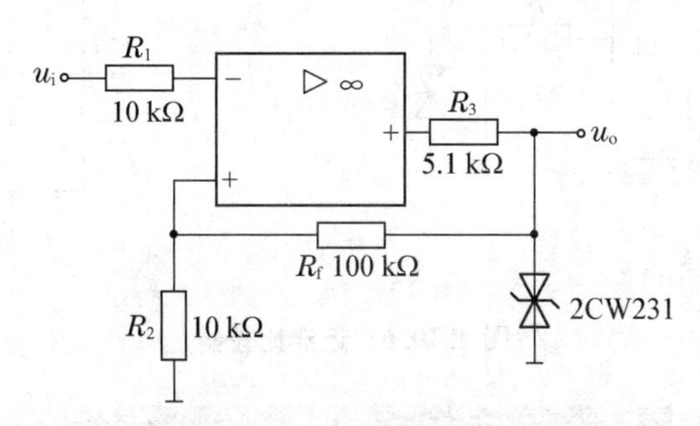

图 4.10.5　迟滞电压比较器特性的测量电路

表 4.10.2　迟滞电压比较器特性的测量

U_{T+}	U_{T-}	u_o 与 u_i 波形

■议一议

通过对表 4.10.2 实验数据及波形的观察发现，此电路有两个门限值，下面进行电路原理分析。

■学一学

如图 4.10.6(a)所示为迟滞电压比较器，输入电压 u_i加在反相输入端，参考电压 U_R加在同相输入端，图中 DZ 是一对反向串联的稳压管，其在两个方向的稳压值 U_{DZ}相等，都等于一个稳压管的稳压值加上另一个稳压管的导通电压，这样，便把比较器的输出电压钳位在 $\pm U_{DZ}$值。

假设当前输出电压为正最大值$+U_{DZ}$,这时同相输入端电压为$u_+=+U_{DZ}\times\frac{R_2}{R_2+R_f}$,输入电压$u_i$从零开始增加,当输入电压增加到$u_i\geqslant U_+=+U_{DZ}\times\frac{R_2}{R_2+R_f}$时,输出端电压$u_o$为负最大值$-U_{DZ}$。正反馈作用使得$u_i$在$U_+$附近波动都不会改变输出的状态。这时的电压$u_i$称为正门限电压$U_{T+}$。

当输入电压u_i从高于$u_+=+U_{DZ}\times\frac{R_2}{R_2+R_f}$处降低时,注意这时同相输入端电压变为$u_-=-U_{DZ}\times\frac{R_2}{R_2+R_f}$,当输入电压降到$u_i\leqslant U_-=-U_{DZ}\times\frac{R_2}{R_2+R_f}$时,输出端状态发生翻转,输出电压变为正最大值$+U_{DZ}$,正反馈作用使得$u_i$在$U_-$附近波动都不会改变输出的状态。这时的输入电压$u_i$称为负门限电压$U_{T-}$。

可见,此电路有两个门限值,其中U_{T+}是输出电压从正最大到负最大跃变时的门限电压,而U_{T-}是输出电压从负最大到正最大跃变时的门限电压。这使比较器具有迟滞回线的形状,如图4.10.6(b)所示。我们把两个门限电压之差称为回差。显然,改变R_2的值可以改变回差的大小。

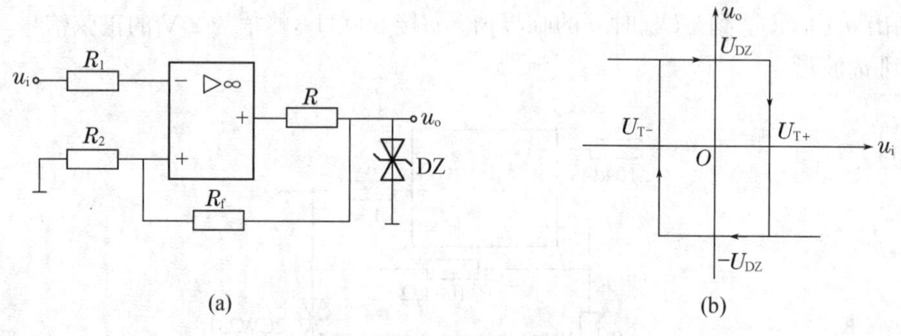

图4.10.6 迟滞比较器

小知识

迟滞比较器的两个门限电压不一定是大小相等符号相反的一对数。只要改变参考电压U_R的值,迟滞回线可沿横轴平移。

阅读材料 正弦波振荡器

扫码见视频27

1. 自激振荡

(1) 自激振荡的条件

一个放大器的输入端不接外界输入信号,而在输出端却能获得幅度较大的正弦或非正弦的振荡信号。这种现象称为放大器的自激振荡。正常情况下,放大电路放大输入信号,要消除自激振荡,而波形产生电路则是利用自激振荡产生输出信号。用图4.10.7的正反馈放大器框图来讨论正弦波振荡器的振荡条件。

图中A_u是放大电路的电压放大倍数,F是反馈电路的反馈系数。当开关S在“1”端时,放大电路加入输入信号,经放大后输出。若将输出信号的一部分通过反馈电路反馈至输入端，而反馈电压的大小和相位又完全与原有输入信号一致，这样当开关 S 由“1”端合至“2”端时，反馈放大器已是一个自激振荡器。振荡器稳定持续的振荡输出信号是由它本身反馈至输入端而得以维持。

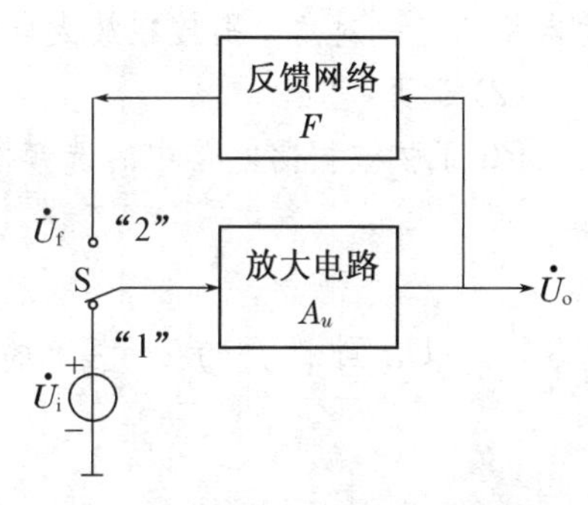

图 4.10.7　正反馈放大器框图

振荡电路的自激振荡条件包含幅值和相位两个内容：

$$A_uF=1$$

① 幅度平衡条件 $|A_u||F|=1$

指出放大倍数和反馈系数的乘积的模等于 1。

② 相位平衡条件 $\varphi_u+\varphi_f=2n\pi$

指出放大电路的相位移与反馈电路的相位移之和等于 $2n\pi$，其中 n 为整数。

(2) 自激振荡的建立过程

按图 4.10.7 框图分析，振荡器的输入应先由外来信号激励，经放大、正反馈后替代外来信号。实际的正弦波振荡器当其合上电源瞬间，在其输入端接收了含有各种频率分量的电冲击。当其中某一频率 f_0 分量满足振荡条件时，f_0 分量的信号经放大、正反馈，再放大、正反馈……不断地增幅，这就是振荡器的自激起振过程。如果振荡器的 $|A_u||F|$ 始终为 1，输出信号就不可能逐步增大，因此振荡器必须在起振过程中满足以下条件，即 $|A_u||F|>1$。

2. 桥式 RC 振荡电路

图 4.10.8(a)所示为由运放组成的桥式 RC 正弦波振荡电路。

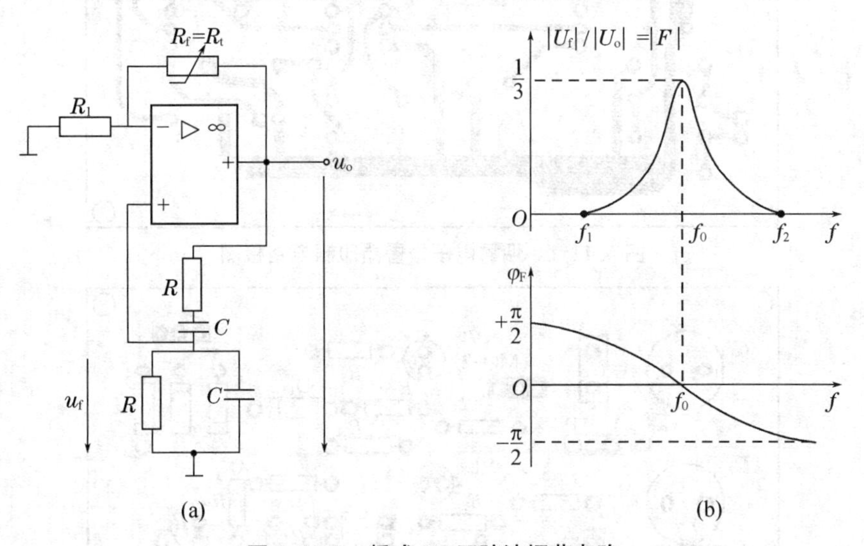

图 4.10.8　桥式 RC 正弦波振荡电路

(1) 电路构成及特点

A 为同相比例放大器，RC 串、并联网络既是选频电路，又是反馈电路，它将输出电压在 RC 并联电路上的分压 U_f 反馈到放大器的同相输入端而起正反馈作用。放大电路中的反馈电阻 $R_F=R_t$ 是一稳幅环节，能自动地改变同相比例系数，而使 $|AF|$ 由大于 1 自动趋近于 1，保证振荡器的输出稳定。

RC 串、并联网络和 R_1 及 R_F 构成电桥的四臂，放大电路的输出电压接在电桥的对角上，而电桥的另一对角分别接在放大电路的同相和反相输入端，故名桥式 RC 正弦波振荡器。

(2) 选频特性

RC 正弦波振荡电路中的选频网络就是 RC 串并联网络，所以，该电路的振荡频率为

$$f=f_0=\frac{1}{2\pi RC}$$

$\dot{U}_f$ 与 $\dot{U}_O$ 同相，$f=f_0$ 处，幅频特性显示 $|\dot{U}_f||\dot{U}_O|=\frac{1}{3}$，即反馈系数 $|F|=\frac{1}{3}$，所以 $A_u=3$。

任务 4.11　烟雾电子报警器的设计、安装与调试

烟雾电子报警器包括+5 V 稳压电源的设计、安装与调试和烟雾电子报警器的设计、安装与调试两部分组成，其中+5 V 为电路的电源。

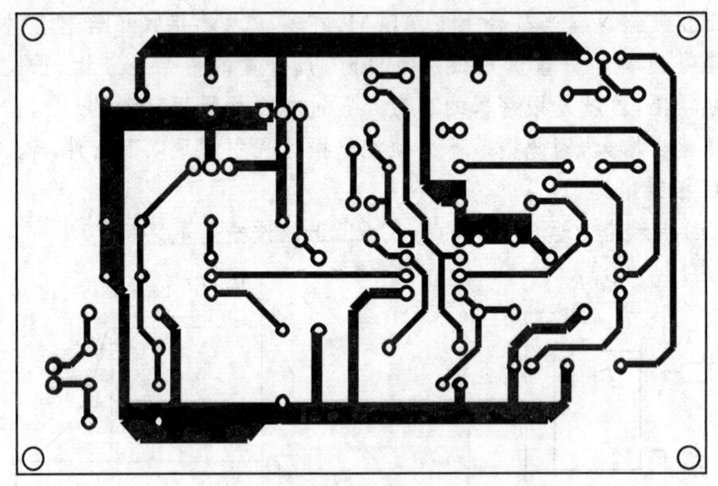

图 4.11.1　烟雾电子报警器印制电路板图

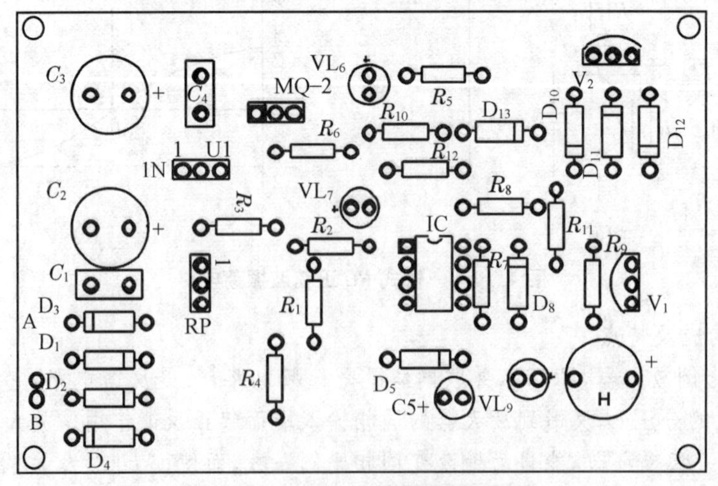

图 4.11.2　烟雾电子报警器装配图

图 4.11.3　烟雾电子报警器实物图

说明：由于变压器和烟雾传感器的成本比较高，为了节约资金，这两个元器件从接口电路引入，见图 4.11.3，变压器由 *AB* 位置处的单值插针接入，烟雾传感器由 MQ－2 处的单值插针接入。

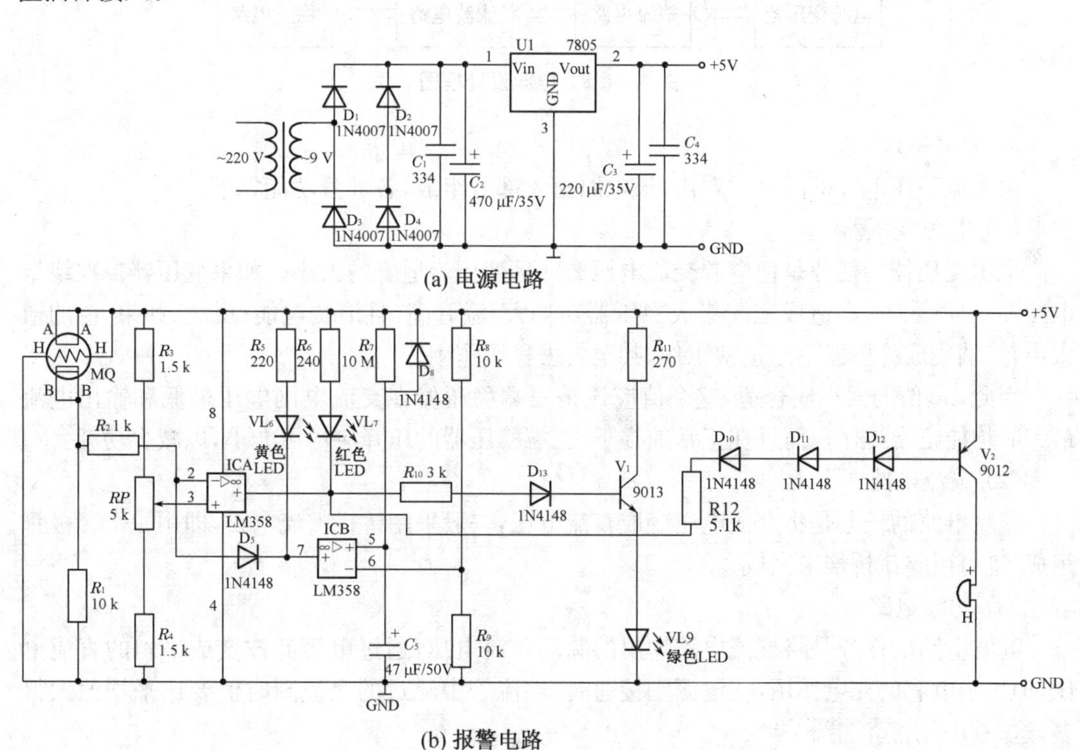

(a) 电源电路

(b) 报警电路

图 4.11.4　烟雾电子报警器原理图

学习活动 1　+5 V 稳压电源的设计、安装与调试

1. 设计任务

主要技术指标和要求：

① 输入交流电压 220 V、50 Hz，允许上下波动±10%；

② 输出直流电压+5 V，输出电流 1 A；

③ 电压调整率 S_u<0.1%；

④ 电流调整率 S_i<1%；

⑤ 要求电路具有过电流、过电压和过热保护功能。

2. 课题分析

依据技术指标和要求，其电压调整率和电流调整率的指标均较高，尤其是要求电路具有过电流、过电压和过热保护功能。若用分立元器件方案，要满足以上要求的电路一定很复杂。因此，确定采用三端可调稳压器组成电路。

本设计可采用变压器降压、整流、滤波和三端集成稳压器组成电路，其组成的框图如图 4.11.5 所示。

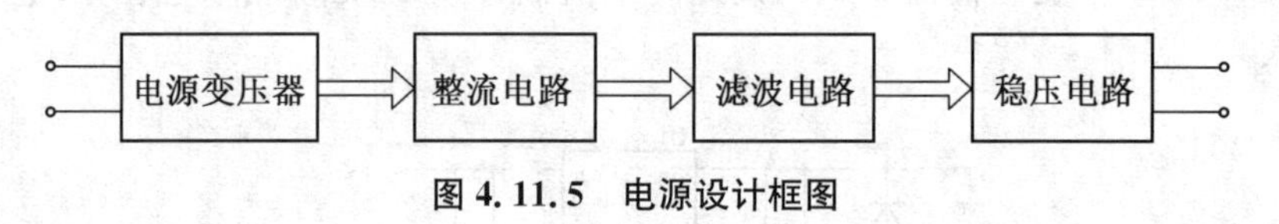

图 4.11.5　电源设计框图

3. 方案论证

由直流稳压电源框图可以看出，该电路由 4 部分组成，各部分功能如下：

(1) 电源变压器

电源变压器的任务是把电源交流电压 220 V 变压为适合的大小。如果变压器二次绕组电压 u_2 的值太大，会造成三端集成稳压器功耗大、温升高，且浪费电能；反之，如果 u_2 的值太小，三端集成稳压器不能正常工作，甚至失去稳压作用。

因此，u_2 值的大小应合适，这个值应该是三端稳压器在交流电网电压最低和输出电流最大时均能正常工作。而且在正常前提下，三端稳压器的压降应尽可能小，以减少功耗。

(2) 整流电路

整流电路的任务是将交流电压变成直流电压，一般采用桥式整流电路，即用 4 个二极管组成，也可用整流桥堆来完成。

(3) 滤波电路

滤波电路的任务是将整流电路输出的脉动直流电压，通过电容滤波变成平坦的直流电压，但由于电容的充电作用，在电源刚接通时，整流管中流过的电流瞬时值要比平均值大得多，这一点要引起注意。

(4) 稳压电路

由于课题要求输出直流电压+5 V，输出电流 1 A，所以选用一片 LM7805 来实现。

根据课题分析，设计直流稳压电源原理图，如图 4.11.4(a)所示。

4. 元器件选择与电路参数计算

(1) 变压器T的选择

变压器的原边一次绕组接220 V交流电压，下面计算变压器副边二次绕组的电压U_2和变压器容量。查阅三端集成稳压器资料可知，该器件输入端的电压一般要比其输出端电压高2～6 V，因此可选U_I为11 V，U_I是变压器二次绕组整流滤波后的直流电压，由公式$U_I=1.2U_2$可得，变压器二次绕组的U_2可选9 V。

在有电容滤波的整流电路中，整流管的电流不是正弦波，变压器二次绕组的有效值I_2是输出电流I_O的1.5～2倍，若按2倍考虑，则

$$I_2=I_O\times2=1\ \mathrm{A}\times2=2\ \mathrm{A}$$

由此可得整流变压器的容量为

$$S\approx U_2I_2=9\ \mathrm{V}\times2\ \mathrm{A}=18\ \mathrm{VA}$$

变压器选择参数：～220 V/～9 V，20 W。

(2) 整流元件的选择

桥式整流电路采用4个二极管组成，整流二极管在电路中承受的最高反向峰值电压为

$$U_{DM}=\sqrt{2}U_2(1+100\%)=\sqrt{2}(9+10\%\times9)\mathrm{V}=12.9\ \mathrm{V}$$

为安全可靠，整流二极管选择时，其额定反相电压参数U_{RM}考虑留2倍以上的裕量，则

$$U_{RM}\geqslant12.9\times2\ \mathrm{V}=25.8\ \mathrm{V}$$

在桥式整流电路中，每个整流二极管的正向电流平均值是输出电流的一半，其最大值为

$$I_D=\frac{1}{2}I_O=0.5\ \mathrm{A}$$

由于整流二极管在接通电源瞬间有相当大的冲击电流，因此整流二极管的电流参数I_F应是上述值的1.5～2倍，若按1.5倍考虑，则

$$I_F=0.5\times1.5\ \mathrm{A}=0.75\ \mathrm{A}$$

由以上计算，可以选择1N4007($I_F=1$ A，$U_{RM}=1\ 000$ V)整流二极管。

(3) 滤波电容C_2和C_3的选择

从滤波效果考虑，C_2的容量要足够大，但也不能太大，否则整流元件的瞬时电流太大，而且容量越大，电容器的体积越大，价格越高，根据经验综合各方面的情况，则取$C_2=470\ \mu$F电解电容，耐压值大于12.9×2 V=25.8 V，所以C_2的参数是470 μF/35 V；C_3是减小纹波电压的滤波电容，容量可取220 μF电解电容，耐压值35 V。

(4) 三端集成稳压器的选择

依据课题要求输出+5 V，输出电流1 A，可选用L7805(最大输出电流1.5 A，电压+5 V)。

(5) 电容C_1和C_4的选择

C_1为抗干扰电容，用以旁路在输入导线过长时串入的高频干扰脉冲，取$C_1=0.33\ \mu$F涤纶电容，耐压大于50 V。

C_4的作用是用来防止输出端呈容性负载时可能会出现自激现象，当稳压器发生自激时，会失去稳压能力。C_4滤波电容一般用0.33 μF涤纶电容，耐压大于50 V。

5. 安装

见图4.11.2烟雾电子报警器装配图，该图包含+5 V电源部分的安装图。安装时注意

L7805 三端集成稳压器、二极管和电解电容的极性不能接反。在外接电路全部接好后，应首先检查各个元器件本身是否完好，连接是否正确，有无虚焊、错焊或短路之处。在上述各点都检查正确之后，方可通电，进行下一步的检查与调试。

6. 调试

按电路原理图制作好后，就要进行性能测试，测试时应分步进行。

(1) 断开桥式整流电路，接通 220 V 电源，用万用表交流电压挡测变压器二次绕组有无 9 V 交流电压。若此电压不正常，可能为电源引入线断线或变压器开路。

(2) 拔掉 220 V 电源插头，接通整流电路，断开电解电容与整流输出的连接线，再次接通 220 V 电源，用万用表测量(直流电压挡)整流输出端电压，应是 8.1 V 左右。若偏离此值太多，则可能是整流二极管虚焊或二极管开路。

(3) 拔掉 220 V 电源插头，接通滤波电路，断开三端稳压器输入端与滤波输出的连接线，再次接通 220 V 电源，用万用表测量(直流电压挡)整流滤波输出端电压，应是 11 V 左右。若偏离此值太多，可能是滤波电容漏电或电解电容未安装好等。

(4) 整流滤波电路工作正常后，再拔下 220 V 电源插头，接上整流输出与三端稳压器输入端的连接线。用万用表监测三端稳压器输出端电压，当电源接通时，此电压为(5±0.2)V。若偏离此值太多时，则可能是三端稳压性能不良。一般情况下，只要装焊前每个元器件检查正常，安装焊接无误，电路即能正常工作。

7. 元器件清单

见表 4.11.3。

扫码见视频 29

扫码见视频 30

学习活动 2　烟雾电子报警器的设计、安装与调试

1. 设计任务

设计一个烟雾报警器，当室内有烟雾时，报警器会发出声光报警。

2. 课题分析

模拟电子报警器一般由传感器、放大器、比较器、电源电路和声光报警电路等组成，其框图如图 4.11.6 所示。

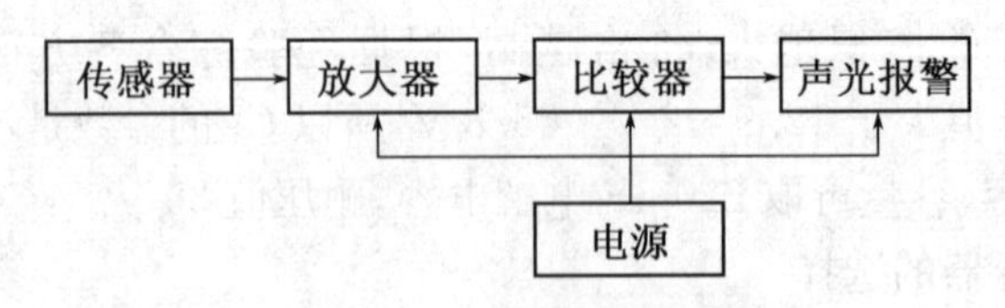

图 4.11.6　烟雾报警器框图

3. 方案论证

(1) 传感器的选择

本例中传感器应采用烟雾传感器。查阅传感器手册，国内有不同型号的 MQ 系列气敏传感器，可以做成多种性能优良各具特色的气体报警器，各型号报警器对应使用的气敏元件及探测气体见表 4.11.1。

表 4.11.1 气敏传感器及探测气体

气敏传感器	检测气体	标定浓度
MQ-2	可燃气体、烟雾、丁烷	1 000 ppm±30%
MQ-4	天然气(甲烷)	5 000 ppm±30%
MQ-5	城市煤气/甲烷/液化气	2 000/5 000/2 000 ppm±30%
MQ-6	液化气	3 000 ppm±30%
MQ-7	一氧化碳	200 ppm±30%
MQ-8	城市煤气	800 ppm±30%

MQ-2 气体传感器可用于家庭和工厂的气体泄漏监测装置，适宜于液化气、丁烷、丙烷、甲烷、酒精、氢气、烟雾等的探测，其标准工作条件见表 4.11.2。

表 4.11.2 MQ-2 气体传感器的标准工作条件

符号	参数名称	技术条件	备　注
V_{CC}	回路电压	≤15 V	AC or DC
U_H	加热电压	5.0 V±0.2 V	AC or DC
R_L	负载电阻	可调	
R_H	加热电阻	31 Ω±3 Ω	室温
P_H	加热功耗	≤900 mW	

(2) 电路的选择

传感器产生的电信号是否要放大，与传感器所产生的电信号大小有关。查阅相关参考资料，MQ 系列气敏元件，能产生足够大的信号电压，以驱动比较器工作，故可不设放大级。

查阅 MQ 系列气敏元件相关参考资料，为使 MQ 系列气敏元件检测的可靠性，避免产生误动作，应预热。在预热阶段，即使有烟雾产生，也不会使声光报警电路动作，应选用一个延时控制电路。众所周知，电容器上电压不能突变，如把电容上的充电电压作为比较器的输入电压，当电容上的电压达到阈值电压，比较器翻转，报警器进入正常测试工作状态，就达到延时控制的目标。比较器可用运放组成，也可用集成比较器。图 4.11.4(b)采用双运放 LM358 组成比较器和延时电路。

光报警用红色发光二极管。为使用户清楚地知道报警器是处于预热阶段还是处于正常测试阶段，拟用黄色、绿色发光二极管以示区别。它们可用比较器直接驱动。为使学生掌握晶体管驱动 LED 的电路的应用，图 4.11.4 中绿色 LED 采用晶体管驱动方案。

需要说明的是，图 4.11.4 中，V_2 基极所串接的二极管数量与 V_2 的放大倍数大小有关。V_2 的放大倍数较小时，串接一个二极管即可灵敏地由比较器 IC_A 输出电平控制 V_2 饱和导通或截止。

(3) 电路工作原理

当电路通电，传感器预热，可燃气体浓度正常时，比较器 IC_A 输出高电平，V_1 导通，绿色 LED 点亮。当传感器完成预热，可燃气体浓度超标时，比较器 IC_A 翻转输出低电平，V_1 截止，绿色 LED 熄灭。

IC_B、R_7、C_5、R_8、R_9 构成延时电路，防止报警器误动作。因传感器需预热 5～10 min 方能进入稳定的工作状态。IC_B 及其外接元器件组成的电路，实质上是一个比较器。

比较器 IC_B 的阈值电压 U_{TB} 由 R_8、R_9 决定。在刚通电时，比较器反相输入端电位高于同相输入端电位，比较器输出低电平，黄色 LED(VL_6)正偏点亮，传感器处于预热状态。电路的延时时间由 R_7、C_5 决定。电路通电后，C_5 充电，当 $U_{C5}=U_{TB}$时，比较器翻转，黄色 LED 低于所需导通电压而熄灭，预热结束。

在预热阶段，如有烟雾，传感器电阻迅速减小，U_{R1} 上升，比较器 IC_A 的反相输入端电位上升，D_5 导通，使比较器 IC_A 反相输入端电位钳制在 1.5 V 左右，比较器 IC_A 仍输出高电平，绿色 LED 继续点亮。

预热后，当空气中烟雾浓度超标时，传感器电阻减小，U_{R1} 上升，比较器 IC_A 的反相输入端电位上升，当 $U_{R1}=U_{TA}=2.2$ V 时，比较器翻转，输出低电平，V_1 截止，绿色 LED 熄灭，红色 LED 正偏点亮，V_2 导通，发出报警声。

4. 元器件的参数计算及选型

(1) 传感器的选择

查表 4.11.1 可知，烟雾报警器应选择 MQ－2 型气敏传感器，气敏传感器由气敏元件、测量电极和加热器构成，固定在塑料或不锈钢制成的腔体内，加热器为气敏元件提供了必要的工作条件。封装好的气敏元件有 6 只针状引脚，引脚排列如图 4.11.7 所示。

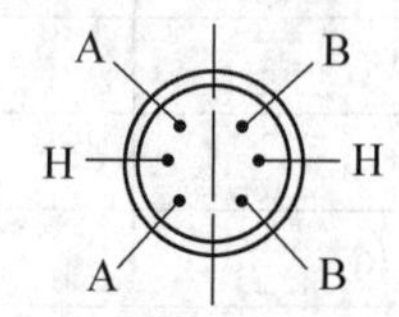

图 4.11.7 MQ－2 型气敏传感器引脚排列底视图

(2) 比较器 IC_A 电路的设计

R_3、R_P、R_4 组成分压电路，为比较器 IC_A 的同相输入端提供参考电压。改变 R_P 的滑动触头的位置，用于改变 IC_A 的阈值电压，从而设定报警的可燃气体浓度值。一般将 IC_A 的 3 脚电压设置在 2.2 V 左右。当电路通电传感器预热后可燃气体浓度正常时，比较器 IC_A 输出高电平。当传感器完成预热，可燃气体浓度超标时，比较器 IC_A 翻转，输出低电平。

比较器选用双运放 LM358 其中一个运放组成，另一运放可用来组成延时电路。

R_1 为检测电阻。传感器的电阻随气体浓度改变而改变，使检测电流随之改变，电流为 mA 级，通过 R_1 转换成电压。选 E_{24} 系列标称值 10 kΩ 金属膜电阻。

R_3、R_4 选用 1.5 kΩ 金属膜电阻，R_P 选用 3296 型 50 kΩ 精密多圈电位器。

(3) 绿色 LED(VL_9)驱动电路的设计

绿色 LED 驱动电路由 R_{10}、D_{13}、V_1 和 R_{11} 组成。

R_{11} 为 LED 限流电阻，V_1 选 NPN 型硅管 9013，饱和导通电压 $U_{CES}=0.3$ V，LED 选 2EF551，查表得 $U_F=2$ V，$I_{FM}=50$ mA，$I_F=10$ mA。R_{11} 由下式估算，取 $I_F=10$ mA，则

$$R_{11}=\frac{U_{CC}-U_{CES}-U_F}{I_F}=\frac{5\text{ V}-0.3\text{ V}-2\text{ V}}{10\text{ mA}}=270\ \Omega$$

R_{11} 选 E_{24} 系列，标称值为 270 Ω 的金属膜电阻。

图 4.11.4(b)中，R_{10} 为驱动管 V_1 的限流电阻，应根据 $I_{CS}\approx\frac{U_{CC}}{R_C}$ 来估算选用，驱动管 V_1 选 9013，查手册，9013F 的 $h_{FE}=\beta=96$，则

$$I_{BS}=\frac{I_{CS}}{\beta}=\frac{U_{CC}}{\beta R_C}=\frac{U_{CC}}{\beta R_{11}}=\frac{5\text{ V}}{96\times 270\ \Omega}\approx 193\ \mu\text{A}$$

R_{10}由下式估算：

$$R_{10}=\frac{U_{\mathrm{i}}-U_{\mathrm{D}}-U_{\mathrm{BE1}}-U_{\mathrm{F}}}{I_{\mathrm{BS}}}=\frac{4-0.7-0.7-2}{193\times10^{-6}}\ \Omega\approx3.03\ \mathrm{k\Omega}$$

式中，U_{i}为驱动高电平电压，本例中取4 V；U_{D}为二极管D_{13}的导通电压，硅管取0.7 V；U_{BE1}为V_1发射结正偏导通电压，硅管取0.7 V。

代入数据，算得$R_{10}=3.03\ \mathrm{k\Omega}$，为使$V_1$在输入高电平时可靠饱和导通，所选电阻可略低于估算值，故R_{10}选E_{24}系列标称值为3 kΩ的金属膜电阻。

(4) 延时电路的设计

IC_B、R_7、C_5、R_8、R_9构成延时电路，实质上是一个比较器。

① R_8、R_9选用

比较器IC_B阈值电压U_{TB}由R_8、R_9决定。设IC_B阈值电压$U_{\mathrm{TB}}=2.5\ \mathrm{V}$，$R_8=R_9=10\ \mathrm{k\Omega}$。选$E_{24}$系列标称值10 kΩ金属膜电阻。

② D_8选用

D_8为续流二极管，为在关机断电时加速放电而设置。当接上+5 V电源时，电容C_4通过R_7充电，$U_{C5}<+5\ \mathrm{V}$，D_8反偏截止，断电时，D_8正偏导通，等效电阻远小于R_7，近似于短路，电阻很小，相当于把R_7短接，为C_5放电提供了放电的通路，加快放电，使C_5很快放电电压为零，为下次测试作准备。D_8选开关管1N4148。

③ 黄色LED(VL_6)及限流电阻R_5选用

黄色LED选用2EF841，导通电压为2 V，最大工作电流$I_{\mathrm{FM}}=30\ \mathrm{mA}$，$I_{\mathrm{F}}=10\ \mathrm{mA}$。$IC_B$输出低电平的输出电压$U_L$约为0.8 V，选择黄色LED的工作电流为$I_{\mathrm{F}}=10\ \mathrm{mA}$，则限流电阻$R_5$由下式估算

$$R_5=\frac{U_{\mathrm{CC}}-U_{\mathrm{L}}-U_{\mathrm{F}}}{I_{\mathrm{F}}}=\frac{5\ \mathrm{V}-0.8\ \mathrm{V}-2\ \mathrm{V}}{10\ \mathrm{mA}}=220\ \Omega$$

R_5选标称值为220 Ω的金属膜电阻。

④ R_7、C_5的选择计算

当$U_{C5}=U_{\mathrm{TB}}$时，比较器IC_B翻转，也就是说，当C_5充电到2.5 V时，比较器IC_B翻转。电容器C_5由零充电到2.5 V所需时间就是延时时间，R_7、C_5的值由此估算。

直流电压U通过电阻R对电容C充电，当电容C上的初始电压为0时，电容C上的充电电压$U_C(t)$与时间t的关系为

$$U_{\mathrm{C}}(t)=U(1-\mathrm{e}^{-\frac{t}{RC}})$$

本例中，$U=U_{\mathrm{CC}}=5\ \mathrm{V}$，$C_5$由零充电到$U_{C5}(t)=2.5\ \mathrm{V}$时所需的时间为

$$t\approx0.69R_7C_5$$

设预热时间是5分钟，则$t=5\times60\ \mathrm{s}=300\ \mathrm{s}$。取$C_5=47\ \mu\mathrm{F}$，代入上式可求得$R_7\approx9.25\ \mathrm{M\Omega}$，取标称值10 MΩ。

(5) 红色LED(VL_7)及限流电阻R_6的选择

IC_A输出低电平$U_{\mathrm{L}}=0.8\ \mathrm{V}$，红色LED选2EF501，查表得$U_{\mathrm{F}}=1.7\ \mathrm{V}$，$I_{\mathrm{FM}}=40\ \mathrm{mA}$，$I_{\mathrm{F}}=10\ \mathrm{mA}$。$R_6$由下式估算，取工作电流$I_{\mathrm{F}}=10\ \mathrm{mA}$，则

$$R_6=\frac{U_{\mathrm{CC}}-U_{\mathrm{L}}-U_{\mathrm{F}}}{I_{\mathrm{F}}}=\frac{5\ \mathrm{V}-0.8\ \mathrm{V}-1.7\ \mathrm{V}}{10\ \mathrm{mA}}=250\ \Omega$$

R_6选E_{24}系列,标称值为240 Ω的金属膜电阻。

(6)声响报警电路的设计

D_{10}~D_{12}是为使IC_A输出高电平时V_2可靠截止而设计的,选开关二极管1N4148。R_{12}为V_2的限流电阻,不妨根据经验设I_{BS}值,进行估算,再在调试过程中进行检验、调整。V_2选用9012型PNP硅管,因β值很大,取$I_{BS}=25\ \mu A$,则

$$R_{12}=\frac{U_{CC}-3U_D-U_{BE2}-U_L}{I_{BS}}$$

式中,U_D为一个二极管的导通电压,硅管取0.7 V;U_L为A_1低电平输出电压值,为0.8 V。代入数据得

$$R_{12}=\frac{5\ V-2.1\ V-0.7\ V-0.8\ V}{25\ \mu A}=5\ 600\ \Omega$$

R_{12}选E_{24}系列,标称值为5.1 kΩ的金属膜电阻。

5. 安装

见图4.11.2烟雾电子报警器装配图,该图包含烟雾电子报警器的安装图。开关二极管、发光二极管、三极管、集成块LM324和电解电容等元器件的极性不能接反。在外接电路全部接好后,应首先检查各个元器件本身是否完好,连接是否正确,有无虚焊、错焊或短路之处。在上述各点都检查正确之后,方可通电,进行下一步的检查与调试。

6. 电路调试与报警器的标定

参考上述电原理图及图中标示元器件数值进行安装。检查装配无误后,可进行电路。

接通电源,绿色发光管应点亮,测量V_1的发射极电位V_{E1}约为1.98 V,V_2的发射极电V_{E2}应为5 V。IC_B、R_7、C_5、R_8、R_9构成延时电路,将产生约5分钟的延时,以防止报警器的误动作。

在预热延时阶段,IC_B的7脚应为低电平(约0.8 V),选用不同阻值的电阻R_7或不同容量的电容C_5,可调整延时时间的长短。约5分钟后,延时结束,IC_B的7脚应为高电平(约3.8 V)。这时在洁净空气中测电阻R_1两端电压U_{R1}应为0.2~1 V,否则可更换适合阻值的R_1使U_{R1}进入上述范围。

然后在传感器B端和A端(+5 V电源端)跨接一个100 Ω电阻,调整微调电位器R_P应可使红包发光管点亮。IC_A的1脚由原静态时的约0.8 V翻转为约3.8 V,同时驱动蜂鸣器,发出鸣响。完成上述电路调试,去掉跨接的100 Ω的电阻,电路调试结束。

在实际产品研制和生产过程中,将样品通电预热10分钟后,根据被测气体按体积配制成所需浓度的标定气样,在通电状态下把预热后的报警器,置于上述气样中,10秒钟后,使传感器充分感测到被测气体,微调至报警器刚好鸣响报警,反复几次即可完成气样标定工作。

必须指出,本报警器只为演示而设计制作。用于实际的可燃气体报警器必须进行防爆设计,并经相关安全部门认证,以防电路工作时引爆可燃气体,造成事故。

7. 元器件清单

表4.11.3　烟雾电子报警器元器件清单

序号	元件名称	规格	单位	数量
1	变压器 T	～220 V/～9 V	只	1
2	二极管 D_1～D_2	1N4007	只	4
3	三端集成稳压器 U_1	7805	只	1
4	电容 C_1	334	只	1
5	电容 C_2	470 μF/35 V	只	1
6	电容 C_3	220 μF/35 V	只	1
7	电容 C_4	334	只	1
8	单值插针	2P、3P	只	2
9	烟雾传感器	MQ－2	只	1
10	电阻 R_1	10 kΩ　0.25 W	只	1
11	电阻 R_2	1 kΩ　0.25 W	只	1
12	电阻 R_3	1.5 kΩ　0.25 W	只	1
13	电阻 R_4	1.5 kΩ　0.25 W	只	1
14	电阻 R_5	220 Ω　0.25 W	只	1
15	电阻 R_6	240 Ω　0.25 W	只	1
16	电阻 R_7	10 MΩ　0.25 W	只	1
17	电阻 R_8	10 kΩ　0.25 W	只	1
18	电阻 R_9	10 kΩ　0.25 W	只	1
19	电阻 R_{10}	3 kΩ　0.25 W	只	1
20	电阻 R_{11}	270 Ω　0.25 W	只	1
21	电阻 R_{12}	5.1 kΩ　0.25 W	只	1
22	可调电位器 R_P	5 kΩ　0.25 W	只	1
23	二极管 D_5、D_8、D_{10}～D_{13}	1N4148	只	6
24	黄 LED VL_6	2EF841	只	1
25	红 LED VL_7	2EF501	只	1
26	绿 LED VL_9	2EF551	只	1
27	三极管 V_1	9013	只	1
28	三极管 V_2	9012	只	1
29	集成块 IC	LM358	只	1
30	蜂鸣器 H	5 V	只	1
31	电解电容 C_5	47 μF/50 V	只	1

习题 4

一、填空题

1. 在判别硅、锗晶体二极管时，当测出正向压降为________时，就认为此二极管为锗二极管；当测出正向电压为________时，就认为此二极管为硅二极管。

2. PN 结具有________性能，即加正向电压时 PN 结________，加反向电压时 PN 结________。

3. 用万用表欧姆挡测量二极管好坏时，测量的正反向阻值相差越________越好。

4. 如图 1 所示各电路，不计二极管正向压降，U_{AB}电压值为

(a) $U_{AB}=$________V (b) $U_{AB}=$________V (c) $U_{AB}=$________V

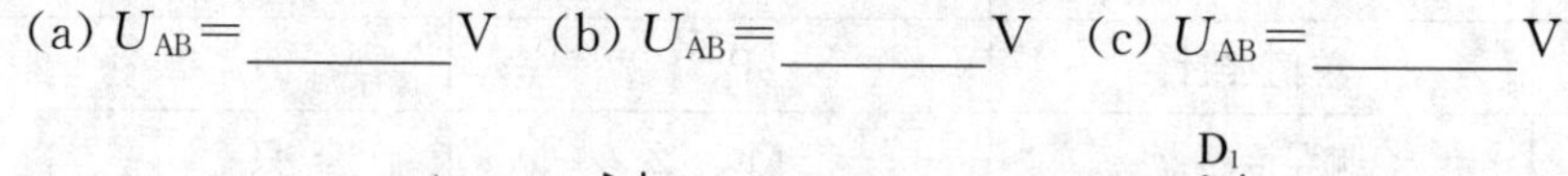

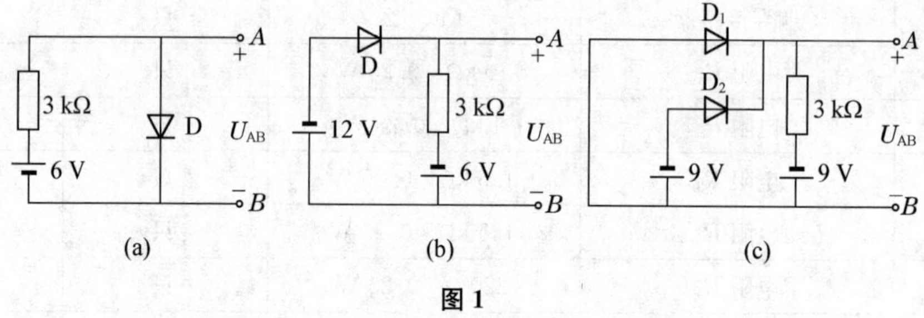

图 1

5. 如图 2 所示电路，忽略二极管正向压降。已知二极管最大整流电流为 20 mA，反向击穿电压为 25 V，反向电流为 0.1 mA，求下图电路中的电流。

(a) $I=$________A (b) $I=$________A (c) $I=$________A

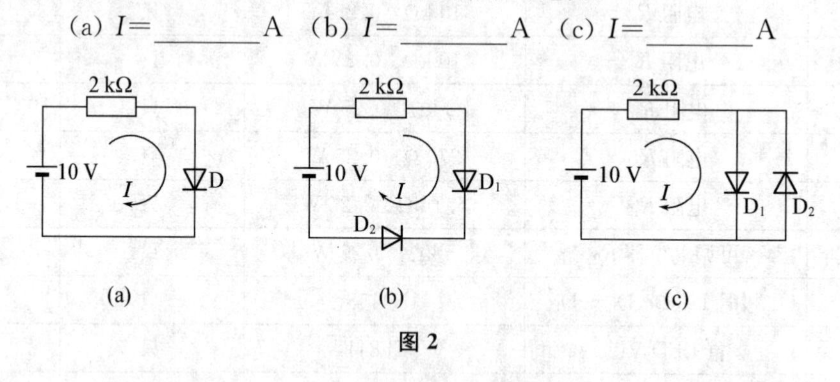

图 2

6. 如图 3 所示电路，在 AB 两点间加图示直流电压时，导通的二极管是________。

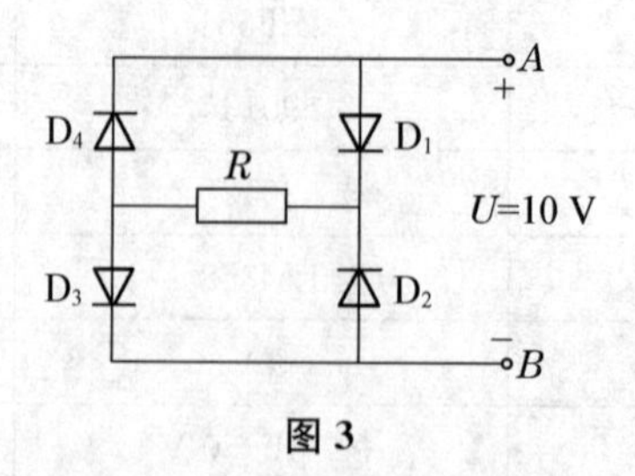

图 3

7. 用万用表 $R\times1$ k 挡测得某二极管的正、反向电阻均为∞，说明此管________。

8. 在晶体二极管的正向区，二极管相当于(　　)。

a. 大电阻　　b. 接通的开关　　c. 断开的开关

9. 晶体三极管从结构上看有________型和________型两大类。

10. 三极管具有电流放大作用的外部条件：必须使________结正向偏置，________结反向偏置。

11. 当三极管饱和时，它的发射结必是________偏置，集电结必是________偏置。

12. 正常工作的 PNP 型三极管各电极电位关系是 $V_C<V_B<V_E$，该管工作于________状态。

13. 正常工作的 NPN 型三极管各电极电位关系是 $V_C>V_B>V_E$，该管工作于________状态。

14. 晶体三极管三个极电流之间的关系式为 $I_E=$________。

15. 晶体三极管输出特性中的三个区分别叫________区、________区和________区。

16. 判断图 4 所示三极管的工作状态。

(a)________________　(b)________________　(c)________________

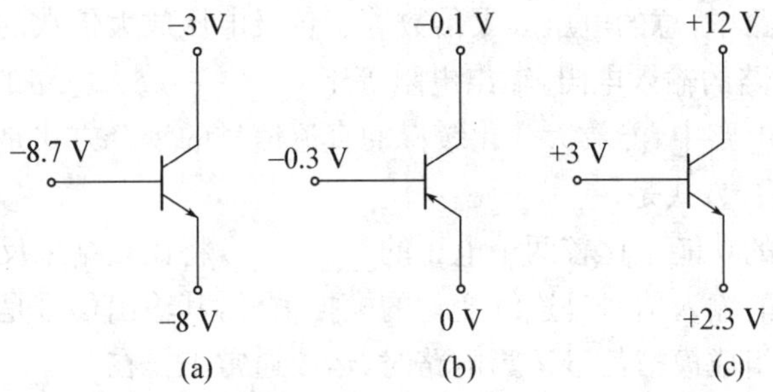

−3 V
−8.7 V
−8 V
(a)
−0.1 V
−0.3 V
0 V
(b)
+12 V
+3 V
+2.3 V
(c)

图 4

17. 在一个放大线路板内测得某只三极管三个极的静态电位分别为 $V_1=6$ V，$V_2=3$ V，$V_3=3.7$ V，可以判断 1 脚为________极，2 脚为________极，3 脚为________极，此管为________型管，由________材料制成。

18. 在一个放大线路板内测得某只三极管三个极的静态电位分别为 $V_1=-6.2$ V，$V_2=-6$ V，$V_3=-9$ V，可以判断 1 脚为________极，2 脚为________极，3 脚为________极，此管为________型管，由________材料制成。

19. 用万用表 $R\times1$ k 挡测得某三极管(已知三极管的质量是好的)，如图 5 所示，若测得的管脚间电阻 R_{12} 和 R_{13} 都很低，则判定________管脚是基极，且此管为________型三极管。

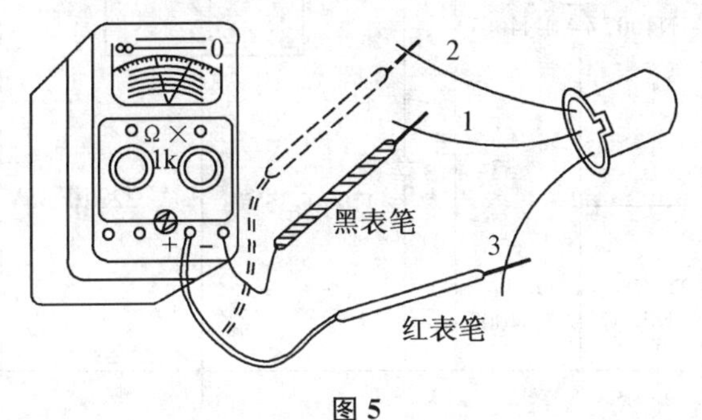

图 5

20. 某金属封装的小功率三极管的外形如图 6 所示，可以看出管脚 1 为________极，管脚 2 为________极，管脚 3 为________极。

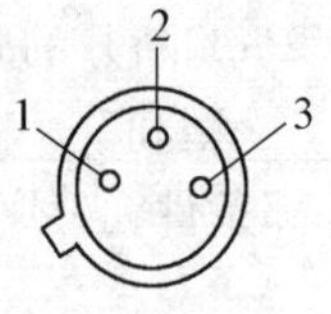

图 6

21. 大功率三极管一般金属外壳是________极。

22. 在单级共射极放大电路中，如果静态工作点设置过高，则容易出现________失真；如果静态工作点设置过低，则容易出现________失真。

23. 在共射、共集两种基本放大电路中，若希望电压放大倍数大，应选________放大电路；若希望输出电压与输入电压同相位，应选________放大电路；若希望带负载能力强，应选________放大电路；若希望从信号源索取的电流小，应选________放大电路。

24. 多级放大电路中，总的电压放大倍数等于各级电压放大倍数的________，输入电阻等于________放大电路的输入电阻，输出电阻等于________放大电路的输出电阻。

25. 在多级放大电路中，能放大变化缓慢的直流信号的耦合方式是________，各级静态工作点相互独立的耦合方式是________。

26. 电压比较器的功能是比较两个电压的________，将比较结果反映在输出端。

27. 电压比较器的输入信号是连续变化的模拟信号，其输出信号是________。

28. 用集成运放组成模拟信号运算电路时，运放通常工作在________区。

29. 集成运放工作在线性区时，必须引入负反馈，反馈网络应接在运放的输出端和________之间。

30. 示波器测量的波形在水平方向的疏密程度不合适，应该调节________旋钮；测量的波形在垂直方向的高度不合适，应该调节________旋钮。波形的峰峰值等于________乘以________格子数，波形的周期等于________乘以________格子数。

31. 如图 7 所示电路中，变压器 T 的作用是________，二极管 D 的作用是________，电解电容的作用 C_2 是________，三端集成稳压器 7805 的作用是________，该电路输出的电压是________。

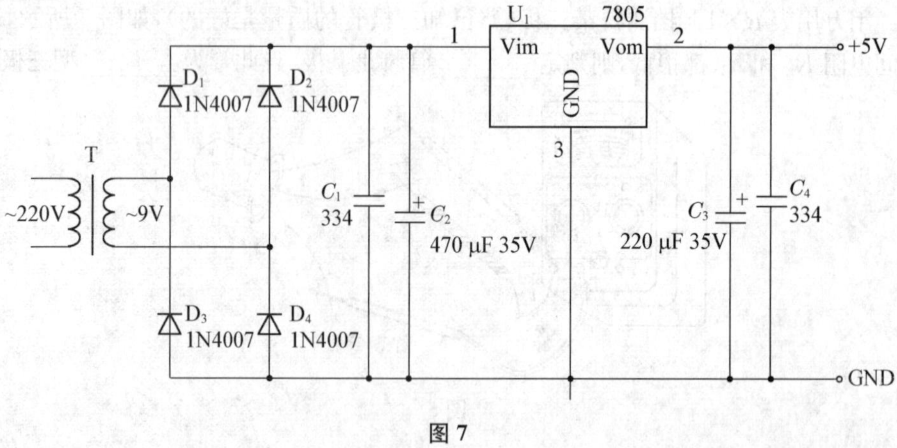

图 7

32. 如图 8 所示的半导体二极管，阳极是________管脚，阴极是________管脚。该元器件具有________特性。用数字万用表检测该器件时，红表笔放在 1 管脚，显示的数值是小值，因此，二极管的阳极是________管脚。

33. 图 9 所示的元器件称为________，正极是________管脚，它具有隔________通________，通________，阻________的作用。该器件器身标注的 450 V 是该器件电压的________。

图 8　　　　图 9

34. 图 10 所示的元器件称为________，它的电容量是________。

35. 图 11 所示的元器件称为半导体________，1 管脚是________极，2 管脚是________极，3 管脚是________极，该器件具有________的作用。

36. 如图 12 所示是共发射极放大电路的输出电压的波形，该三极管工作在________失真状态。

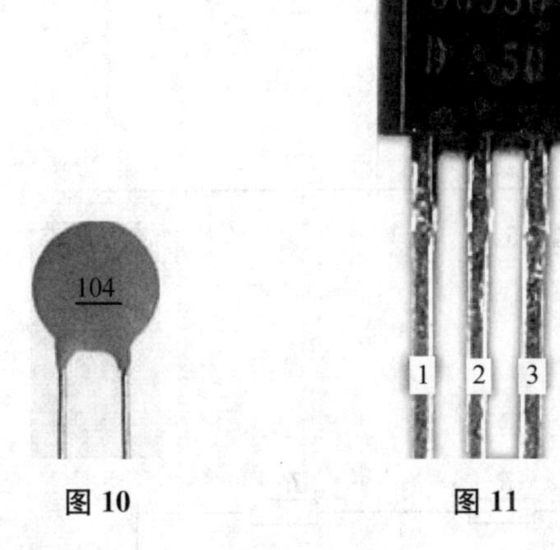

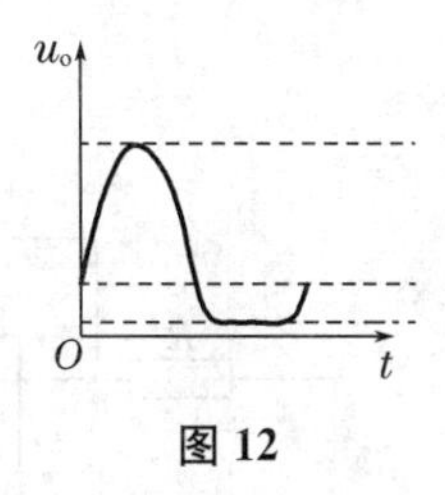

图 10　　　　图 11　　　　图 12

二、计算题

1. 如图 13 所示的电路，已知 $U_{CC}=18$ V，$R_C=3$ kΩ，$\beta=50$，I_{CEO}和 U_{BE}均忽略不计；偏流电阻由两部分组成，固定部分 $R_{Bb}=200$ kΩ，可变部分最大值为 250 kΩ。

(1) 将 R_{Ba}调到零时，计算静态工作点；(2) 若取 $I_C=2.5$ mA，则偏流电阻可变部分 R_{Ba}应为多少？

2. 如图 14 所示电路，求：(1) 静态工作点；(2) 输入电阻、输出电阻和电压放大倍数。

3. 如图 15 所示电路中，(1) 列出 u_o与 u_i间的函数关系；(2) 列出 R_2 及 R_3的表达式。

4. 理想运放组成的电路如图 16 所示，(1) 列出 u_{o1}、u_{o2}、u_{o3}的表达式；

(2) 各运放分别组成何种基本应用电路？

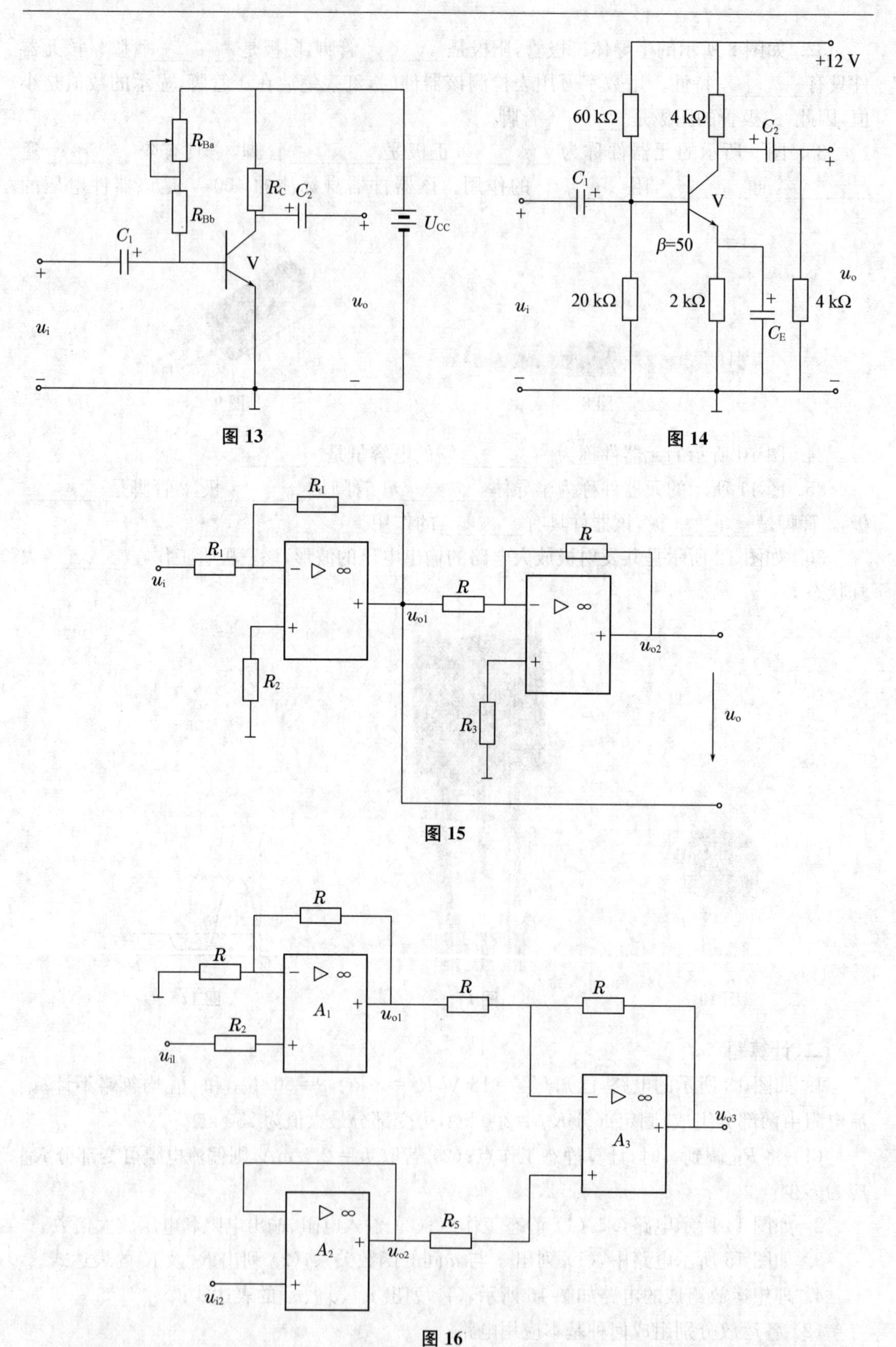

图 13

图 14

图 15

图 16

5. 理想运放构成的电路如图 17 所示，已知 $u_{i1}=3$ V，$u_{i2}=4$ V，$u_{i3}=2$ V，试求出 u_o 的值。

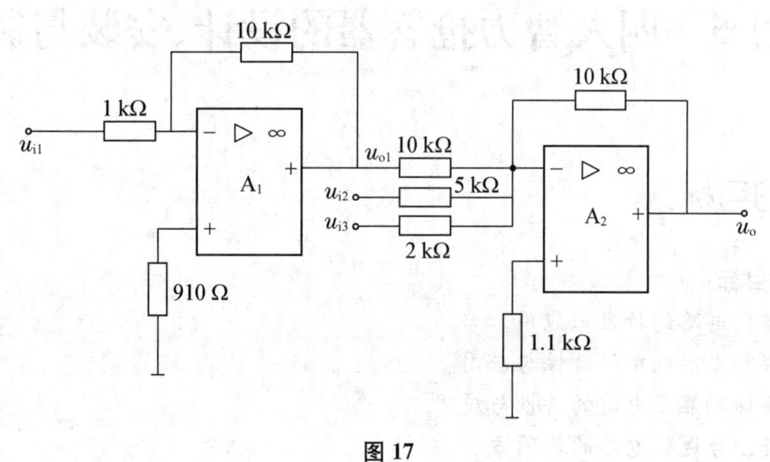

图 17

6. 推导图 18 所示电路中，u_o 与 u_{i1} 和 u_{i2} 之间的关系。

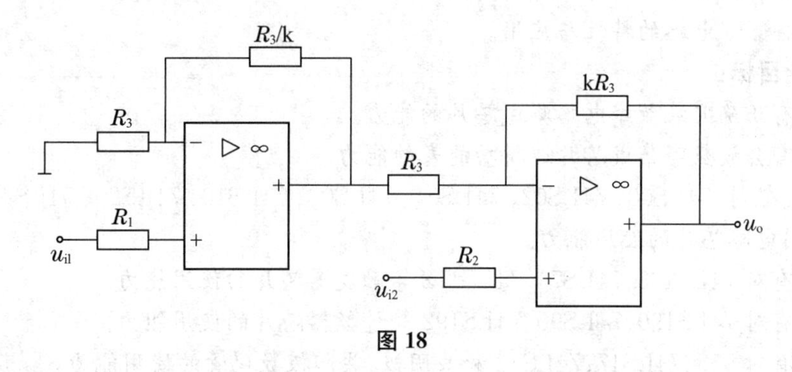

图 18

三、分析题

图 19 所示电路是人体红外能检测电路，PY 为热释电人体红外传感器，分析其工作原理。

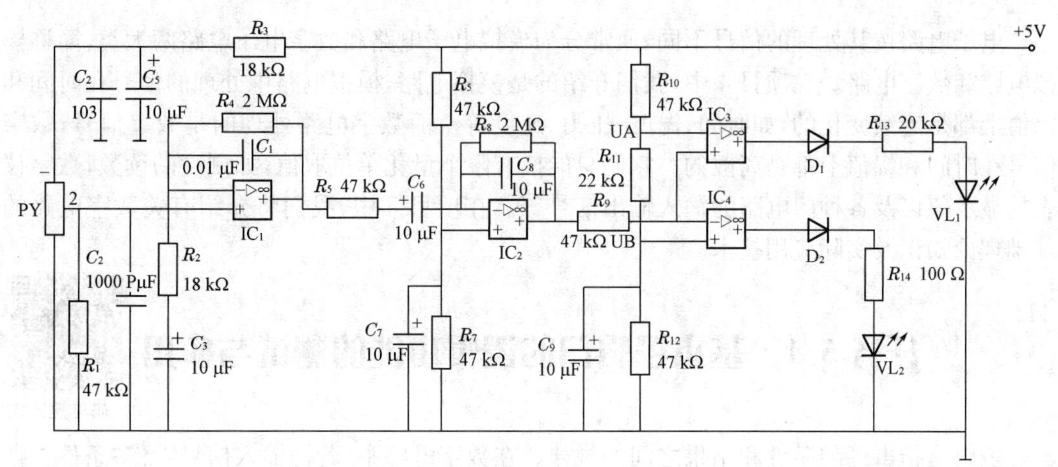

图 19

项目 5 四人智力抢答器的设计、安装与调试

学习目标：

1. 知识目标：

(1) 掌握门电路的特性与应用。

(2) 掌握触发器电路的特性与应用。

(3) 掌握译码显示电路的特性与应用。

(4) 掌握组合逻辑电路的化简方法。

(5) 掌握组合逻辑电路的设计与分析的一般方法。

(6) 掌握计数器电路的特性与应用。

(7) 掌握 555 电路的特性与应用。

2. 技能目标：

(1) 具有正确安装数字电路集成芯片的能力。

(2) 具有会读数字集成芯片逻辑功能表的能力。

(3) 具有对 74LS00、74LS02、74LS04、74LS08、74LS10、74LS20、74LS21、74LS32、74LS86 等门电路芯片的使用能力。

(4) 具有对 74LS175、74LS74、74LS112 等触发器芯片的使用能力。

(5) 具有对 74LS190、74LS90、74LS192 等计数器芯片的使用能力。

(6) 具有对 555、74LS47、74LS48 和共阴极、共阳极数码管的使用能力。

(7) 具有对复杂数字电路进行组装、调试和排故障的能力。

(8) 具有一定的设计数字电路的能力。

(9) 具有元件选型的能力。

电子电路按其处理的信号不同，通常分为模拟电子电路和数字电子电路两大类，简称模拟电路和数字电路。在项目 4 中，我们介绍的是模拟电路，模拟电路中处理的信号在时间和幅值上都是连续变化的，如时间、温度、压力、速度等。而数字电路处理的是数字信号，数字信号在时间和幅值上都是离散的。它们只能按有限个量化单位取值，如刻度的读数，数字仪表的显示值以及各种门电路的输入输出信号等。在项目 5 中，我们将介绍有关数字电路的基础理论知识及实际应用技术。

任务 5.1 基本逻辑门的逻辑功能的测试与应用

扫码见视频 31

逻辑是指事件的条件和结果之间的规律。在数字电路中，若把输入信号看作“条件”，把输出信号看作“结果”，那么数字电路的输入和输出信号之间存在着一定的逻辑关系，而能实

现一定逻辑运算的电路称为逻辑门电路。逻辑门电路是数字系统的基本组成模块,它处理二进制码,因此又称为二进制逻辑门电路。基本逻辑门电路包括:与门、或门和非门,它们的使用构成了所有的数字系统。

学习活动1　与门的逻辑功能的测试与应用

■做一做

本实验选用集成芯片74LS08,图5.1.1是其引脚图。其中管脚的A、B表示输入端,Y表示输出端,数字表示第几个与门,由此看出74LS08内部有四个与门,且每个与门均有两个输入,即两输入四与门。GND表示接地端,U_{CC}表示电源正极(+5 V)端。把芯片安装在实验箱的芯片座上,一定注意芯片的豁口与座的豁口对齐。把实验箱的逻辑电平开关(图5.1.2)接入某一与门的各输入端,与门输出端接至实验箱的逻辑电平显示器(图5.1.3),测试其逻辑功能(输入与输出关系),结果记录于表5.1.1中。

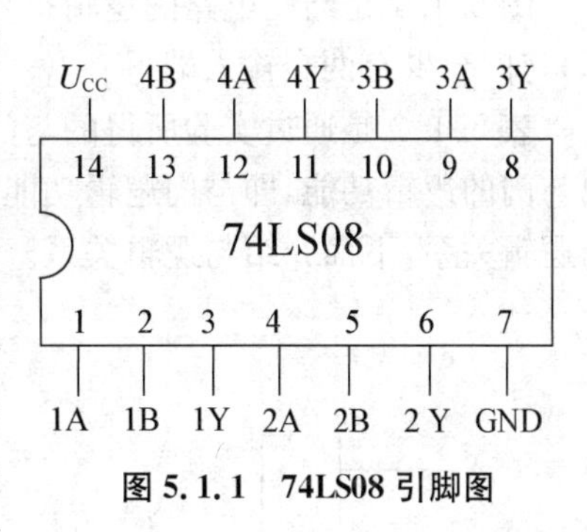

图5.1.1　74LS08引脚图

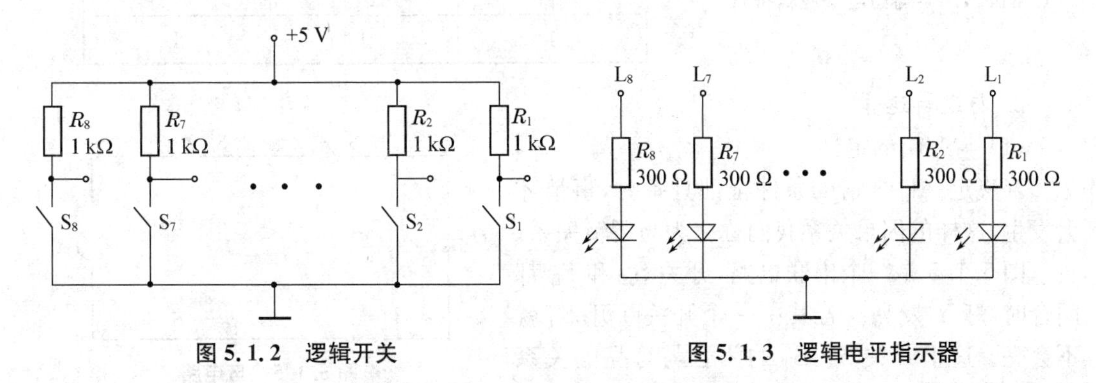

图5.1.2　逻辑开关　　图5.1.3　逻辑电平指示器

表5.1.1　与门逻辑功能测的测量

A	B	Y
0	0	
0	1	
1	0	
1	1	

逻辑开关的作用:利用1 kΩ电阻作为限流电阻,开关作为逻辑值输入。当开关闭合时,相对应的端子输出电压为0,即开关闭合输出逻辑值“0”;当开关断开时,相对应的端子输出电压为5 V,即开关断开输出逻辑值为“1”。

逻辑电平指示器的作用:为了便于检验逻辑电路的输出逻辑值,我们采用发光二极管电路来检验逻辑电平的高低。当某输入端为低电平时,对应的发光二极管不亮,即逻辑值为

"0";当某输入端为高电平时,对应的发光二极管亮,即逻辑值为"1"。

■议一议

通过观察实验现象及分析表 5.1.1 的数据,得出与门的逻辑功能:有 0 必出 0,全 1 则为 1。

■学一学

1. 与门逻辑功能

图 5.1.4 是与门电路的逻辑符号,输入端用字母 A 和 B 表示,输出端通常用字母 Y 表示,与门至少有两个输入端。

表 5.1.2 是通过实验所得的与门的逻辑功能表(真值表),经过观察此表的实验数据得出与门的逻辑功能,即与门逻辑功能是"有 0 必出 0,全 1 则为 1"。与门实现的逻辑关系是与逻辑关系,下面介绍与逻辑关系。

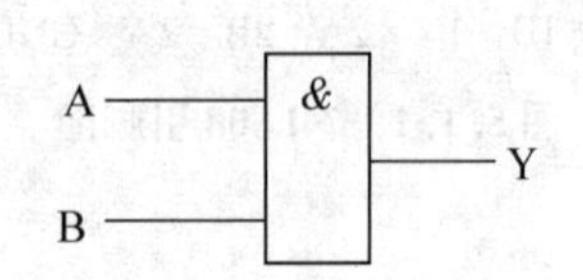

图 5.1.4　与门电路逻辑符号

表 5.1.2　与门的逻辑功能表

A	B	Y
0	0	0
0	1	0
1	0	0
1	1	1

2. 与逻辑运算

(1) 与逻辑的定义

当决定一件事情的条件全部具备时,事情才会发生,这样的因果关系我们称之为与逻辑关系。

图 5.1.5 是一个串联电路,开关 S_A 和 S_B 都闭合时,灯 Y 发亮。若其中一个开关断开,灯就不会亮。这里开关 S_A、S_B 的闭合与灯亮的关系称为与逻辑。

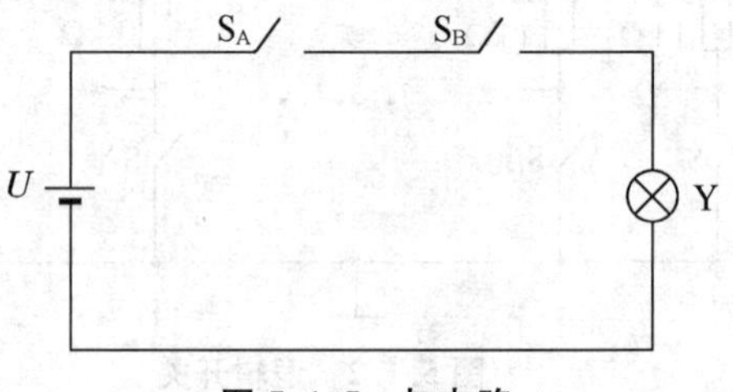

图 5.1.5　与电路

如果将开关闭合规定为逻辑"1",断开规定为逻辑"0";灯亮规定为逻辑"1",灯灭规定为逻辑"0",则对该电路中 A、B、Y 所有可能的取值见表 5.1.2。

(2) 与逻辑的逻辑函数式及运算规则

与逻辑也叫逻辑乘,或逻辑积,记作"·",有时也可略去不写。与逻辑的逻辑函数式为

$$Y=A\cdot B \text{ 或 } Y=AB$$

由功能表分析可知与逻辑的运算规则:$0\cdot 0=0$,$0\cdot 1=0$,$1\cdot 0=0$,$1\cdot 1=1$。

■练一练

例 5.1.1:图 5.1.6 所示是一个具有两个输入端的与门,输入端 A 加入一系列矩形脉冲信号,输入端 B 加入一个控制脉冲,分析输出 Y 的波形。

解:根据与门的逻辑功能,只有当 B 端是高电平"1"时,A 端的矩形脉冲信号才能通过与门,并在输出端 Y 得到矩形脉冲信号。此时,相当于与门被打开。当 B 端是低电平"0"时,没有信号输出,相当于与门被封锁。具有控制脉冲信号的传送的功能。

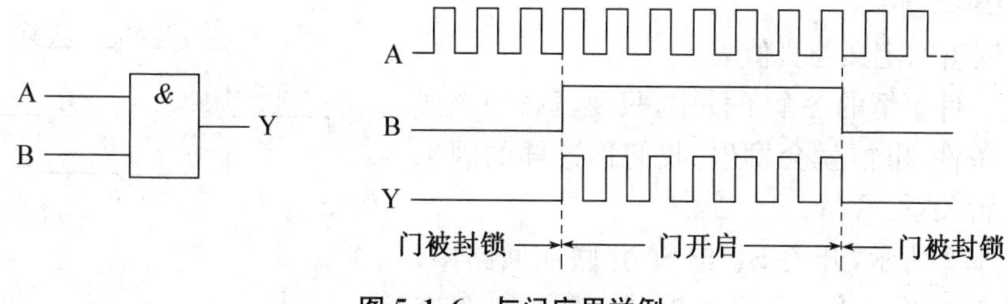

图 5.1.6　与门应用举例

学习活动 2　或门的逻辑功能的测试与应用

■**做一做**

本实验选用集成芯片 74LS32 为两输入四或门，其引脚图如图 5.1.7。测试其逻辑功能（输入与输出关系），结果记录于表 5.1.3 中。

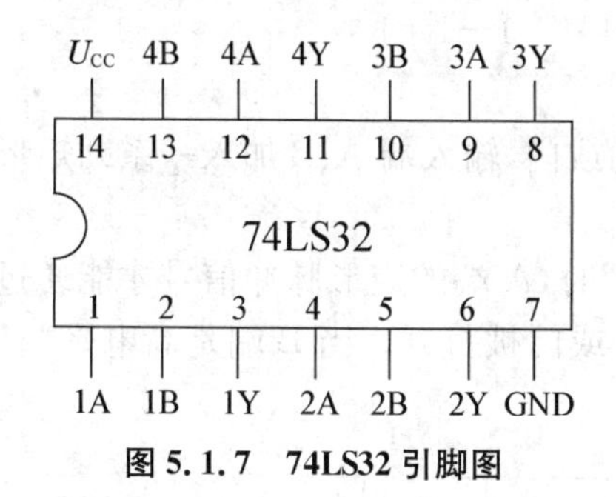

图 5.1.7　74LS32 引脚图

表 5.1.3　或门逻辑功能的测量

A	B	Y
0	0	
0	1	
1	0	
1	1	

■**议一议**

通过观察实验现象及分析表 5.1.3 的数据，得出或门逻辑功能：有 1 必出 1，全 0 则为 0。

■**学一学**

1. 或门逻辑功能

图 5.1.8 是或门电路的逻辑符号，输入端用字母 A 和 B 表示，输出端通常用字母 Y 表示，或门至少有两个输入端。

表 5.1.4 是通过实验所得的或门的逻辑功能表（真值表），经过观察此表的实验数据得出或门的逻辑功能，即或门逻辑功能是“有 1 必出 1，全 0 则为 0”。或门实现的逻辑关系是或逻辑关系，下面介绍或逻辑关系。

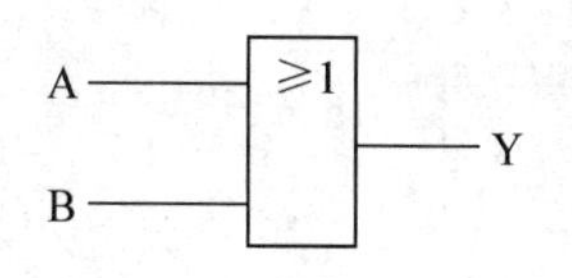

图 5.1.8　或门电路逻辑符号

表 5.1.4　或门的逻辑功能表

A	B	Y
0	0	0
0	1	1
1	0	1
1	1	1

2. 或逻辑运算

(1) 或逻辑的定义与真值表

当决定一件事情的各个条件中，只要具备一个或一个以上的条件，事情就会发生，我们称这样的因果关系为或逻辑关系。

如图 5.1.9 所示，开关 S_A 与 S_B 并联在回路中，当开关 S_A 或 S_B 只要有一个闭合时，灯就会亮，只有当两开关都断开时，灯才不亮。开关 S_A 或 S_B 闭合，灯就能亮的关系称为或逻辑，也称为逻辑加。

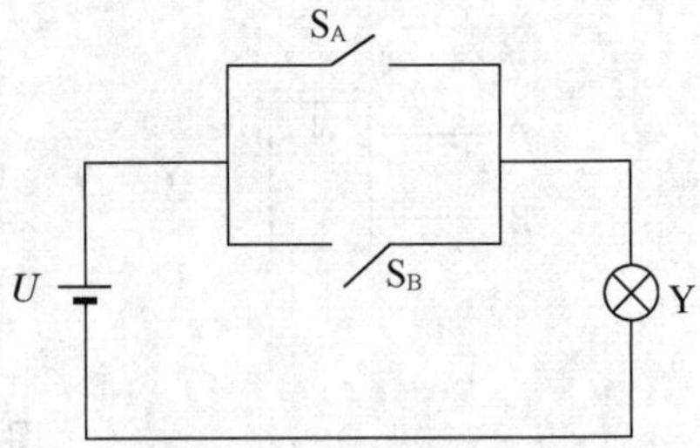

图 5.1.9　或电路

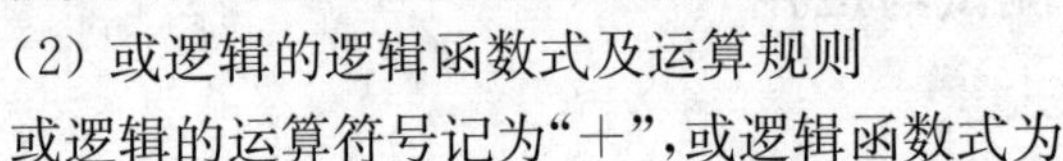

(2) 或逻辑的逻辑函数式及运算规则

或逻辑的运算符号记为“+”，或逻辑函数式为

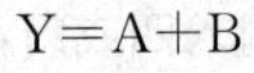

$$Y=A+B$$

根据功能表，或逻辑的运算规则为

$$0+0=0 \qquad 0+1=1 \qquad 1+0=1 \qquad 1+1=1$$

■练一练

例 5.1.2：图 5.1.10 所示是一个具有两个输入端的或门，输入端 A、B 加入一系列矩形脉冲信号，分析输出 Y 的波形。

解：根据或门的逻辑功能，只有当 B 端是低电平“0”时，A 端的矩形脉冲信号才能通过或门，并在输出端 Y 得到矩形脉冲信号。此时，相当于或门被打开。当 B 端是高电平“1”时，没有信号输出，相当于或门被封锁。

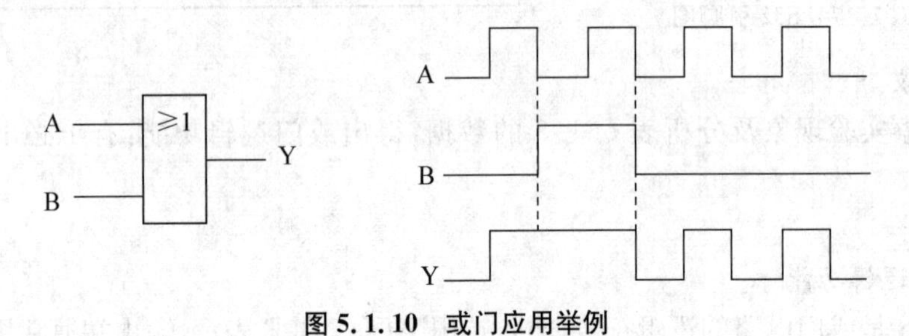

图 5.1.10　或门应用举例

学习活动 3　非门的逻辑功能的测试与应用

■做一做

本实验选用集成芯片 74LS04 为六非门(六反相器)，其引脚图如图 5.1.11。测试其逻辑功能(输入与输出关系)，结果记录于表 5.1.5 中。

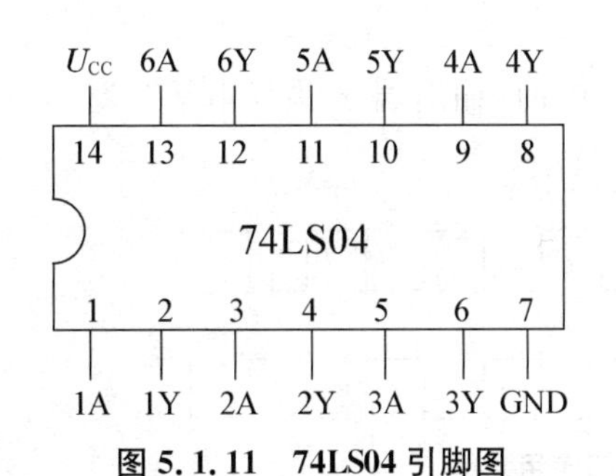

图 5.1.11 74LS04 引脚图

表 5.1.5 非门逻辑功能的测量

A	Y
0	
1	

■**议一议**

通过观察实验现象及分析表 5.1.5 的数据，得出非门的逻辑功能：有 1 出 0，有 0 出 1。

■**学一学**

1. 非门逻辑功能

图 5.1.12 是非门电路的逻辑符号，输入端用字母 A 表示，输出端通常用字母 Y 表示，非门只有一个输入端。

表 5.1.6 是通过实验所得的非门的逻辑功能表（真值表），经过观察此表的实验数据得出非门的逻辑功能，即非门逻辑功能是“有 1 出 0，有 0 出 1”。非门实现的逻辑关系是非逻辑关系，下面介绍非逻辑关系。

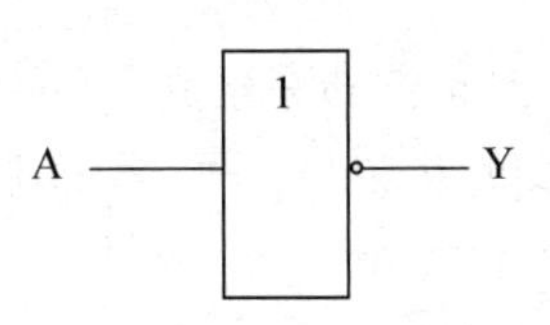

图 5.1.12 非门电路逻辑符号

表 5.1.6 非门的逻辑功能表

A	Y
0	1
1	0

2. 非逻辑运算

(1) 非逻辑的定义与真值表

条件具备，事情就不发生；条件不具备，事情就发生，我们把这样的因果关系称为非逻辑关系。

非逻辑的电路如图 5.1.13，开关 S 与灯泡 Y 并联，开关 S 闭合（1 状态）时，灯泡不亮（0 状态）；开关 S 断开（0 状态）时，灯泡亮（1 状态），则开关 S 的闭合与灯泡亮灭之间的关系是非逻辑的关系。

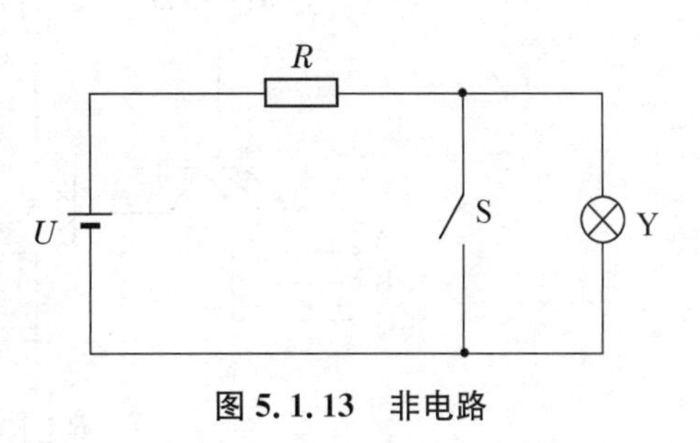

图 5.1.13 非电路

(2) 非逻辑的逻辑表达式和运算规则

非运算也叫逻辑反，或叫逻辑否定，其运算符号记为“—”，非逻辑函数式为

$$Y=\overline{A}$$

根据真值表，非逻辑的运算规则为

$$\overline{0}=1 \quad \overline{1}=0$$

■**练一练**

例 5.1.3：图 5.1.14 所示是一个非门，输入端 A 加入一系列矩形脉冲信号，分析输出 Y

的波形。

解:根据非门的逻辑功能,当 A 端是低电平“0”时,输出端 Y 是高电平“1”;当 A 端是高电平“1”时,输出端 Y 是低电平“0”。

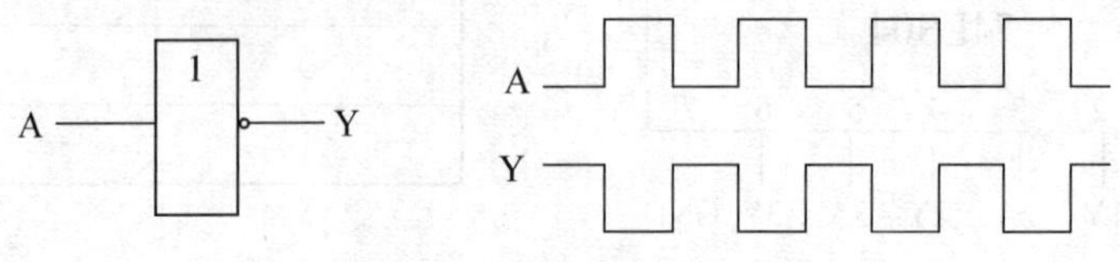

图 5.1.14 非门应用举例

阅读材料 集成 TTL 逻辑门

集成逻辑门电路是将逻辑电路的元件和连线都制作在一块半导体基片上。集成门电路若是以三极管为主要元件,输入端和输出端都是三极管结构,这种电路称为三极管-三极管逻辑电路,简称 TTL 电路(也叫双极型集成电路)。与分立元件电路相比,TTL 电路具有体积小、耗电少、重量轻、可靠性高等优点,所以集成电路受到人们极大的重视,并得到了广泛应用。

1. 集成 TTL 与非门

(1) 电路组成

图 5.1.15 是一个小规模 TTL 与非门原理图。该电路由三部分组成。第一部分是由多发射极晶体管 V_1 构成的输入与逻辑,第二部分是 V_2 构成的反相放大器,第三部分是由 V_3、V_4、V_5 组成的推拉式输出电路,用以提高输出的负载能力。

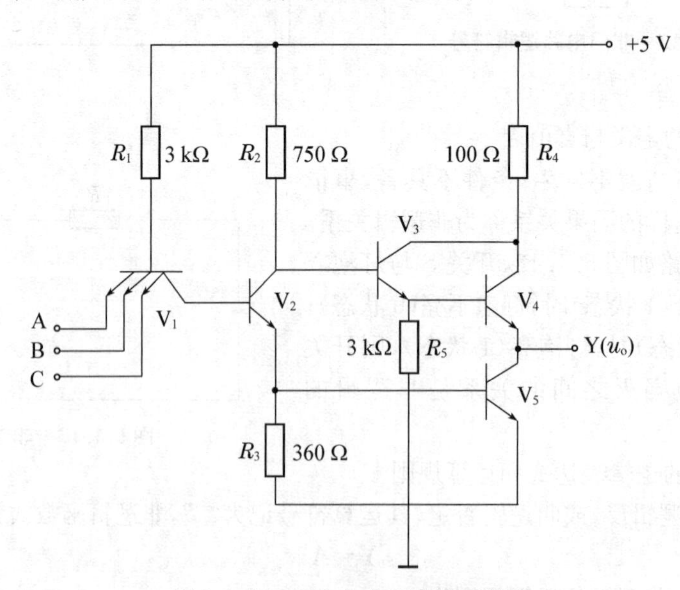

图 5.1.15 TTL 与非门电路原理图

(2) 功能分析

① 输入全接高电平(3.6 V)

如果输入全接高电平,由于是复合管,具有很大的电流驱动能力,V_1 倒置,使 V_1 的集电极变为发射极，发射极变为集电极，V_1反向导通，V_2、V_5导通，V_3导通，V_4截止，输出低电平。

② 输入端中有低电平(0.3 V)输入

只要输入有一个为低电平，V_1就饱和导通，V_2、V_5截止，V_3、V_4导通，输出高电平。

从以上分析可知输入与输出的关系：全高出低，有低出高。即实现了与非门的功能，其函数表达式为 Y=ABC。

(3) 主要性能分析

① 电压传输特性

它反映了 TTL 与非门输出电压与输入电压的关系。TTL 与非门的电压传输特性曲线如图 5.1.16 所示，特性曲线表明：

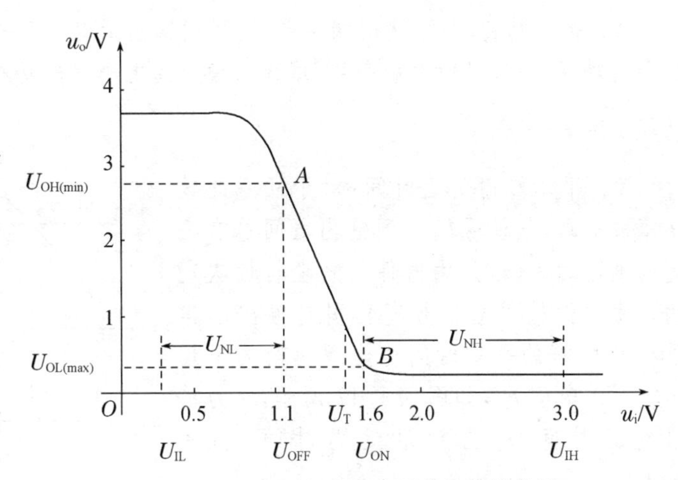

图 5.1.16　TTL 与非门电压传输特性曲线

输入有一端为低电平时，即 $0 \leqslant u_i \leqslant U_{IL(max)}$，输出为高电平，即 $U_{OH(min)} \leqslant u_o \leqslant 5$ V。在曲线上为 A 点左边区域。

输入全部为高电平时，即 $U_{IH(min)} \leqslant u_i \leqslant 5$ V，输出为低电平，即 $0 \leqslant u_o \leqslant U_{OL(max)}$。在曲线上为 B 点右边区域。

输入在高、低电平之间时，即 $U_{IL(max)} < u_i < U_{IH(min)}$，处于过渡区，输入、输出既非高电平，也非低电平。

输入高电平下限 $U_{IH(min)}$ 也称为开门电平 U_{ON}。只有当输入电平高于 U_{ON} 时，门才打开。

输入低电平上限 $U_{IL(max)}$ 也称为关门电平 U_{OFF}。只有当输入电平低于 U_{OFF} 时，门才关闭。

阈值电压 U_T：在 B 点左面，当 $u_i > U_T$ 时，认为与非门饱和，输出低电平；当 $u_i < U_T$ 时，就认为与非门截止，输出为高电平。

② 主要参数

Ⅰ. 电压电流参数

输入短路电路 I_{IS}：$u_i=0$ 时的输入电流称为输入短路电流。

输入漏电流 I_{IH}：与非门一个输入端为高电平，其余输入端接地时，流入高电平输入端的电流。

输出高电平 U_{OH}：当输入端中任何一个接低电平时，输出的高电平值。

输出低电平 U_{OL}：表示输入端全部为高电平时，输出的低电平值。

I_{OH}：表示输出为高电平时，输出端的电流。有时也将高电平输出电流称为拉电流。

I_{OL}：表示输出为低电平时，输出端的电流。有时也将低电平输出电流称为灌电流。

Ⅱ. 负载能力：门电路驱动同类门的个数，反映电路带负载的能力。一般用扇出系数 N_O 表示。设额定灌电流为 I_{OL}、输入短路电流为 I_{IS}，则 $N_O = I_{OL}/I_{IS}$。一般希望 N_O 越大越好。

Ⅲ. 抗干扰能力：抗干扰容限用来表示逻辑门的抗干扰能力。一旦干扰电平超过抗干扰容限，逻辑门将不能正常工作。

高电平的噪声容限为 $U_{NH}=U_{IH}-U_{ON}$。U_{NH}越大，表示U_O变化的范围越大，也就是抗干扰能力越强。所以U_{NH}反映了高电平的噪声容限。

同理定义低电平的噪声容限：$U_{NL}=U_{OFF}-U_{IL}$。U_{NL}越大，表示低电平抗干扰能力越强。

Ⅳ. 平均功耗 P：当输出端空载，逻辑门输出低电平时的功耗(电流×电压的值)称为空载导通功耗 P_{ON}；当输出端空载，逻辑门输出高电平时的功耗称为空载截止功耗 P_{OFF}。平均功耗 $P=\dfrac{P_{ON}+P_{OFF}}{2}$。

Ⅴ. 平均传输延迟时间：对于任意的数字集成电路，从信号输入到输出之间总有一定的延迟时间，这是由器件的物理特性决定的。我们把输入端信号变化引起输出端信号变化所需的平均时间称为逻辑门的平均传输延迟时间 t_{pd}，如图 5.1.17 所示，t_{dr}为前沿延迟时间，t_{df}为后沿延迟时间，$t_{pd}=\dfrac{t_{dr}+t_{df}}{2}$。电路的 t_{pd}越小，说明它的工作速度越快。

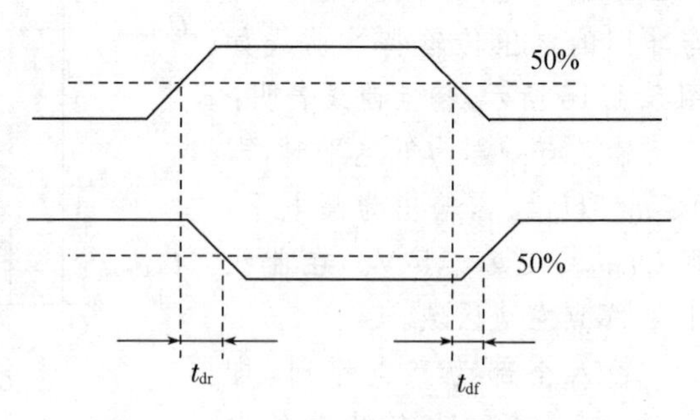

图 5.1.17　TTL 与非门传输时间波形

2. 集电极开路与非门(OC 门)

普通的 TTL 门电路的输出端不允许并联相接，即不能把两个或两个以上这样的门电路的输出端接在一起。因为每个与非门输出级的三极管都带有负载电阻，输出电阻较小，若多个与非门的输出端并联，将产生较大的电流，易造成器件的损坏。

对于图 5.1.18 所示的与非门电路，如果将其输出管 V_3的集电极开路，就变成了“集电极开路”门，也称 OC 门，与 TTL 与非门一样，OC 门也可以完成与非运算。OC 门与普通 TTL 门的不同之处是，多个 OC 门的输出端可以并联在一起。

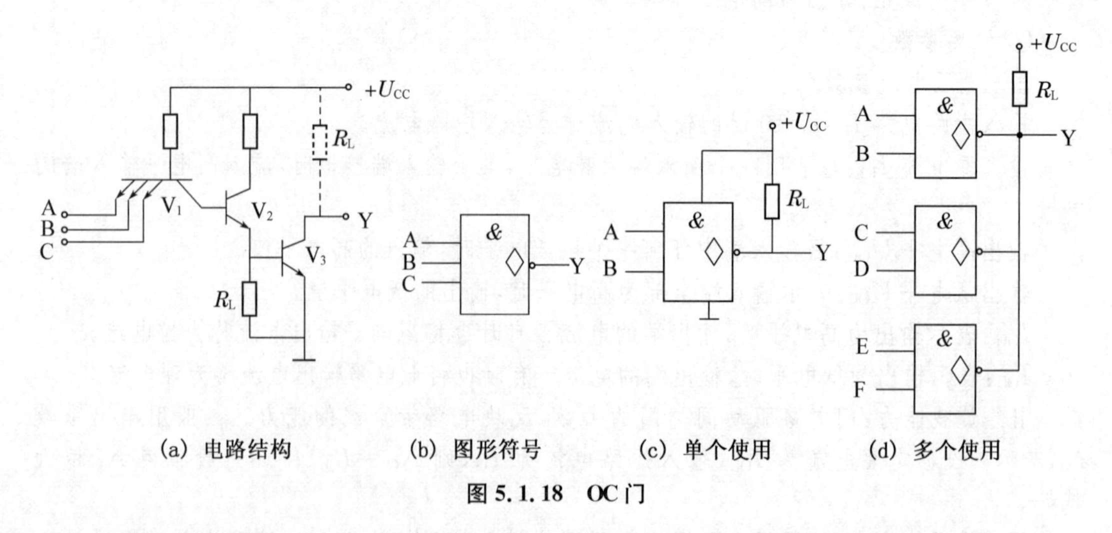

(a) 电路结构　(b) 图形符号　(c) 单个使用　(d) 多个使用

图 5.1.18　OC 门

3. 三态输出门(TSL)

三态输出门简称 TSL(Three-State Logic),与普通门电路不同,三态门输出有 3 种状态:高电平、低电平、高阻态,其中高阻态也称悬浮态。以图 5.1.15 为例,如果设法将 V_3、V_4、V_5 都截止,输出端就会呈现出极大的电阻,称这种状态为高阻态。

如图 5.1.19 所示为三态输出与非门的图形符号。如图 5.1.19(a)所示为高电平控制的三态门,即 EN=1 时为工作状态,输出与输入为与非关系;EN=0 时,输出为高阻状态,即控制端高电平有效。如图5.1.19(b)所示为低电平控制的与非门,EN=0 时为工作状态,EN=1 时为高阻状态,即控制端低电平有效。

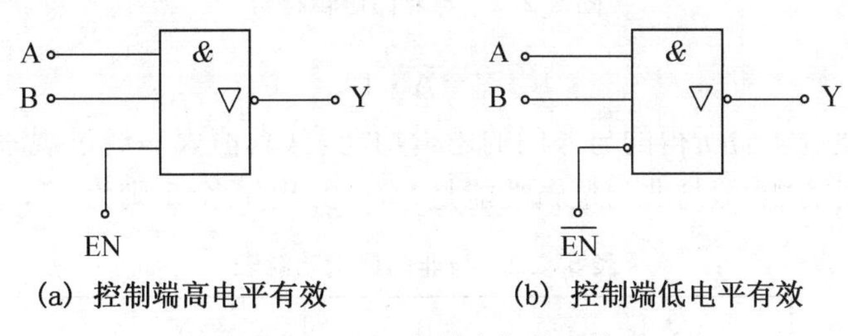

(a) 控制端高电平有效　(b) 控制端低电平有效

图 5.1.19　三态输出与非门符号

任务 5.2　复合逻辑门的逻辑功能的测试与应用

扫码见视频 31

由与门、非门、或门可以组合成多种复合门,如与非门、或非门、异或门等。下面对这几种复合门进行学习。

学习活动 1　与非门的逻辑功能的测试与应用

■**做一做**

本实验选用集成芯片 74LS00 为两输入四与非门,其引脚图如图 5.2.1。测试其逻辑功能(输入与输出关系),结果记录于表 5.2.1 中。

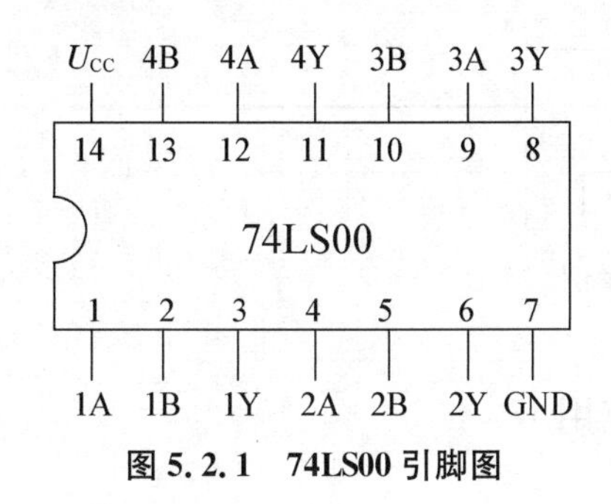

图 5.2.1　74LS00 引脚图

表 5.2.1　与非门逻辑功能的测量

A	B	Y
0	0	
0	1	
1	0	
1	1	

■**议一议**

通过观察实验现象及分析表 5.2.1 的数据,得出与非门的逻辑功能:有 0 必出 1,全 1 则为 0。

■**学一学**

与非门电路的逻辑图和逻辑符号如图 5.2.2 所示，在与门的输出端再接一非门就构成了与非门，与非门最为常用，与非逻辑函数式为

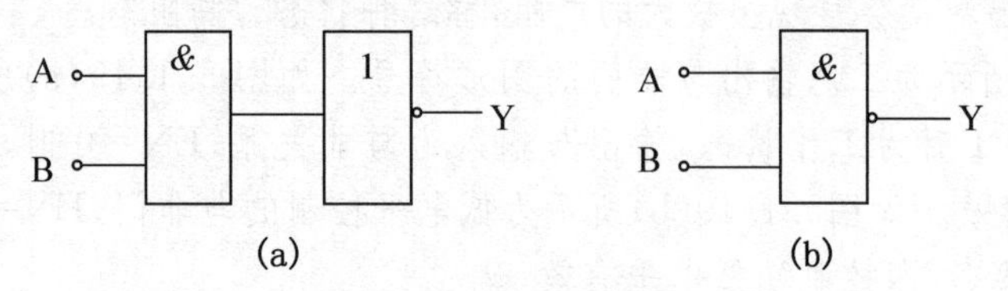

图 5.2.2　与非门逻辑符号

$$Y=\overline{A\cdot B}$$

表 5.2.2 是通过实验所得的与非门的逻辑功能表(真值表)，经过观察此表的实验数据得出与非门的逻辑功能，即与非门逻辑功能是“有 0 必出 1，全 1 则为 0”。

表 5.2.2　与非门逻辑功能表

A	B	Y
0	0	1
0	1	1
1	0	1
1	1	0

■**练一练**

例 5.2.1：图 5.2.3 所示是一个具有两个输入端的与非门，输入端 A、B 加入一系列矩形脉冲信号，分析 Y 的波形。

解：根据与非门的逻辑功能，只有当 B 端是高电平“1”时，A 端的矩形脉冲信号通过与非门，并在输出端 Y 得到与 Y 相反矩形脉冲信号。当 B 端是低电平“0”时，输出信号为 1。见图 5.2.3。

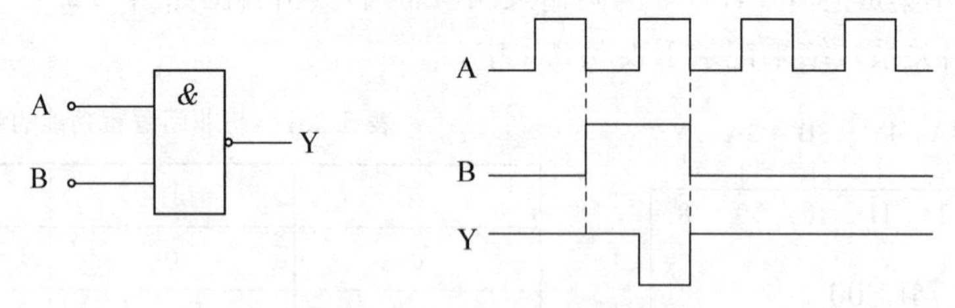

图 5.2.3　与非门应用举例

学习活动 2　或非门的逻辑功能的测试与应用

■**做一做**

本实验选用集成芯片 74LS02 为两输入四或非门，其引脚图如图 5.2.4。测试其逻辑功能(输入与输出关系)，结果记录于表 5.2.3 中。

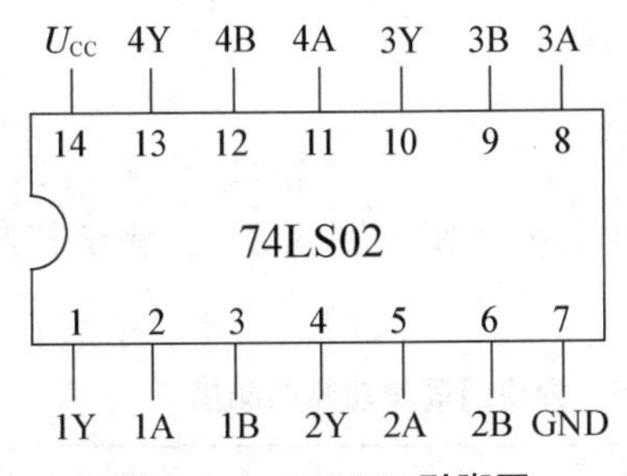

图 5.2.4　74LS02 引脚图

表 5.2.3　或非门逻辑功能的测量

A	B	Y
0	0	
0	1	
1	0	
1	1	

■**议一议**

通过观察实验现象及分析表 5.2.3 的数据，得出与非门逻辑功能：有 1 必出 0，全 0 则为 1。

■**学一学**

或非门电路的逻辑图和逻辑符号如图 5.2.5 所示，在或门输出端再接一非门就构成了或非门。或非逻辑函数式为

$$Y=\overline{A+B}$$

表 5.2.4 是通过实验所得的或非门的逻辑功能表（真值表），经过观察此表的实验数据得出或非门的逻辑功能，即或非门逻辑功能是“有 1 必出 0，全 0 则为 1”。

(a)　(b)

图 5.2.5　或非门逻辑符号

表 5.2.4　或非门逻辑功能表

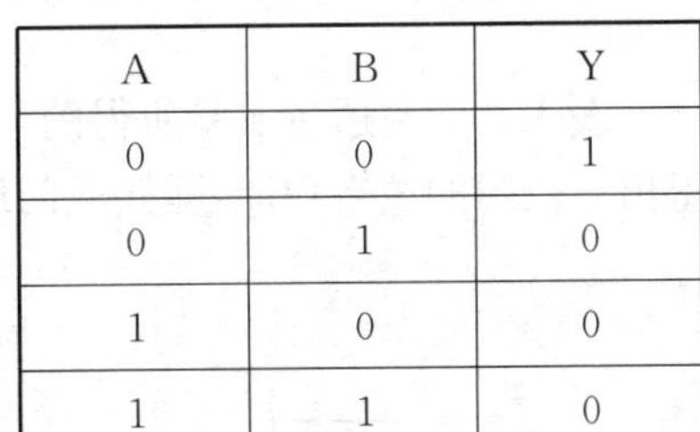

A	B	Y
0	0	1
0	1	0
1	0	0
1	1	0

■**练一练**

例 5.2.2：图 5.2.6 所示是一个具有两个输入端的与非门，输入端 A、B 加入一系列矩形脉冲信号，分析 Y 的波形。

解：根据与非门的逻辑功能，只有当 B 端是低电平“0”时，A 端的矩形脉冲信号通过与非门，并在输出端 Y 得到与 Y 相反矩形脉冲信号。当 B 端是高电平“1”时，输出信号为 0。见图 5.2.3。

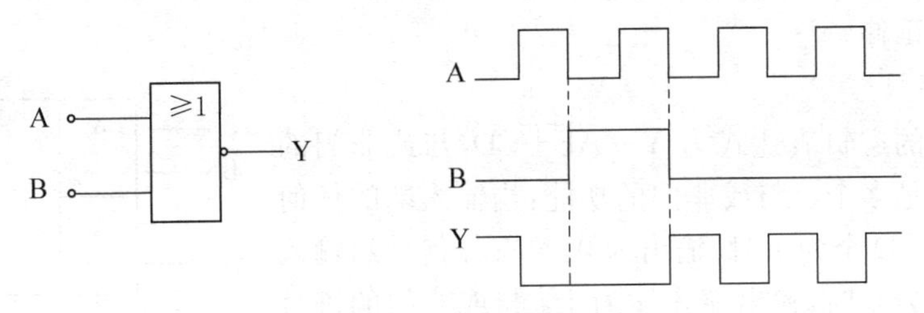

图 5.2.6　或非门应用举例

学习活动3 异或门的逻辑功能的测试及分析

■做一做

本实验选用集成芯片74LS86为两输入四异或门，其引脚排列图如图5.2.7。测试其逻辑功能（输入与输出关系），结果记录于表5.2.5中。

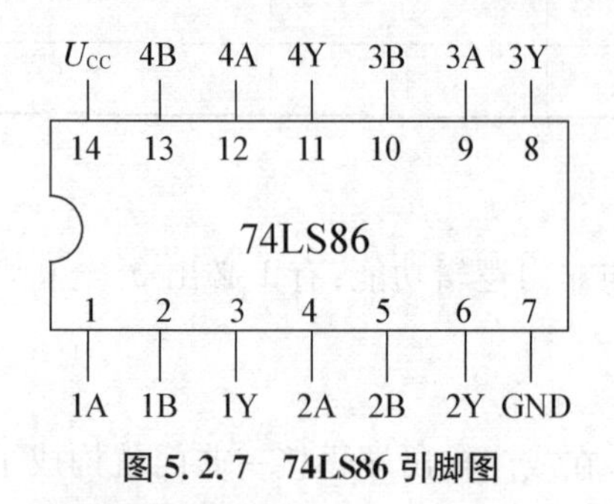

图5.2.7 74LS86引脚图

表5.2.5 异或门逻辑功能的测量

A	B	Y
0	0	
0	1	
1	0	
1	1	

■议一议

通过观察实验现象及分析表5.2.5的数据，得出异或门的逻辑功能：相异出1，相同出0。

■学一学

异或门的符号如图5.2.8所示，异或门的逻辑函数式为

$$Y=A\oplus B=\overline{A}B+A\overline{B}$$

表5.2.6是通过实验所得的异或门的逻辑功能表（真值表），经过观察此表的实验数据得出异或门的逻辑功能，即异或门逻辑功能是“相异出1，相同出0”。

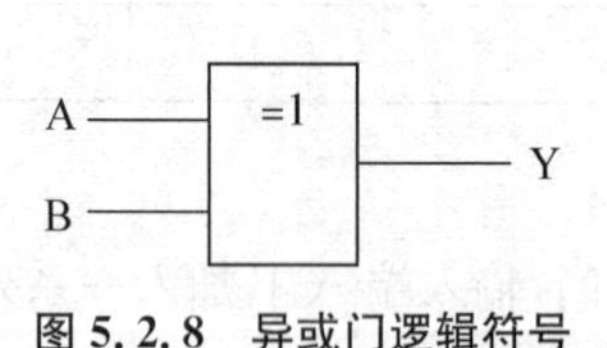

图5.2.8 异或门逻辑符号

表5.2.6 异或门逻辑功能表

A	B	Y
0	0	0
0	1	1
1	0	1
1	1	0

■练一练

画出异或非门的符号及写出异或非门的逻辑功能。

■扩展与延伸

1. 与或非门

与或非门的逻辑表达式为$Y=\overline{AB+CD}$，与或非门的逻辑变量可以是多个。与或非门的功能：当输入端的任何一组A、B或C、D全为1时，输出为0，只有任何一组输入都至少有一个为0时，输出端才能为1。与或非门的符号如图5.2.9所示。

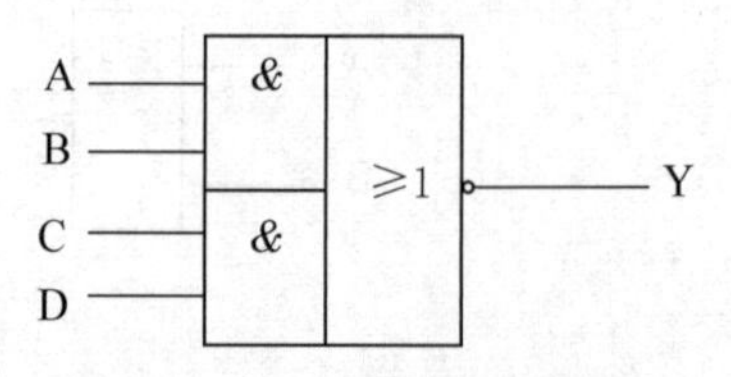

图5.2.9 与或非门逻辑符号

2. 74LS10 引脚图(见图 5.2.10)

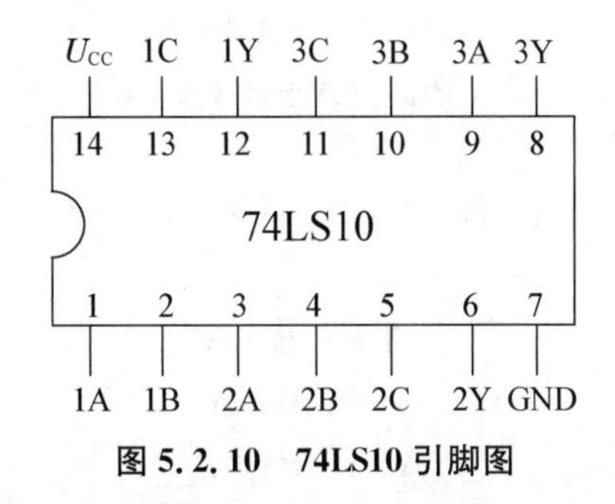

图 5.2.10　74LS10 引脚图

74LS10 是三输入三与非门。

3. 小知识

正逻辑和负逻辑：在数字电路中，都是用电平的高低表示逻辑值，即规定高电平代表逻辑 1，低电平代表逻辑 0，这种逻辑称为“正逻辑”；当然也可以规定高电平代表逻辑 0，低电平代表逻辑 1，这样的逻辑称为“负逻辑”。不过我们更习惯使用正逻辑。

任务 5.3　逻辑函数的化简

扫码见视频 32

逻辑代数又叫布尔代数或开关代数，是英国数学家 George Bool 在 19 世纪中叶创立的。它是分析设计数字电路的基础。逻辑代数和普通代数一样，也可用 A、B、C、D 等表示变量。所不同的是，在普通代数中，变量的取值可以是任意实数，而逻辑代数中的变量只有 0、1 两种取值，逻辑值 0、1 不再像普通代数中那样具有数量的概念，而是用来表征对立事件双方和判断事件真伪的形式符号。这一节我们将学习逻辑代数的运算规则，利用这些规则对逻辑函数化简，从而使得用逻辑门电路实现的逻辑功能电路简化，达到节省器件的目的。

学习活动 1　逻辑代数的基本定律和公式

1. 逻辑代数的基本定律

根据与、或、非运算的基本法则，可推导出逻辑运算的基本定律。

(1) 基本定律

$$A+0=A \quad A\cdot 0=0 \quad A+1=1 \quad A\cdot 1=A \quad A+A=A \quad A\cdot A=A \quad A\cdot \overline{A}=0$$

$$A+\overline{A}=1 \quad \overline{\overline{A}}=A$$

(2) 结合律

$$A+(B+C)=(A+B)+C$$

$$A(BC)=(AB)C$$

(3) 交换律

$$A+B=B+A$$

$$AB=BA$$

(4) 分配律

$$A(B+C)=AB+AC$$
$$A+BC=(A+B)(A+C)$$

(5) 反演律(摩根定律)

$$\overline{A+B}=\overline{A}\cdot\overline{B}\quad \overline{A\cdot B}=\overline{A}+\overline{B}$$

(6) 吸收律

$$A+A\overline{B}=A$$
$$A+AB=A$$
$$A(A+B)=A$$
$$A(\overline{A}+B)=A\overline{A}+AB=AB$$
$$A+\overline{A}B=A+B$$
$$(A+B)(A+C)=A+BC$$

(7) 包含律

$$AB+\overline{A}C+BC=AB+\overline{A}C$$
$$AB+\overline{A}C+BCD=AB+\overline{A}C$$

2. 逻辑代数的基本规则

(1) 代入规则

任何一个含有某变量的等式,如果将所有出现 A 的位置都代之以一个逻辑函数 Y,则等式仍然成立。这个规则称为代入规则。

如在 $B(A+C)=BA+BC$ 中,将所有出现 A 的地方代以函数 $A+D$,则等式仍成立。即得:$B[(A+D)+C]=B(A+D)+BC$。

(2) 反演规则

设 Y 是一个逻辑函数表达式,如果将 Y 中所有的与运算符变为或运算符;或运算符变为与运算符;0 变为 1;1 变为 0;原变量变为反变量;反变量变为原变量,所得到的新的逻辑函数表达式就是 $\overline{Y}$。这就是反演规则。

例 5.3.1:已知 $Y=AB+\overline{C}D$,求 $\overline{Y}$。

解:$\overline{Y}=(\overline{A}+\overline{B})(C+\overline{D})$。

注意事项:使用反演规则时,应注意保持原函数中运算符号的优先顺序不变,即要先括号,然后乘,最后加。不属于单个变量的反号应保留不变。

(3) 对偶规则

Y 是一个逻辑函数表达式,如果将 Y 中所有的与运算符变为或运算符,或运算符变为与运算符,0 变为 1,1 变为 0,所得到的新的逻辑函数表达式就是 Y 的对偶式,记作 Y'。所谓对偶规则,是指当某个逻辑恒等式成立时,其对偶式也成立。如 $A+B=B+A$ 和 $AB=BA$ 是对偶式。

例 5.3.2:写出函数 $Y=(A+B)(A+C)$ 的对偶式。

解:$Y'=AB+AC$。

注意事项:在变换时仍需注意保持原式中先“与”后“或”的顺序。

学习活动 2　逻辑函数的公式化简法

1. 并项法

利用 $A+\overline{A}=1$，将两项并成一项，合并时消去一个变量。

例 5.3.3：化简函数 $Y=ABC+AB\overline{C}$。

解：$Y=ABC+AB\overline{C}=AB(C+\overline{C})=AB$

2. 吸收法

利用 $A+AB=A$，消去多余因子。

例 5.3.4：化简 $Y=\overline{B}C+A\overline{B}C(D+E)$。

解：$Y=\overline{B}C+A\overline{B}C(D+E)=\overline{B}C+\overline{B}C(AD+AE)=\overline{B}C$

3. 消去法

利用 $Y=A+\overline{A}B=A+B$ 消去 $\overline{A}$。

例 5.3.5：化简 $Y=AB+\overline{A}C+\overline{B}C$。

解：$Y=AB+\overline{A}C+\overline{B}C=AB+(\overline{A}+\overline{B})C=AB+\overline{AB}C=AB+C$

4. 配项法

利用公式 $A+\overline{A}=1$，给某个与项配项，从而进一步化简。

例 5.3.6：化简函数 $Y=ABC+\overline{A}BC+A\overline{B}C$。

解：

$$\begin{aligned}Y&=ABC+\overline{A}BC+A\overline{B}C=ABC+\overline{A}BC+A\overline{B}C+ABC\\&=BC(A+\overline{A})+AC(B+\overline{B})\\&=BC+AC\end{aligned}$$

在实际化简逻辑表达式的过程中，往往不是单独应用上述四种方法中的一种，而更多的是四种的综合应用。

例 5.3.7：化简函数 $Y=AD+A\overline{D}+AB+\overline{A}C+BD+ACEF+\overline{B}E+DEF$。

解：第一步利用并项法将 $AD+A\overline{D}$ 合并成 A，于是得

$$Y=A+AB+\overline{A}C+BD+ACEF+\overline{B}E+DEF$$

第二步利用吸收法，$A+AB+ACEF=A$，得到 $Y=A+\overline{A}C+BD+\overline{B}E+DEF$

第三步利用消去法，$A+\overline{A}C=A+C$，得到 $Y=A+C+BD+\overline{B}E+DEF$

第四步利用包含律，$BD+\overline{B}E+DEF=BD+\overline{B}E$，得到 $Y=A+C+BD+\overline{B}E$

学习活动 3　逻辑函数的卡诺图化简法

1. 最小项和卡诺图

最小项：n 个变量的最小项是 n 个因子的乘积，在这些乘积项中，每个变量只以原变量或反变量的形式出现一次，且仅出现一次。如：设 A、B、C 是 3 个逻辑变量，这 3 个逻辑变量可构成许多乘积项，其中有一类特殊的乘积项，如：

$$\overline{A}\,\overline{B}\,\overline{C}、\overline{A}\,\overline{B}C、\overline{A}B\overline{C}、\overline{A}BC、A\overline{B}\,\overline{C}、A\overline{B}C、AB\overline{C}、ABC$$

这 8 项的特点：每项只有 3 个因子，每个变量都是其中的一个因子，每个变量以原变量或反变量的形式出现，这 8 个乘积项称为最小项，用 m_0、m_1、m_2、m_3、m_4、m_5、m_6、m_7 表示。

对于 n 个逻辑变量来说，就有 2^n 个最小项。

卡诺图：逻辑函数的卡诺图就是将这个逻辑函数的最小项表达式中的各个最小项相应地填入一个特定的方格内，n 个变量的卡诺图有 2^n 个方格。如 2 个变量有 4 个方格，3 个变量有 8 个方格。方格内填入的数字是最小项的下标。如图 5.3.1 所示，可以看出图中相邻两个方格的二进制编号只能有一位不同。

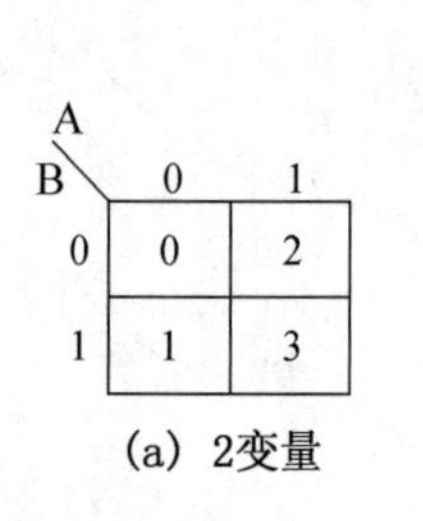

(a) 2变量

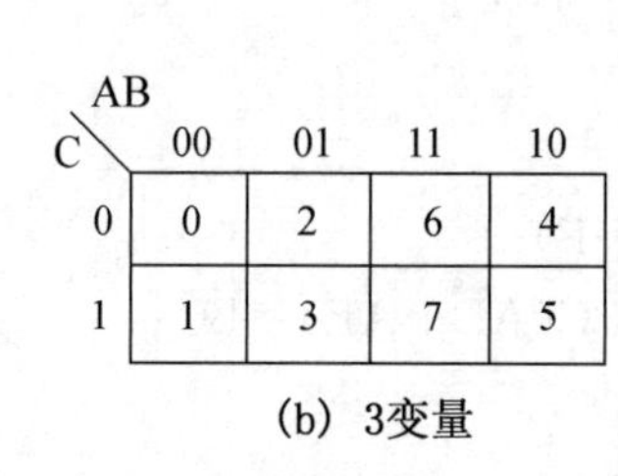

(b) 3变量

CD \ AB	00	01	11	10
00	0	4	12	8
01	1	5	13	9
11	3	7	15	11
10	2	6	14	10

(c) 4变量

图 5.3.1　卡诺图

2. 逻辑函数的卡诺图表示方法

用卡诺图表示逻辑函数的具体方法：

(1) 将逻辑函数化成最小项和的形式；

(2) 根据变量的数画空白格卡诺图；

(3) 在空白格卡诺图上，与函数最小项对应的方格填入 1，其余的方格填 0(或空)，这样就可以把逻辑函数填入到卡诺图中。

3. 卡诺图化简方法

原理：利用公式 $AB+A\overline{B}=A$。由于卡诺图编号的原则是相邻方格的二进制编号只能有一位不同，因此利用上式，对相邻项进行化简。

(1) 化简方法

① 在卡诺图上按 2,4,8,…，或 2^n 个为一组，将相邻且对称的项圈起来；

② 对相邻的项进行合并，合并的方法：保留相邻项中相同的因子，舍弃不同的因子；

③ 将合并结果相加，即得最简“与或”表达式。

(2) 注意事项

① 所谓“相邻项”，是指只有一位不同的那些最小项；

② 圈的面积越大，消去的变量越多，即乘积项越简单；

③ 圈的数目越少，化简得到的乘积项的数目越少；

④ 一个最小项可以多次被重复使用，但至少要使用一次；

⑤ 当所有的最小项都被圈完时，化简结束。

例 5.3.8：用卡诺图化简逻辑函数 $Y(A,B,C,D)=\sum(1,2,4,6,9)$。

解：第一步，画出逻辑函数的卡诺图。如图 5.3.2。

第二步，对相邻项进行合并。从图上很容易看出，1 号和 9 号相邻，合并结果为 $\overline{B}\,\overline{C}D$；4 号和 6 号相邻，合并结果为 $\overline{A}B\overline{D}$；2 号和 6 号相邻，合并结果为 $\overline{A}C\overline{D}$。

至此，所有项都被圈完，最简与或表达式为

$$Y(A,B,C,D)=\overline{B}\,\overline{C}D+\overline{A}B\overline{D}+\overline{A}C\overline{D}$$

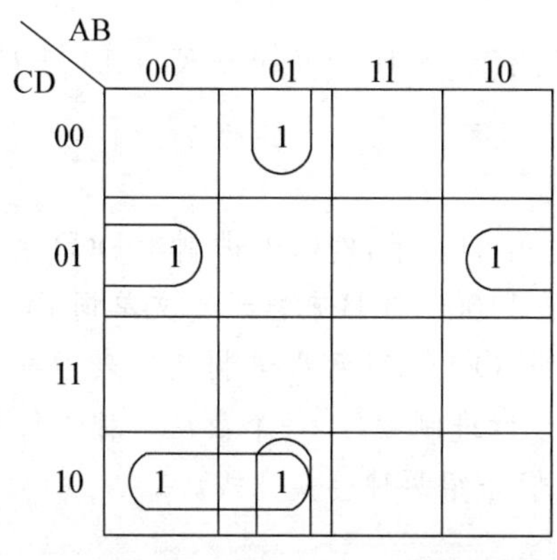

图 5.3.2　例 5.3.8 卡诺图

阅读材料　数制与码制

1. 数制

选取一定的进位规则，用多位数码来表示某个数的值，这就是所谓的计数体制，简称数制。"逢十进一、借一当十"的十进制是人们日常生活中常用的一种计数体制，而数字电路中常用的则是二进制、八进制、十六进制。下面我们对这几种进制及它们之间的转换逐一进行介绍。

(1) 十进制

每一种进制中所用到的不同数码的个数称为基数。十进制中，基本数码为 0,1,2,3,4,5,6,7,8,9，基数为 10。每一个十进制数分为个位(10^0)、十位(10^1)、百位(10^2)、千位(10^3)……数码在不同的位数上所表示的数值是不同的，通常我们把代表位数大小的数称为位权。因此任意一个十进制数，都可以写成数码与位权的乘积和的形式。

例如：$(128.56)_{10}=1\times10^2+2\times10^1+8\times10^0+5\times10^{-1}+6\times10^{-2}$

一般地说，任意一个十进制数 N 都可以用多项式表示法写成如下形式：

$$(N)_{10}=\pm(K_{n-1}\times10^{n-1}+K_{n-2}\times10^{n-2}+\cdots+K_1\times10^1+K_0\times10^0+K_{-1}\times10^{-1}+\cdots+K_{-m}\times10^{-m})\tag{5.3.1}$$

(2) 二进制

二进制的基数为 2，基本数码为 0 和 1，它的进位规则是"逢二进一、借一当二"。如$(1+1)_2=(10)_2$。二进制数的权值是基数 2 的不同次幂。任意一个二进制数 N 可以写成如下形式：

$$(N)_2=\pm(K_{n-1}\times2^{n-1}+K_{n-2}\times2^{n-2}+\cdots+K_1\times2^1+K_0\times2^0+K_{-1}\times2^{-1}+\cdots+K_{-m}\times2^{-m})\tag{5.3.2}$$

(3) 十六进制

二进制数在数字电路中处理很方便，但当位数较多时，比较难于读取和书写，为了减少位数，可将二进制数用十六进制数来表示。

十六进制数的基数是十六，数码有 0,1,2,3,4,5,6,7,8,9,A,B,C,D,E,F。它的进位规则是"逢十六进一"，每位数字符号的权值是基数 16 的不同次幂。任意一个十六进制数都可以写成如下形式：

$$(N)_{16}=\pm(K_{n-1}\times16^{n-1}+K_{n-2}\times16^{n-2}+\cdots+K_1\times16^1+K_0\times16^0+K_{-1}\times16^{-1}+\cdots+K_{-m}\times16^{-m})\tag{5.3.3}$$

(4) 不同进制之间的转换

同一个数可以用不同的进位制表示，例如十进制 49D(D 来自于英文单词 Decimal，表示十进制数)，表示成二进制数是 110001B(B 来自于英文单词 Binary，表示二进制)，表示成八进制是 61O(O 来自于英文单词 Octal，表示八进制数)，表示成十六进制是 31H(H 来自于英文单词 Hexadecimal，表示十六进制数)。一个数从一种进位制的表示变成以另一种进制表示，称为数制转换。下面我们介绍两种转换方式。

① 二进制转换成十进制

表 5.3.1　与十进制对应的二进制、十六进制

十进制数	二进制数	十六进制数
0	0000	0
1	0001	1
2	0010	2
3	0011	3
4	0100	4
5	0101	5
6	0110	6
7	0111	7
8	1000	8
9	1100	9
10	1010	A
11	1011	B
12	1100	C
13	1101	D
14	1110	E
15	1111	F

方法：按(5.3.2)把一个二进制数按权展开，然后按十进制运算规则算出相应的十进制数即可。

例 5.3.9：将二进制数 11011.101 转换为十进制数。

解：$11011.101\text{B}=1\times2^4+1\times2^3+0\times2^2+1\times2^1+1\times2^0+1\times2^{-1}+0\times2^{-2}+1\times2^{-3}=16+8+2+1+0.5+0.125=27.625\text{D}$

② 十进制转换成二进制

方法：十进制整数转换成二进制整数的方法为“除 2 取余逆排法”。具体做法是将十进制数逐次地用2除,取余数,一直除到商数为零,最后取出的余数作为最高位。

十进制小数转换成二进制小数则用“乘2取整顺排法”。具体做法是将十进制数不断乘2,取出整数,一直乘到积为0止(有时乘积永远不会为零,则按精度要求,只取有限位即可),最先取出的数作高位。

例5.3.10:将十进制46.45转换成二进制数。

解:整数部分转换:

```
2|46  ……………………  余0
 2|23  ……………………  余1
  2|11  ……………………  余1
   2|5   ……………………  余1
    2|2   ……………………  余0
     2|1   ……………………  余1
        0
```

小数部分转换:

	整数部分
0.45	
× 2	
0.90	0
× 2	
1.80	1
× 2	
1.60	1
× 2	
1.20	1
× 2	
……	

即$(46.45)_{10}=(101110.0111)_2$

③ 十进制数、二进制数与十六进制数的相互转换

十进制数与十六进制数之间的转换与十进制和二进制间的转换原则相同,即十进制转换成十六进制整数部分采用除十六取余逆排法,小数部分采用乘16取整顺排法;十六进制转换成十进制采用按权展开法。

二进制与十六进制的转换:由于4位二进制数有16个状态,而且当把这个4位二进制数看成一个数位时,它向高位进位正好是逢十六进一,所以可用4位二进制数表示1位十六进制数。

二进制转换成十六进制时,以小数点为分界线,向左向右每四位一组,不足四位补0,然后把四位一组的二进制数转换成相应的十六进制数即可。

例5.3.11:将二进制数1111010.1001001转换成十六进制数。

解:$(0111\ 1010.1001\ 0010)_2=(7A.92)_{16}$

十六进制转换成二进制时,只需将原来的十六进制数逐位用相应的二进制数代替,就可

以得到要求的二进制数。

例 5.3.12:将十六进制数 9EA.95 转换成二进制数。

解:$(9EA.9)_{16}=(100111101010.10010101)_2$

二进制与八进制数之间的转换方法和二进制与十六进制之间的转换方法相似,只不过是每三位二进制数对应一位八进制数,这里就不再讲解。

2. 码制

现代信息交换都是利用一定的信号或符号来进行的。根据人们约定规则的不同,同一信号或符号可具有不同的含义。在数字系统中,可用多位二进制数码来表示数量的大小,也可表示各种文字、符号等,这样的多位二进制数码叫作代码。为了方便记忆和处理,在编制代码时需遵循一定的规则,这些规则称为码制。数字电路通常用四位二进制数表示一位十进制数,这种用于表示十进制数的二进制代码称为二-十进制代码,简称 BCD 码。常用的 BCD 码见表 5.3.2。

表 5.3.2 五种典型的 BCD 码

十进制数	8421 码	5421 码	2421 码	余 3 码	格雷码
0	0000	0000	0000	0011	0000
1	0001	0001	0001	0100	0001
2	0010	0010	0010	0101	0011
3	0011	0011	0011	0110	0010
4	0100	0100	0100	0111	0110
5	0101	1000	1011	1000	0111
6	0110	1001	1100	1001	0101
7	0111	1010	1101	1010	0100
8	1000	1011	1110	1011	1100
9	1001	1100	1111	1100	1101

8421 码是最简单、最自然、使用最多的一种编码,它用四位二进制数码表示一位十进制数,该四位二进制数码从左至右各位的权值分别为 8,4,2,1,故称为 8421 码,是一种有权码。

例 5.3.13:将十进制数 129 用 8421 码表示。

解:十进制数 1 2 9 对应 8421 码 0001 0010 1001,即

$(129)_{10}=(000100101001)_{8421}$

除了 8421 码为有权码外,2421 码、5421 码等都属于有权码。5421 码的各位权从左至右分别为 5,4,2,1。2421 码的各位权从左至右分别为 2,4,2,1。

任务 5.4 组合逻辑电路的分析与设计

扫码见视频 33

组合逻辑电路是由基本的逻辑门电路组合而成,其主要特点:电路在任何时刻的输出状态只与该时刻的输入状态有关,而与先前的输入状态无关。

学习活动1　半加器逻辑功能的测试与设计

■做一做

半加器的逻辑电路如图5.4.1,利用学过的与门(74LS08)和异或门(74LS86)连接电路,测试其逻辑功能(输入与输出关系),结果记录于表5.4.1中。

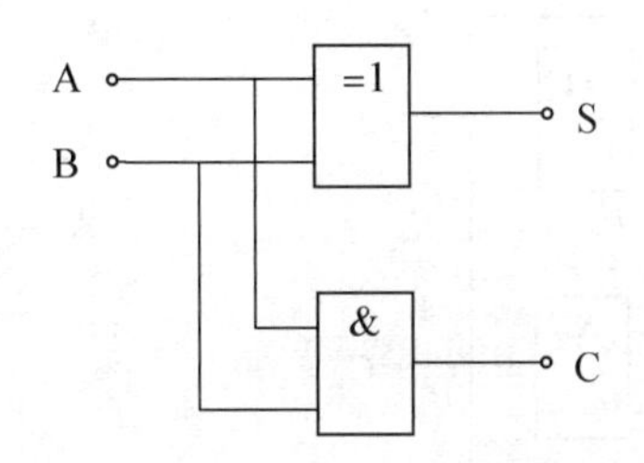

图5.4.1　半加器逻辑功能的测量电路

表5.4.1　半加器逻辑功能的测量

输　　入		输　　出	
A	B	S	C
0	0		
0	1		
1	0		
1	1		

■议一议

通过对表5.4.1的实验数据进行分析,我们得出半加器的逻辑功能:能够完成两个一位二进制数相加,且不考虑来自低位的进位信号。下面对半加器的设计进行学习。

■学一学

两个一位二进制数相加,称为半加;实现半加操作的电路叫作半加器。半加器的设计步骤:

1. 设定输入、输出变量,进行状态赋值:设两个一位二进制数分别为A、B,表示输入;S表示它们的“和”输出;C表示“进位”输出。

2. 根据半加器的功能,列其逻辑功能表,见表5.4.2。

表5.4.2　半加器的逻辑功能表

输　　入		输　　出	
A	B	S	C
0	0	0	0
0	1	1	0
1	0	1	0
1	1	0	1

3. 由真值表写出逻辑函数的最小项表达式:

$$S=\overline{A}B+A\overline{B}=A\oplus B$$

$$C=AB$$

容易判断,上面得到的两个表达式已经是最简表达式。因此,可以方便地用一个异或门实现和数 S,再用一个与门实现进位 C。

4. 画出逻辑电路图:半加器的逻辑电路图如图 5.4.2(a),可见与图 5.4.1 半加器的实验电路图相同,半加器的逻辑符号如图 5.4.2(b)。

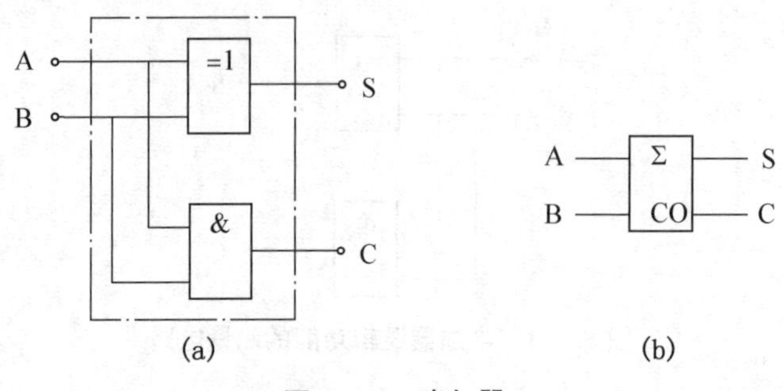

图 5.4.2　半加器

■**扩展与延伸**

组合逻辑电路设计的一般步骤

通过上面的学习来总结组合逻辑电路设计的一般步骤,组合逻辑电路的设计是由给定的逻辑功能或逻辑要求,求得实现这个功能或要求的逻辑电路。

1. 组合逻辑电路设计的一般步骤

(1) 分析设计要求,设定输入变量和输出变量,对它们进行状态赋值(规定输入、输出变量的 0、1 两种逻辑状态的具体含义);

(2) 根据逻辑功能列真值表;

(3) 根据真值表写出输出函数的最小项表达式,用卡诺图法或公式法进行化简,并转换成命题所要求的逻辑函数表达式形式;

(4) 画出与所得表达式相对应的逻辑电路图。

2. 注意事项

(1) 状态赋值不同,输入、输出之间的逻辑关系也不同,得到的真值表也不同。

(2) 应从工程实际出发,尽量减少设计电路所需元件的数量和品种。

(3) 提倡尽量采用集成门电路和现有各种通用集成电路进行逻辑设计,用通用集成门电路构成的逻辑电路无论是在可靠性方面,还是在性价比方面都有许多优势。

(4) 由于逻辑函数的表达式不是唯一的,因此,实现同一逻辑功能的电路也是多样的。在成本相同的情况下,应尽量采用较少的芯片。

下面将通过全加器组合逻辑电路设计的实例来说明上述步骤的具体实现过程。

学习活动 2　全加器逻辑功能的测试与设计

■**做一做**

全加器的逻辑电路如图 5.4.3,利用学过的与门(74LS08)、或门(74LS32)和异或门(74LS86)连接电路,测试其逻辑功能(输入与输出关系),结果记录于表 5.4.3 中。

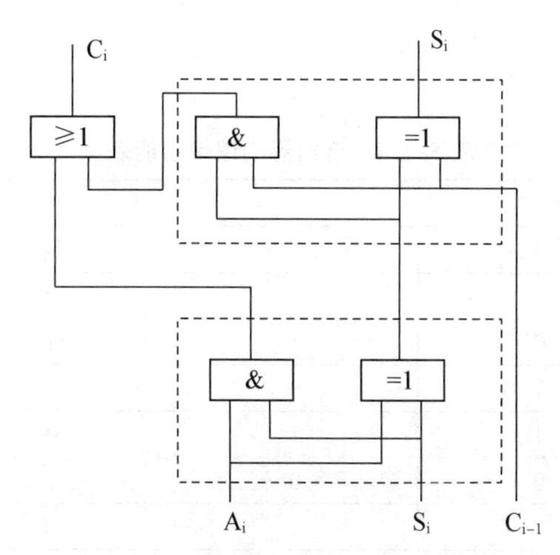

图 5.4.3　全加器逻辑功能的测量电路

表 5.4.3　全加器逻辑功能的测量

输　　入			输　　出	
A_i	B_i	C_{i-1}	S_i	C_i
0	0	0		
0	0	1		
0	1	0		
0	1	1		
1	0	0		
1	0	1		
1	1	0		
1	1	1		

■议一议

通过对表 5.4.3 的实验数据进行分析,我们得出全加器的逻辑功能:考虑低位来的进位信号,能够完成被加数、加数和进位数的三者加,这样的电路称为全加器。下面进行全加器设计的学习。

■学一学

实现两个一位二进制数相加并考虑低位进位的逻辑电路叫全加器。它有三个输入端,两个输出端。全加器的设计步骤:

(1) 设定输入、输出变量,进行状态赋值:

三个输入端分别是加数 A_i、被加数 B_i及低位的进位 C_{i-1},两个输出端分别是和数 S_i及向高位的进位 C_i。

(2) 列逻辑功能表,见表 5.4.4。

(3) 由真值表写出逻辑函数最小项表达式并化简:

$$S_i=\overline{A_i}\,\overline{B_i}C_{i-1}+\overline{A_i}B_i\overline{C_{i-1}}+A_i\,\overline{B_i}\,\overline{C_{i-1}}+A_iB_iC_{i-1}=\overline{A_i\oplus B_i}\cdot C_{i-1}+A_i\oplus B_i\overline{C_{i-1}}=A_i\oplus B_i\oplus C_{i-1}$$

$$\begin{aligned}C_i&=\overline{A_i}B_iC_{i-1}+A_i\,\overline{B_i}C_{i-1}+A_iB_i\,\overline{C_{i-1}}+A_iB_iC_{i-1}\\&=\overline{A_i}B_iC_{i-1}+A_iB_iC_{i-1}+A_i\,\overline{B_i}C_{i-1}+A_iB_iC_{i-1}+A_iB_i\,\overline{C_{i-1}}+A_iB_iC_{i-1}\\&=A_iB_i+B_iC_{i-1}+A_iC_{i-1}\end{aligned}$$

或

$=A_iB_i+A_i\oplus B_iC_{i-1}$

表 5.4.4　全加器的逻辑功能表

输　入			输　出	
A_i	B_i	C_{i-1}	S_i	C_i
0	0	0	0	0
0	0	1	1	0
0	1	0	1	0
0	1	1	0	1
1	0	0	1	0
1	0	1	0	1
1	1	0	0	1
1	1	1	1	1

(4) 画出逻辑电路图:

全加器的另一种逻辑电路图如图 5.4.4(a)所示,逻辑符号如图 5.4.4(b)所示。从图 5.4.3 可以看出,全加器实际上也可以由两个半加器和一个或门构成。

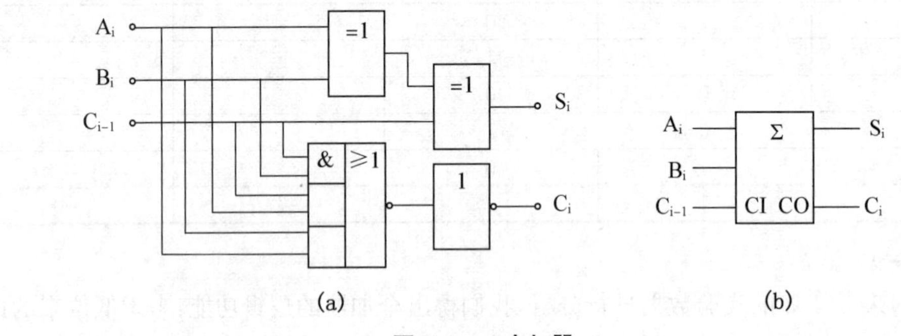

图 5.4.4　全加器

■练一练

设计一个三变量表决电路(读者自行设计)。

学习活动 3　组合逻辑电路的分析方法

组合逻辑电路的分析,就是对给定的组合逻辑电路进行逻辑描述,写出它的逻辑关系表达式,以确定该电路的功能,或提出改进方案。组合逻辑电路分析的一般步骤:

1. 根据给定电路的逻辑结构,逐级写出每个门电路的输入、输出关系式,最后得到整个电路的输入、输出关系式;

2. 用公式法或卡诺图法化简这个逻辑关系表达式;

3. 将各种可能的输入状态组合代入简化的表达式中进行逻辑计算,求出真值表;

4. 根据真值表,确定电路的逻辑功能或改进方案。有时逻辑功能难以用简练的语言描述,此时列出真值表即可。下面举例说明。

例 5.4.1:分析图 5.4.5 所示电路的逻辑功能。

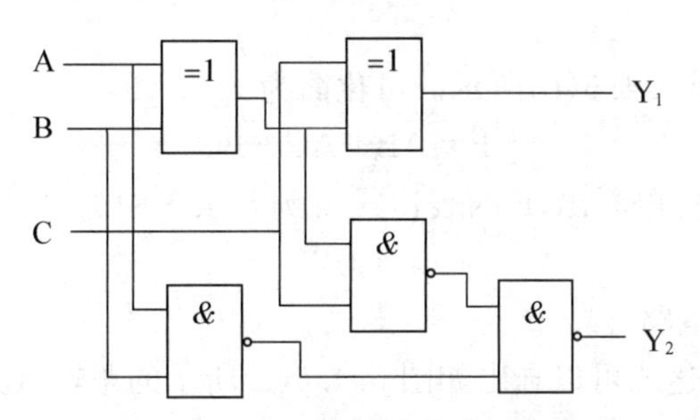

图 5.4.5　例 5.4.1 逻辑电路图

解:(1) 逐级写出逻辑表达式:

$$Y_1 = A \oplus B \oplus C$$

$$Y_2 = \overline{\overline{AB} \cdot \overline{A \oplus B \cdot C}}$$

(2) 化简:

Y_1不需要化简,Y_2用公式法进行化简:

$Y_2 = \overline{\overline{AB} \cdot \overline{A \oplus B \cdot C}} = \overline{\overline{AB}} + \overline{\overline{A \oplus B \cdot C}} = AB + A\overline{B}C + \overline{A}BC = AB + AC + BC$

(3) 根据表达式列出真值表,见如表 5.4.5。

(4) 确定逻辑功能

由表达式或真值表可以看出,Y_1实现的是三变量“异或”功能;Y_2实现的是两个或两个以上“1”的检出功能,或叫三变量表决电路。

表 5.4.5　电路真值表

输　入			输　出	
A	B	C	Y_2	Y_1
0	0	0	0	0
0	0	1	0	1
0	1	0	0	1
0	1	1	1	0
1	0	0	0	1
1	0	1	1	0
1	1	0	1	0
1	1	1	1	1

例 5.4.2:分析图 5.4.6(a)所示电路的逻辑功能。

解:(1) 逐级写出逻辑表达式

从图中容易得出

$$Y_1 = \overline{ABC}$$

$$Y_2 = \overline{AB\overline{C}}$$

$$Y_3 = \overline{\overline{A}BC}$$

$$Y_4 = \overline{A\overline{B}C}$$

所以输出的表达式为

$$F=\overline{\overline{Y_1}\,\overline{Y_2}\,\overline{Y_3}\,\overline{Y_4}}=Y_1+Y_2+Y_3+Y_4=ABC+AB\overline{C}+\overline{A}BC+A\overline{B}C$$

(2) 化简

画出的卡诺图,如图 5.4.6(b)所示。可化简为

$$F=AB+AC+BC$$

从化简后的表达式可以看出,F 的表达式与例 5.4.1 中的 Y_2 相同,因此 F 的真值表及功能分析不再重述。

(3) 画出改进后的电路

根据化简后的 F 表达式可以画出如图 5.4.6(c)所示的逻辑电路,它比图 5.4.6(a)所示电路节省了四个门。

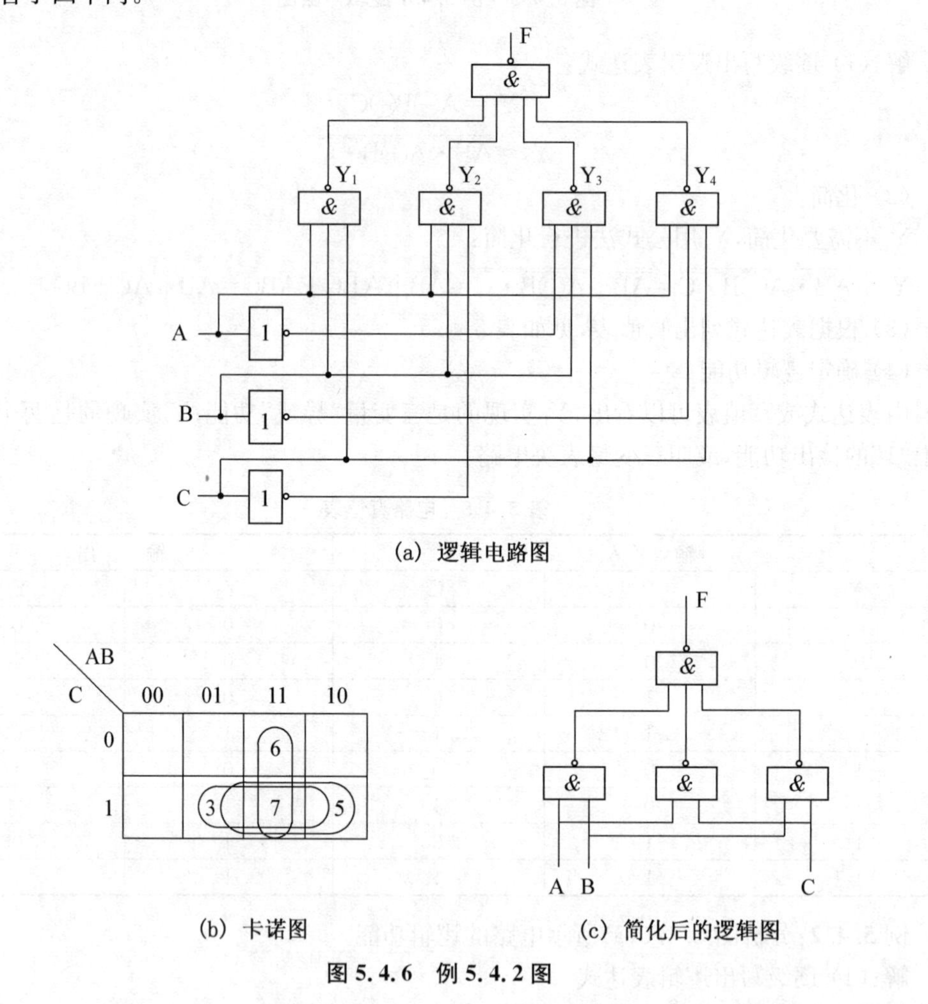

(a) 逻辑电路图

(b) 卡诺图

(c) 简化后的逻辑图

图 5.4.6 例 5.4.2 图

任务 5.5 编码器逻辑功能的测试及分析

在数字系统中,常将具有特定意义的信息(数字或字符)编成若干位代码,这一过程叫编码。

例如十进制数12在数字电路中可用二进制编码1100B表示，也可用BCD码00010010表示；再比如计算机键盘，上面的每一个键都对应着一个编码，一旦按下某个键，计算机内部的编码电路就将该键的电平信号转换成对应的编码。实现编码操作的电路叫编码器。它能够形成与输入的信号相对应的输出代码。如图5.5.1所示，为$n-m$线编码器的一般结构。其中n为待编码对象的个数，m为输出编码的位数。由于m位二进制数可以表示为2^m个信号，一般n与m之间的关系为$n \leqslant 2^m$。例如对8个信号进行编码，需用三位二进制代码，编码器应有8线输入，3线输出；对10个信号进行编码，需用四位二进制代码，编码器应有10线输入，4线输出。数字电路中的编码器有二进制编码器、二-十进制编码器、优先级编码器等。

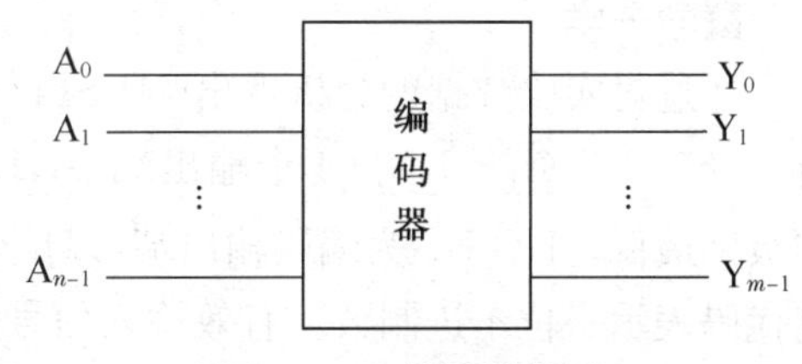

图5.5.1　编码器框图

学习活动　编码器逻辑功能的测试及分析

■做一做

测试74LS147编码器的引脚功能，74LS147编码器的引脚图如图5.5.2。编码器有9个输入端（$\bar{I}_1 \sim \bar{I}_9$）和4个输出端（$\bar{A}$,$\bar{B}$,$\bar{C}$,$\bar{D}$）。测试其逻辑功能（输入与输出关系），结果记录于表5.5.1中。

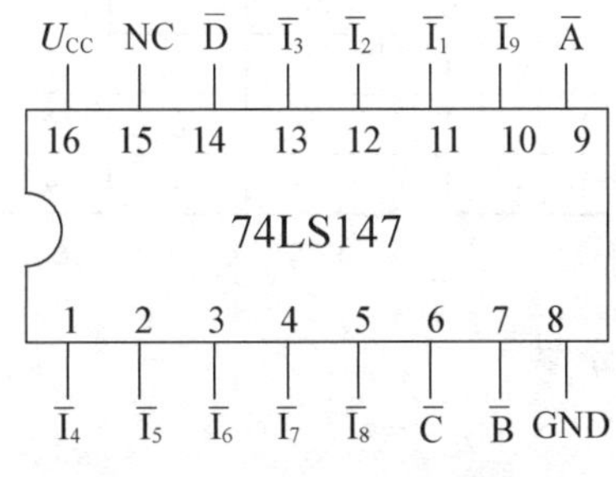

图5.5.2　74LS147引脚图

表5.5.1　74LS147编码器逻辑功能的测量

输入									输出			
$\bar{I}_9$	$\bar{I}_8$	$\bar{I}_7$	$\bar{I}_6$	$\bar{I}_5$	$\bar{I}_4$	$\bar{I}_3$	$\bar{I}_2$	$\bar{I}_1$	$\bar{D}$	$\bar{C}$	$\bar{B}$	$\bar{A}$
1	1	1	1	1	1	1	1	1				
0	×	×	×	×	×	×	×	×				
1	0	×	×	×	×	×	×	×				
1	1	0	×	×	×	×	×	×				
1	1	1	0	×	×	×	×	×				
1	1	1	1	0	×	×	×	×				
1	1	1	1	1	0	×	×	×				
1	1	1	1	1	1	0	×	×				
1	1	1	1	1	1	1	0	×				
1	1	1	1	1	1	1	1	0				

■议一议

通过对表 5.5.1 的实验数据进行分析，我们得出：74LS147 编码器具有把 $\overline{I}_1 \sim \overline{I}_9$ 九个信号编成对应的二进制代码而输出的功能，并且具有优先编码的功能。下面对其进行学习。

■学一学

通过对实验数据的分析得出 74LS147 编码器的功能，见表 5.5.2。由该表可见，编码器有 9 个输入端($\overline{I}_1 \sim \overline{I}_9$)和 4 个输出端($\overline{A}$,$\overline{B}$,$\overline{C}$,$\overline{D}$)。其中$\overline{I}_9$ 状态信号级别最高，$\overline{I}_1$ 状态信号的级别最低。$\overline{D}\overline{C}\ \overline{B}\overline{A}$为编码输出端，以反码输出，$\overline{D}$ 为最高位，$\overline{A}$ 为最低位。一组 4 位二进制代码表示一位十进制数。有效输入信号为低电平。若无有效信号输入即 9 个输入信号全为“1”，代表输入的十进制数是 0，则输出 $\overline{D}\ \overline{C}\ \overline{B}\ \overline{A}=1111$(0 的反码)。若$\overline{I}_1 \sim \overline{I}_9$ 为有效信号输入，则根据输入信号的优先级别，输出级别最高信号的编码。

表 5.5.2　74LS147 优先编码器功能表

输　入									输　出			
$\overline{I}_9$	$\overline{I}_8$	$\overline{I}_7$	$\overline{I}_6$	$\overline{I}_5$	$\overline{I}_4$	$\overline{I}_3$	$\overline{I}_2$	$\overline{I}_1$	$\overline{D}$	$\overline{C}$	$\overline{B}$	$\overline{A}$
1	1	1	1	1	1	1	1	1	1	1	1	1
0	×	×	×	×	×	×	×	×	0	1	1	0
1	0	×	×	×	×	×	×	×	0	1	1	1
1	1	0	×	×	×	×	×	×	1	0	0	0
1	1	1	0	×	×	×	×	×	1	0	0	1
1	1	1	1	0	×	×	×	×	1	0	1	0
1	1	1	1	1	0	×	×	×	1	0	1	1
1	1	1	1	1	1	0	×	×	1	1	0	0
1	1	1	1	1	1	1	0	×	1	1	0	1
1	1	1	1	1	1	1	1	0	1	1	1	0

阅读材料　编码器的分类

1. 二进制编码器

二进制编码器是将 2^m 个信号转换成 m 位二进制代码的电路，即 $n=2^m$。8－3 线编码器即三位二进制编码器是个普通的编码器，由于 $m=3$，其功能是对八个输入信号进行编码，其真值表见表 5.5.3。

表 5.5.3　8－3 线编码器真值表

A_0	A_1	A_2	A_3	A_4	A_5	A_6	A_7	Y_2	Y_1	Y_0
1	0	0	0	0	0	0	0	0	0	0
0	1	0	0	0	0	0	0	0	0	1
0	0	1	0	0	0	0	0	0	1	0
0	0	0	1	0	0	0	0	0	1	1
0	0	0	0	1	0	0	0	1	0	0
0	0	0	0	0	1	0	0	1	0	1
0	0	0	0	0	0	1	0	1	1	0
0	0	0	0	0	0	0	1	1	1	1

8个待编码的输入信号为$A_0, A_1, \cdots, A_7$。

任何时刻只能有一个为高电平，由编码器真值表可以看出，编码器输出的3位二进制编码$Y_2Y_1Y_0$可以反映不同输入信号的状态。

例如输出编码为001(十进制数1)，说明输入状态为第1号输入，A_1为高电平，其余均为低电平；又如输出编码为101(十进制数5)，说明输入状态为第5号输入，A_5为高电平，其余均为低电平。

此电路用3位输出实现对8位输入的编码，所以称为8－3线编码器。实际应用时，可以把8个按钮或开关作为8个输入$A_0, A_1, \cdots, A_7$，而把3个输出组合分别作为对应8个输入状态的编码，实现8－3线编码功能。

2. 二-十进制编码器

将十进制数0～9转换成二进制代码的电路，称为二-十进制编码器。二-十进制代码简称BCD代码，是以二进制代码表示十进制数，它兼顾了人对十进制计数的习惯和数字逻辑部件易于处理二进制数的特点。如表5.5.4所示为8421编码表。

表5.5.4　8421编码表

输入信号										输出			
A_9	A_8	A_7	A_6	A_5	A_4	A_3	A_2	A_1	对应十进制数	Y_3	Y_2	Y_1	Y_0
0	0	0	0	0	0	0	0	0	0	0	0	0	0
0	0	0	0	0	0	0	0	1	1	0	0	0	1
0	0	0	0	0	0	0	1	0	2	0	0	1	0
0	0	0	0	0	0	1	0	0	3	0	0	1	1
0	0	0	0	0	1	0	0	0	4	0	1	0	0
0	0	0	0	1	0	0	0	0	5	0	1	0	1
0	0	0	1	0	0	0	0	0	6	0	1	1	0
0	0	1	0	0	0	0	0	0	7	0	1	1	1
0	1	0	0	0	0	0	0	0	8	1	0	0	0
1	0	0	0	0	0	0	0	0	9	1	0	0	1

由编码表可以看出，此电路的输出Y_3, Y_2, Y_1, Y_0只有0000～1001十种组合，正好反映0～9十个十进制数，实现从十进制到二进制数的转换。此电路输出端不会出现1010～1111六种非BCD码的组合状态。

3. 8421BCD码优先编码器

上述编码器要求输入信号必须是互相排斥的，否则输出会发生混乱，而优先编码器不存在此问题。

当同时有一个以上的信号输入编码电路时，电路只能对其中一个优先级别最高的信号进行编码，这种编码器称为优先编码器。例如计算机可以处理多个指令，当同时有一个以上的指令申请操作时，一般用优先编码器对优先级别最高的指令优先操作。优先编码器分为二进制优先编码器和8421BCD码(二-十进制)优先编码器。集成编码器多为优先编码器，本书以常用的8421BCD码优先编码器74LS147为例加以介绍。

任务 5.6 译码器逻辑功能的测试与应用

译码是编码的逆过程，把代码的特定含义“翻译”出来的过程叫作译码，实现译码操作的电路称为译码器。译码器是数字系统和计算机中常用的一种逻辑部件。例如，计算机中需要将指令的操作码“翻译”成各种操作命令，就要使用指令译码器。存储器的地址译码系统，则要使用地址译码器。LED 显示电路需要七段显示电路等。

译码器的模型如图 5.6.1 所示，它有 n 个输入端，需要译码的 n 位二进制代码从这里并行输入；有 m 个译码输出端，另外还有若干个使能控制端 E_X，用于控制译码器的工作状态和译码器间的级联。根据译码信号的特点可把译码器分为二进制译码器、二-十进制译码器和显示译码器等。

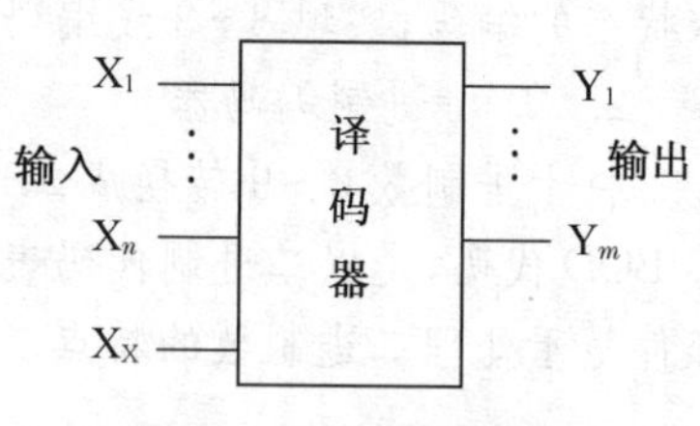

图 5.6.1 译码器模型

学习活动 1 译码器逻辑功能的测试与应用

■做一做

测试 74LS138 译码器的引脚功能，图 5.6.2 为 74LS138 译码器符号，图 5.6.3 为引脚图。该译码器有 3 个输入端 A_2，A_1，A_0 和 8 个输出端 $\overline{Y}_0 \sim \overline{Y}_7$，故称为 3－8 线译码器，测试其逻辑功能（输入与输出关系），结果记录于表 5.6.1 中。

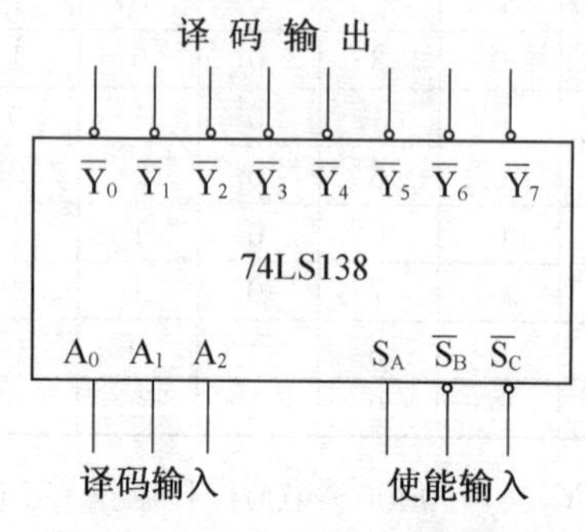

图 5.6.2 74LS138 译码器符号

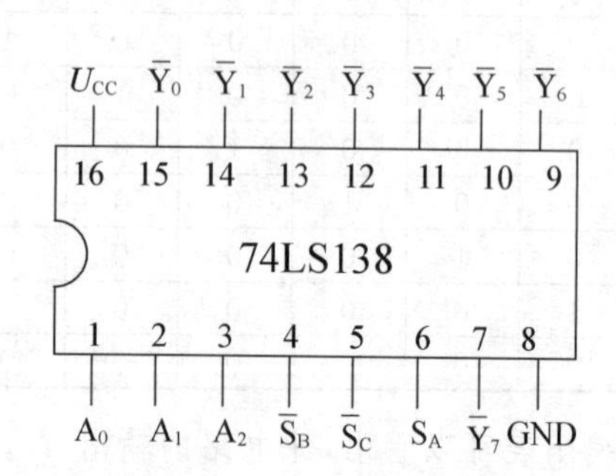

图 5.6.3 74LS138 引脚图

表 5.6.1 74LS138 译码器逻辑功能的测量

使能	控制	输入			输出							
S_A	$\overline{S_B}+\overline{S_C}$	A_2	A_1	A_0	$\overline{Y_0}$	$\overline{Y_1}$	$\overline{Y_2}$	$\overline{Y_3}$	$\overline{Y_4}$	$\overline{Y_5}$	$\overline{Y_6}$	$\overline{Y_7}$
×	1	×	×	×								
0	×	×	×	×								
1	0	0	0	0								
1	0	0	0	1								
1	0	0	1	0								
1	0	0	1	1								

(续表)

使能	控制	输入			输出							
1	0	1	0	0								
1	0	1	0	1								
1	0	1	1	0								
1	0	1	1	1								

■议一议

通过对表 5.6.1 实验数据进行分析，我们发现 74LS138 译码器具有把代码的特定含义“翻译”出来的功能，该功能称为译码。下面对其进行学习。

■学一学

通过实验数据得出 74LS138 译码器功能表，见表 5.6.2。S_A、$\overline{S_B}$、$\overline{S_C}$都是使能信号，当S_A＝“0”时，无论其他输入信号是什么，输出都是高电平，即无效信号。当$\overline{S_B}+\overline{S_C}$＝“1”为高电平时，输出也都是无效信号。只有当 S_A＝“1”，$\overline{S_B}+\overline{S_C}$＝“0”时，译码器工作，输出信号$\overline{Y_0}\sim\overline{Y_7}$才取决于输入信号 A_2、A_1、A_0的组合，输出信号$\overline{Y_0}\sim\overline{Y_7}$为低电平有效。例如当输入信号 A_2、A_1、A_0为 000 时，$\overline{Y_0}$＝“0”，$\overline{Y_1}\sim\overline{Y_7}$＝“1”；当 A_2、A_1、A_0为 001 时，只有$\overline{Y_1}$＝“0”，其他输出端为“1”，依次类推。

表 5.6.2　74LS138 译码器逻辑功能表

使能	控制	输入			输出							
S_A	$\overline{S_B}+\overline{S_C}$	A_2	A_1	A_0	$\overline{Y_0}$	$\overline{Y_1}$	$\overline{Y_2}$	$\overline{Y_3}$	$\overline{Y_4}$	$\overline{Y_5}$	$\overline{Y_6}$	$\overline{Y_7}$
×	1	×	×	×	1	1	1	1	1	1	1	1
0	×	×	×	×	1	1	1	1	1	1	1	1
1	0	0	0	0	0	1	1	1	1	1	1	1
1	0	0	0	1	1	0	1	1	1	1	1	1
1	0	0	1	0	1	1	0	1	1	1	1	1
1	0	0	1	1	1	1	1	0	1	1	1	1
1	0	1	0	0	1	1	1	1	0	1	1	1
1	0	1	0	1	1	1	1	1	1	0	1	1
1	0	1	1	0	1	1	1	1	1	1	0	1
1	0	1	1	1	1	1	1	1	1	1	1	0

■练一练

利用 74LS138 和逻辑门可以实现逻辑函数。

例 5.6.1：用 74LS138 实现逻辑函数 $F(A、B、C)=AB+AC+BC$。

解：$F(A、B、C)=AB+AC+BC$

$$=AB\overline{C}+ABC+A\overline{B}C+ABC+\overline{A}BC+ABC$$

$$=AB\overline{C}+ABC+A\overline{B}C+\overline{A}BC$$

将一个 74LS138 和一个与非门（见图 5.6.5）按图 5.6.4 所示的方式连接起来，即可实现逻辑函数 F。

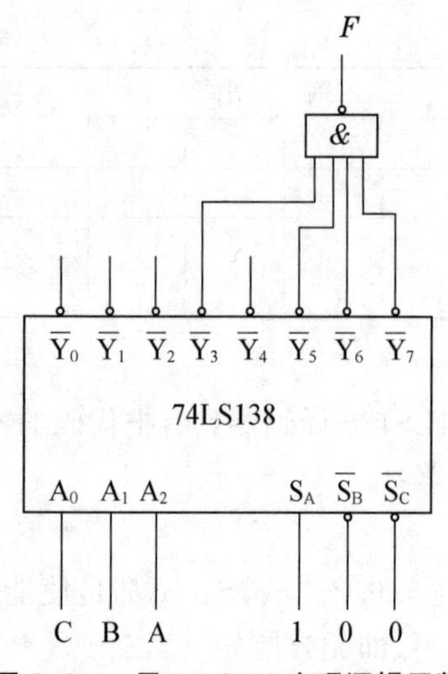

图 5.6.4 用 74LS138 实现逻辑函数

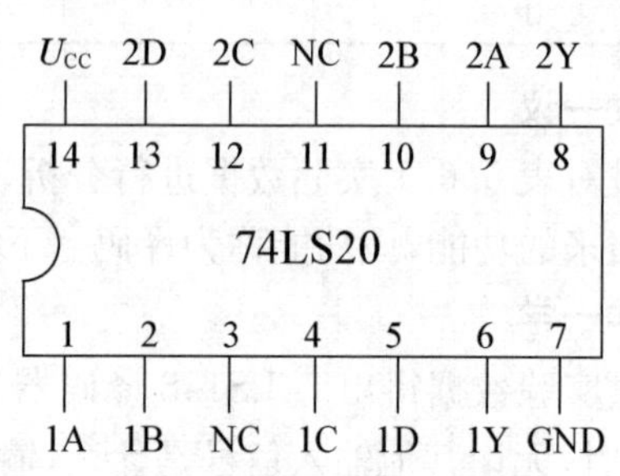

图 5.6.5 74LS20 的引脚图

阅读材料 译码器的分类

1. 二进制译码器

二进制译码器是把二进制代码的所有组合状态都翻译出来的电路。如果输入信号有 n 位二进制代码，输出信号为 m 个，则 $m=2^n$。二进制译码器的逻辑特点是，若输入为 n 个，则输出信号有 2^n 个，对应每一种输入组合，只有一个输出为 1，其余全为 0。所以也称这种译码器为 $n-2^n$ 线译码器。

74LS139 是 2－4 线译码器，两个输入为 B、A，四个输出为 $\overline{Y_0}\sim\overline{Y_3}$，控制端为 $\overline{E}$，当 $\overline{E}=0$ 时，输出对输入进行译码。74LS139 内部有两组 2－4 线译码器，故称为双 2－4 线译码器。如表 5.6.3 所示为 74LS139 译码器逻辑功能表。

表 5.6.3 74LS139 译码器逻辑功能表

控制端	输入		输出
$\overline{E}$	B	A	$\overline{Y_0}\sim\overline{Y_3}$
0	0	0	$\overline{Y_0}=0$，其余为 1
0	0	1	$\overline{Y_1}=0$，其余为 1
0	1	0	$\overline{Y_2}=0$，其余为 1
0	1	1	$\overline{Y_3}=0$，其余为 1
1	×	×	$\overline{Y_0}\sim\overline{Y_3}$全为 1

2. 二-十进制译码器

将 4 位二-十进制代码(BCD 码)翻译成十进制代码 0～9 的逻辑电路就叫二-十进制译码器。它有 4 个地址输入端，10 个输出端，故又叫 4－10 线译码器。在 4－10 线译码器中，4 个地址输入有 16 个状态组合，其中有 6 个状态组合译码器无对应输出的代码，称这 6 个状态组合为伪码。输出能拒绝伪码或输入伪码对输出不起作用的译码器也称全译码器。常用的二-十进制集成译码器有 74LS42、74HC42、T1042、T4042 等。如表 5.6.4 所示为 4－10

线全译码器 74LS42 的逻辑功能表。

表 5.6.4　4-10 线全译码器 74LS42 的逻辑功能表

十进制数	输入				输出									
	A_3	A_2	A_1	A_0	$\overline{Y_9}$	$\overline{Y_8}$	$\overline{Y_7}$	$\overline{Y_6}$	$\overline{Y_5}$	$\overline{Y_4}$	$\overline{Y_3}$	$\overline{Y_2}$	$\overline{Y_1}$	$\overline{Y_0}$
0	0	0	0	0	1	1	1	1	1	1	1	1	1	0
1	0	0	0	1	1	1	1	1	1	1	1	1	0	1
2	0	0	1	0	1	1	1	1	1	1	1	0	1	1
3	0	0	1	1	1	1	1	1	1	1	0	1	1	1
4	0	1	0	0	1	1	1	1	1	0	1	1	1	1
5	0	1	0	1	1	1	1	1	0	1	1	1	1	1
6	0	1	1	0	1	1	1	0	1	1	1	1	1	1
7	0	1	1	1	1	1	0	1	1	1	1	1	1	1
8	1	0	0	0	1	0	1	1	1	1	1	1	1	1
9	1	0	0	1	0	1	1	1	1	1	1	1	1	1
伪码	1	0	1	0	1	1	1	1	1	1	1	1	1	1
	⋮	⋮	⋮	⋮	⋮	⋮	⋮	⋮	⋮	⋮	⋮	⋮	⋮	⋮
	1	1	1	1	1	1	1	1	1	1	1	1	1	1

由功能表和逻辑表达式可知，当 74LS42 译码器输入端 A_3、A_2、A_1、A_0 输入 8421BCD 码时，输出端$\overline{Y_0}$～$\overline{Y_9}$有相应的信号输出，分别与十进制数 0～9 相对应，输出$\overline{Y_0}$～$\overline{Y_9}$低电平有效。例如，当 $A_3A_2A_1A_0$＝0000 时，对应$\overline{Y_0}$＝0，其余$\overline{Y_1}$～$\overline{Y_9}$均为 1；当 $A_3A_2A_1A_0$＝0001 时，对应$\overline{Y_1}$＝0，其余输出为 1。当 $A_3A_2A_1A_0$ 输入伪码 1010～1111 时，输出$\overline{Y_0}$～$\overline{Y_9}$均为 1，即无输出信号，说明 4 线-10 线全译码器 74LS42 能自动拒绝伪码输入。

学习活动 2　显示译码器逻辑功能的测试及分析

■做一做

按图 5.6.6 接线，把实验箱的逻辑电平开关接入各输入端，观察 LED 显示器的变化情况。（DCBA 按着从 0000～1001 的变化，观察 LED 显示器数字变化情况）

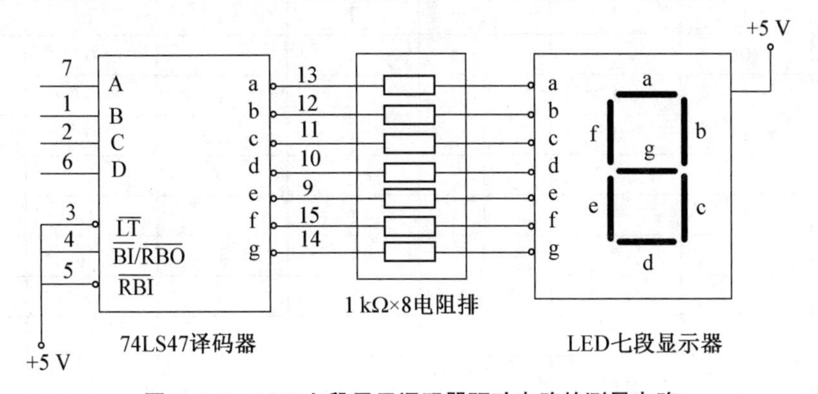

图 5.6.6　LED 七段显示译码器驱动电路的测量电路

■议一议

通过观察实验现象，我们发现该电路具备把输入的二进制数转换成十进制数并且进行显示的功能。下面介绍它的工作原理。

■学一学

1. 七段显示译码器

在各种电子仪器设备中，经常需要用显示器将处理和运算结果显示出来，常采用的显示器有LED发光二极管显示器、LCD液晶显示器和CRT阴极射线显示器。以七段LED显示器为例，如图5.6.7(a)所示，它是由七段笔画所组成，每段笔画实际上就是一个用半导体材料做成的发光二极管(LED)。这种显示器电路通常有两种接法：一种是将发光二极管的阴极全部一起接地，如图5.6.7(b)所示，即所谓"共阴极"显示器；另一种是将发光二极管的阳极全部一起接到正电压，如图5.6.7(c)所示，即所谓"共阳极"显示器。对于共阴极显示器，只要在某个二极管的阳极加上逻辑"1"电平，相应的笔段就发亮；对于共阳极显示器，只要在某个二极管的阴极加上逻辑"0"电平，相应的笔段就发亮。

由图5.6.7可见，由显示器亮段的不同组合便可构成一个显示字形。就是说，显示器所显示的字符与其输入二进制代码(又称段码)即abcdefg七段代码之间存在一定的对应关系。以共阴极显示器为例，这种对应关系见表5.6.5。

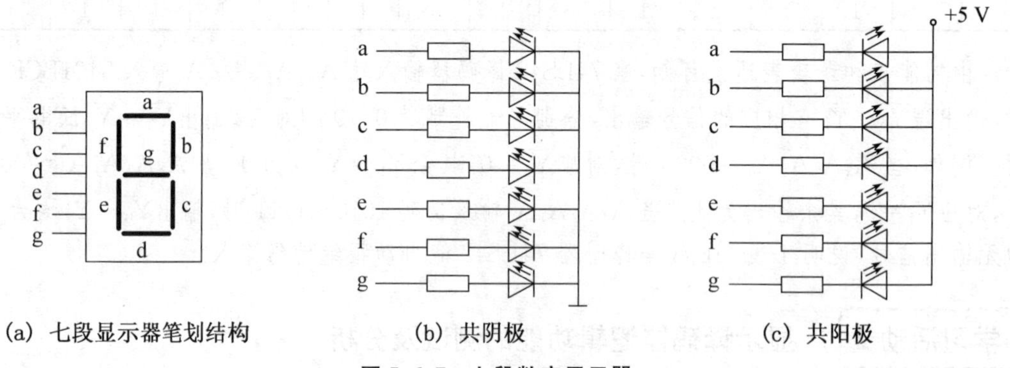

(a) 七段显示器笔划结构　(b) 共阴极　(c) 共阳极

图5.6.7　七段数字显示器

表5.6.5　共阴极七段LED显示字形段码表

显示字符	a	b	c	d	e	f	g
0	1	1	1	1	1	1	0
1	0	1	1	0	0	0	0
2	1	1	0	1	1	0	1
3	1	1	1	1	0	0	1
4	0	1	1	0	0	1	1
5	1	0	1	1	0	1	1
6	0	0	1	1	1	1	1
7	1	1	1	0	0	0	0
8	1	1	1	1	1	1	1
9	1	1	1	0	0	1	1

一般数字系统中处理和运算结果都是用二进制编码、BCD 码或其他编码表示的，要将最终结果通过 LED 显示器用十进制数显示出来，就需要先用译码器将运算结果转换成段码，当然，要使发光二极管发亮，还需要提供一定的驱动电流，所以这两种显示器也需要有相应的驱动电路，如图 5.6.8 所示。

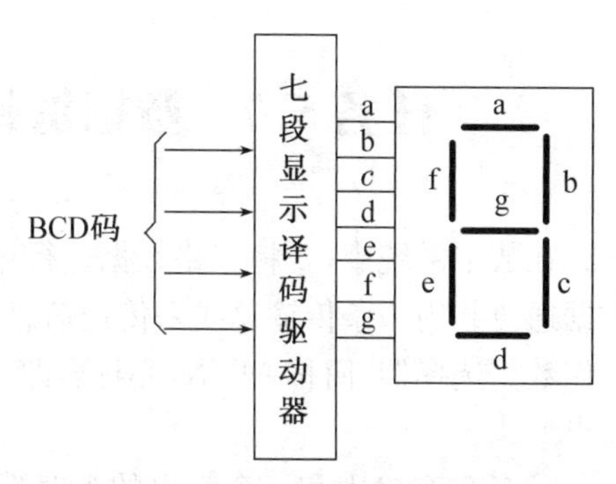

图 5.6.8　七段显示译码器

市场上可买到现成的译码驱动器，如共阳极译码驱动器 74LS47，共阴极译码驱动器 74LS48 等。

74LS47、74LS48 是七段显示译码器，其输入是 BCD 码，输出是七段显示器的段码。使用 74LS47 的译码驱动电路如图 5.6.6，真值表见表 5.6.6。它所驱动的是共阳极数码管，输出的有效电平是低电平。

表 5.6.6　共阳极七段显示译码器 74LS47 逻辑功能表

输入							输出							显示数字
$\overline{LT}$	$\overline{RBI}$	$\overline{RBO}/\overline{BI}$	D	C	B	A	$\overline{a}$	$\overline{b}$	$\overline{c}$	$\overline{d}$	$\overline{e}$	$\overline{f}$	$\overline{g}$	
1	1	1	0	0	0	0	0	0	0	0	0	0	1	0
1	×	1	0	0	0	1	1	0	0	1	1	1	1	1
1	×	1	0	0	1	0	0	0	1	0	0	1	0	2
1	×	1	0	0	1	1	0	0	0	0	1	1	0	3
1	×	1	0	1	0	0	1	0	0	1	1	0	0	4
1	×	1	0	1	0	1	0	1	0	0	1	0	0	5
1	×	1	0	1	1	0	1	1	0	0	0	0	0	6
1	×	1	0	1	1	1	0	0	0	1	1	1	1	7
1	×	1	1	0	0	0	0	0	0	0	0	0	0	8
1	×	1	1	0	0	1	0	0	0	1	1	0	0	9
×	×	0	×	×	×	×	1	1	1	1	1	1	1	全灭
1	0	0	0	0	0	0	1	1	1	1	1	1	1	灭0
0	×	1	×	×	×	×	0	0	0	0	0	0	0	全亮

工作过程：输入的 BCD 码(A，B，C，D)经 74LS47 译码，产生 7 个低电平输出($\overline{a}$～$\overline{g}$)，经限流电阻分别接至共阳极显示器对应的 7 个段，当这 7 个段有一个或几个为低电平时，该低电平对应的段点亮。d_p 为小数点控制端，当 d_p 端为低电平时，小数点亮。

$\overline{LT}$端为测试灯信号输入端，当$\overline{LT}$=0 且$\overline{BI}$=1 时，$\overline{a}$～$\overline{g}$ 输出均为 0，显示器七段都亮，用于测试每段工作是否正常；当$\overline{LT}$=1 时，译码器方可进行译码显示。

$\overline{RBO}/\overline{BI}$端为灭零输出/熄灭输入端。利用熄灭信号$\overline{BI}$可按照需要控制数码管显示或不显示。当$\overline{BI}$=0 时，无论 DCBA 状态如何，数码管均不显示。$\overline{BI}$与$\overline{RBO}$共用一个引出端。当$\overline{RBI}$=0 且 DCBA=0000 时，灭零输出$\overline{RBO}$=0。

$\overline{RBI}$端为灭零输入端，其作用是将数码管显示的数字 0 熄灭。当$\overline{LT}$=1，$\overline{RBI}$=0 且 DCBA=0000 时，$\overline{a}$～$\overline{g}$ 输出为 1，数码管无显示，此时$\overline{RBO}$=0。利用该灭零输出信号，可熄灭多位显示中不需要的零。不需要灭零时，$\overline{RBI}$=1。

任务 5.7 数据选择器逻辑功能的测试与应用

在数字系统中，要将多路数据进行远距离传送时，为了减少传输线的数目，往往是多个数据通道共用一条传输总线来传送信息。能够实现从多路数据中选择一路进行传输的电路叫作数据选择器，简称 MUX，亦称多路选择器、多路调制器或多路开关。电路为多输入，单输出形式。

具有 2^n 个输入和一个输出的多路选择器，通常有 n 个选择控制端(也称控制字或地址输入)，用来进行信号的选择，并将选择到的输入信号送到输出端。它的一般结构如图 5.7.1 所示。目前常用的数据选择器有二选一、四选一、八选一和十六选一等多种类型。

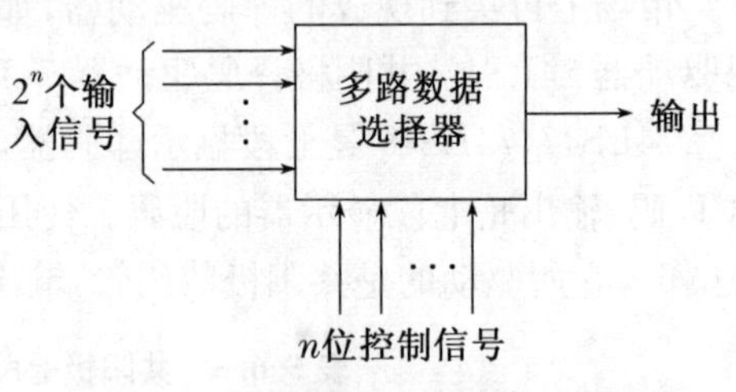

图 5.7.1 多路数据选择器的一般结构

学习活动 数据选择器逻辑功能的测试与应用

■做一做

测试 74LS151 数据选择器的引脚功能，图 5.7.2(a)为 74LS151 数据选择器符号，图(b)为引脚图。该数据选择器有 8 个输入端 $D_0 \sim D_7$，2 个互补的数据输出端($Y, \overline{Y}$)，3 个数据选择控制端(A_2, A_1, A_0)，以及选通信号$\overline{S_T}$。把实验箱的逻辑电平开关接入各输入端，输出端接至实验箱的逻辑电平显示器，测试其逻辑功能(输入与输出关系)，结果记录于表 5.7.1 中。

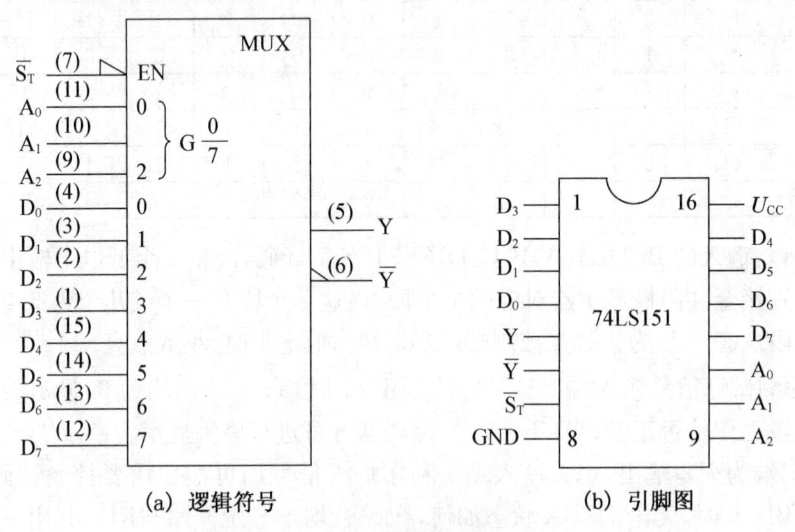

(a) 逻辑符号　　(b) 引脚图

图 5.7.2 八选一数据选择器 74LS151

表 5.7.1　74LS151 逻辑逻辑功能的测量

输入			控制选通	输出
A_2	A_1	A_0	$\overline{S_T}$	Y
×	×	×	1	
0	0	0	0	
0	0	1	0	
0	1	0	0	
0	1	1	0	
1	0	0	0	
1	0	1	0	
1	1	0	0	
1	1	1	0	

■**议一议**

通过对表 5.7.1 的实验数据进行分析，我们得出 74LS151 数据选择器逻辑功能：具有八选一的功能，当$\overline{S_T}=0$时，根据 A_2、A_1、A_0的不同组合，从 D_0～D_7中选择一路数据输出。

■**学一学**

通过对实验数据的分析得出 74LS151 逻辑功能表，见表 5.7.2。

表 5.7.2　74LS151 逻辑功能表

输入			控制选通	输出
A_2	A_1	A_0	$\overline{S_T}$	Y
×	×	×	1	0
0	0	0	0	D_0
0	0	1	0	D_1
0	1	0	0	D_2
0	1	1	0	D_3
1	0	0	0	D_4
1	0	1	0	D_5
1	1	0	0	D_6
1	1	1	0	D_7

从功能表可以看出：当$\overline{S_T}=0$时，根据 A_2、A_1、A_0的不同组合，从 D_0～D_7中选择一路数据输出。由真值表得到该选择器的输出信号为

$$Y=\sum_{i=0}^{7}D_i m_i(\overline{S_T}=0)$$

■**练一练**

用四选一数据选择器可以实现二变量和三变量的逻辑函数，用八选一数据选择器可以实现三变量和四变量的逻辑函数，而用十六选一数据选择器可以实现四变量和五变量的逻辑函数。下面举例说明。

例 5.7.1：用多路选择器 74LS151 实现函数 $F(A,B,C)=\sum m(0,2,3,5)$

解：根据题目要求和数据选择器的功能，可以列出逻辑功能表，如表 5.7.3 所示。

由逻辑功能表可以得到逻辑图，如图 5.7.3 所示。

表 5.7.3 例 5.7.1 的逻辑功能表

选择信号			输出	数据信号
C	B	A	$F(\mathrm{A,B,C})$	D
0	0	0	1	$D_0=1$
0	0	1	0	$D_1=0$
0	1	0	1	$D_2=1$
0	1	1	1	$D_3=1$
1	0	0	0	$D_4=0$
1	0	1	1	$D_5=1$
1	1	0	0	$D_6=0$
1	1	1	0	$D_7=0$

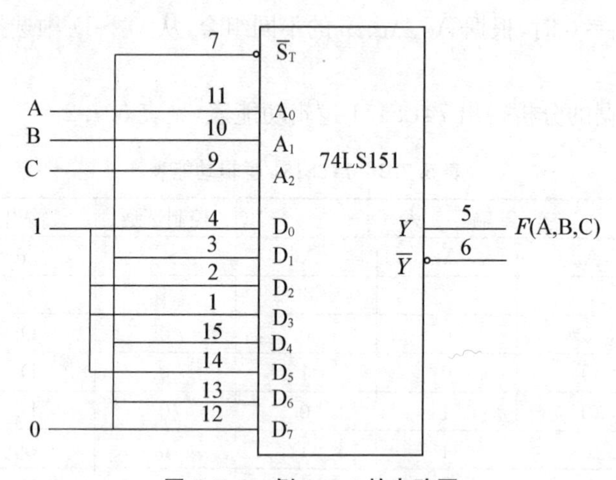

图 5.7.3 例 5.7.1 的电路图

阅读材料 双四选一数据选择器 74LS153

一片 74LS153 上有两个四选一数据选择器，A_1、A_0 为两个公用的选择控制端；使能端 $\overline{S_T}$ 各自独立，当 $\overline{S_T}$ 为低电平，允许有数据输出，否则输出始终为低电平；$D_0 \sim D_3$ 为四个数据输入端，Y 为输出端。

由逻辑功能表 5.7.4 可知，当使能端 $\overline{S_T}$ 为低电平时，正常工作；当 $\overline{S_T}$ 为高电平时，Y 恒为 0。由真值表得到该选择器的输出信号为

$$Y = \sum_{i=0}^{3} D_i m_i \,(\overline{S_T} = 0)$$

表 5.7.4　4选1多路选择器真值表

输入							输出
A_1	A_0	D_0	D_1	D_2	D_3	$\overline{S_T}$	Y
×	×	×	×	×	×	1	0
0	0	0	×	×	×	0	0
0	0	1	×	×	×	0	1
0	1	×	0	×	×	0	0
0	1	×	1	×	×	0	1
1	0	×	×	0	×	0	0
1	0	×	×	1	×	0	1
1	1	×	×	×	0	0	0
1	1	×	×	×	1	0	1

任务 5.8　触发器逻辑功能的测试与应用

扫码见视频 34

时序逻辑电路简称时序电路，它由逻辑门电路和触发器组成，是一种输出状态不仅与当前输入状态有关，还与原来状态有关的具有记忆功能的电路。它和组合逻辑电路都是数字系统的重要组成部分。

触发器是具有记忆功能的基本单元电路，能存储一位二进制代码，是组成时序电路必不可少的重要组成部分。触发器的种类很多，根据功能不同可分为 RS、JK、D、T 触发器等。所有触发器都具有以下基本特点：

(1) 具有两个稳定状态(0 态和 1 态)，并且在一定条件下，可保持其中一个状态不变。

(2) 在一定的外加信号作用下，触发器可以从一种稳定状态转变到另一种稳定状态。

学习活动 1　D 触发器逻辑功能的测试与应用

■做一做

74LS74 集成芯片的引脚图如图 5.8.1 所示，它属于上升沿触发的双 D 触发器。CP 为控制端，D 为数据端，“↓”表示下降沿触发，“↑”表示上升沿触发，“×”表示任意状态。把实验箱的逻辑电平开关接入各输入端，输出端接至实验箱的逻辑电平显示器，测试其逻辑功能(输入与输出关系)。CP 接实验箱的单次脉冲，结果记录于表 5.8.1 和表 5.8.2 中。

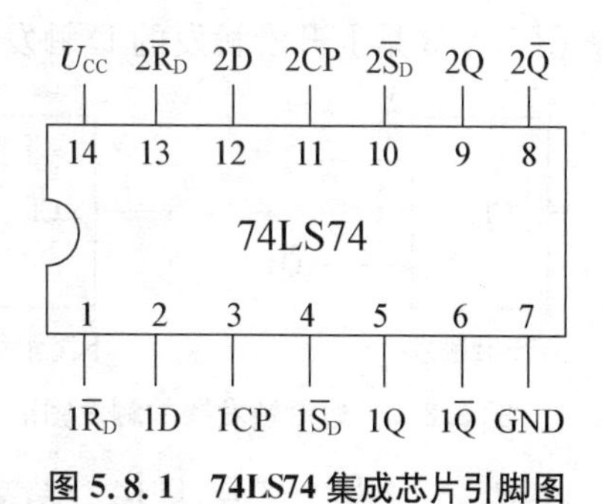

图 5.8.1　74LS74 集成芯片引脚图

表 5.8.1　D 触发器逻辑功能的测量(1)

$\overline{S}_D$	$\overline{R}_D$	CP	D	Q
0	1	×	×	
1	0	×	×	

表 5.8.2 D触发器逻辑功能的测量(2)

Q_n	D \ Q_{n+1} \ CP	1	↓	0	↑
0	0				
0	1				
1	1				
1	0				

表 5.8.2 的前提是 $\overline{S}_D=\overline{R}_D=1$。

■议一议

对表 5.8.1 和表 5.8.2 的实验测试数据进行分析,得出如下结论:(1) $\overline{R}_D$ 和 $\overline{S}_D$ 分别称为直接置"0"端和直接置"1"端,低电平有效,即在不做直接置"0"和置"1"操作时,保持为高电平。(2) 在 $\overline{R}_D$ 和 $\overline{S}_D$ 分别置为"1"时,D触发器的输出受CP的控制,在CP为上升沿时,输出由D的不同输入组合决定,即D触发器在CP作用下具有置1和置0的功能。

■学一学

1. D触发器的图形符号

D触发器在CP的上升沿到达时接收D信号,CP上升沿过后,D信号不起作用,即使D信号改变了状态,触发器也不会随之改变状态,而保持CP上升沿到达时的D信号状态。触发器的触发方式为边沿触发方式。

边沿触发方式的特点是,触发器只在时钟脉冲CP发生跳变时才能发生翻转,而且,触发器的次态仅仅取决于CP跳变前输入端的状态,而在此前或此后输入端状态的变化对次态都不会产生影响。这就大大提高了触发器的抗干扰能力,增加了电路工作的可靠性。

如果触发器的状态变化发生在时钟脉冲的上升沿,就称为上升沿触发或正边沿触发;反之,如果触发器的状态变化发生在时钟脉冲的下降沿,就称为下降沿触发或负边沿触发。边沿触发的触发器图形符号如图 5.8.2 所示。

图 5.8.3 是上升沿触发的D触发器的图形符号。

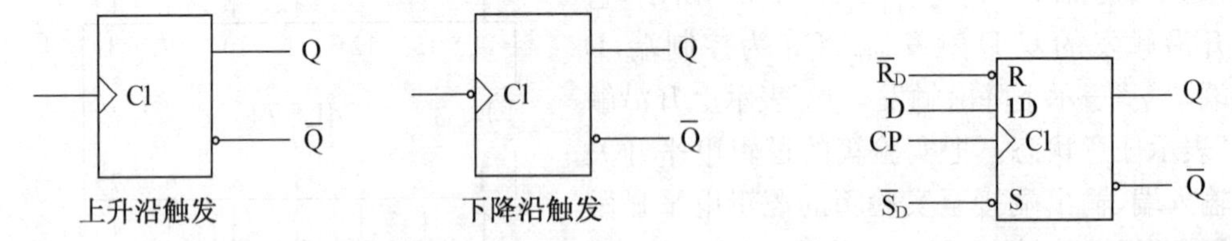

图 5.8.2 边沿触发器的触发图形符号

图 5.8.3 上升沿触发的D触发器图形符号

在 R_D、S_D 上加"－"号,即 $\overline{R}_D$、$\overline{S}_D$,表示 S_D 和 R_D 是低电平有效;对应 S_D 和 R_D 端的小圈也表示 S_D 和 R_D 是低电平有效。

2. 逻辑功能

表 5.8.3　D触发器逻辑功能表

D	Q_{n+1}
0	0
1	1

D触发器在CP作用下具有置1和置0的功能。

■**练一练**

例 5.8.1:图5.8.4所示的D触发器,其中$\overline{R}_D=\overline{S}_D=1$,触发器初始状态为0。试根据给定的CP和D的波形,对应画出Q的波形。

解:根据D触发器的功能表5.8.3可画出Q的波形如图5.8.4所示。波形图表明了边沿触发方式的特点,即触发器的次态仅仅取决于时钟脉冲CP上升沿到达时,输入信号D的状态。

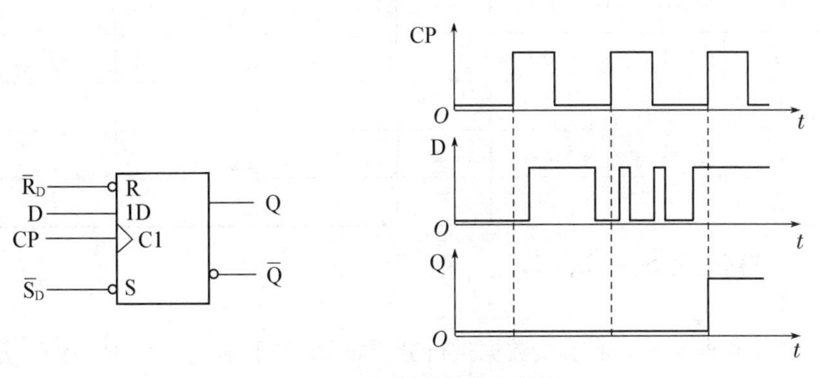

图 5.8.4　D触发器应用举例

学习活动2　JK触发器逻辑功能的测试与应用

■**做一做**

74LS112集成芯片的引脚图如图5.8.5所示,它属于下降沿触发的双JK触发器。CP为控制端,J、K为数据端,CP接实验箱的单次脉冲,结果记录于表5.8.4和表5.8.5中。

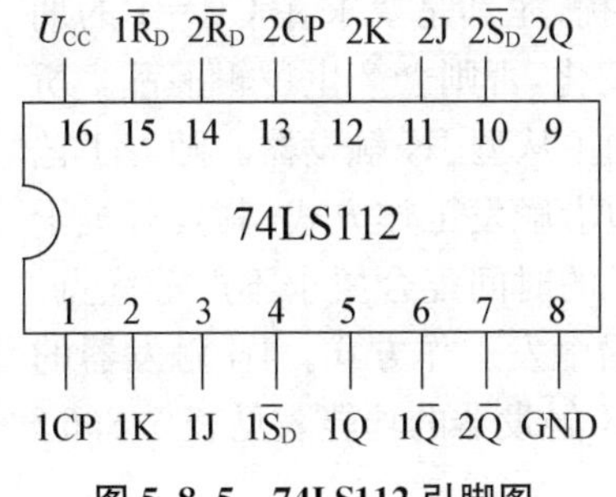

图 5.8.5　74LS112引脚图

表 5.8.4　JK 触发器逻辑功能的测量(1)

$\overline{S}_D$	$\overline{R}_D$	CP	J	K	Q_{n+1}
0	1	×	×	×	
1	0	×	×	×	

表 5.8.5　JK 触发器逻辑功能的测量(2)

Q_n	J	K	Q_{n+1} (CP=0)	Q_{n+1} (CP=↑)	Q_{n+1} (CP=1)	Q_{n+1} (CP=↓)
0	1	1				
1	0	0				
1	0	1				
0	0	1				
0	1	0				
1	1	0				
1	1	1				
0	0	0				

表 5.8.5 的前提是 $\overline{S}_D=\overline{R}_D=1$。

■**议一议**

对表 5.8.4 和表 5.8.5 的实验数据进行分析，得出如下结论：(1) $\overline{R}_D$ 和$\overline{S}_D$ 分别称为直接置“0”端和直接置“1”端，低电平有效，即在不做直接置“0”和置“1”操作时，保持为高电平。(2)在$\overline{R}_D$ 和$\overline{S}_D$ 分别置为“1”时，JK 触发器的输出受 CP 的控制，在 CP 为下降沿时，输出由 J、K 的不同输入组合决定，即 JK 触发器在 CP 作用下具有置 1 和置 0、保持和翻转(计数)的功能。

■**学一学**

JK 触发器的系列品种较多，可分为两大类型：主从型和边沿型。早期生产的集成 JK 触发器大多数是主从型的，但由于主从型工作方式的 JK 触发器工作速度慢，易受噪声干扰，尤其是要求在 CP=1 的期间不允许 J，K 端的信号发生变化，否则会产生逻辑混乱。所以我国目前只保留个别品种的主从型 JK 触发器。随着工艺的发展，JK 触发器大都采用边沿触发工作方式，其具有抗干扰能力强，速度快，对输入信号的时间配合要求不严等优点。实验采用的 74LS112 属于边沿触发工作方式。JK 触发器的逻辑符号如图 5.8.6 所示。JK 触发器的功能表见表 5.8.6。

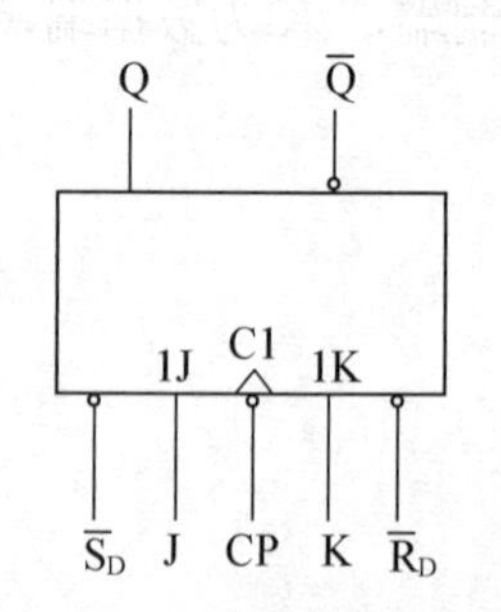

图 5.8.6　JK 触发器逻辑符号

表 5.8.6　JK 触发器的功能表

J	K	Q_{n+1}
0	0	Q_n
0	1	0
1	0	1
1	1	$\overline{Q}_n$

分析表 5.8.6 可知 JK 触发器的功能：

(1) 当 J=K=0 时，$Q_{n+1}=Q_n$，触发器具有保持功能；

(2) 当 J=0，K=1 时，$Q_{n+1}=0$，触发器具有置 0 功能；

(3) 当 J=1，K=0 时，$Q_{n+1}=1$，触发器具有置 1 功能；

(4) 当 J=K=1 时，$Q_{n+1}=\overline{Q}_n$，触发器具有计数翻转功能。

■**练一练**

例 5.8.2：图 5.8.7 所示的 JK 触发器，其中$\overline{R}_D=\overline{S}_D=1$，触发器初始状态为 0。试根据给定的 JK 触发器的时钟脉冲和 J、K 信号的波形(图 5.8.7)，画出输出端的波形。设触发器的初始状态为 0。

解：根据表 5.8.6，可画出 Q 端的波形，如图 5.8.7 所示。

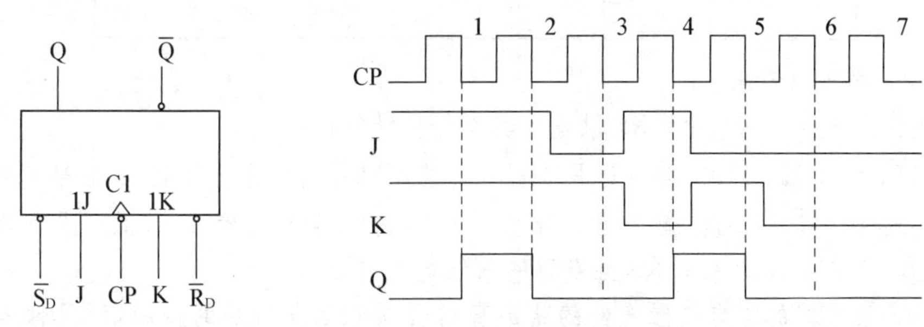

图 5.8.7　例 5.8.2 的波形图

从图 5.8.7 可以看出，在第 1、2 个 CP 脉冲作用期间，J、K 均为 1，每输入一个脉冲，Q 端的状态就改变一次，这时 Q 端的方波频率是时钟脉冲频率的二分之一。若以 CP 端为输入，Q 端为输出，则一个触发器就可作为二分频电路，两个触发器串联就可获得四分频电路，其余类推。

阅读材料　RS 触发器

1. 基本 RS 触发器

将两个与非门(74LS00)的输入端与输出端交叉耦合，就组成一个基本 RS 触发器，如图 5.8.8(a)所示，它有两个输入端$\overline{R}_D$ 和$\overline{S}_D$，两个输出端 Q 和 $\overline{Q}$，Q 和 $\overline{Q}$ 的状态相反，通常将 Q 的状态定义为触发器的状态。Q=0、$\overline{Q}$=1 称为触发器的 0 状态，Q=1、$\overline{Q}$=0 称为触发器的 1 状态。图 5.8.8(b)是它的逻辑符号。

根据$\overline{R}_D$、$\overline{S}_D$ 的不同输入组合，可以得出基本 RS 触发器的逻辑功能，可由表 5.8.7 描述。

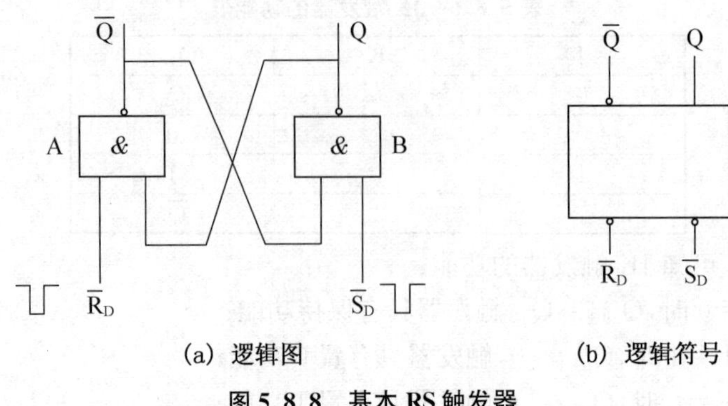

(a) 逻辑图　　(b) 逻辑符号

图 5.8.8　基本 RS 触发器

表 5.8.7　基本 RS 触发器的逻辑功能表

$\overline{R}_D$	$\overline{S}_D$	Q
1	0	1
0	1	0
1	1	不变
0	0	不允许

由表 5.8.7 可以看出：

(1) 当$\overline{R}_D=\overline{S}_D=1$时，基本 RS 触发器具有保持功能；

(2) 当$\overline{R}_D=0(\overline{S}_D=1)$时，触发器具有置 0 功能，将$\overline{R}_D$端称为复位端，低电平有效；

(3) 当$\overline{S}_D=0(\overline{R}_D=1)$时，触发器具有置 1 功能，将$\overline{S}_D$端称为置位端，低电平有效；

(4) 由与非门组成的基本 RS 触发器输入低电平有效。

基本 RS 触发器的特点是触发器的状态直接受输入触发信号的控制，而且输入触发信号一出现，触发器的输出状态就立即随之发生变化。但是，在数字系统中，不仅仅要求触发器的输出状态最终由输入端所加的信号来决定，而且对输入信号的响应时间需要由另外一个辅助控制信号决定。也就是说，在这个辅助控制信号到来之前，即使有输入信号，它对触发器也不起作用。只有在辅助控制信号到来后，输入信号才能起作用，并引起触发器输出状态的转换。同步 RS 触发器就是这样一种触发器，其电路结构如图 5.8.9 所示。

在数字系统中，往往会含有多个触发器，为了使系统协调工作，引入一个控制信号。系统的这个控制信号通常被称作时钟信号，用 CP 表示。

2. 同步 RS 触发器

同步 RS 触发器由四个与非门组成，即在 A、B 门组成的基本 RS 触发器的基础上，又增加了 C、D 两个与非门。图中 S、R 两个输入端分别是置 1 端和置 0 端，CP 则是起辅助控制作用的信号，称为时钟脉冲。图 5.8.9 所示为逻辑图和逻辑符号。

从表 5.8.8 可以看出，当 CP 为 0 时，触发器被封锁，无论输入端 R、S 状态如何，触发器状态不会发生变化。只有当 CP 为 1 时，R、S 状态的变化才会引起触发器状态的变化。因此，这种触发器的触发翻转只是被控制在一个时间间隔内，而不是控制在某一时刻进行。

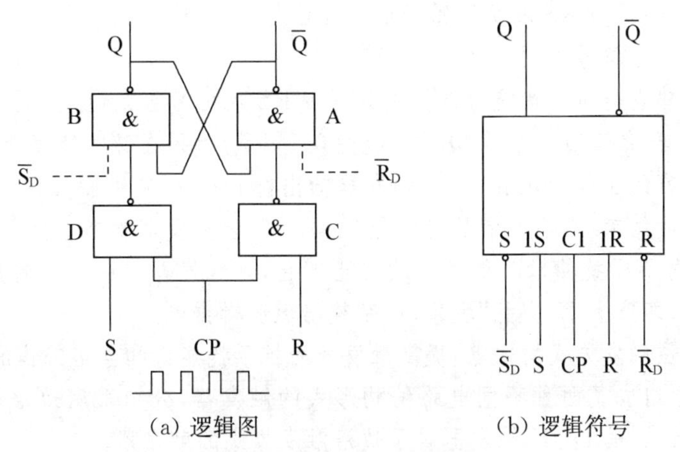

(a) 逻辑图　　　　(b) 逻辑符号

图 5.8.9　同步 RS 触发器

表 5.8.8　同步 RS 触发器的逻辑功能表

CP	R	S	Q
0	×	×	不变
1	0	0	不变
1	0	1	1
1	1	0	0
1	1	1	不允许

应该指出，由于同步 RS 触发器的翻转时间是受时钟脉冲控制的，因此，上面的功能表只有在时钟脉冲到来后才是有效的。此点对于所有的同步触发器都是成立的，请读者注意。

为了使同步 RS 触发器的功能更加完善，A、B 两个与非门还分别引出控制端$\overline{S}_D$ 和$\overline{R}_D$。它们的作用是可以避开时钟脉冲 CP 的控制，直接将触发器置 1 或置 0。其中$\overline{S}_D$ 端称为直接置位端，$\overline{R}_D$ 端称为直接复位端。又由于它们的作用不受时钟脉冲 CP 的控制，还分别称作异步置位端和异步复位端。在图形符号中的$\overline{S}_D$ 端和$\overline{R}_D$ 端引线处均画有两个小圆圈，表示直接置位或直接复位各需加入负脉冲。不用时，该两端保持高电平。

最后说明时钟脉冲的必要性。通常在一个数字系统中往往包含有许多触发器，并在工作中要求它们在同一时刻发生状态更新。为了做到这一点，避免各触发器动作的参差不齐，出现逻辑错误，就需要采用同步 RS 触发器，以便在时钟脉冲的控制下，使整个系统中的有关触发器同步动作。这样的数字系统就称作同步系统，受时钟脉冲控制的触发器也被称作钟控触发器。

3. 同步 RS 触发器的空翻问题

同步触发器的次态 Q_{n+1} 最终地取决于输入信号和初态 Q_n，但触发器的翻转时间则受时钟脉冲 CP 的控制。触发器的触发方式指的就是触发器的翻转时刻与时钟脉冲的关系。

同步触发器有不同的触发方式。上述同步 RS 触发器属于电位触发或称电平触发。

电位触发的特点是只要达到时钟脉冲 CP 的规定电平，触发器的状态便能够发生翻转。

如果只能在 CP=0 期间翻转、在 CP=1 期间不能翻转，就称为负电位触发或低电平触发；反之，如果只能在 CP=1 期间翻转、在 CP=0 期间不能翻转，就称为正电位触发或高电平触发。显然,上述同步 RS 触发器属于正电位触发。

电位触发的图形符号如图 5.8.10 所示。

电位触发的缺点是抗干扰能力低。例如同步 RS 触发器初态 $Q_n=0$,且在 CP=1 期间,S=R=0,则触发器次态 Q_{n+1} 应为 $Q_{n+1}=Q_n=0$。但是,如果在脉冲持续期间(CP=1),在 S 端窜入了一个狭窄的正向干扰脉冲,使触发器输出翻转为 1,波形图如图 5.8.11 所示。这时尽管在时钟脉冲结束时,输入信号仍然是 S=R=0,但触发器次态已经是 $Q_{n+1}=1$。如果在 CP=1 期间,外界干扰使输入信号多次发生变化,则触发器在一个时钟脉冲作用下可能会发生多次翻转,即产生了"空翻"现象,使系统出现逻辑错误。

为了克服电位触发方式的缺点,提高触发器的抗干扰能力和电路工作的可靠性,以同步 RS 触发器为基础组成了两种不同电路结构形式的触发器,分别采用边沿触发方式和主从触发方式。前面讲到的 D、JK 触发器属于边沿触发方式的触发器。

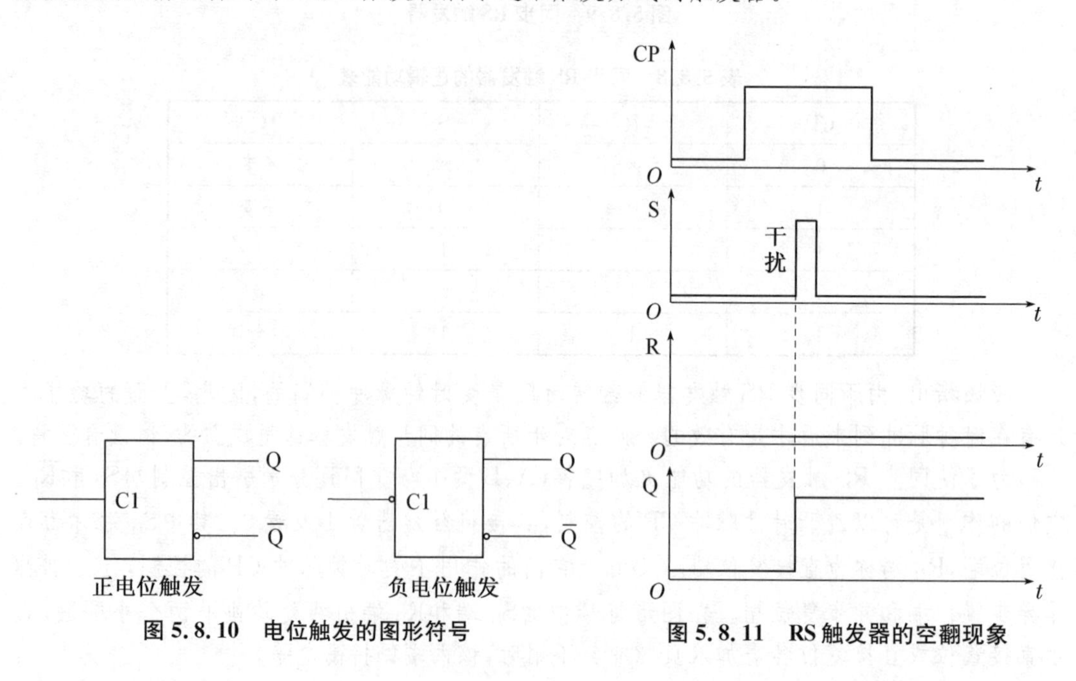

图 5.8.10　电位触发的图形符号

图 5.8.11　RS 触发器的空翻现象

任务 5.9　计数器逻辑功能的测试与应用

计数器是一种具有计数功能的数字电路,它广泛应用于计数、定时、分频等各种数字系统当中,计数器是一种典型的时序电路。

计数器电路的种类很多,根据组成计数器的各个触发器状态翻转的先后次序可分为同步计数器和异步计数器。在同步计数器中,当时钟脉冲到达时,各个触发器的翻转是同时进行的;而在异步计数器中,当时钟脉冲到达时,各个触发器的翻转有先有后,不是同步进行的。根据计数过程中数字的增减规律可以分为加法计数器、减法计数器和可逆计数器。根据计数器的循环长度可分为二进制计数器、十进制计数器和 N 进制计数器。一般计数长度包含 2^n 状态的称为(n 位)二进制计数器,若计数器状态个数为 N,则称为 N 进制计数器。

学习活动1　集成异步计数器74LS290逻辑功能的测试与应用

■做一做

74LS290集成芯片的引脚图如图5.9.1所示，把试验箱的逻辑电平开关接入各输入端，输出端接至试验箱的逻辑电平显示器，测试其逻辑功能(输入与输出关系)，结果记录于表5.9.1、表5.9.2、表5.9.3和表5.9.4中。

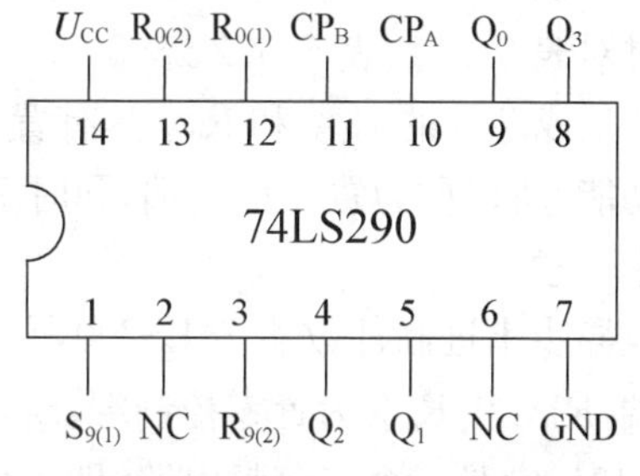

图5.9.1　74LS290引脚图

表5.9.1　74LS290集成芯片逻辑功能的测量(1)

$R_{0(1)} \cdot R_{0(2)}$	$S_{9(1)} \cdot S_{9(2)}$	CP	Q_3	Q_2	Q_1	Q_0
×	1	×				
1	0	×				

表5.9.2　74LS290集成芯片逻辑功能的测量(2)

$R_{0(1)} \cdot R_{0(2)}$	$S_{9(1)} \cdot S_{9(2)}$	$CP=CP_A$(脉冲个数)	Q_0
0	0	0	0
0	0	1	
0	0	2	

表5.9.3　74LS290集成芯片逻辑功能的测量(3)

$R_{0(1)} \cdot R_{0(2)}$	$S_{9(1)} \cdot S_{9(2)}$	$CP=CP_B$(脉冲个数)	Q_3	Q_2	Q_1
0	0	0	0	0	0
0	0	1			
0	0	2			
0	0	3			
0	0	4			
0	0	5			

表5.9.4　74LS290集成芯片逻辑功能的测量(4)

$R_{0(1)} \cdot R_{0(2)}$	$S_{9(1)} \cdot S_{9(2)}$	$CP=CP_A$(脉冲个数)	Q_3	Q_2	Q_1	Q_0
0	0	0	0	0	0	0
0	0	1				
0	0	2				
0	0	3				
0	0	4				
0	0	5				
0	0	6				
0	0	7				
0	0	8				
0	0	9				
0	0	10				

表5.9.4测量前，需将Q_0端与CP_B端相连。

■**议一议**

通过对表5.9.1、表5.9.2、表5.9.3和表5.9.4的实验数据进行观察，得出如下结论：74LS290集成芯片的$R_{0(1)}$和$R_{0(2)}$具有置0的功能，所以称为置零控制端，$S_{9(1)}$和$S_{9(2)}$具有置9的功能，所以称为置9控制端，同时74LS290可以实现计数。

■**学一学**

集成异步十进制计数器74LS290，它由4个负边沿JK触发器组成。CP_A和CP_B均为计数输入端，$R_{0(1)}$和$R_{0(2)}$为置零控制端，$S_{9(1)}$和$S_{9(2)}$为置9控制端。当信号从CP_A端输入，从Q_0端输出时，它是一个二分频电路，即1位二进制计数器；当信号从CP_B端输入，从Q_1、Q_2、Q_3端输出时，它是一个五分频电路，即五进制计数器；当信号从CP_A端输入，并将Q_0与CP_B相连，从Q_0、Q_1、Q_2、Q_3输出时，就是一个8421BCD码的十进制计数器。所以74LS290也称为二-五-十进制计数器。因为各触发器的CP不同，所以74LS290为异步计数器。电路功能见表5.9.5。

(1) 异步置9

当$S_{9(1)}=S_{9(2)}=1$时，计数器置9，即$Q_3Q_2Q_1Q_0=1001$。此项为不需要CP脉冲配合的异步操作。

(2) 异步清零

在$S_{9(1)}\cdot S_{9(2)}=0$状态下，当$R_{0(1)}=R_{0(2)}=1$时，计数器异步清零，即$Q_3Q_2Q_1Q_0=0000$。

(3) 计数

在$S_{9(1)}\cdot S_{9(2)}=0$和$R_{0(1)}\cdot R_{0(2)}=0$同时满足的前提下，在CP下降沿作用下可进行计数。若在CP_A端输入脉冲，则Q_1构成二进制计数器；若在CP_B端输入脉冲，则$Q_3Q_2Q_1$从000～100构成五进制计数器；若将Q_0端与CP_B端相连，在CP_A端输入脉冲，则$Q_3Q_2Q_1Q_0$从0000～1001构成8421BCD十进制计数器。

表5.9.5　74LS290功能表

输入					输出			
$R_{0(1)}$	$R_{0(2)}$	$S_{9(1)}$	$S_{9(2)}$	CP	Q_3	Q_2	Q_1	Q_0
1	1	0	×	×	0	0	0	0
1	1	×	0	×	0	0	0	0
×	×	1	1	×	1	0	0	1
×	0	×	0	↓	计数			
0	×	0	×	↓	计数			
0	×	×	0	↓	计数			
×	0	0	×	↓	计数			

■**练一练**

例5.9.1：借助$R_{0(1)}$和$R_{0(2)}$的异步清零功能或$S_{9(1)}$和$S_{9(2)}$的异步置9功能，可实现任意进制计数。

解：图5.9.2(a)就是借助$R_{0(1)}$和$R_{0(2)}$的异步清零功能实现模7加法计数器的电路。图中把Q_0接至CP_B，即把模2和模5级联成权为8421的模10加法计数器，把$Q_2Q_1Q_0$相与后

接至 $R_{0(1)}$ 和 $R_{0(2)}$ 的连线端。从全 0 状态开始第 7 个 CP 脉冲到来后，$Q_3Q_2Q_1Q_0=0111$，$R_{0(1)}\cdot R_{0(2)}=1$，马上导致 $Q_3Q_2Q_1Q_0=0000$，主要的七个状态 0000～0110 为主循环状态，0111 出现后瞬间即逝，从而实现模 7 计数。

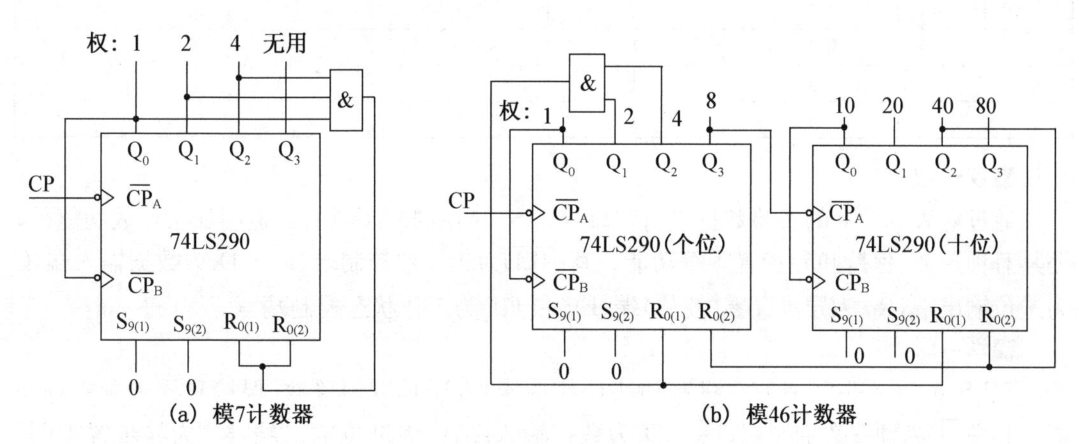

图 5.9.2　集成计数器 74LS290 功能扩展

■扩展与应用

使用多片 74LS290 级联可以扩大计数器的模数，图 5.9.2(b)给出了用两片 74LS290 级联构成的模 46 计数器电路。图中的两片 74LS290 均接成十进制计数器，其中一片为个位片，另一片为十位片。个位片的 Q_2、Q_1 相与后接至两片 $R_{0(1)}$ 的连线端，十位片的 Q_2 接至两片 $R_{0(2)}$ 的连线端，作为清零信号。个位片以 CP_A 作为计数脉冲输入端，个位片的 Q_3 输出脉冲作为十位片的计数脉冲。每送入十个计数脉冲后，个位片的 Q_3 端给出一个脉冲，它的下降沿使十位片计入一个“1”。当计入 40 个脉冲后，十位片的 Q_2 变为“1”，输入 46 个计数脉冲后，个位片的 Q_2、Q_1 均为“1”，即 $Q_2\cdot Q_1=1$。这时计数器输出为 01000110 状态，这就使得个位片和十位片的 $R_{0(1)}$ 和 $R_{0(2)}$ 端的输入信号全为“1”，计数器清零，返回到 00000000 状态。状态 01000110 仅在瞬间出现。这样，就构成了 46 进制计数器。

异步计数器电路简单，多用于仪器仪表中。而同步计数，就是计数器中各触发器在同一个 CP 脉冲作用下，同时翻转到各自确定的状态。为了同时翻转，需要用很多门来控制，所以同步计数器的电路复杂，但计数速度快，多用在计算机中。

学习活动 2　集成同步计数器 74LS161 逻辑功能的测试与应用

■做一做

74LS161 集成芯片的引脚图如图 5.9.3 所示，它是 4 位同步二进制计数器。把实验箱的逻辑电平开关接入各输入端，输出端接至实验箱的逻辑电平显示器，测试其逻辑功能(输入与输出关系)，结果记录于表 5.9.6 中。

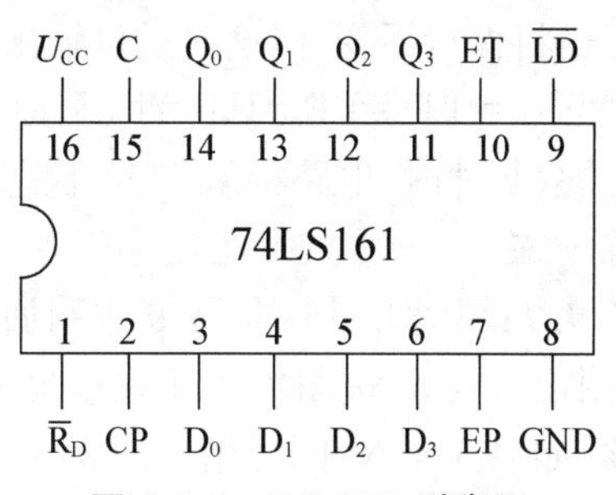

图 5.9.3　74LS161 引脚图

表 5.9.6　74LS161 集成芯片逻辑功能的测量

CP	$\overline{R}_D$	$\overline{LD}$	EP	ET	工作状态
×	0	×	×	×	
↑	1	0	×	×	
×	1	1	0	×	
×	1	1	×	0	
↑	1	1	1	1	

■议一议

通过对表 5.9.6 的实验数据进行观察，74LS161 电路除了具有二进制加法计数功能外，还具有预置数、保持和异步置零等功能。其中$\overline{LD}$为预置数控制端，D_0～D_3 为数据输入端，C 为进位输出端，$\overline{R}_D$ 为异步置零(复位)端，EP 和 ET 为工作状态控制端。

■学一学

74LS161 电路除了具有二进制加法计数功能外，还具有预置数、保持和异步置零等功能。其中$\overline{LD}$为预置数控制端，D_0～D_3 为数据输入端，C 为进位输出端，$\overline{R}_D$ 为异步置零(复位)端，EP 和 ET 为工作状态控制端。从图中可以看出所有触发器的时钟脉冲为一个 CP，所以为同步计数器。表 5.9.7 是 74LS161 的功能表，它给出了 EP 和 ET 为不同取值时电路的工作状态。

表 5.9.7　4 位同步二进制计数器 74LS161 的功能表

CP	$\overline{R}_D$	$\overline{LD}$	EP	ET	工作状态
×	0	×	×	×	置零
↑	1	0	×	×	预置数
×	1	1	0	×	保持
×	1	1	×	0	保持(C=0)
↑	1	1	1	1	计数

74LS161 的逻辑功能如下：

(1) 当$\overline{R}_D$=0 时，则 74LS161 的 4 个触发器将同时被无条件置零，即 $Q_3Q_2Q_1Q_0$=0000，称为“异步清零”。

(2) 当$\overline{R}_D$=1，$\overline{LD}$=0 时，电路工作在预置数状态，即在 CP 脉冲上升沿作用下，把 D_0～D_3 的输入数据并行置入 Q_0～Q_3，称为“预置”。

(3) 当$\overline{R}_D$=$\overline{LD}$=1 而 EP=0、ET 为任意状态时，四个触发器不管 CP 上升沿到来与否，皆保持原来状态不变，同时 C 的状态也得到保持；如果 ET=0，则 EP 不论为何种状态，计数器的状态也将保持不变，但这时进位输出 C=0。

(4) 当$\overline{R}_D$=$\overline{LD}$=EP=ET=1 时，电路工作在计数状态，电路从 0000 状态开始连续输入 16 个计数脉冲时，电路将从 1111 状态返回到 0000 状态，C 端从高电平跳变到低电平。

■练一练

例 5.9.2:用 74LS161 构成 9 进制加法计数器。

解:用现有的 M 进制集成计数器构成 N 进制计数器时，如果 $M>N$，则只需一片 M 进制计数器；如果 $M<N$，则要用多片 M 进制计数器。下面结合例题分别介绍这两种情况的实现方法。

九(N=9)进制计数器有9个状态，而74LS161在计数过程中有16(M=16)个状态，因此属于$M>N$的情况。此时必须设法跳过$M-N$(16−9=7)个状态，可以用两种方法实现，即反馈复位法和反馈预置法。

(1) 反馈复位法

反馈复位法适用于有清零输入端的集成计数器。74LS161具有异步清零功能，在其计数过程中，不管它的输出处于哪一种状态，只要在异步清零输入端加一低电平电压，使$\overline{R}_D$=0，74LS161的输出会立即从那个状态回到0000状态。清零信号消失后，74LS161又从0000状态开始重新计数。

图5.9.4(a)所示的九进制计数器，就是借助74LS161的异步清零功能实现的。从清零状态开始，前8个CP，74LS161均按二进制规律正常计数，第九个CP后，Q_3～Q_0=1001，通过与非门，使$\overline{R}_D$由1变0，Q_3～Q_0皆被异步清0，终止了模16计数而实现了模9计数，1001状态只是短暂的一瞬间出现后很快消失。

(2) 反馈预置法

反馈预置法适用于具有预置数功能的集成计数器。对于具有同步预置数功能的计数器，在其计数过程中，可以将它输出的任何一个状态通过译码，产生一个预置数控制信号反馈至预置数控制端，在下一个CP脉冲作用后，计数器就会把预置数输入端D_0～D_3的状态置入输出端。预置数控制信号消失后，计数器就从被置入的状态开始重新计数。

图5.9.4(b)是借助同步预置数功能，采用反馈预置法，用74LS161构成的九进制加法计数器。接法是$D_3D_2D_1D_0$=0000，EP=ET=$\overline{R}_D$=1。在0000～0111状态时，$\overline{LD}$为1，正常计数，只有当$Q_3Q_2Q_1Q_0$=1000时，$\overline{LD}$=0，于是在下一个CP脉冲的上升沿到达时，不再进行加1计数，而是把预置数$D_3D_2D_1D_0$=0000并行置入$Q_3Q_2Q_1Q_0$中，$Q_3Q_2Q_1Q_0$完成由1000至0000的复位操作，实现模9加法计数。

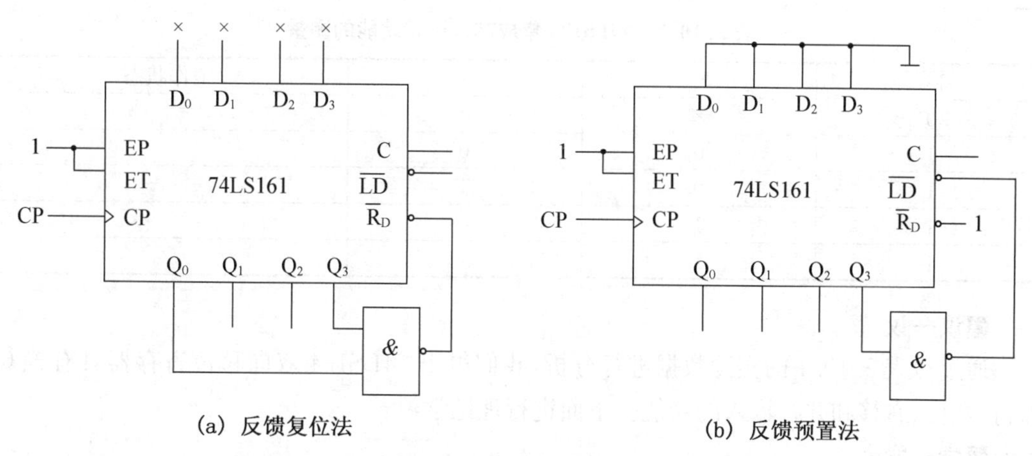

图5.9.4　例5.9.1将74LS161接成9进制计数器

任务 5.10 寄存器逻辑功能的测试与应用

寄存器是一个重要的数字部件，可以用来存放数据、信息等。一个触发器可以存储一位二进制代码，n 个触发器组成的寄存器可以存放 n 位二进制代码。它常用于数字系统和数字计算机中。

学习活动 寄存器 74LS194 逻辑功能的测试与应用

■做一做

74LS194 集成芯片的引脚图如图 5.10.1 所示，它是双向移位寄存器。把实验箱的逻辑电平开关接入各输入端，输出端接至实验箱的逻辑电平显示器，测试其逻辑功能（输入与输出关系），结果记录于表 5.10.1 中。

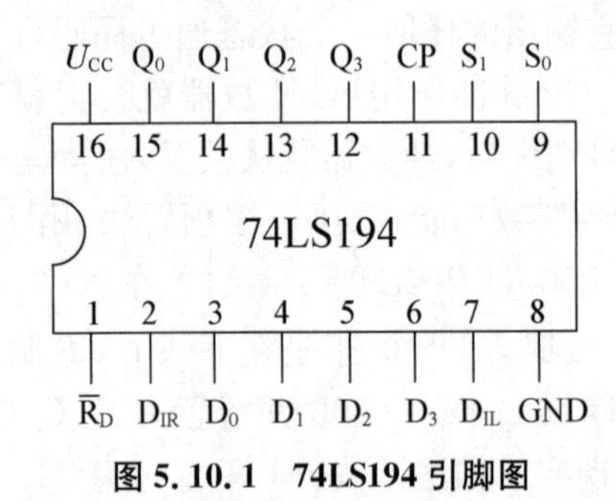

图 5.10.1 74LS194 引脚图

表 5.10.1 74LS194 集成芯片逻辑功能的测量

$\overline{R}_D$	S_1	S_0	工作状态
0	×	×	
1	0	0	
1	0	1	
1	1	0	
1	1	1	

■议一议

通过对表 5.10.1 的实验数据进行分析，我们得出 74LS194 双向移位寄存器具有置 0、保持、左移、右移和并行输入的功能。下面进行理论学习。

■学一学

四位双向移位寄存器 74LS194 的 D_{IR} 为数据右移串行输入端，D_{IL} 为数据左移串行输入端，$D_0 \sim D_3$ 为数据并行输入端，$Q_3 \sim Q_0$ 为并行输出端，移位寄存器的功能由 S_1 和 S_0 的状态决定。

双向移位寄存器 74LS194 的功能表见表 5.10.2。

从表 5.10.2 可见 74LS194 有如下功能：

(1) 异步清零$\overline{R}_D$ 为异步复位信号，当$\overline{R}_D=0$ 时，触发器异步清零。

(2) 保持$\overline{R}_D=1$，CP=0 或 $S_1S_0=00$，CP 上升沿时均保持原状态不变。

(3) 并行置数$\overline{R}_D=1$，$S_1S_0=11$ 时，CP 上升沿作用下并行置数，即 $Q_0=D_0$，$Q_1=D_1$，$Q_2=D_2$，$Q_3=D_3$。

(4) 右移$\overline{R}_D=1$，$S_1S_0=01$ 时，CP 上升沿作用下，寄存器内容依次向右移动一位，而 Q_0 接受输入数据 D_{IR}。

(5) 左移$\overline{R}_D=1$，$S_1S_0=10$ 时，CP 上升沿作用下，寄存器内容依次向左移动一位，而 Q_3 接受输入数据 D_{IL}。

表 5.10.2　双向移位寄存器 74LS194 功能表

$\overline{R}_D$	S_1	S_0	工作状态
0	×	×	置零
1	0	0	保持
1	0	1	右移
1	1	0	左移
1	1	1	并行输入

阅读材料　寄存器 74LS194 构成环形计数器

如图 5.10.2(a)所示，图中 74LS194 的 $S_1S_0=01$，寄存器工作在右移状态。其 Q_3 出端经过反相器(非门)加至右移串行输入端 D_{IR}，使 $D_{IR}=\overline{Q}_3$。从电路组成上看，Q_3 输出经反相器接至串行输入端 D_{IR}。这样，从输入端 D_{IR} 到输出 Q_3，又从输出 Q_3 返回输入端 D_{IR}，构成了一个闭合环路，故名环形计数器。

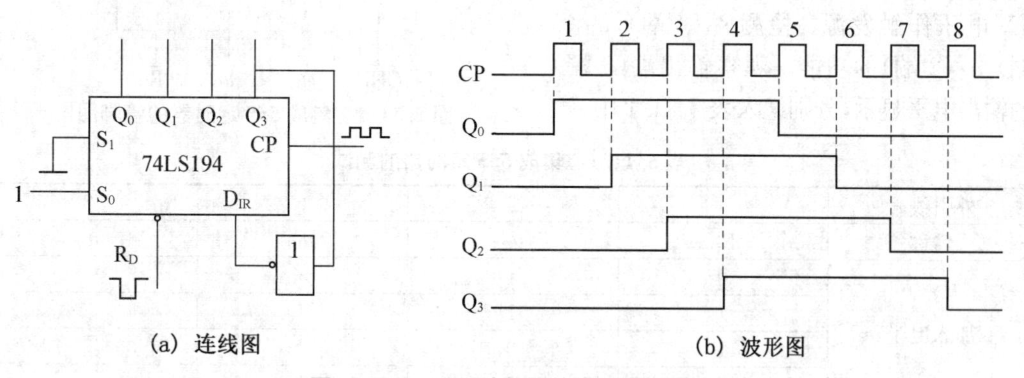

(a) 连线图　　(b) 波形图

图 5.10.2　环形计数器的联系和波形图

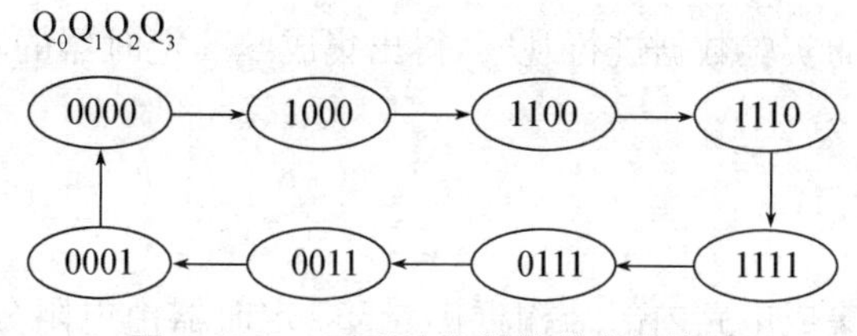

图 5.10.3　环形计数器的状态转换图

开始工作时，先在$\overline{R}_D$端加入清零负脉冲，使$Q_0Q_1Q_2Q_3$=0000。然后，在时钟脉冲作用下开始计数，计数波形表示在图5.10.2(b)中。$Q_0Q_1Q_2Q_3$的状态自0000开始，经过1000→1100→1110→1111→0111→0011→0001→0000，然后再开始新的工作循环。这个电路共有八个不同的工作状态，是一个八进制计数器。图5.10.3是该计数器的状态转换图。若输出端接彩灯，就可以构成彩灯循环控制电路。

任务5.11　555定时器逻辑功能的测试与应用

555定时器是一种中规模集成定时电路(也称555时基电路)，是一种多用途的数字—模拟混合集成电路。它的应用十分广泛，通常只要外接几个阻容元件就可以构成各种不同用途的脉冲电路。同时，在工业自动控制定时、仿声、报警等方面也获得了广泛应用。

555定时电路的产品有双极型和CMOS型两种，现介绍双极型中规模集成555定时电路，该电路电源电压为4.5 V～18 V，驱动电流也较大(I_{OL}=100 mA～200 mA)，并能提供与TTL、MOS电路相兼容的逻辑电平。

学习活动1　集成555定时器功能的测试及分析

■做一做

集成555定时器的引脚图如图5.11.1所示。将555定时器的8端接+5 V，1端接地，3端接LED发光管，分别用+5 V及0 V电压作触发源。检测$\overline{R}_D$(4端)，u_{I1}(6端)、u_{I2}(2端)的功能。观察输出端(3端)的输出电平显示，分别记入表5.11.1中。

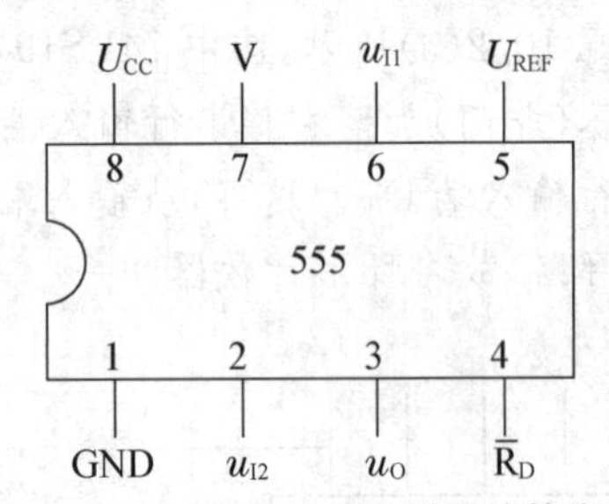

图5.11.1　集成555定时器的管脚图

表5.11.1　集成555定时器的测试

外引线号	4	2	6	3
名称	$\overline{R}_D$	u_{I2}	u_{I1}	u_O
加入电平	0	×	×	
	1	1	1	
	1	0	0	
	1	0	1	

■议一议

通过对表5.11.1的实验数据进行观察，得出集成555定时器的功能见表5.11.2，分析如下。

■学一学

1. 电路形式

图5.11.2为555集成电路内部结构框图。555定时器由电阻分压器、电压比较器、基本RS触发器、放电管等部分组成，而电阻分压器由3个5 kΩ的电阻串联组成，因此而

得名。

它有两个比较器 A_1 和 A_2，每个比较器的一个输入端接到由三个 5 kΩ 的电阻组成的分压器上，输出分别接 RS 触发器输入端。555 集成电路的输出极为推拉式结构，此外芯片内部还有放电晶体管 V。

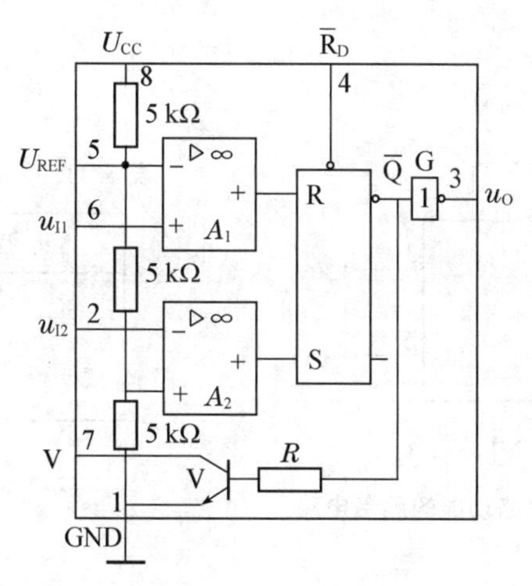

图 5.11.2　555 定时器

2. 功能

555 定时器的功能主要是由上、下两个比较器 A_1、A_2 的工作状况决定的。比较器的参考电压由分压器提供，在电源与地端之间加上 U_{CC} 电压，则上比较器 A_1 的反相端“－”加上的参考电压为 $\frac{2}{3}U_{CC}$，下比较器 A_2 的同相端“＋”加上的参考电压为 $\frac{1}{3}U_{CC}$。

若 A_2 的反相端的触发电压 $u_{I2} \leqslant \frac{1}{3}U_{CC}$，下比较器 A_2 输出为“1”电平，RS 触发器的 S 输入端接受“1”信号，可使触发器输出端 Q 为“1”，从而使整个 555 电路输出为“1”，同时 V 截止；若 A_1 的同相输入端的电压 $u_{I1} \geqslant \frac{2}{3}U_{CC}$ 时，上比较器 A_1 输出为“1”，RS 触发器的 R 输入端接受“1”信号，可使触发器输出端 Q 为“0”，从而使整个 555 电路输出为“0”，同时 V 导通。

若复位端 $\overline{R}_D$ 加低电平或接地，可使电路强制复位，不管 555 电路原处于什么状态，均可使它的输出 Q 为“0”电平，所以 $\overline{R}_D$ 平时应接高电平。

综上所述，555 定时器主要功能见表 5.11.2。

表 5.11.2　555 定时器功能表

$\overline{R}_D$	u_{I1}	u_{I2}	R	S	$\overline{Q}$	u_O	V
0	×	×	×	×	1	0	导通
1	$<2U_{CC}/3$	$<U_{CC}/3$	0	1	0	1	截止
1	$\geqslant 2U_{CC}/3$	$\geqslant U_{CC}/3$	1	0	1	0	导通
1	$<2U_{CC}/3$	$>U_{CC}/3$	0	0	保持	保持	保持

■练一练

555 定时器由哪几部分组成？

学习活动 2　施密特触发器的电路功能的测试与应用

■做一做

如图 5.11.3 连接电路。u_I 为 1 kHz，幅值为 5 V 的正弦波。测量 u_I，u_O 的波形，记录于表 5.11.3 中。

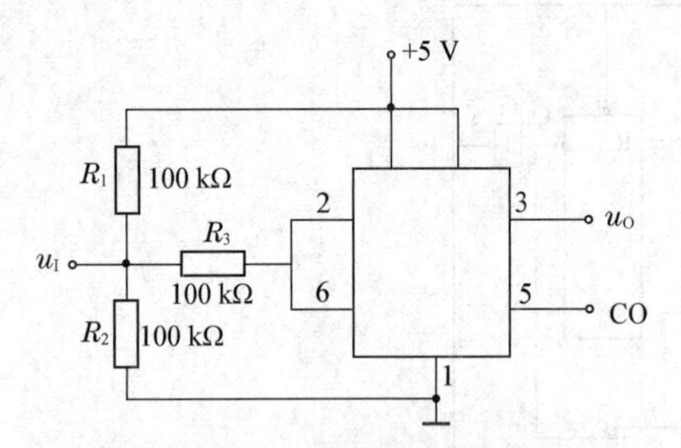

图 5.11.3　施密特触发器电路功能的测量电路

表 5.11.3　施密特触发器电路功能的测量

u_I 波形	u_O 波形

■议一议

通过实验测得的波形(如图 5.11.4 所示)得出结论：施密特触发器具有将正弦波、三角波变换成矩形波，即波形变换的能力。因此它是一种常用的脉冲整形电路。定时器的电压控制端 CO(管脚 5)外加控制电压，就可以改变上、下限阈值电平 V_{T+}、V_{T-} 和回差电压的数值。

分析如下：

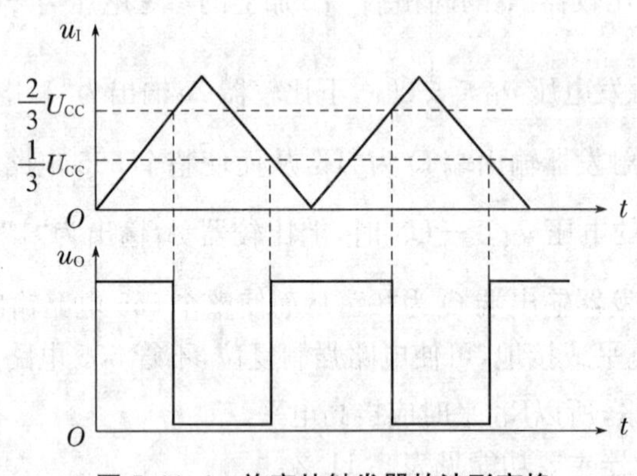

图 5.11.4　施密特触发器的波形变换

■学一学

1. 电路组成

将 555 定时器 6 脚和 2 脚连在一起作输入，由 3 脚输出，可构成施密特触发器，如图 5.11.3 所示。

2. 工作原理

(1) u_I由 0 V 逐渐上升，当 $u_I \leqslant \frac{1}{3}U_{CC}$时，$A_2$ 输出为 1，RS 触发器被置 1，u_O 为高电平。

电路处于第一稳态。

(2) u_I继续上升，当$\frac{1}{3}U_{CC}<u_I<\frac{2}{3}U_{CC}$时，$A_1$、$A_2$输出均0，$u_O$保持不变为高电平。电路保持第一稳态。

(3) u_I继续上升，当达到$u_I\geqslant\frac{2}{3}U_{CC}$时，$A_1$输出为1，RS触发器被置0，电路的工作状态发生第一次翻转，u_O从高电平转换为低电平。电路进入第二稳态，实现以上翻转的输入信号电平称为上限阈值电平V_{T+}，$V_{T+}=\frac{2}{3}U_{CC}$。

(4) u_I由U_{CC}开始作负增长，只要未降到$2U_{CC}/3$以下，触发器仍保持“0”状态，输出u_O保持低电平。

(5) u_I继续下降，当u_I下降到$\frac{2}{3}U_{CC}$以下，$\frac{1}{3}U_{CC}<u_I<\frac{2}{3}U_{CC}$时，触发器仍保持“0”状态不变，输出$u_O$仍为低电平。电路保持第二稳态。

(6) u_I继续下降，当u_I下降到$U_{CC}/3$这个阈值时，触发器发生翻转，电路的工作状态发生第一次翻转，输出u_O由低电平跳到高电平。电路恢复第一稳态实现这一翻转的输入信号电平称为下限阈值电平V_{T-}，$V_{T-}=\frac{1}{3}U_{CC}$。

(7) u_I再继续下降，当$u_I<\frac{1}{3}U_{CC}$时，输出u_{O1}和u_{O2}保持高电平不变。输入u_I三角波所对应的输出u_O波形如图5.11.4所示。

由此可见，施密特触发器工作状态的翻转不仅与输入信号的电平有关，而且还与输入信号的变化方向有关。这种现象称为回差，V_{T+}与V_{T-}之差称为回差电压。如果在定时器的电压控制端CO(管脚5)外加控制电压，就可以改变上、下限阈值电平V_{T+}、V_{T-}和回差电压的数值。

■练一练

施密特触发器的主要特点是什么?

■扩展与应用

施密特触发器的应用

1. 波形变换

将正弦波、三角波变换成矩形波，如图5.11.4所示。

2. 波形整形

施密特触发器的输入信号波形和输出波形如图5.11.5所示。波形图表明，输入信号波形是一个连续变化的不规则波形，输出是有确定宽度和幅度的矩形波，体现了施密特触发器的整形作用。从波形变换和整形两方面应用可见，两者是相通的。

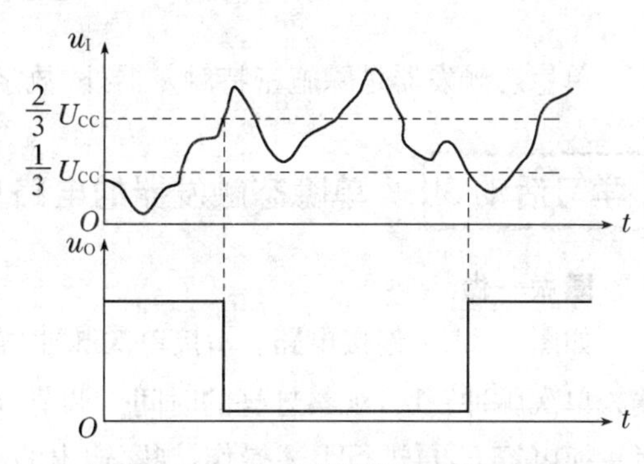

图5.11.5　施密特触发器的整形作用

3. 幅度鉴别

利用施密特触发器状态取决于输入信号的幅值这一特点,可以作成幅度鉴别电路。图 5.11.5 中矩形波的下降沿表明输入信号波形超过了$\frac{2}{3}U_{CC}$,上升沿表明输入信号波形低于$\frac{1}{3}U_{CC}$,这就是施密特触发器的鉴幅作用。而且还可以用矩形波的上升沿、下降沿去完成某种控制作用。

在生产实践中,需要对信号幅度进行鉴别的情况很多。例如,为了保证安全生产,必须使锅炉内压力或温度不得超过某额定值,否则就可能发生事故。一种可能的保护方法,就是把炉内压力或温度转变成电压,然后再利用施密特触发器来鉴别它是否超过额定值。

■**扩展与延伸**

施密特触发器是一种脉冲信号整形电路,它与一般触发器一样有两个稳定工作状态,但与前面介绍的触发器有如下不同:

1. 施密特触发器属于电平触发器,缓慢变化的信号也可作触发输入信号,当触发输入信号达到某一特定阈值时,输出电路会发生突变,施密特触发器的状态会从一个稳态翻转到另一个稳态。

2. 对于正向和负向变化的输入信号,电路有不同的阈值电平 V_{T+} 和 V_{T-},也就是引起输出电平突变的输入电平不同,具有如图 5.11.6(a)所示的滞后电压传输特性,此特性又称为回差特性。

3. 无记忆功能:施密特触发器的稳态要靠外加信号维持,信号撤除会导致电路状态的改变。施密特触发器的符号如图 5.11.6(b)所示。

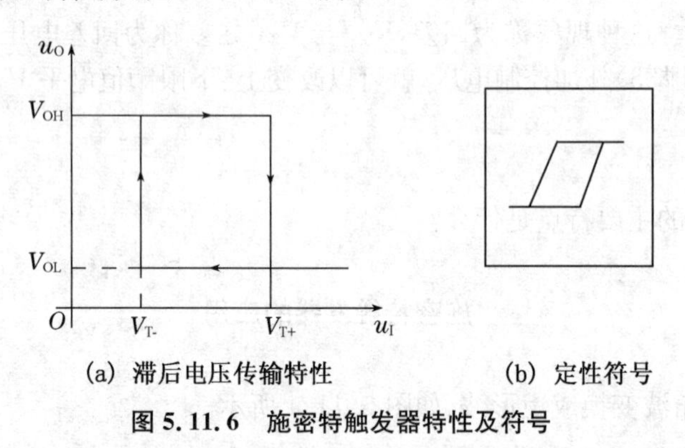

(a) 滞后电压传输特性　　(b) 定性符号

图 5.11.6　施密特触发器特性及符号

单稳态触发器是除施密特触发器外,数字系统中常用的另一类脉冲整形电路。

学习活动 3　单稳态触发器的电路功能的测试与应用

■**做一做**

如图 5.11.7 连接电路。u_I接单次脉冲,输出接发光二极管。调节 R_P为最大值 10 kΩ,输入单次脉冲一次,观察灯亮的时间。调节 R_P,再输入单次脉冲一次,观察灯亮的时间。或者更换电容 C,再进行上述操作,观察输出的延时情况。

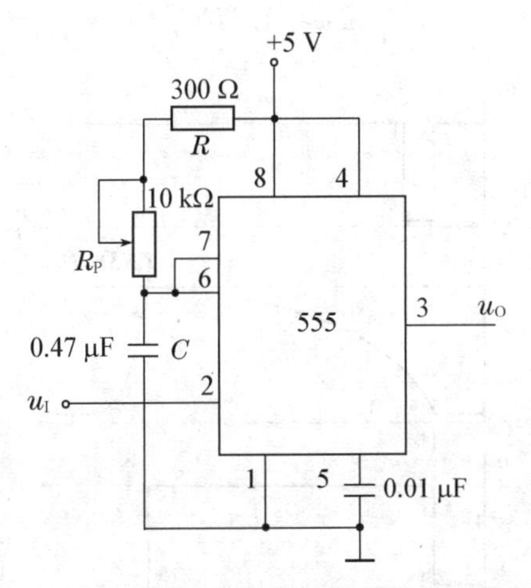

图 5.11.7　单稳态触发器电路功能的测量电路

■议一议

通过实验现象得出单稳态触发器具有下列特点:(1) 它只有一个稳定状态,如果没有外加的触发信号,电路一直保持这个稳定状态不变;(2) 在外加触发信号作用下,电路能够从稳态翻转到另一个状态,但该状态只是暂时的,称为暂稳态,且经过确定的时间,电路将自动返回原来的稳态;(3) 暂稳态的持续时间完全由电路本身的参数决定,与外加触发信号无关。单稳态触发器是常用的脉冲整形和延时电路。

■学一学

1. 电路组成

如图 5.11.8 所示为一个 555 定时电路构成的单稳态触发器。

电路中 R、C 为单稳态触发器的定时元件,其连接点信号 u_C加到 6 脚和 7 脚。5 脚通过一旁路电容 C_1接地,以保证 555 定时器上下比较器的参考电压为$\frac{2}{3}U_{CC}$、$\frac{1}{3}U_{CC}$不变。外加触发信号 u_I是一个负脉冲信号,自 2 脚加入。

复位输入端$\overline{R}_D$(4 脚)接高电平,即不允许其复位;控制端(5 脚)通过电容 0.01 μF 接地,3 脚引出单稳的输出信号 u_O。

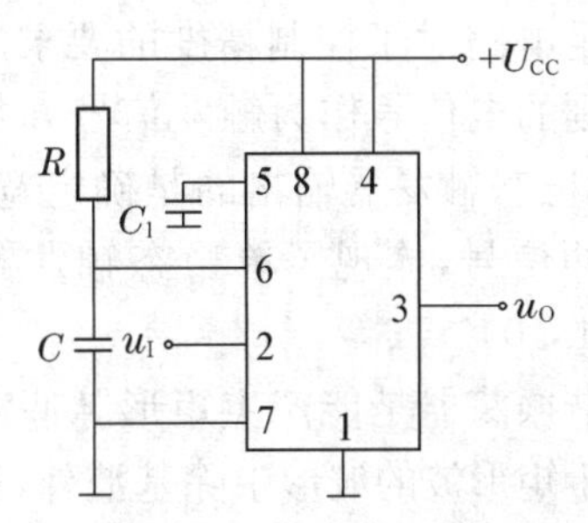

图 5.11.8　555 定时电路构成的单稳态触发器

2. 工作原理

稳态时 u_I输入为高电平,未加触发脉冲时,A_1输出为高电平,RS 触发器处于"0"状态,V 导通,输出端 u_O均为低电平。

当 u_I输入端加负脉冲时,A_2输出为高电平,RS 触发器处于"1"状态,V 截止,输出 u_O为高电平。电路进入暂稳态,定时开始。此时电源通过 R 对 C 充电,充至电容电压 $u_C \geqslant \frac{2}{3}U_{CC}$时,$A_1$输出为 1,RS 触发器处于"0"状态,V 导通,C 放电,输出为低电平,电路返回稳态,其工作波形如图 5.11.9 所示。其输出脉冲宽度为

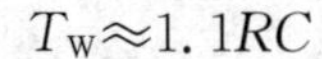

$$T_W \approx 1.1RC$$

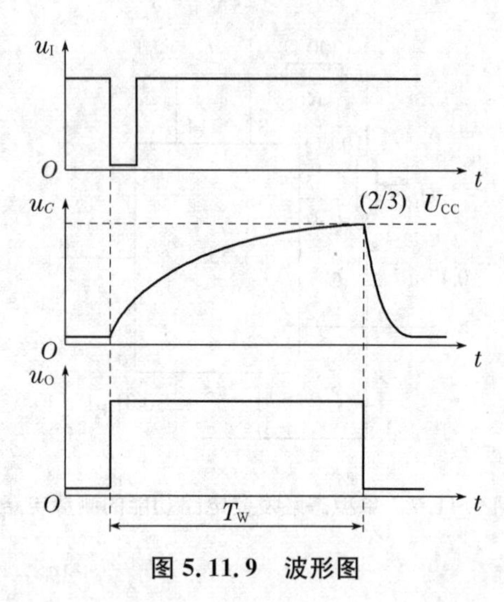

图 5.11.9　波形图

由上分析可知，电路要求 u_I脉冲宽度一定要小于 T_W，触发时应 $u_I < \frac{1}{3}U_{CC}$，否则电路无法工作。

■**练一练**

单稳态触发器的特点是什么？

■**扩展与应用**

单稳态触发器的整形作用

直接从工程现场得到的电信号往往很不规则，很难满足电路对于控制精度的要求。为此可将这些不规则的电信号作为触发信号 u_I加入单稳态触发器，单稳态触发器输出的是确定宽度、确定幅度的正脉冲信号，体现了单稳态触发器的整形作用（图 5.11.10）。

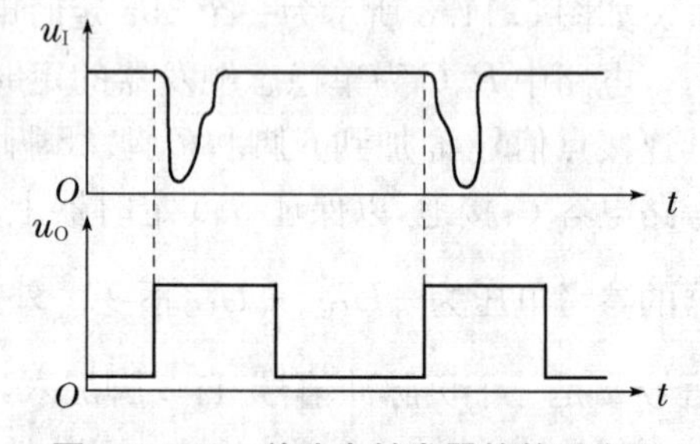

图 5.11.10　单稳态触发器的整形作用

多谐振荡器是能产生矩形脉冲波的自激振荡器。由于矩形波的波形中除基波外，还包括许多高次谐波，因此这类振荡器被称作多谐振荡器。多谐振荡器一旦振荡起来，电路就没有稳态，只有两个暂稳态。这两种暂稳态交替变化输出矩形脉冲信号，因此又被称作无稳电路。

学习活动 4　多谐振荡器的电路功能的测试与应用

■**做一做**

如图 5.11.11 接电路，把 10 μF 电容串入电路中，观察发光二极管的发光情况，调节 R_P 的值，观察示波器上脉冲波形的变化。改变电容的数值为 0.1 μF，再调节 R_P，观察输出波形的变化。将两次观察的输出波形记录于表 5.11.4 中。

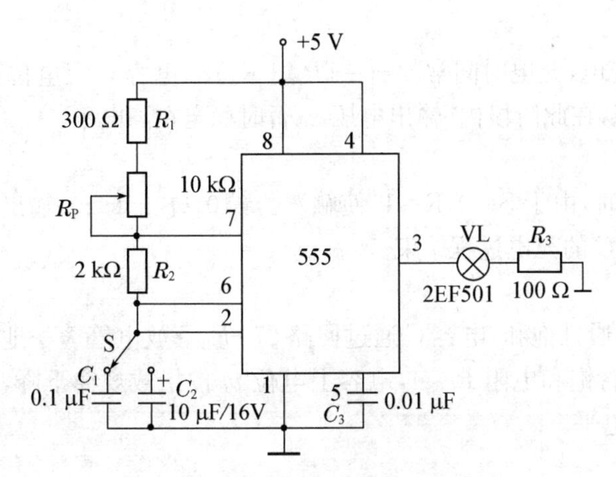

图 5.11.11　多谐振荡器的实验电路

表 5.11.4　多谐振荡器电路功能的测量

u_O / C_1	u_O 波形
10 μF	
0.1 μF	

■议一议

通过实验现象的观察，我们发现多谐振荡器的特点是，不需要外加信号，就能够自行产生矩形脉冲信号。也就是说，它是一个矩形波信号发生器。多谐振荡器能够产生方波，其振荡周期与电容的电容量和电阻的阻值有关。下面进行理论学习。

■学一学

1. 电路形式

如图 5.11.12(a)所示为一个由 555 定时器构成的多谐振荡器。在这个电路中，定时元件除电容 C 外，还有两个电阻 R_A 和 R_B，它们串接在一起，电容 C 和电阻 R_B 的连接点接到两个比较器 A_1、A_2 的输入端 6 脚、2 脚，R_A 和 R_B 的连接点接到放电管 V 的输出端 7 脚。

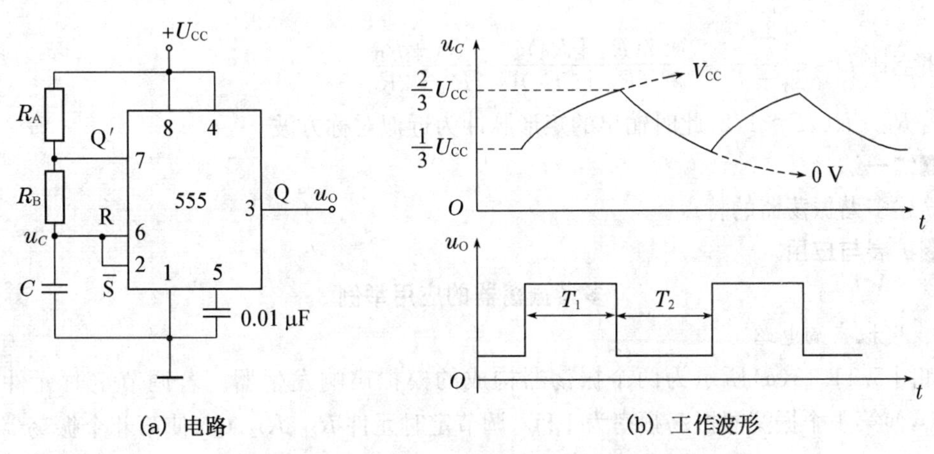

(a) 电路　　(b) 工作波形

图 5.11.12　由 555 定时器构成的多谐振荡器

2. 工作原理

接通电源瞬间，电容 C 来不及充电，u_C 为 0 电平，此时 R=0，S=1，u_O=Q=1，输出高电平。

同时，由于 $\overline{Q}$=0，放电管 V 截止，电容 C 开始充电，进入了暂稳态 1，一般多谐振荡器的工作过程均为四个阶段，现以 555 定时器构成的振荡器来说明。

(1) 暂稳态 1

电容 C 由回路 $U_{CC} \to R \to C \to$ 地充电，充电时间常数 $\tau_1=(R_A+R_B)C$，电容 C 上电位 u_C 随时间 t 按指数规律上升，趋向 U_{CC} 值，在此阶段内，输出电压 u_O 暂时稳定在高电平。

(2) 自动翻转 1

当电容上电位 u_C 上升到 $2U_{CC}/3$ 时，由于 S=0，R=1，使触发器置 0，Q 由 1→0，输出电压 u_O 则由高电平跳转为低电平，电容 C 的充电过程结束。

(3) 暂稳态 2

由于此刻 Q=0，$\overline{Q}$=1，因此 V 导通且饱和，电容 C 通过回路 $C \to R_B \to$ 放电管 V→地放电，放电时间常数 $\tau=R_BC$(忽略了 V 管饱和电阻 R_{CES})，电容上电位 u_C 按指数规律下降，趋向 0 V，同时使输出 u_O 暂时稳定在低电平。

(4) 自动翻转 2

当电容上电位 u_C 下降到 $\frac{1}{3}U_{CC}$ 时，S=1，R=0，触发器置 1，Q 由 0→1，输出电压 u_O 则由低电平跳转为高电平，电容 C 的放电过程结束。

由于 $\overline{Q}$=0，放电管 V 截止，电容 C 又开始充电，进入暂稳态 1。以后，电路重复上述过程，来回振荡，其工作波形如图 5.11.12(b)所示。

3. 参数

暂稳态维持时间 T_1、T_2 决定于 C 放电及反充电的时间常数，可以通过 RC 电路过渡过程计算得到 $T_1=0.7(R_A+R_B)C$，$T_2=0.7R_BC$，则

振荡周期 $T=T_1+T_2=0.7(R_A+2R_B)C$

振荡频率 $f=\frac{1}{T}$

占空比 $D=\frac{T_1}{T_1+T_2}=\frac{0.7(R_A+R_B)C}{0.7(R_A+2R_B)C}=\frac{R_A+R_B}{R_A+2R_B}$

若 $R_B \gg R_A$，$D \approx 1/2$，此时输出的矩形脉冲为近似对称方波。

■练一练

简述多谐振荡器的特点。

■扩展与应用

多谐振荡器的应用举例

1. 模拟声响电路

如图 5.11.13(a)所示为两个振荡器构成的模拟声响发生器。若调节定时元件 R_{11}、R_{12}、C_1，使第Ⅰ个振荡器振荡频率为 1 Hz，调节定时元件 R_{21}、R_{22}、C_2，使第Ⅱ个振荡器的振荡频率为 2 kHz。由于低频振荡器的输出接到高频振荡器的复位端 $\overline{R}_D$(4 脚)，因此当 u_{O1} 输出高电平时，允许振荡器Ⅱ振荡；当 u_{O1} 输出低电平时，振荡器Ⅱ被复位，停止振荡。扬声器便发出“呜…呜”的间隙声响，其工作波形如图 5.11.13(b)所示。

2. 电压频率变换器

由 555 定时器构成的多谐振荡器中，若 5 脚不再通过电容 0.01 μF 接地，而在 5 脚上加一个可变电压，则调节可变电压的大小可以改变比较器 A_1、A_2 的参考电压，上比较器的参考电压为 V_5，下比较器的参考电压为 $V_5/2$，V_5 电压越大，参考电压值越大，输出脉冲周期越

大，输出脉冲频率越低；反之，V_5越小，输出脉冲频率越高。由此可见，只要改变控制端电压V_5，就可以改变其输出频率，此时，555 振荡器就可以认为是一个电压频率变换器。

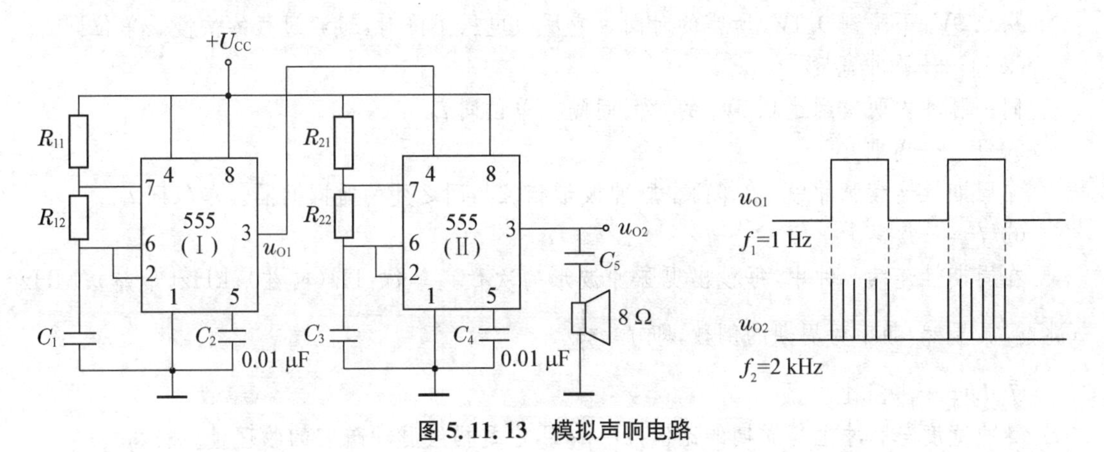

图 5.11.13　模拟声响电路

阅读材料　脉冲电路与石英晶体振荡器

1. 脉冲电路概述

数字电路系统中，除组合逻辑电路和时序逻辑电路外，还有一种是脉冲电路。脉冲电路的主要作用是产生脉冲信号和进行脉冲信号的变换。常用的脉冲信号波形如图 5.11.14 所示。

由于脉冲波形是各种各样的，所以，用以描绘各种不同脉冲波形特征的参数也不一样。我们仅以矩形脉冲为例，介绍脉冲波形的参数，如图 5.11.15 所示。

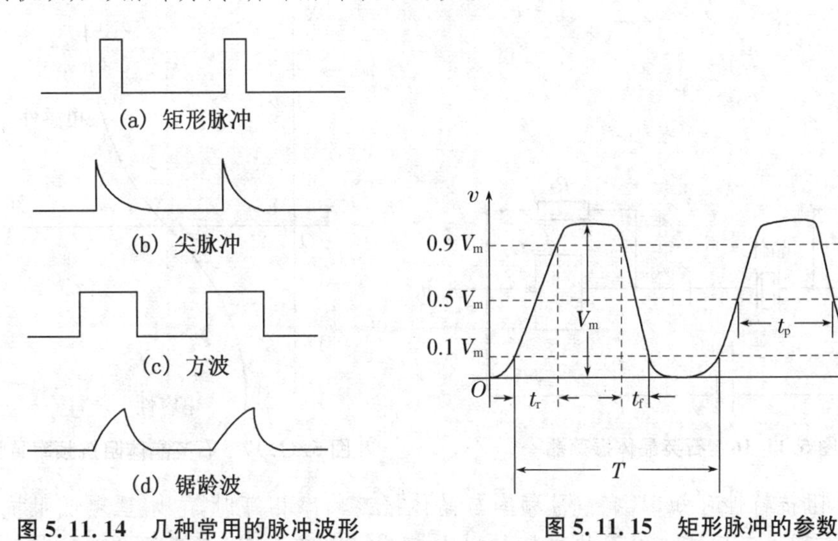

图 5.11.14　几种常用的脉冲波形　　**图 5.11.15　矩形脉冲的参数**

① V_m——脉冲最大幅度

电压从稳态值到峰值之间的变化幅度。单位：V(伏)。

② t_r——脉冲上升时间

从 $0.1V_m$ 上升到 $0.9V_m$ 所需的时间。它反映电压上升时，过渡过程的快慢。单位：s

(秒)；ms(毫秒，1 ms=10^{-3} s)；μs(微秒，1 μs=10^{-6} s)；ns(毫微秒，纳秒，1 ns=10^{-9} s)。

③ t_f——脉冲下降时间

从 $0.9V_m$ 下降到 $0.1V_m$ 所需的时间。它反映电压下降时，过渡过程的快慢。单位同 t_r。

④ t_P——脉冲宽度

同一脉冲内两次到达 $0.5V_m$ 的时间间隔。单位同 t_r。

⑤ T——周期

在周期性连续脉冲中，相邻两个脉冲波形相位相同之处的时间间隔。单位同 t_r。

⑥ f——频率

在周期性连续脉冲中，每秒出现脉冲波形的次数。单位：Hz(赫兹)；kHz(千赫)；MHz(兆赫)。显然，频率为周期的倒数，即 $f=\dfrac{1}{T}$。

⑦ D——占空比

脉冲宽度与脉冲重复周期的比值，$D=t_PT$，它是描绘脉冲疏密的物理量。

获得矩形脉冲的方法一般有两种。一种是矩形波发生器，利用各种形式的多谐振荡器直接产生所需要的矩形脉冲波；另一种是利用已有的周期变化的波形，通过整形电路变换成所需要的矩形脉冲波。

2. 石英晶体振荡器

为了获得频率稳定度更高的时钟脉冲，目前普遍采用石英晶体振荡器，简称晶振。如计算机中的时钟脉冲即由晶振产生。

石英晶体振荡器电路如图 5.11.16 所示。石英晶体具有如图 5.11.17 所示的阻抗频率特性。

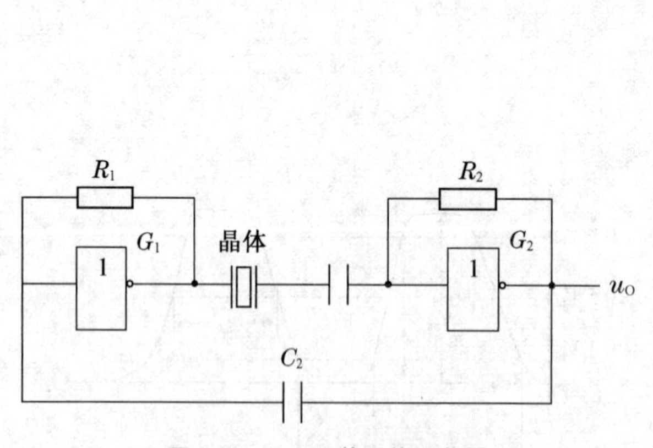

图 5.11.16　石英晶体振荡器

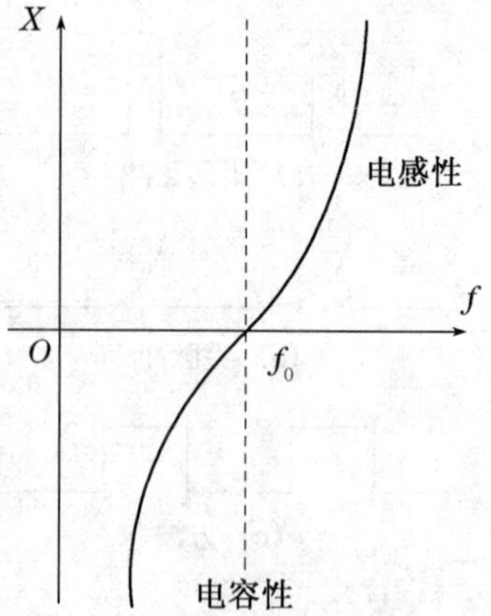

图 5.11.17　石英晶体阻抗频率特性

由石英晶体阻抗特性可知，只有信号频率与晶体振荡频率相等时，它才呈现低阻抗，信号通过耦合支路，形成正反馈。对于其他频率信号，晶体呈现高阻抗，正反馈回路被断开，不能振荡。所以，这种电路的振荡频率只取决于晶体本身的串联谐振频率 f_0，而与电路中 R、C 的数值无关。

为了改善输出波形，增加带负载能力，通常在振荡器的输出端再加一级反相器。

如图 5.11.18 为一石英晶体振荡器组成的产生两相时钟的实用电路及工作波形。试分析其工作原理。

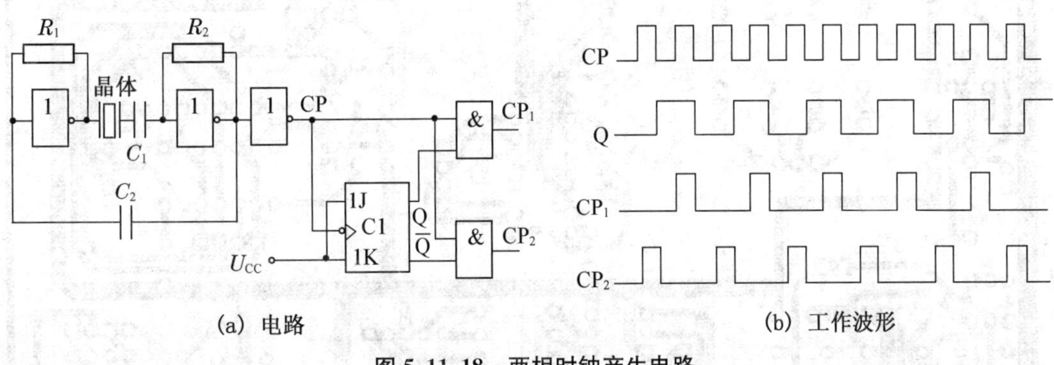

(a) 电路　　　　(b) 工作波形

图 5.11.18　两相时钟产生电路

任务 5.12　四人智力抢答器的设计、安装与调试

四人智力抢答器开发板(见图 5.12.1、图 5.12.2、图 5.12.3 和图 5.12.4)共有 9 个模块组成,通过模块的接口电路的连接可以组成门电路抢答器、触发器抢答器、显示选手编号抢答器、秒脉冲电路、倒计时电路和四人智力抢答器。

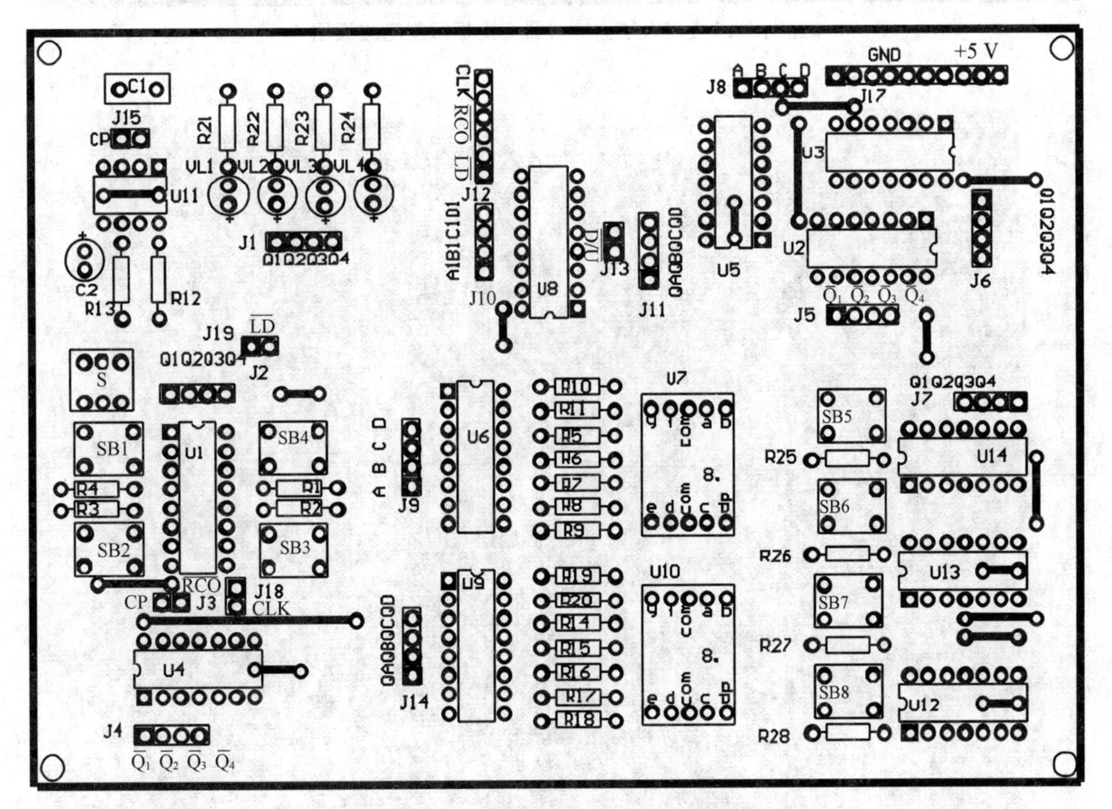

图 5.12.1　四人智力抢答器开发板装配图

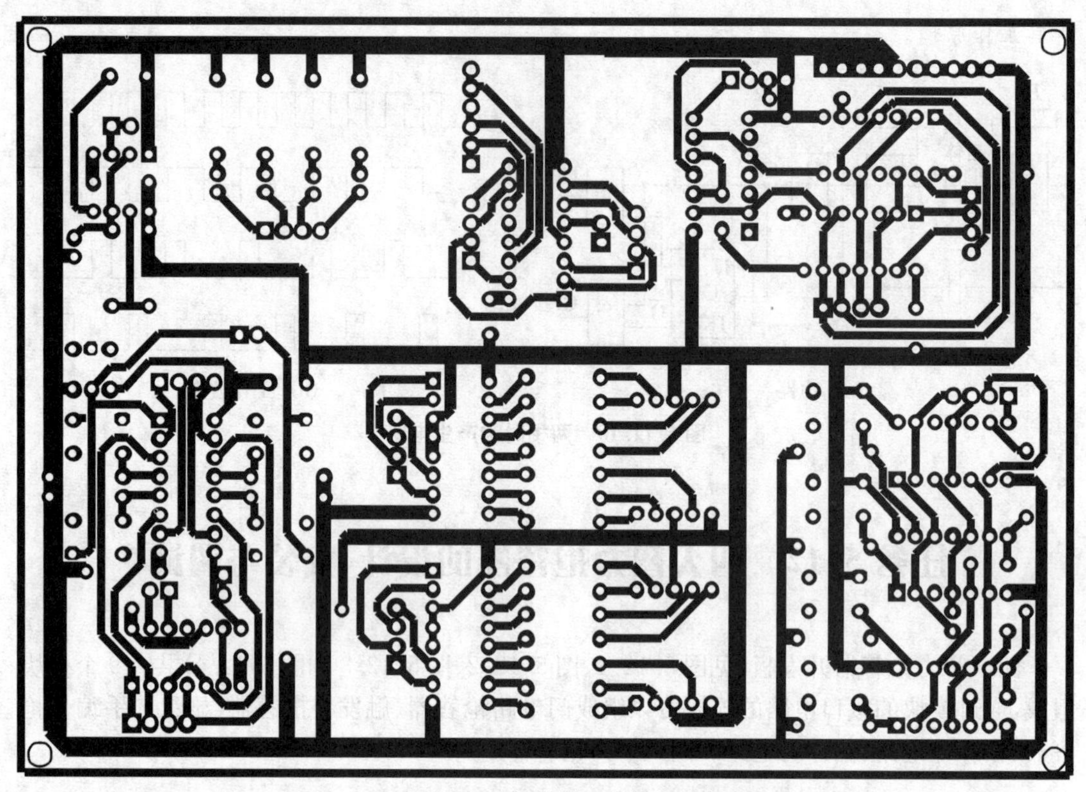

图 5.12.2　四人智力抢答器开发板印制电路板图

图 5.12.3　四人智力抢答器开发板实物图

先进行安装，安装时注意发光二极管和电解电容的极性，不能装错。集成块的豁口与图 5.12.1 所示的豁口一致，否则通电后，烧毁集成块。

安装完毕后，连接相应的接口电路，就可以进行下面的学习活动 1～学习活动 5 的学习。

表 5.12.1　四人智力抢答器开发板元件清单表

序号	元件名称	规格	单位	数量
1	按钮 SB_1～SB_8	6 mm×6 mm×9 mm	只	8
2	开关 S	8.5 mm×8.5 mm	只	1
3	电阻 R_5～R_{11}、R_{14}～R_{20}、R_{21}～R_{24}	330 Ω、0.25 W	只	18
4	电阻 R_1～R_4、R_{25}～R_{28}	560 Ω、0.25 W	只	8
5	电阻 R_{12}	20 kΩ、0.25 W	只	1
6	电阻 R_{13}	62 kΩ、0.25 W	只	1
7	发光二极管 VL_1～VL_4	2EF501	只	4
8	数码管 U_7、U_{10}	LG5011BSR	只	2
9	电容 C_1	103	只	1
10	电解电容 C_2	10 μF/35 V	只	1
11	集成块座	14P	只	7
12	集成块座	16P	只	4
13	集成块座	8P	只	1
14	集成块 U_{12}、U_{13}	74LS20	只	2
15	集成块 U_2～U_4	74LS21	只	3
16	集成块 U_{14}	74LS04	只	1
17	集成块 U_8	74LS190	只	1
18	集成块 U_1	74LS175	只	1
19	集成块 U_6、U_9	74LS47	只	2
20	集成块 U_{11}	NE555	只	1
21	集成块 U_5	74LS32	只	1
22	单直针	2P、4P、6P、10P	只	5、11、1、1

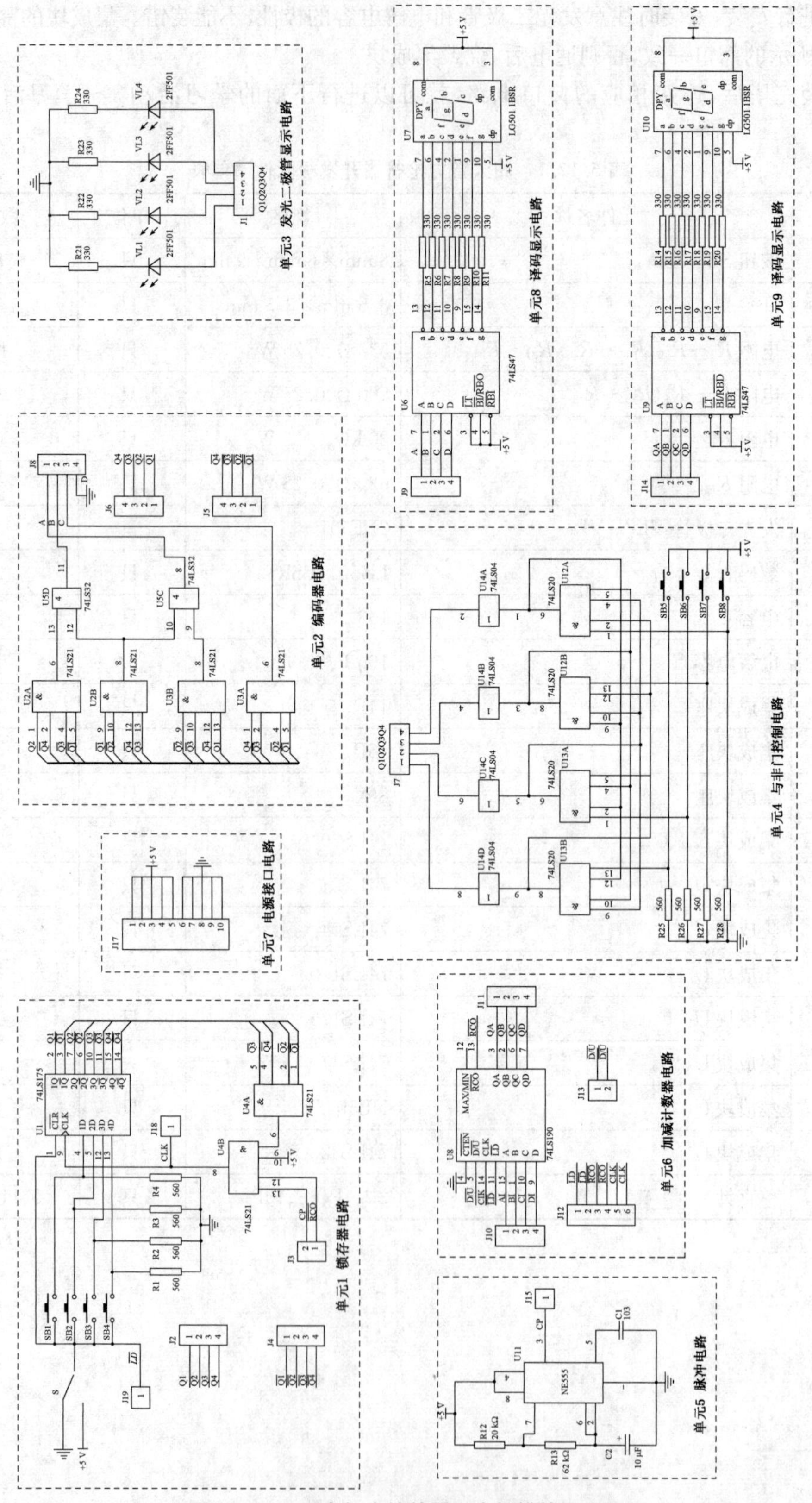

图 5.12.4 四人智力抢答器开发板模块原理图

学习活动 1　门电路四人抢答器的安装与调试

扫码见视频 35

1. 电路功能

(1) 用基本门电路构成简易型四人抢答器，$SB_5 \sim SB_8$ 为抢答选手的操作按钮。

(2) 任何一选手先将某一按钮按下且保持闭合状态，则与其对应的发光二极管发光，表示此人抢答成功。

(3) 任何一选手先抢答成功，而紧随其后的其他按钮再被按下，与其对应的发光二极管则不发光，即其他选手不能抢答。

2. 电路工作原理

电路原理图如图 5.12.5 所示：按钮 $SB_5 \sim SB_8$ 是 1～4 号选手的操作按钮，发光二极管 $VL_1 \sim VL_4$ 对应 1～4 号选手，当对应的发光二极管发光，表示选手抢答成功。

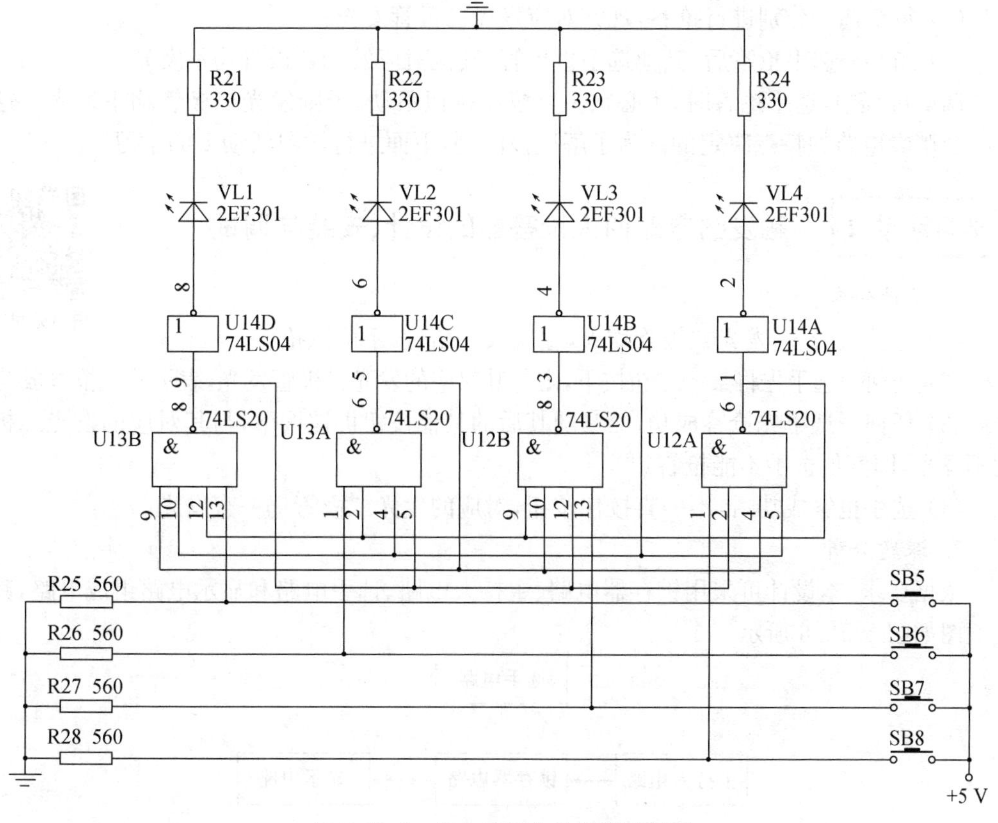

图 5.12.5　门电路四人抢答器原理图

(1) 无人抢答时

无人抢答时，四个按钮均未被按下，则 4 个与非门均有 1 个输入端为 0，根据与非门的逻辑功能，可得 4 个与非门的输出为 1，则 4 个非门的输出为 0，4 个发光二极管均不发光，表示无人抢答。从图 5.12.5 可以看出，每个与非门的输出分别与其他 3 个与非门的一个输入端相连接，因此当无人抢答时，每个与非门的输入状态均为“0111”，为选手抢答做准备。

(2) 有选手抢答时

以 1 号选手抢答为例:1 号选手抢答时,SB_5 被按下,与非门 U_{13B} 的 13 管脚输入高电平 1,此时与非门 U_{13B} 的输入状态为 1111,则其输出为 0,经非门 U_{14D} 后为 1,发光二极管 VL_1 发光,表示 1 号选手抢答成功。

(3) 有选手抢答,其他选手不能抢答

以 1 号选手抢答后其他选手不能抢答为例:1 号选手先抢答,使与非门 U_{13B} 的输出为 0,从原理图 5.12.5 可以看出,U_{13B} 的输出分别与其他 3 个与非门的一个输入端相连接,使其他 3 个与非门的输出一定为 1,即使有其他选手抢答,对应的发光二极管也不能发光,表示其他选手不能抢答。

3. 电路调试

将图 5.12.1 四人智力抢答器开发板装配图中的 J7 和 J1 对应的接线端子进行连接,就构成图 5.12.5 门电路四人抢答器。具体调试步骤如下:

(1) 通电后,没有选手抢答,观察对应发光二极管均不发光;

(2) 每个选手分别进行抢答,观察对应发光二极管发光;

(3) 当某一选手抢答后,其他选手再抢答,其他对应发光二极管均不发光。

调试过程中,选手抢答时,手必须一直按住按钮不动,否则发光二极管均不发光。这是由组合逻辑电路的特点决定的。为了解决该问题,下面进行学习活动 2 的学习。

学习活动 2　触发器电路四人抢答器的设计、安装与调试

扫码见视频 36

1. 设计任务

(1) 主持人清零,发光二极管均灭,主持人开始,选手可以抢答。

(2) 任何一选手先将某一按钮按下,则与其对应的发光二极管发光,表示此人抢答成功。

(3) 任何一选手先抢答成功,而紧随其后的其他按钮再被按下,与其对应的发光二极管则不发光,即其他选手不能抢答。

(4) 选手抢答成功后,不一直按住按钮,对应的发光二极管仍一直发光。

2. 课题分析

依据要求,本设计可采用锁存器电路、主持人电路、选手电路和显示电路组成电路,其组成框图如图 5.12.6 所示。

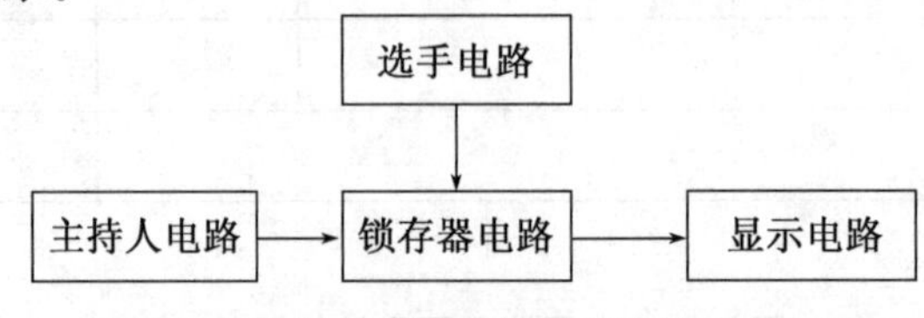

图 5.12.6　触发器电路抢答器电路设计框图

3. 方案论证

由触发器电路四人抢答器电路的设计框图可以看出,该电路由 4 部分组成,各部分功能如下:

(1) 锁存器电路

以 74LS175 四 D 触发器为中心构成锁存系统,此触发器具有公共置 0 端和公共 CP 端。

当无人抢答时，输出为零；当有人抢答时，D 触发器将数据送出，同时封锁触发器脉冲，使其他人不能抢答，送出数据送到显示电路上，使对应的发光二极管发光。

（2）显示电路

显示电路由四个发光二极管组成，分别代表四个选手，当有选手抢答时，与其对应的发光二极管发光，表示此人抢答成功。

（3）选手电路

选手电路由四个按钮组成，选手抢答时按下对应的按钮。

（4）主持人电路

主持人电路由开关电路组成。

根据课题分析，设计触发器电路四人抢答器电路的原理图，如图 5.12.7 所示。

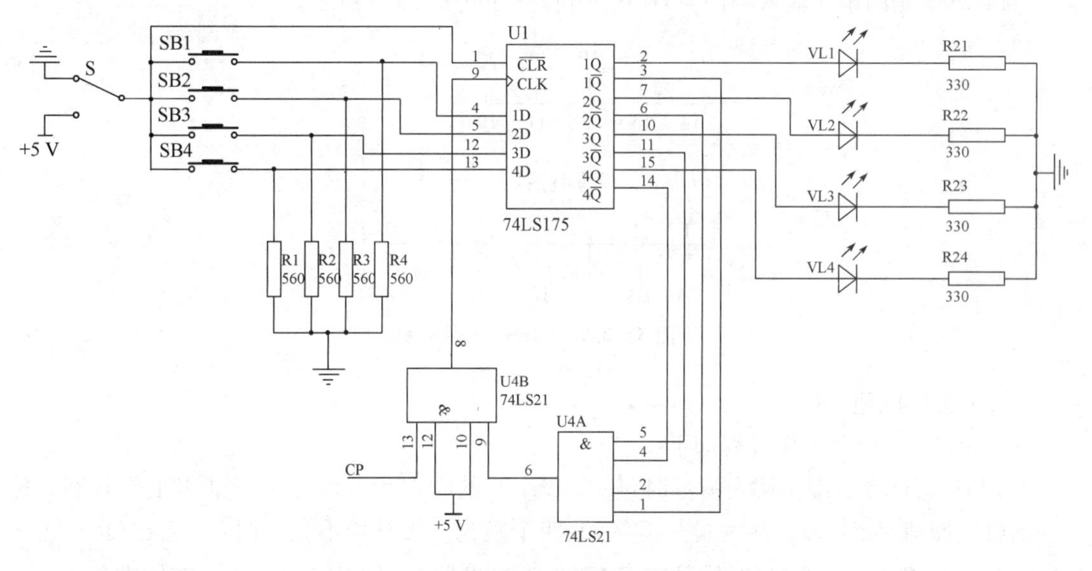

图 5.12.7　触发器电路四人抢答器电路原理图

4. 电路工作原理

（1）74LS175 的介绍

如图 5.12.7 所示中 74LS175 为四 D 触发器，引脚图如图 5.12.8 所示，表 5.12.2 为 74LS175 管脚功能的介绍。这个四 D 触发器时钟脉冲 CP 和清零端 $\overline{CLR}$ 公用，4 个触发器均采用边沿触发方式，表 5.12.3 是它的功能表。

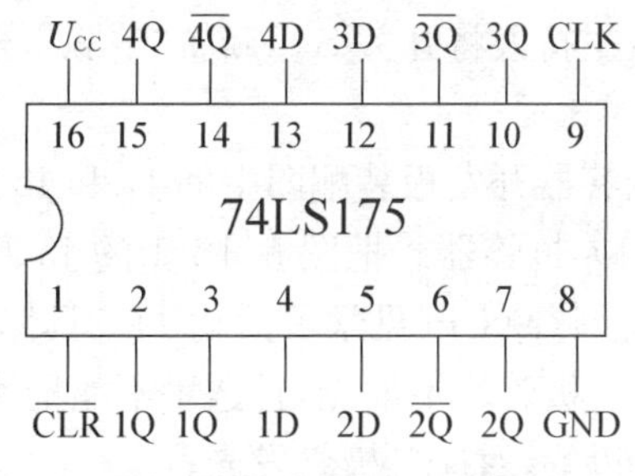

图 5.12.8　74LS175 引脚图

表 5.12.2　74LS175 管脚功能

引出端符号	功能符号
CLK	时钟输入端(上升沿有效)
$\overline{CLR}$	清零端(低电平有效)
1D～4D	数据输入端
1Q～4Q	输出端
$1\overline{Q}$～$4\overline{Q}$	互补输出端

表 5.12.3　74LS175 功能表

输入			输出
$\overline{CLR}$	CP	D	Q
0	×	×	0
1	↑	1	1
1	↑	0	0

(2) 74LS21 的介绍

74LS21 是两组 4 输入与门,74LS21 引脚图如图 5.12.9 所示。

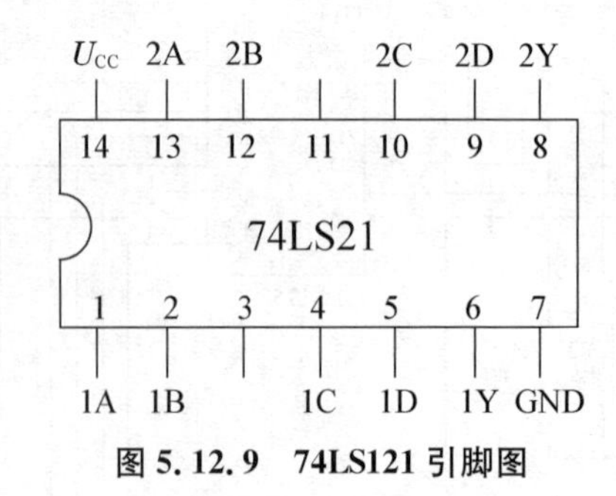

图 5.12.9　74LS121 引脚图

(3) 工作原理

分析图 5.12.7,工作过程如下:

开关 S 置于地,即主持人清零时,使 74LS175 的$\overline{CLR}$=0,使之处于清零工作状态。抢答前触发器清 0,则 $Q_1=Q_2=Q_3=Q_4=0$,四个发光二极管均不亮。门 U_{4A} 输出$\overline{Q_1}\cdot\overline{Q_2}\cdot\overline{Q_3}\cdot\overline{Q_4}=1$,则门 U_{4B} 开启,时钟脉冲 CP 可送至触发器 U_1 的 CLK 端,为抢答做准备。

当开关 S 置于+5 V,即主持人开始时,抢答器处于等待工作状态。当有选手将抢答按钮按下时,相应触发器的输出电平变高,对应的发光二极管被点亮(以 1 号选手抢答为例:按下 SB_1,U_1 的 $Q_1=1$,$Q_2=0$,$Q_3=0$,$Q_4=0$,则发光二极管只 VL_1 发光,1 号选手抢答成功)。同时相应的$\overline{Q}$=0,使门 U_{4A} 输出为 0,将门 U_{4B} 封锁,CP 便不能进入触发器(以 1 号选手抢答后为例:1 号选手抢答后,U_1 的$\overline{Q_1}=0$,则 U_{4A} 输出$\overline{Q_1}\,\overline{Q_2}\,\overline{Q_3}\,\overline{Q_4}=0$,$U_{4B}$的输出为 0,$U_1$ 的 CLK 为 0),其他按钮即便按下,U_1 不能被触发。封锁其他按钮的输入,保证了抢答者的优先性。如有再次抢答,需由主持人将开关 S 重新置"清除",然后再进行下一轮抢答。

5. 电路调试

将图 5.12.1 四人智力抢答器开发板装配图中的 J1 和 J2 对应的接线端子进行连接,就构成图 5.12.7 触发器电路四人抢答器。把图 5.12.1 的 J3 和 J15 对应的接线端子进行连接,J15 接线端子为电路提供秒脉冲 CP(见学习活动 4)。具体调试步骤如下:

(1) 主持人清零时,发光二极管均不发光,且选手不能抢答;

(2) 主持人开始时,选手抢答,对应二极管发光;

(3) 一选手抢答,其他选手不能抢答。

调试过程中注意：选手抢答对应的发光二极管点亮后，不需要一直按住抢答按钮。进一步理解组合逻辑电路与时序电路的区别。需要抢答器能够显示选手号，进行学习活动 3 的学习。

学习活动 3　显示选手编号四人抢答器的设计、安装与调试

1. 设计任务

(1) 主持人清零，数码管显示 0，主持人开始，选手可以抢答。

(2) 任何一选手先将某一按钮按下，数码管显示对应的选手号，表示此人抢答成功。

(3) 任何一选手先抢答成功后，而紧随其后的其他选手再抢答，数码管显示的选手号不变，即其他选手不能抢答。

2. 课题分析

依据要求，本设计可采用锁存器电路、主持人电路、选手电路、编码电路、译码电路和显示电路组成电路，其组成框图如图 5.12.10 所示。

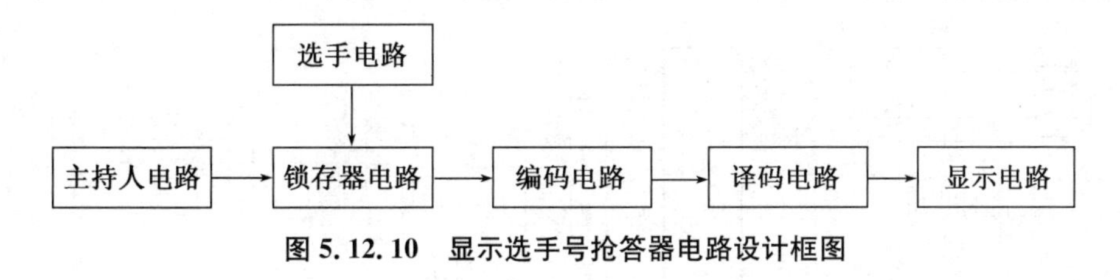

图 5.12.10　显示选手号抢答器电路设计框图

3. 方案论证

由图 5.12.10 可以看出，该电路由 6 部分组成，对于锁存器电路、主持人电路和选手电路，仍采用活动 2 中的电路，这里主要介绍编码电路、译码电路和显示电路的主要功能。

(1) 编码电路功能

编码器是由两片 74LS21 与一片 74LS32 组成的。功能是把四个选手的选手号编成二进制 BCD 码，并送入译码器进行译码。

当 1 号选手抢答时，$Q_1=1$，即 1 号选手的二进制 BCD 码为 0001；

当 2 号选手抢答时，$Q_2=1$，即 2 号选手的二进制 BCD 码为 0010；

当 3 号选手抢答时，$Q_3=1$，即 3 号选手的二进制 BCD 码为 0011；

当 4 号选手抢答时，$Q_4=1$，即 4 号选手的二进制 BCD 码为 0100。

(2) 编码电路功能表

表 5.12.4　编码电路功能表

锁存器输出				编码器输出			
Q_4	Q_3	Q_2	Q_1	D	C	B	A
0	0	0	1	0	0	0	1
0	0	1	0	0	0	1	0
0	0	1	0	0	0	1	0
0	1	0	0	0	0	1	1
1	0	0	0	0	1	0	0

(3) 编码电路表达式

由真值表可得出

$$A=\overline{Q_4}\ \overline{Q_3}\ \overline{Q_2}Q_1+\overline{Q_4}Q_3\ \overline{Q_2}\ \overline{Q_1}$$

$$B=\overline{Q_4}\ \overline{Q_3}Q_2\ \overline{Q_1}+\overline{Q_4}Q_3\ \overline{Q_2}\ \overline{Q_1}$$

$$C=Q_4\ \overline{Q_3}\ \overline{Q_2}\ \overline{Q_1}$$

$$D=0$$

(4) 译码电路功能

译码电路的功能是把前面编码电路二进制 BCD 码译成对应的七段码。这里译码电路元器件选用 74LS47 译码器(见本书 5.6 的学习活动 2)。

(5) 显示电路

显示电路的功能是把译码电路译成的七段码显示成对应的选手号,这里选用共阳极数码管(见本书 5.6 的学习活动 2)。

根据课题分析,设计显示选手号四人抢答器电路的原理图,如图 5.12.11 所示。

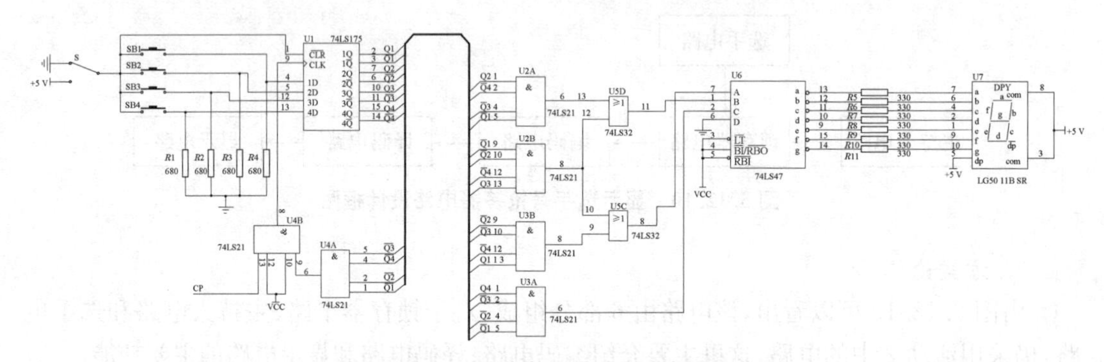

图 5.12.11　显示选手号四人抢答器原理图

4. 电路工作原理

分析图 5.12.11,工作过程如下:

主持人清零时,使 74LS175 的$\overline{CLR}=0$,使之处于清零工作状态。抢答前触发器清 0,则 $Q_1=Q_2=Q_3=Q_4=0$,经编码器编码使 DCBA=0000,译码显示为 0。门U_{4A}输出$\overline{Q_1}\cdot\overline{Q_2}\cdot\overline{Q_3}\cdot\overline{Q_4}=1$,则门$U_{4B}$开启,时钟脉冲 CP 可送至触发器$U_1$的 CLK 端,为抢答做准备。

主持人开始时,抢答器处于等待工作状态,当有选手将抢答按钮按下时,相应触发器的输出电平变高,经编码和译码后,数码管显示相应的选手号(以 1 号选手抢答为例:按下 SB_1,U_1 的 $Q_1=1$,$Q_2=0$,$Q_3=0$,$Q_4=0$,则U_{2A}的输出为 0,U_{2B}的输出为 0,U_{3A}的输出为 0,U_{3B}的输出为 1,则U_{5D}的输出为 0,U_{5C}的输出为 1,U_6 译码驱动器的输入 DCBA=0001,U_6 译码驱动器的输出七段码 abcdefg=1001111,则数码管显示数字 1)。相应的$\overline{Q}$使门U_{4A}输出为 0,将门U_{4B}封锁,CP 便不能进入触发器,其他按钮即便按下,U_1 不能被触发。封锁其他按钮的输入,保证了抢答者的优先性。如有再次抢答,需由主持人将开关 S 新置清零,然后再进行下一轮抢答。

5. 电路调试

将图 5.12.1 四人智力抢答器开发板装配图中的 J6 和 J2、J5 和 J4、J8 和 J9 对应的接线端子进行连接,就构成图 5.12.11 显示选手号四人抢答器。把图 5.12.1 的 J3 和 J15 对应的接线端子进行连接，J15 接线端子为电路提供秒脉冲 CP（见学习活动 4）。具体调试步骤如下：

（1）主持人清零，数码管显示 0，主持人开始，选手可以抢答；

（2）任何一选手先将某一按钮按下，数码管显示对应的选手号，表示此人抢答成功；

（3）任何一选手先抢答成功，而紧随其后的其他按钮再被按下，数码管显示数字不变，即其他选手不能抢答。

学习活动 4　倒计时电路的设计、安装与调试

扫码见视频 37

1. 设计任务

（1）设计倒计时电路，倒计时时间 9 秒。

（2）设计显示电路，实现时间的显示。

（3）倒计时开始，实现从 9 到 0 的倒计时。

2. 课题分析

依据要求，本设计可采用秒脉冲电路、倒计时电路、译码电路和显示电路组成电路，其组成框图如图 5.12.12 所示。

秒脉冲电路 → 倒计时电路 → 译码电路 → 显示电路

图 5.12.12　倒计时电路设计框图

3. 方案论证

由倒计时电路的设计框图可以看出，该电路由 4 部分组成，学习活动 3 已经介绍了译码电路和显示电路，所以这里只介绍秒脉冲电路、倒计时电路的功能：

（1）秒脉冲电路

秒脉冲电路是由 555 定时器为核心构成的多谐振荡器电路（见 5.11 的学习活动 4）产生的。

（2）倒计时电路

倒计时电路以计数器 74LS190 为中心构成倒计时电路，74LS190 为十进制同步加/减计数器。

74LS190 引脚图如图 5.12.13 所示，管脚功能介绍见表 5.12.5，功能表见表 5.12.6。

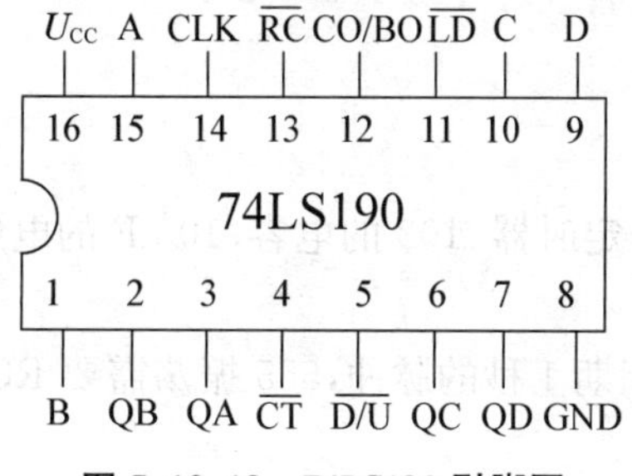

图 5.12.13　74LS190 引脚图

表 5.12.5　74LS190 的管脚介绍表

引出端符号	功能符号
CO/BO	进位输出/错位输出端
CP	时钟输入端(上升沿有效)
$\overline{\mathrm{CT}}$	计数器控制端(低电平有效)
A～D	并行数据输入端
$\overline{\mathrm{LD}}$	异步并行置入控制端(低电平有效)
QA～QD	输出端
$\overline{\mathrm{RC}}$	行波时钟输出端(低电平有效)
$\overline{\mathrm{D/U}}$	加/减计数方式控制端

表 5.12.6　74LS190 的功能表

$\overline{\mathrm{CT}}$	$\overline{\mathrm{LD}}$	$\overline{\mathrm{D/U}}$	CP	工作状态
0	1	0	↑	加法计数
0	1	1	↑	减法计数
×	0	×	×	预置数
1	1	×	×	保持

根据课题分析,设计倒计时电路的原理图,如图 5.12.14 所示。

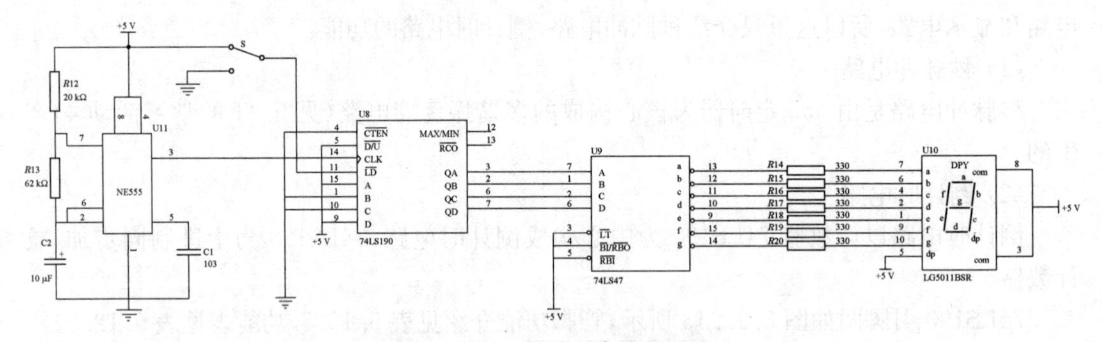

图 5.12.14　倒计时电路原理图

4. 电路工作原理

(1) 秒脉冲电路

555 秒脉冲电路是由 555 定时器、103 的电容、10 uF 的电解电容、20 kΩ 以及 62 kΩ 的电阻组成。

利用 555 集成电路产生周期 1 秒的脉冲,555 振荡需要 RC 充电电路和放电电路,充电电路是由 R_{12}、R_{13} 和 C_2 组成。

计算公式为

$$f=\frac{1.44}{(R_{12}+R_{13})\times C_2}=1\ \mathrm{Hz}$$

(2) 倒计时电路

该电路使用了十进制同步减计数器74LS190。当打开电路电源，开关S接地即“清零”时，$\overline{LD}=0$，DCBA＝1001，74LS190芯片自动置入所用时间9秒，并在数码管上显示9；当开关S接＋5 V时，$\overline{LD}=1$，在脉冲的作用下开始从9到0的倒计时并在显示器上显示。

5. 电路调试

将图5.12.1四人智力抢答器开发板装配图中的J12和J15，J13、J10和J17，J11和J14对应的接线端子进行连接，就构成图5.12.14倒计时电路图。具体调试步骤如下：

(1) 当开关S清零时，倒计时显示9秒；

(2) 当开关S开始时，倒计时开始，实现从9到0的倒计时。

学习活动5　四人智力抢答器的设计、安装与调试

1. 设计任务

(1) 主持人清零时

① 选手号显示0，且不能抢答。

② 倒计时电路显示9。

(2) 主持人开始时

① 无人抢答时

倒计时电路数码管显示从9到0的数字，9秒后，一直显示0；倒计时结束后，选手不能抢答。

② 有人抢答时

显示抢答选手的选手号，且其他的选手不能抢答，倒计时电路数码管显示剩余时间。

2. 课题分析

依据要求，本设计可采用秒脉冲电路、锁存器电路、主持人电路、选手电路、选手号显示电路、倒计时电路、译码电路和倒计时显示电路组成电路，其组成框图如图5.12.15所示。

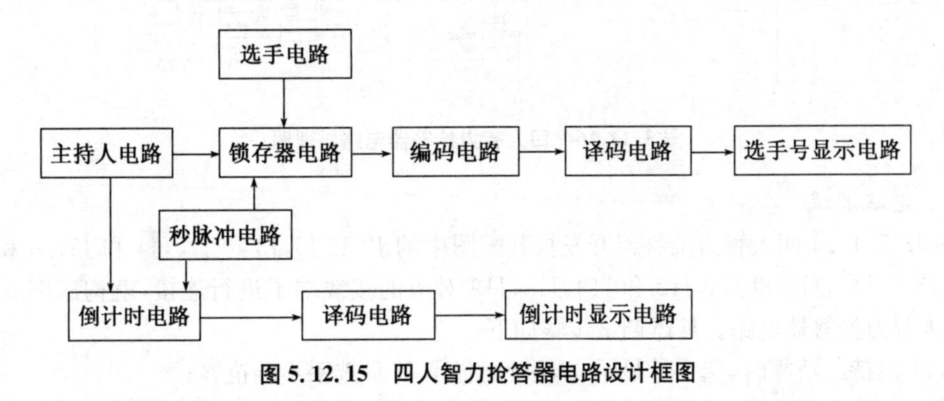

图5.12.15　四人智力抢答器电路设计框图

3. 方案论证

由图5.12.15可以看出，该电路由2大部分组成，即学习活动3和学习活动4的综合，原理图如图5.12.16所示。

4. 电路工作原理

接通电源后，主持人清零时，抢答器处于禁止状态，选手号显示 0，倒计时显示设定时间 9。

主持人开始时，倒计时电路开始倒计时，选手在定时时间内抢答时，由 74LS175 和 74LS21 组成的锁存器进行锁存，阻止其他选手抢答，显示选手号的数码管显示抢答选手的选手号，倒计时停止，倒计时电路显示剩余时间。（以 1 号选手抢答为例：按下 SB_1，U_1 的 $Q_1=1$，$Q_2=0$，$Q_3=0$，$Q_4=0$，则 U_{2A} 的输出为 0，U_{2B} 的输出为 0，U_{3A} 的输出为 0，U_{3B} 的输出为 1，则 U_{5D} 的输出为 0，U_{5C} 的输出为 1，U_6 译码驱动器的输入 DCBA＝0001，U_6 译码驱动器的输出七段码 abcdefg＝1001111，则数码管 U_7 显示数字 1。同时 U_{4B} 的输出为 0，使得 U_8 的 CLK＝0，停止倒计时，倒计时显示电路数码管 U_{10} 显示剩余时间。）

当倒计时结束时，此时计数器 U_8 的输出为零时，U_8 的 13 管脚 $\overline{\text{RCO}}$ 输出为“0”，使 74LS190 和 74LS175 的 CLK 均为 0，从而使计数器停在“0”，同时所有选手都不能抢答。

如果再次抢答，必须由主持人再次操作“清零”和“开始”状态开关，再进行下轮抢答。

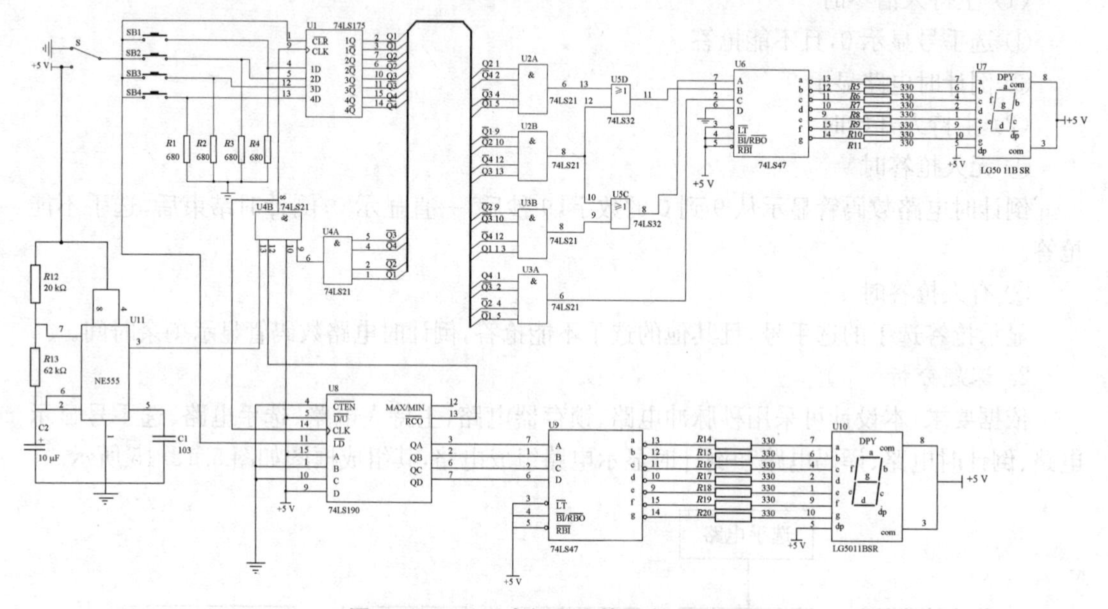

图 5.12.16 四人智力抢答器电路原理图

5. 电路调试

将图 5.12.1 四人智力抢答器开发板装配图中的 J2 和 J6，J3 和 J15，J4 和 J5，J8 和 J9，J10、J13 和 J17，J11 和 J14，J12 和 J13、J18、J19 对应的接线端子进行连接，就构成图 5.12.16 四人智力抢答器电路。具体调试步骤如下：

（1）主持人清零时，选手号显示 0，倒计时显示 9，且选手不能抢答；

（2）主持人开始后，观察倒计时显示是否从 9 减到 0，倒计时结束时，任意一选手抢答，选手号显示 0；

（3）抢答开始，在规定的时间内进行抢答，任意一选手抢答后，观察选手号显示情况及倒计时数码管显示情况，然后其他三选手抢答，观察选手号的显示是否有改变。

习题 5

一、填空题

1. 用摩根定律表示式为$\overline{A+B}$=__________及$\overline{A}\ \overline{B}$=__________。

2. 基本逻辑门电路有__________、__________、__________三种。

3. 在数字电路中，任意时刻的输出信号只取决于该时刻的输入信号，而与输入信号作用之前电路的状态无关，属于__________逻辑电路。

4. 74LS138 是 3－8 线译码器，它有__________个输入端，有__________个输出端。

5. 半导体数码管按内部发光二极管的接法可分为__________和__________两种。

6. JK 触发器具有置 0、置 1、________和________功能。

7. 要使 JK 触发器实现 $Q_{n+1}=Q_n$的功能，应使 J=________，K=________。

8. D 触发器具有________和________功能。

9. 按各个触发器状态转换与 CP 的关系，计数器可分为________计数器和________计数器。

10. 74LS47 译码驱动器驱动共________极数码管。

二、判断题

1. 在数字逻辑电路中，信号只有“高”、“低”电平两种取值。（　　）

2. 在与非门电路中，输入信号与输出信号的关系是“有 1 出 1，全 0 出 0”。（　　）

3. 负逻辑规定：逻辑“1”代表低电平，逻辑“0”代表高电平。（　　）

4. 二输入异或门，两个输入都为 1 时，异或门输出为 0。（　　）

5. 组合逻辑电路的分析是根据给定的功能要求，画出实现该功能的逻辑电路。（　　）

6. 组合逻辑电路的特点是具有记忆功能。（　　）

7. 3 位二进制编码器有 8 个输入端，3 个输出端。（　　）

8. D 触发器的输出状态始终与输入状态相同。（　　）

9. 同一 CP 控制各触发器的计数器称为异步计数器。（　　）

三、选择题

1. 能将输入信息转变为二进制代码的电路称为（　　）。

　a. 译码器　　b. 编码器　　c. 数据选择器　　d. 数据分配器

2. 半导体数码管是由什么排列成显示数字？（　　）。

　a. 小灯泡　　b. 液态晶体　　c. 辉光器件　　d. 发光二极管

3. JK 触发器在 J、K 端同时输入高电平时，处于（　　）状态。

　a. 保持　　b. 置 0　　c. 置 1　　d. 翻转

4. 边沿触发器的触发方式为（　　）。

　a. 上升沿触发　　b. 下降沿触发　　c. a 和 b 均可以

5. 在相同的时钟脉冲作用下，同步计数器与异步计数器比较，同步计数器工作速度（　　）。

　a. 较慢　　b. 较快　　c. 不确定　　d. 一样

6. 下列电路中不属于时序电路的是（　　）。

a. 同步计数器　　b. 异步计数器　　c. 组合逻辑电路　　d. 寄存器

7. 构成时序电路,存储电路(　　)。

a. 必不可少　　b. 可以没有　　c. a 和 b 均是错的

四、化简与分析题

1. 用公式法化简下列逻辑函数

(1) $Y=ACD+ABCD$

(2) $Y=\overline{AB}+\overline{ABC}$

(3) $Y=ABC+\overline{A}B+AB\overline{C}$

(4) $Y=\overline{\overline{A\,\overline{AB}}\cdot\overline{B\,\overline{AB}}}$

(5) $Y=AB+\overline{A}C+\overline{B}C$

(6) $Y=\overline{\overline{A}+B}+A\overline{B}C$

(7) $Y=A(\overline{A}C+BD)+B(C+DE)+B\overline{C}$

(8) $Y=(A\oplus B)\overline{AB+\overline{A}\,\overline{B}}+AB$

2. 与门和或门的输入信号 A、B、C 的波形如图 1 所示,试分别画出与门和或门的输出波形。

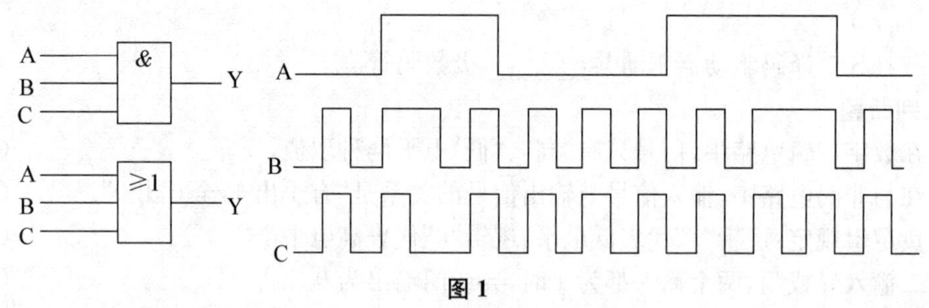

图 1

3. 与非门和或非门的输入信号 A、B 的波形如图 2 所示,试分别画出与非门和或非门的输出波形。

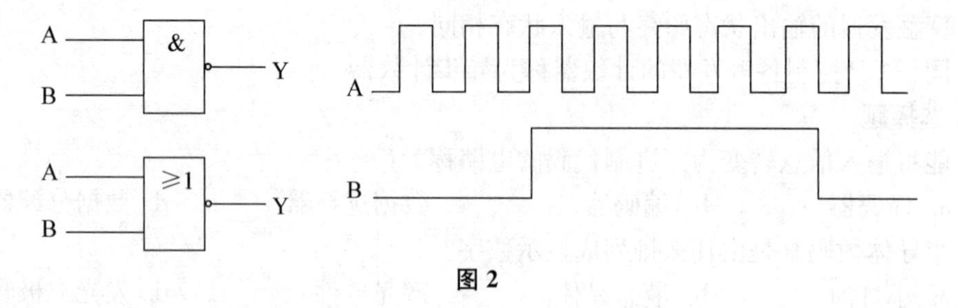

图 2

4. 分析图 3 所示电路的逻辑功能。

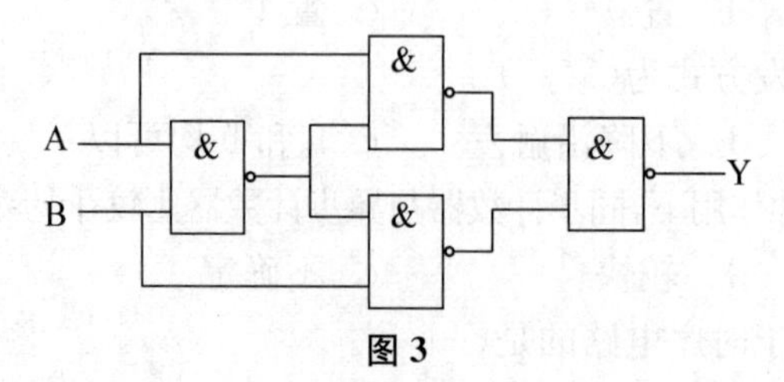

图 3

5. 试用与非门设计一个三人表决组合逻辑电路。

6. 画出图 4 所示电路 Q 端的波形。设初始状态 Q=0。

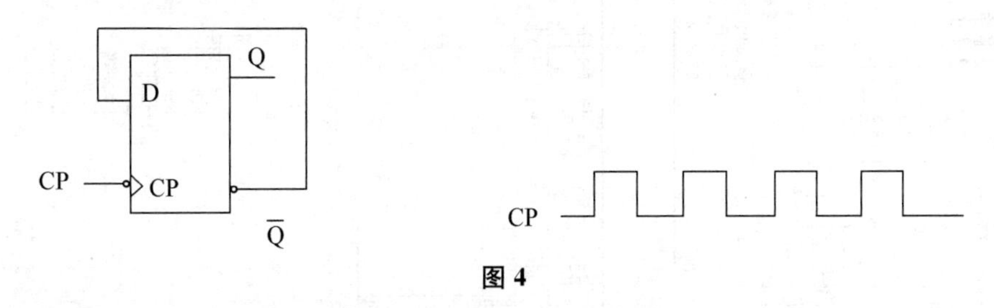

图 4

7. 画出图 5 所示电路 Q 端的波形。设初始状态 Q=0。

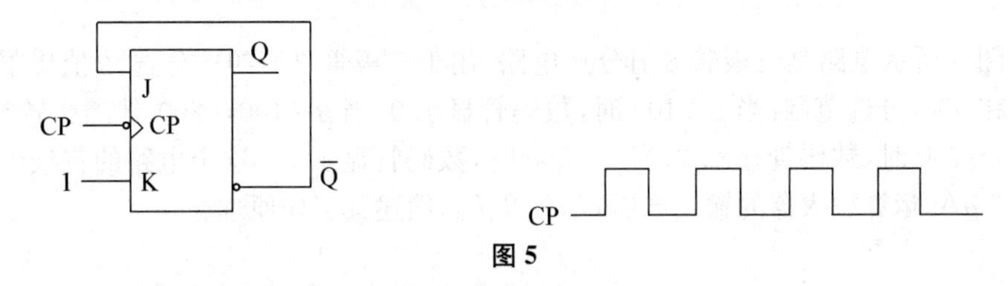

图 5

8. 用 74LS190 设计从 8 秒开始倒计时的电路。

9. 如图 6 所示电路，简述 2 号选手抢答的工作原理。

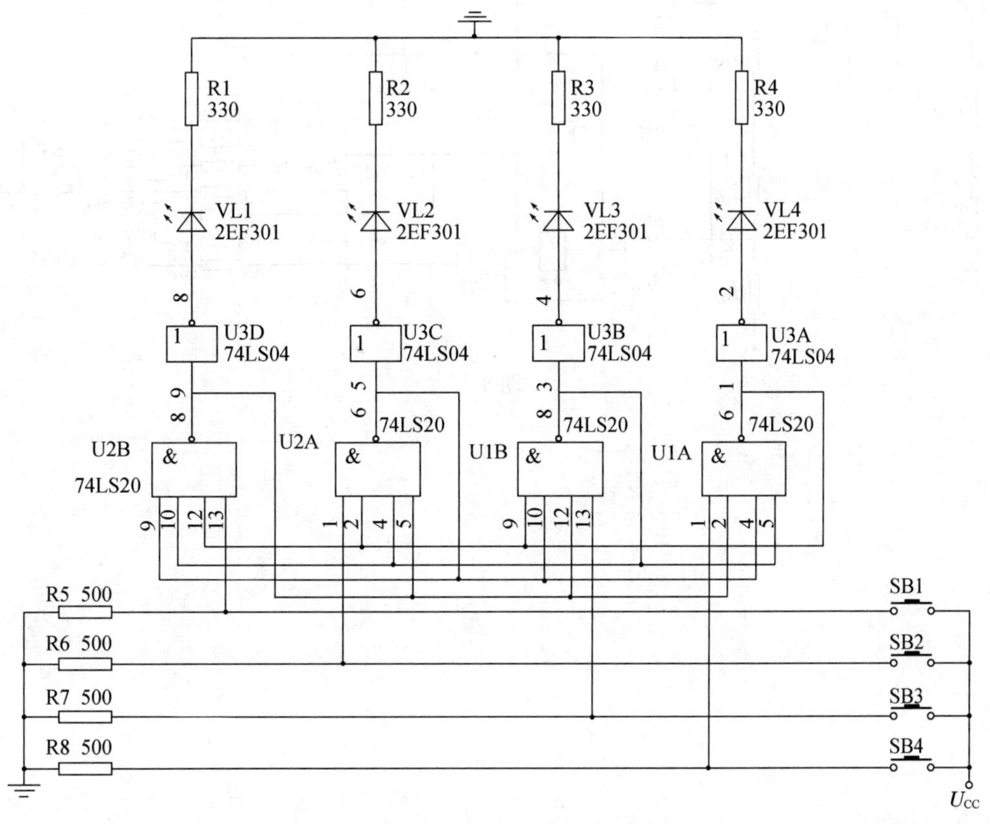

图 6

10. 如图 7 所示电路,简述 2 号选手抢答的工作原理。

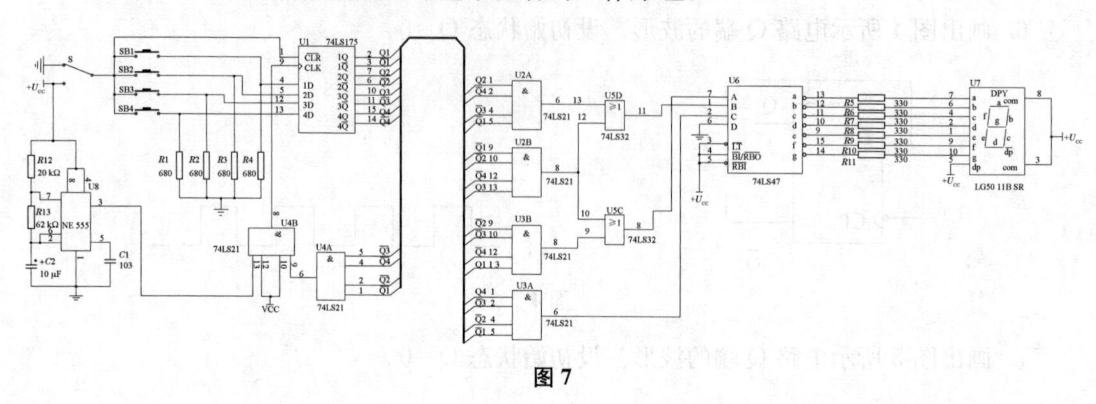

图 7

11. 图 8 所示电路是三极管 β 值分选电路,用于三极管 β 值四挡分选,β 值界限分别为 100、200 和 300,分选范围:当 β<100 时,数码管显示 0;当 β=100～200 时,数码管显示 1;当 β=200～300 时,数码管显示 2;当 β>300 时,数码管显示 3。这个电路的三极管基极电流 I_B 为 10 μA,运算放大器的输出电压 $U_O=\beta I_B R_3$,简述其工作原理。

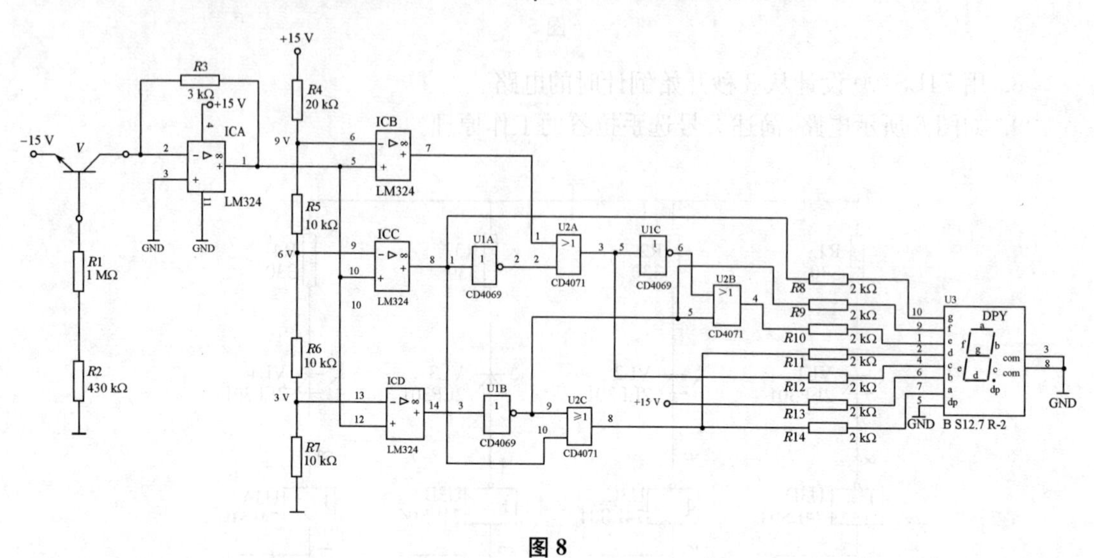

图 8

12. 图 9 所示电路是水位监测控制电路，简述其工作原理。

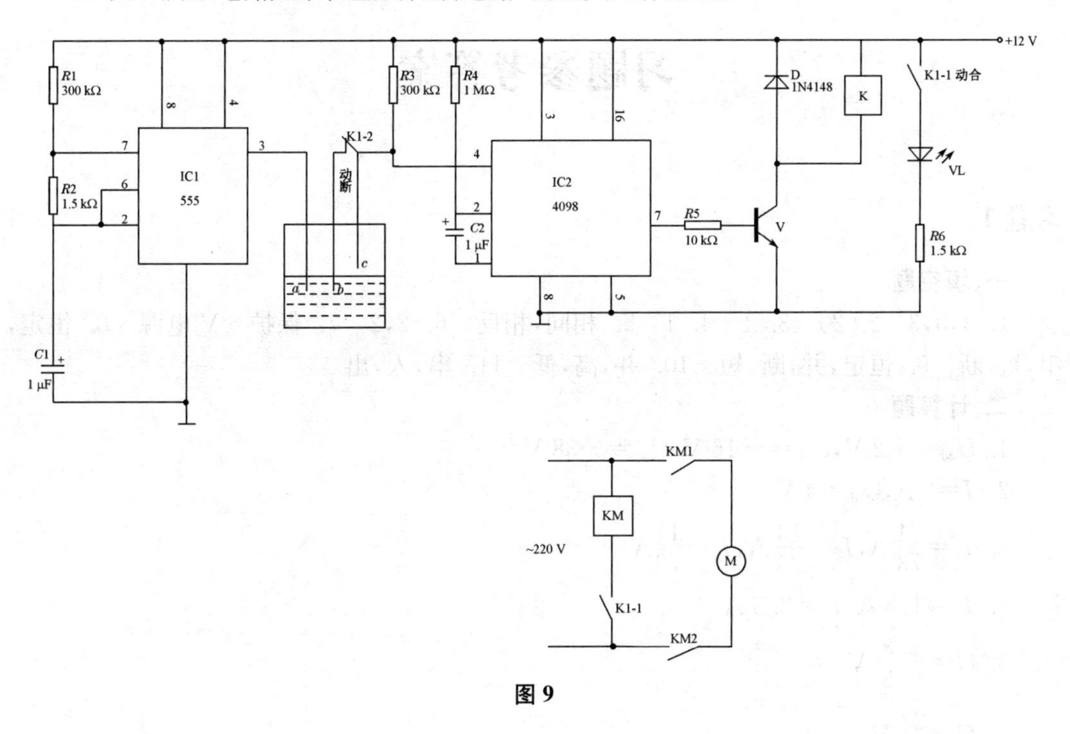

图 9

习题参考答案

习题 1

一、填空题

1. 3,5,3　2. 20　3. 1　4. 1　5. 相同,相反　6. 2,2　7. 保护 6 V 电源　8. 恒定,串,短,断　9. 恒定,并,断,短　10. 并,高,低　11. 串,入,出

二、计算题

1. $U_{ad}=-2$ V,$U_{bc}=-16$ V,$U_{ac}=-38$ V

2. $I=2$ A,$U_{ab}=4$ V

3. $I_1=\frac{24}{73}$ A,$I_2=\frac{13}{73}$ A,$I_3=\frac{11}{73}$ A

4. $I_1=1.5$ A,$I_2=2.5$ A

5. $U=-\frac{8}{3}$ V

6. $U=\frac{23}{3}$ V

7. $U=16$ V,$I=4$ A

8. $I=-\frac{4}{7}$ A

9. 戴维宁等效电路图如下

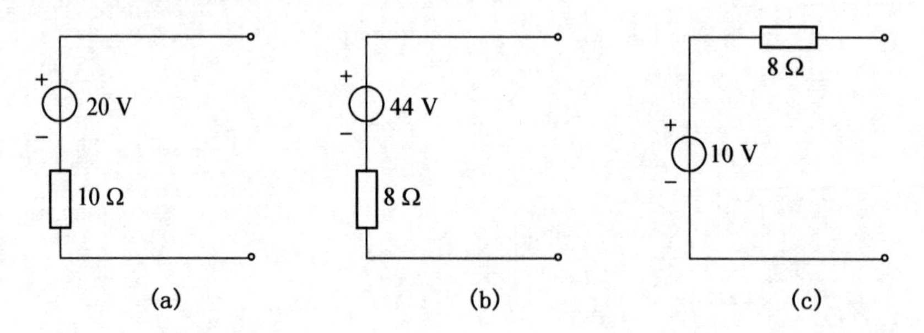

习题 2

一、填空题

1. 方向　2. 正弦　3. $e=E_m\sin(\omega t+\Psi_e)$,$i=I_m\sin(\omega t+\Psi_i)$　4. 单位　5. 最大值,角频率,初相位　6. 50 Hz,0.02 s　7. 4,314,0.02 s,50　8. $-120°$,i_2,i_1　9. 电感,电容,电阻　10. 3−6j,电容　11. 30,0°　12. 5　13. 容量,伏安　14. $S\cos\varphi$,$S\sin\varphi$,$\sqrt{P^2+Q^2}$　15. 1,0　16. 越低,越高　17. 越大,越大　18. 电容性　19. 0.6,0.8　20. 同名端,串,并　21. 同相位,超前,90°,滞后,90°

二、选择题

1. b　2. b　3. b　4. b　5. c　6. b　7. ad　8. a　9. b　10. c　11. a　12. a　13. b

三、选择题

1. ✓　2. ×　3. ×　4. ×　5. ×　6. ×　7. ×　8. ✓　9. ✓　10. ✓　11. ×　12. ✓　13. ×　14. ×　15. ×　16. ✓

四、计算题

1. 6 V或12 V　2. 9.9 A　3. 2 Ω,0.127 H　4. (1) $220\sqrt{2}\angle 75^\circ$ V　(2) 0.707　(3) 40 W,40 var,$40\sqrt{2}$ V·A　5. 11.7 Ω,18.1 A,1 969.3 W,3 276 var,3 840.2 V·A　6. 41.4 Ω,3.4 A,69.7 W,−476.3 var,480.9 V·A　7. 40 Ω,0.128 H　8. 0.51,68.4 var　9. (1) 3 W,0.6　(2) 0,−5 var,5 V·A,0　(3) 3 W,−1 var,3.2 V·A,0.92

习题 3

一、填空题

1. 大小,频率,相位　2. 零　3. 相序　4. 正,正　5. $220\angle -150^\circ$ V,$220\angle -30^\circ$ V　6. $220\sqrt{2}\sin(314t-120^\circ)$V,$220\sqrt{2}\sin(314t+120^\circ)$V　7. 三角形　8. 线电压,相电压　9. 线电压,相电压　10. 线电流,相电流　11. 相电流,相首　12. 相电压　13. $\dot{U}_{UV}=\sqrt{3}\dot{U}_U\angle 30^\circ$　14. 220 V　15. 380 V, 380 V, 220 V, 220 V, 220 V, $220\angle 0^\circ$ V, $220\angle -120^\circ$ V,$220\angle +120^\circ$ V　16. $\sqrt{3}U_m\sin\left(\omega t+\frac{\pi}{3}\right)$V　17. 相电压,相电流　18. 端,一致　19. 对称负载　20. 对称　21. 星形,三角形　22. 127 V,220 V　23. $220\angle -90^\circ$ V, $220\angle +150^\circ$ V,$220\angle +30^\circ$ V,$380\angle -60^\circ$ V,$380\angle +180^\circ$ V,$380\angle +60^\circ$ V,$44\angle -143^\circ$ A, $44\angle 97^\circ$ A,$44\angle -23^\circ$ A,0,$I_L=I_P$　24. $20\angle 0^\circ$ A,$10\angle 150^\circ$ A,$7.8\angle 165^\circ$ A　25. 0,0　26. $U_L=U_P$,$I_L=\sqrt{3}I_P$,30　27. 三角形,星形　28. 28.9 A　29. 220 V,220 V,19.1 A　30. 3　31. 二表,之和,无关　32. 一表跨相,$\sqrt{3}$　33. 中线,不对称,相,相,相　34. $3U_PI_P\cos\varphi$,$\sqrt{3}U_LI_L\cos\varphi$,$3U_PI_P\sin\varphi$,$\sqrt{3}U_LI_L\sin\varphi$,$3U_PI_P$,$\sqrt{3}U_LI_L$

二、选择题

1. a　2. b　3. c　4. b　5. b　6. d　7. b

三、判断题

1. ✓　2. ×　3. ×　4. ×　5. ×　6. ×　7. ✓　8. ×　9. ×　10. ✓　11. ×　12. ✓　13. ×　14. ✓　15. ×　16. ✓　17. ×

四、计算题

1. $u_V=220\sqrt{2}\sin(\omega t-90^\circ)$V,$u_W=220\sqrt{2}\sin(\omega t+150^\circ)$V,$\dot{U}_V=220\angle 30^\circ$V,$\dot{U}_V=220\angle -90^\circ$V,$\dot{U}_W=220\angle 150^\circ$V　2. $\dot{I}_U=8.8\angle 0^\circ$A,$\dot{I}_V=6.2\angle -165^\circ$A,$\dot{I}_W=22\angle 150^\circ$A　3. $\dot{I}_U=44\angle -36.9^\circ$A,$\dot{I}_V=44\angle -156.9^\circ$A,$\dot{I}_W=44\angle 83.1^\circ$A　4. 15.1 A,323.52 V　5. 45.06 kW,0.465 kvar,45.06 kV·A,1

习题 4

一、填空题

1. 0.2～0.3 V，0.6～0.8 V 2. 单向导电，正向导通，反相截止 3. 大 4. 0，－6，0 5. 5，0，5 6. D_1 和 D_2 7. 损坏 8. b 9. NPN，PNP 10. 发射结，集电结 11. 正向，正向 12. 放大 13. 放大 14. $I_B + I_C$ 15. 截止，放大，饱和 16. 截止，饱和，放大 17. 集电，发射，基，NPN，硅 18. 基，发射，集电，PNP，锗 19. 1，NPN 20. 发射，基，集电 21. 集电 22. 饱和，截止 23. 共射，共集，共集，共集 24. 乘积，首级，末级 25. 直接耦合，阻容耦合 26. 大小 27. 数字信号 28. 线性 29. 输入端 30. 水平扫描速度，垂直灵敏度，垂直灵敏度，峰峰值，水平扫描速度，周期 31. 变电压，整流，滤波，稳压，＋5 V 32. 2，1，单向导电，1 33. 电解电容，2，直流，交流，高频，低频 34. 电容，0.1 μF 35. 晶体管，发射，基，集电，放大电流 36. 饱和

二、计算题

1. (1) $U_{BE}=0, I_B=90\ \mu A, I_C=4.5\ mA, U_{CE}=4.5\ V$ (2) 160 kΩ

2. (1) $U_{BE}=0, I_B=30\ \mu A, I_C=1.5\ mA, U_{CE}=3\ V$ (2) 1.17 kΩ，4 kΩ，－85.47

3. (1) $u_o=2u_i$ (2) $R_2=\dfrac{R}{2}, R_3=\dfrac{R}{2}$

4. (1) $u_{o1}=2u_{i1}, u_{o2}=u_{i2}, u_{o3}=2(u_{i2}-u_{i1})$ (2) A_1 为同相比例运算放大电路，A_2 为电压跟随器，A_3 为减法运算放大电路

5. 12 V 6. $u_o=(k+1)(u_{i2}-u_{i1})$

三、分析题

工作原理：电路中运算放大器 IC_1 和运算放大器 IC_2 构成两级高倍放大器，对热释电人体红外传感器电路检测到的微弱信号进行放大，运算放大器 IC_3 和运算放大器 IC_4 构成窗口比较器，当运算放大器 IC_2 的电压幅度在 V_A 到 V_B 之间时，运算放大器 IC_3 和运算放大器 IC_4 均输出低电平；当运算放大器 IC_2 的输出电压大于 V_A 时，运算放大器 IC_3 输出高电平；当运算放大器 IC_2 的输出电压小于 V_B 时，运算放大器 IC_4 输出高电平，经二极管 D_1 和二极管 D_2 隔离后分别输出，以控制后续报警及控制电路。电阻 R_{11} 用于设定窗口的阀值电平，调节电阻 R_{11} 可调节检测器的灵敏度。

当有人在热释电检测电路的有效范围内走动时，将引起发光二极管 VL_1 和发光二极管 VL_2 交替闪烁。

习题 5

一、填空题

1. $\overline{A}\ \overline{B}, \overline{A}+\overline{B}$ 2. 与门，或门，非门 3. 组合 4. 3，8 5. 共阴极，共阳极 6. 保持，翻转 7. 0，0 8. 置 0，置 1 9. 异步，同步 10. 共阳

二、判断题

1. ✓ 2. × 3. ✓ 4. × 5. × 6. × 7. × 8. × 9. ×

三、选择题

1. b 2. d 3. d 4. c 5. b 6. c 7. a

四、化简与分析题

1. AC，$\overline{AB}$，B，$A\overline{B}+\overline{A}B$，AB+C，$A\overline{B}$，B，A+B　2. 略　3. 略　4. $Y=\overline{AB}+AB$，逻辑功能是异或门的逻辑功能。

5. 电路图如图 1 所示：

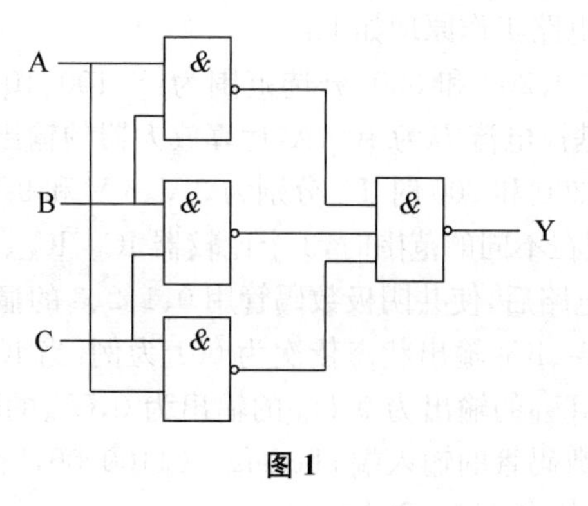

图 1

6. Q 端的波形如图 2 所示：

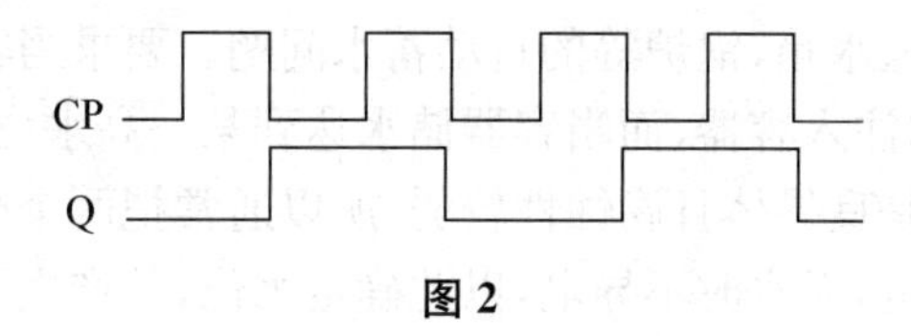

图 2

7. Q 端的波形如图 3 所示：

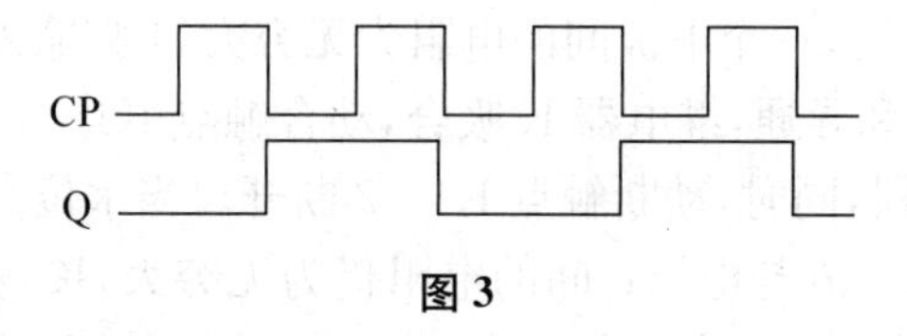

图 3

8. 电路图如图 4 所示：

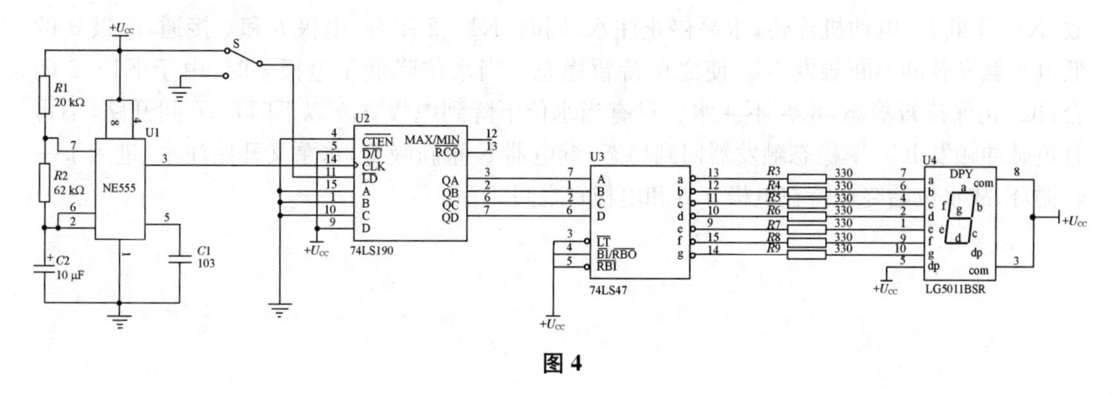

图 4

9. 2 号选手抢答时，SB_2 被按下，与非门 U_{2A} 的 1 管脚输入高电平 1，此时与非门 U_{2A} 的输入状态为 1111，则其输出为 0，经非门 U_{3C} 后为 1，发光二极管 VL_2 导通，VL_2 发光表示 2

号选手抢答成功。

10. 2 号选手抢答时，按下 SB_2，U_1 的 $Q_2=1$，$Q_1=0$，$Q_3=0$，$Q_4=0$。则 U_{2A}的输出为 1，U_{2B}的输出为 0，U_{3A}的输出为 0，U_{3B}的输出为 0，则 U_{5D}的输出为 1，U_{5C}的输出为 0，U_6 译码驱动器的输入 DCBA=0010，数码管显示数字 2。

11. 三极管 β 值分选电路工作原理如下：

设 β 值界限分别为 100、200 和 300，分选范围为：<100、100～200，200～300 以及 >300。这个电路的三极管基极电流 I_B为 10 μA，运算放大器的输出电压 $U_O=\beta I_B R_3$，由于 R_3 为 3 kΩ，当 β 分别为 100、200 和 300 时，U_O分别为 3 V、6 V 和 9 V，这正是 3 个比较器的基准的电平。不难分析，β 值在不同的范围时，3 个比较器 IC_B、IC_C、IC_D 输出状态依次为 000、001、011、111。经译码器电路后，使共阴极数码管用 0、1、2、3 的显示分别指示分选结果。

以三个比较器 IC_B、IC_C、IC_D 输出状态依次为 001 为例：当 IC_B、IC_C、IC_D 输出状态依次为 001 时，U_{1A}的输出为 1，U_{1B}的输出为 0，U_{1C}的输出为 0，U_{2A}的输出为 1，U_{2B}的输出为 0，U_{2C}的输出为 0，则共阴极数码管的输入端 abcdefg=01100000，所以数码管 bc 段被点亮，数码管显示 1，表示三极管 β 值在 100～200 之间。

12. 水位监测控制电路工作原理如下：

实际中经常遇到水塔、水箱、锅炉等的自动蓄水问题。要求当容器的储水降至某一低水位时，水泵自动工作，抽水注入容器，而当容器储水达到某一高水位时，水泵停止注水。检测液位的方法很多，由于水是良导体且腐蚀性较弱，所以通常把两个金属电极置于容器的不同深度处，电极间有水时导电，无水时不导电，以此确定水位，并产生开关信号来控制继电器的通断，再由继电器的触点控制交流接触器线圈的通电断电，而接触器的触点则控制着水泵电机的转与停。

当水位低于电极 a、b 时，三个电极间的电阻为无穷大，4 脚输入高电平，IC_2 处于稳态，7 脚为高电平，三极管 V 饱和导通，继电器 K 吸合，动合触点 K1－1 闭合，控制水泵电动机回路通电工作，抽水注入容器，同时，动断触点 K1－2 断开。当水位高于电极 a、b，但低于电极 c 时，因 K1－2 断开，电极 a、b 与电极 c 间的电阻仍为无穷大，IC_2 仍处于稳态，水泵继续向容器注水。一旦水位达到电极 c，水的电阻使电极 a、b 和 c 接通，当电极 a 的低电平脉冲经电极 c 加至 IC_2 的 4 脚时，触发 IC_2 进入暂稳态，7 脚输出低电平，三极管 V 截止，继电器释放，K1－1 断开，电动机停转，水泵停止注水，同时，K1－2 闭合，电极 b 和 c 接通，电极 a 的低电平触发脉冲不断触发 IC_2，使之保持暂稳态。当水位降低于电极 c 时，由于 K1－2 闭合，IC_2 仍保持暂稳态，水泵不注水。只有当水位下降到电极 a、b 以下时，a、b 间开路，不再有负脉冲触发 IC_2，单稳态触发器回到稳态，继电器 K 重新吸合，水泵又开始注水，进入下一轮循环，故水位始终保持在电极 a、b 和电极 c 之间。